U0192716

·全新典藏版·

张思莱

育儿手记 上

孕产期保健及0~1岁宝宝养育专家指导

张思莱 ◎ 著

中国妇女出版社

图书在版编目（CIP）数据

张思莱育儿手记．上：全新典藏版，孕产期保健及 0 ～ 1 岁宝宝养育专家指导 / 张思莱著 . -- 北京 ：中国妇女出版社，2022.1

ISBN 978-7-5127-2041-1

Ⅰ . ①张… Ⅱ . ①张… Ⅲ . ①妊娠期－妇幼保健－基本知识②产褥期－妇幼保健－基本知识③婴幼儿－哺育－基本知识 Ⅳ . ① TS976.31 ② R715.3 ③ G61

中国版本图书馆 CIP 数据核字（2021）第 206191 号

张思莱育儿手记（上）——孕产期保健及 0 ～ 1 岁宝宝养育专家指导

作 者：张思莱 著
责任编辑：陈经慧
封面设计：尚世视觉
责任印制：李志国
出版发行：中国妇女出版社
地 址：北京市东城区史家胡同甲 24 号　　邮政编码：100010
电 话： (010) 65133160（发行部）　　65133161（邮购）
网 址：www.womenbooks.cn
法律顾问：北京市道可特律师事务所
经 销：各地新华书店
印 刷：北京通州皇家印刷厂
开 本：165×235　1/16
印 张：30.25
字 数：480 千字
版 次：2022 年 1 月第 1 版
印 次：2022 年 1 月第 1 次
书 号：ISBN 978-7-5127-2041-1
定 价：79.80 元

作者简介

张思莱

★ 北京中医药大学附属中西医结合医院原儿科主任、主任医师

★ 中西医结合学会北京儿科分会原副组委兼秘书

★ 原卫生部"儿童早期综合发展"项目国家级专家

★ 中国关心下一代工作委员会"母婴健康成长万里行"专家组特邀专家

★ 中国儿童少年基金会"和孩子共同成长"项目特聘专家

★ 中国家教学会儿童早期家庭教育专业委员会理事

★ 获得全球儿童安全组织专家荣誉证书

★ 全国百名"传承好家风的好妈好爸"

★ 2018年度荣获中国关心下一代工作委员会"中国母婴公益杰出人物"
  称号，2019年荣获"中国母婴科普人物杰出贡献奖"

★ 连续多年获评新浪育儿母婴榜样公益人物贡献奖

★ 2018年度获评爱奇艺母婴"行业责任守护者"

★《张思莱科学育儿全典》一书荣获科技部"2018年全国优秀科普作品"
  奖，2018年12月27日在中华人民共和国中央人民政府网站公布

★ 2020年荣获"典赞·2020科普中国"十大科学传播人物

张思莱医师二十年如一日的育儿知识科普工作，早已让她成为中国最具影响力的育儿专家之一。从1998年开始，张思莱医师就致力于婴幼儿科学养育知识的普及和传播，经常作为嘉宾参加电台、电视台养育类节目的录制，同时还是众多孕产、育儿类杂志的特邀顾问。从2000年初至今，张医师通过微博、微信公众号等平台，每日都与爸爸妈妈们进行零距离的交流，回答了数亿次父母的提问和咨询。2016年，由于张医师在网络上对医学知识传播的贡献，世界卫生组织驻华代表处特意来函致谢，以表肯定。

　　从2014年起，张思莱医师受邀参加由中国儿童少年基金会主办的"和孩子共同成长"公益巡讲。2016年，自中国关工委儿童发展研究中心主办的"中国母婴健康成长万里行"公益讲座开展以来，作为首位开讲专家，张思莱医师跟随"万里行"共进行了近300场公益讲座，足迹遍布全国各地，从一二线城市走到三四五线城市，直接面向数十万家庭进行公益科普，将更多的育儿知识传递给新手爸妈。她个人关于"万里行"的微博点击量达20余亿次。未来张医师将继续为更多的家庭送去科学的育儿知识。

改变从
自己开始

　　2015年6月19日，我参与录制了第一财经传媒的节目《头脑风暴》，其主题是《暑假到了，虎妈猫爸谁当道》。嘉宾中有一位性格鲜明的爸爸，要为儿子从小规划高远的人生目标，严格塑造坚忍性格，取得非凡人生成就，人称"鹰爸"何烈胜。儿子多多4岁就被爸爸训练在冬天雪地裸跑，5岁学习飞行，节目录制前他刚刚徒步穿行了罗布泊；学业上，7岁的多多已经跳级上6年级了，小小年纪便获得全国心算一等奖、作文一等奖、机器人大赛一等奖。在各种成绩的激励下，"鹰爸"认为他的"鹰式教育"是成功的，必须坚持下去。在马上到来的暑假里，除了睡觉的几小时，"鹰爸"早已细心地为多多安排了紧密的日程，从军训火灾逃生训练，到学科强化拓展，任务安排精确到分钟。

　　"鹰爸"在介绍他的理念时，我实在忍不住打断他："现在您认为自己是专家，把多多的学习和训练安排得很紧密，10年后如果您不能为他做最到位的规划怎么办？30年后如果他没有竞赛可参加怎么办？多多有自己思考选择的能力吗？他有自己的兴趣吗？他能和同龄的好朋友一起快乐成长吗？"在2个多小时的节目里，我们显然都不能说服彼此。

我不是"虎妈"，不同意强权一定能塑造优才，也不赞成把孩子像工业产品一样去打造标准的质量保障体系。作为父母，我觉得最大的挑战就是不把自己真实成长、时时跌跤的孩子，去和自己心中一个虚幻的完美孩子做比较。尊重每个孩子的独特个性，激发好奇心和求知欲，让他们真实、快乐、自信地成长，其实比参照一个标准程式更具挑战性，需要家长的细心观察和个性化引导。更重要的是，如果作为父母的我们能热爱自己的事业、家庭，互相支持陪伴，日日精进，我相信这些种子都会植入孩子们的潜意识，帮助他们拥有驾驭幸福人生的能力。

《头脑风暴》节目激辩过后，我晚上回家问铭铭，"1～10分，你给妈妈打几分？"铭铭想也不想就说"9分"。"评价挺高，谢谢。妈妈的优点是什么？"铭铭扳着指头说："第一，你总知道我喜欢什么；第二，你总带我去参加同学们的活动，也会帮我组织好玩的生日会；第三，我考试的时候，你会陪我上学；第四，妈妈你做的饭菜很好吃。""你希望妈妈做出哪些改变？""你应该对我更有耐心，不要经常抱怨我做得不够好，就这一点扣分。"儿子9岁，在意的是很多平凡有爱的生活细节。有趣的是，这和我预想的答案挺不同。作为爸妈，我们是否能坐在孩子身边，认真倾听并及时改变自己呢？

我妈妈是一个立志学习和工作到底的人，我从年少轻狂时对她的权威充满逆反，到今天对她由衷的敬佩和欣赏，经历了很长的心路历程。在小时候的记忆中，她是北京儿科名医，一个追求完美主义的强势母亲。后来，她是原卫生部"儿童早期综合发展"项目国家级专家，千万年轻父母的育儿专家导师。一个60岁的人敢于学习互联网，建博客，开微博，成为新浪微博全国"十大育儿大V用户"No.1，2014年微博总阅读量超过15亿次；2014年春天，她从零开始创建微信公众平台，学习新的规则和沟通方式，以原创内容和知识传播为重点，仅仅一年多已经拥有30多万粉丝。在她的背后，没有商业力量运作，没有专业团队扶植，只有她对儿科专业的爱与专注，以及充满激情与活力的公益心。我也很想成为她那样的人，在年长时还能激励自己的儿女，为自己的理想和传播科学知识不懈努力。

　　我非常幸运，有一位名医母亲，可以时时指导我科学育儿的方法；另一方面，我也像其他年轻妈妈一样，常常会有很多疑问和挫折感。我很爱看妈妈的书，她有几十年做儿科医生的丰富经验，也有作为姥姥带外孙成长的真实体验，更有和千千万万年轻父母互动指导的经验。妈妈的书，像一个超级实用的工具箱，有很多平凡而有爱的细节，让我们用知识一点点提升自己，以更科学正确的方式去养育自己的孩子。希望她的新书可以切实地帮助到更多的新手父母！希望我们能够互相勉励，在爱中、在挫折中陪伴孩子成长，一起慢慢体会生命的全部意义。

麦肯锡资深董事合伙人　沙　莎

2015年6月

第三版序

亲爱的铭铭：

　　这半年来，我一直在修改曾经以你为原型写的《张思莱育儿手记》。在修改时，看着我详细记录的你的成长过程，又把我带回了15年前的日子。你是我的大外孙子，从你在妈妈的肚子里孕育到出生再到现在，你每时每刻的成长无不浸透着我们的爱和心血，你成长过程中的欢乐也充满了我们的生活！书中的字里行间，又让我回想起你小时候天真无邪的面容、可爱幼稚的语言和跌跌撞撞的步伐。谁能想到时光就这样一下子过去了，一晃已经15年了。每当我在全国做公益巡讲时，开讲前我必定要播放你5岁时用幼稚而富有感情的声音录制的《上帝和孩子的对话》——这个故事表达了对妈妈们的爱。我每次听你讲述内心都十分激动！我告诉所有听课的家长："这是我大外孙子5岁时在广播电台讲的故事，现在他已经15岁，是1米86的大伙子了！"看到台下吃惊的家长们，听到他们发出的感叹的声音，我内心是多么自豪呀！如今看到你在学校草坪上弹奏乐器的身影，看到你奔跑在运动场上迸发青春朝气的雄姿，看到你在舞台上表演引人入胜的话剧，看到你写的铿锵有力但又不失顽皮可笑的说唱歌词，看到你发回来的优异的成绩单，听到你充满激情和才华横溢的毕业演讲……我不禁感叹：我最亲爱的大外孙子长大了！变成了人人喜爱的小伙子了！

为了照顾你和恒恒，我不得不离开生活了近60年的北京。这么多年与你们两个孩子的朝夕相处以及血缘亲情，我已经把你们看成我心灵的归属、精神的寄托！当我看到你一个人离家去国外读书，内心如同翻滚逝去的江水一样舍不得，但是我也明白这是你成长的必经之路！孩子总是要长大的，不可能永远在长辈的羽翼呵护之下。现在你即将初中毕业升入高中，渐渐离开我，越走越远了，但是我深信我们的心还是紧密联结着。虽然有时你开玩笑说姥姥是"备胎"，每次总是先给爸爸妈妈打电话或者视频，他们不在时才打给"备胎"姥姥，我还是非常高兴。因为你和爸爸妈妈的亲情是最重要的！我不嫉妒，我不愿意我去世之后给你爸爸妈妈留下一个不孝敬的孩子！中华民族的家庭传统就是这样，一代一代传承下去，传承下去的是一个"爱"字！

这次你的毕业典礼我们不能参加，实属无奈！也希望你理解！但是我们会在祖国祝贺你顺利度过了初中时光！迎接你的是更加丰富多彩的高中生活！你的面前永远是通向美好未来的宽广的大路。当然途中也可能会有荆棘，但是我相信：随着成长，你会勇敢向前。请你记住：虽然目前学习是你的主要任务，但也要学会如何做人！只有真正掌握了这些本领，你在今后的一生中才能永不言败。前进吧！我们相信你！

你曾问我："我是这套书的主人公，我都已经15岁了，您再修改'育儿手记'还有什么意义？"我记得你在全校毕业演讲中谈道："我的姥姥张思莱是一位全国知名的儿科医生。自退休以来，她一直致力于为数百万的年轻中国父母普及科学育儿知识，几乎走遍了全中国。她还是一名活跃的博客作者、在微博上获得了近500万粉丝的关注，并出版了数本畅销书，其中有的书被中国科协评为全国优秀科普作品，有的绘本输出多个国家，受到很多国外父母和孩子的喜爱。此外，她还是一个充满爱心和无私的外祖母，她支持并鼓励我和弟弟在生活中树立崇高的理想，她用她的选择激励着我：她是一生的学习者，并且相信凡事总有进步的余地。她鼓励我不断追求卓越，并满怀热情地对待一切。在许多方面，她是我成长中最大的榜样。我钦佩她的专注、进取和坚持，并渴望像她一样过着有追求、不断学习和有目标的生活。"

　　为什么姥姥10多年后还要再次修改"育儿手记"？我想告诉你，除了追求完美，力争将自己的书做得更好，其实我更大的心愿是想让这套书能实实在在地指导家长科学育儿。当初这套书出版后一直很畅销，但在随后的10多年中，有很多育儿知识需要更新。我在照顾你们兄弟俩时，有成功的经验，也有过错误和不足，我写这套书的目的不是仅仅为了总结自己的育儿知识，或者给你们留下成长的记录，我是想通过这套书告诉所有的年轻父母如何科学地养育自己的孩子，并且手把手、一步一步地耐心指导他们，让家长们知道在孩子每个成长阶段应该如何去做。同时让他们在育儿过程中，避免出现我曾经错误的养育行为，让我们所有的孩子而不仅仅是我的外孙子少走冤枉路，希望他们健康快乐地成长！这就是我决心修改再版"育儿手记"的初衷！

　　铭铭，你知道吗？自从我被中国科协、《人民日报》、中央广播电视总台评为"典赞·2020科普中国"十大科学传播人物，自觉身上的担子更重了。虽然退休后随着中国少年儿童基金会"和孩子共同成长"和中国关心下一代工作委员会儿童发展研究中心主办的"中国母婴健康成长万里行"，我利用我多年的临床经验和育儿知识在全国各地进行大型公益巡讲，但是听课的家长毕竟还是少数，我想通过自己的著作将正确的科学育儿知识进一步更广泛地传播，这也是我晚年追求的目标之一！也正如古人所说：老骥伏枥，志在千里！

　　好了！最后，姥姥预祝你学习更上一层楼，健康快乐度过每一天！

爱你的姥姥

2021年5月12日

第二版序

《张思莱育儿手记》从出版到现在已经四五年了。在这四五年中，出版社不断通过加印本书来满足读者的需要。看到当当网近5000条的读者评论中，好评占到99.1%，我十分激动，这对我鼓励巨大。其中，有的读者说："张大夫的书深入浅出，用自己外孙在成长过程中遇到的一些常见问题，告诉新手妈妈们在遇到类似状况的时候该怎么做。我总参照上面的方法、观念以及一些自己想不到的育儿方法来养育自己的宝宝。这套书对我很有用，非常喜欢。"也有读者说："书拿到手就立刻开始读了，写得非常通俗易懂，涵盖了很多在孕期和养育宝宝过程中大家会遇到的问题，对我和老公，尤其是即将要帮我们带孩子的父母帮助很大。我如今怀孕5个月，提前学习，以免将来临时抱佛脚。""在微博一直关注张思莱奶奶，而读此书我感觉像找到救命稻草一样！孩子整个成长期都参考它了。"

另外，还有一位网友在微博上推荐：

"张思莱——一位退休后还坚持每天微博义务答疑，并在全国进行免费讲座的良心医生！我买了她4本书，《张思莱育儿手记》上、下册和《张思莱育儿微访谈》养育分册、健康分册，非常接地气和实用。张医生以自己外孙子的成长轨迹，来诠释小朋友成长路上会遇到的各种事情。我一般都是提前一个月看好下一个月会发生什么，在心理上做好准备。遇到什么问题也可以直接进行关键字检索，这4本书实在太实用了，推荐给大家！"看到读者这样喜欢我的书，我感到十分的欣慰，也感到进行科普宣传责任重大！

当初写这套书就是因为十几年来我一直在网络上与年轻的家长互动，帮助他们答疑解惑。这些家长遇到一些关于孩子的他们认为不寻常的表现，就束手无策了。其实，孩子身上的很多表现都是这个阶段的正常现象，只不过初涉育儿领域的家长不知道而已。另外，一些新手爸妈在育儿路上还存在许多盲区和误区，我看在眼里，急在心里。作为一个儿科医生、一个妈妈、一个外祖母，我能不能写一套书就自己帮助女儿养育外孙所经历的事情，以及结合家长在育儿过程中所遇到的困惑给年轻的父母一些指导呢？为方便读者理解，我特意将晦涩难懂的医学术语转换成通俗易懂的科普知识，以写手记的形式告诉家长孩子在每个阶段可能会出现的问题及应对措施，让读者读起来就像听邻居老妈妈在谈自己养育孩子的经历一样，既可以让年轻的父母感到亲切，又能增强对育儿知识的理解和应用。

隔代育儿是我国特有的社会现实，老一辈的人往往以自己旧有的价值观和养育观来养育孙代的孩子，自然就与具有现代养育观的年轻父母产生摩擦和矛盾。因此，我又希望我的书能够帮助我的同龄人跟上时代的步伐，帮助儿女一起养育隔代人。这也是我写《张思莱育儿手记》的初衷之一。

《张思莱育儿手记》已经走过将近5个年头，在这5年中，医学在不停地发展，我也在不断学习一些发达国家的科学育儿理念，并促使我萌生了要增补和修订这套书的念头，好让读者去接受更先进的科学育儿知识。另外，2014年6月，我被中华全国妇女联合会儿童工作部和中国家庭教育学会推荐为全国百位"传承好家风的好妈好爸"，更让我感到自身责任重大。因此，我更加希望在晚年时能为普及科学育儿知识做出更大的贡献，将这本育儿手记变得更加完善、实用，于是花了近一年的时间修改这套书。尤其是我的书被指定为中国儿童少年基金会"和孩子一起成长"的公益活动用书，进一步促使我一定要将这套书做得更好，为孩子茁壮成长贡献出我的"夕阳红"！

在我和中国妇女出版社的编辑们的共同努力下，这套书出版了。在这里，我要深深感谢中国妇女出版社为这套书所付出的努力！感谢编辑们的精心雕琢！

谨以这套书献给准父母、父母和养育孙辈的我的同龄人！

张思莱

2015年5月

第一版序

我从小就特别喜欢孩子。当姐姐和哥哥把他们的孩子们放在家里由母亲照看时，我这个做小姨和小姑的，就尽心尽力地帮助母亲，每天把他们打扮得漂漂亮亮的，带他们上公园，教他们识字和唱歌。母亲每个月给我的零花钱不多，我舍不得花，都攒下来给孩子们买新鞋或新衣服。看到孩子们穿上，我心里美极了，这可能就是母爱的萌芽吧！正因为喜欢孩子，所以报考医学院的时候，我毅然选择了儿科系。

母亲是一个有文化的家庭妇女，结婚前是个大家闺秀，结婚以后就在家里侍奉公婆，相夫教子。1958年"大跃进"时，母亲响应政府的号召走出家门，到街道工厂工作。当母亲拿到生平第一笔工资时，兴奋之情溢于言表。母亲工作起来特别努力，成为当时工厂的先进人物。姐姐大学毕业之后被分配到山西晋东南的一个小城市——与其叫城市倒不如叫乡镇更为贴切，再加上困难时期，物质供应极度贫乏，生活之艰难不言而喻。当姐姐在1961年有了第一个孩子的时候，根本没有条件自己带孩子。母亲见状，毅然辞去了自己的工作，尽管厂长一再挽留，她还是回到家里开始带自己的外孙子。外孙子的名字"周克"也是母亲给起的，其意思是希望我们国家很快克服困难。此后，姐姐的女儿、哥哥的儿子以及我的孩子都陆续送到母亲那里，由母亲帮忙带。

虽说是隔代的孩子，但是母亲没有一般隔代老人娇宠孩子的问题，她对孙辈的要求是很严格的，从礼貌待人到遵守各种社会规则、从饮食习惯到为人处世，样样都给孩子们立下了规矩。凡是她制定的规矩，自己都会第一个遵守，从来不去破坏这些规矩，当然也不允许别人破坏。答应孩子的事，母亲都要兑现，尽管有时兑现起来很困难。母亲对孩子们没有说教，从不与孩子唠唠叨叨，却以自身的言行给孩子们树立了榜样。即使在困难时期，母亲也是想方设法让孩子们吃好，从不考虑自己。母亲常说："我可以惯你们吃、惯你们穿，但是绝不能惯你们没有出息。"所以母亲在孩子们的眼里是一个充满了慈祥爱心而又有权威的外祖母（祖母）。

母亲带过的孩子基本上一到上学年龄就回到自己父母的身旁。因为我的孩子户口在北京市，所以仍留在母亲身边上学。母亲带过的孩子都非常有出息：姐姐的儿子周克现在是美国微软总部视窗研发中心总监，直接向比尔·盖茨（Bill Gates）或史蒂夫·鲍尔默（Steve Ballmer）汇报工作。在凌志军著的《成长——微软小子的教育》这本书里还专门介绍过周克。姐姐的女儿周兢现在是一所司法警官大学的副教授、律师。哥哥的儿子张实从美国的南卫理公会大学商学院（美国前总统小布什夫人劳拉毕业的学校）毕业后，在美国从事金融工作，深受美国著名金融大亨维克多·尼德霍夫（Victor Niederhoffer）的喜爱，在维克多·尼德霍夫的专著《华尔街赌局：传奇交易家的实战投机术》（*Ppactical Speculation*）里还盛赞了他的才能。我的女儿沙莎从哈佛商学院毕业后进入了国际一流咨询公司麦肯锡公司，现在已是麦肯锡全球资深董事和合伙人，也是大中华地区第一位女性资深董事。孙辈事业的成功与我母亲当年的启蒙教育是分不开的，因为培养孩子良好行为习惯的关键时期是婴幼儿阶段和小学阶段。母亲的教育为孩子们以后发展成为健全人格的人以及能够更好地融入和适应这个社会打下了坚实的基础。现在母亲已经离开我们去了天国，再也不能和孙辈的孩子们一起分享事业成功的喜悦了。但是这些孙辈的孩子只要到北京，第一件事情就是要给外祖父母（祖父母）去上坟，祭拜为他们的成长贡献出自己一切的老人。愿我的母亲在天堂里不再劳累！

对母亲教育孙辈的方方面面，我一直耳濡目染，她的一言一行始终深深地影响着我。随着岁月的消逝，转眼间女儿也有了自己的孩子，我也晋升为外祖母。女儿工作紧张，又没有育儿经验，虽然她也在恶补育儿知识，但终归是纸上谈兵，帮她带孩子成了我义不容辞的工作。我自己是儿科医生，多年的临床经验为带好孩子奠定了坚实的基础，10余年来一直苦心钻研的早期教育理论，也指导着我更好地为女儿把孩子带好。

早在1948年世界卫生组织（WHO）成立时，在宪章中就明确了"健康"的定义："健康乃是一种生理、心理和社会适应都完满的状态，而不仅仅是没有疾病和不虚弱的状态。"在1989年又增加了道德健康的新观点。因此，要达到世界卫生组织要求的健康标准，培养一个全面发展的合格人才，除了给予孩子自然均衡的营养和优化的膳食结构外，家长还应具备科学合理的喂养观和喂养行为，关注孩子的生活环境以及全方位培养孩子的综合素质。

从目前的儿童营养学和优生学的观点来看，一个孩子的营养应该从母亲孕前6个月，至少应该从孕前3个月开始补充。其实，我更认为应该从择偶时开始重视这件事。因此，本书选择从女儿择偶开始说起，叙述了从女儿结婚、准备怀孕、怀孕阶段以及孩子出生，到我帮助女儿带孩子的这段时间，两代人之间新旧观念的冲突、育儿问题上的分歧……这些小故事蕴含着科学育儿的理念和知识，可以帮助家长认清每一阶段可能面临的育儿困扰和应对办法。愿我的书能够助父母一臂之力，也希望我的书能够帮助老人带好隔代人。

在这里，我还要特别感谢我家的月嫂兼育儿师王静芬女士，她是一位充满爱心的大城市国有企业的内退职工。当国有企业面临重组的时候，她毅然选择了月嫂、育儿师这个职业作为自己职业生涯中的新起点。在这个职位上，她肯于钻研、勤于学习，终于成为一个受到爸爸妈妈和孩子们喜欢的好老师，我的一些早期教育理念都是通过她实践于我外孙身上的，她自身的优秀素质也为孩子树立了良好的榜样。我衷心地祝愿她，在今后的工作中取得更大的成绩，也希望在培养下一代的工作中出现更多像王静芬女士这样的月嫂和育儿师。

　　我也要特别感谢我的亲家戚永芳、秦水娟为我提供了大量的照片和帮助，感谢我的先生沙宪友、女儿沙莎和女婿秦志勇的大力支持，才使这本书得以顺利完成。更要感谢著名的摄影师唐人为本书封面所拍摄的唯美照片。

张思莱

2011年4月

CHAPTER 1
孕前准备及孕产期保健

CHAPTER 2
新生儿期发育和养育重点

CHAPTER 3
1～2月龄发育和养育重点

CHAPTER 4
2～3月龄发育和养育重点

CHAPTER 5

3~4月龄发育
和养育重点

CHAPTER 6

4~5月龄发育
和养育重点

CHAPTER **7**
5～6月龄发育
和养育重点

CHAPTER **8**
6～8月龄发育
和养育重点

CHAPTER **9**
8~10月龄发育
和养育重点

CHAPTER 10

10月龄～1周岁发育和养育重点

1

孕前准备
及孕产期保健

女儿结婚了

女儿31岁才登记结婚，女婿大她2岁。

女儿没有交男朋友之前，作为妈妈，我真的从心眼里为她着急。

女儿是一个进取心很强的人，从小就出类拔萃：初中时，中央新闻电影制片厂为了向全世界宣传中国中学生的生活，拍了一部大型专题纪录片《春满校园》，女儿被选中做主演，整部影片由她来配音解说；在各种国际和国内会议上，她经常代表中国的青少年发言；很多书籍和报刊都刊登过她的文章；在电视台的学术研讨会上，她也经常出现。在女儿的成长过程中，我从来没有为她的学习以及各方面素质的发展操过心（悄悄地说，作为母亲说不操心是假话，但是发生任何问题我会与老师及时沟通，紧密配合老师，所以孩子的成长就显得比较省心了。在这里，我必须感谢女儿的所有老师，没有他们的教育，女儿也不会这样顺利地成长），她每次升学都是由学校保送，也就是说，她从来没有参加过升学考试。她从北京西城官园小学（这是北京一所很普通的小学）被保送到北京四中读初中，初中毕业后又被保送到本校读高中，高中毕业后被保送到北京大学国际经济系；大学毕业后经过层层考试，进入了国际一流的咨询公司麦肯锡中国公司工作；3年后顺利进入美国哈佛商学院攻读MBA学位，2年后又被美国麦肯锡总部免试录用。

作为母亲，我为有这样的女儿感到骄傲与自豪，但同时又为她在不断充实自己的过程中，耽误自己的婚姻大事而深感不安。我和她爸爸只要有机会就督促女儿快点儿找男朋友，但女儿总是不慌不忙沉得住气。真是"皇帝不急太监急"。

我有一个传统的观念：结婚生子是人生必然要经历的一件大事，到了结婚的年龄就要结婚，女儿已经是进入30岁门槛的人了，可是连男朋友还没有着落，作为母亲怎能不着急！

女儿来信告诉我，因为我国经济飞速发展，国内一片形势大好，麦肯锡公司在中国的业务量非常大，因此她被派回中国工作。

回国后一段时间，女儿来电告诉我，自己已经有了男朋友——哈佛商学院的同学，在另一家美国一流国际咨询公司的中国公司工作。

提起女儿的男朋友，我和先生也认识。他是我们在参加女儿毕业典礼时认识的。小伙子是上海人，人长得高高大大，与女儿很般配。俗话说："不是一家人，不进一家门。"看到女儿选中的男朋友是这个小伙子，我和她爸爸十分满意。有时候，天底下的事情真不知道老天爷是怎样安排的！我记得女儿进入哈佛商学院后，我在2001年4月17日的《北京晚报》上看到一篇报道，大意是这样的：4月12日的波士顿虽已满目翠绿，但春雨绵绵中仍透出料峭寒意。查尔斯河南岸的哈佛大学奥尔德里奇楼内却洋溢着活泼、热烈的气氛。哈佛商学院2001级MBA班的同学全体起立，为刚刚结束的精彩案例点评热烈鼓掌。"这是我入学两年来从未见到的场面……"2001级MBA班的秦志勇激动地说。享有这份殊荣的是应哈佛商学院的邀请专程从中国赶来，为以联想16年发展历史为对象而撰写的《中国科技奇迹——联想在中国》（*Technology Legend in China*）做案例点评与答疑的时任联想集团总裁、联想有限公司董事局主席——柳传志先生。

当记者在报纸上刊登了这位接受采访的MBA——秦先生的名字后，我还通过越洋电话问过女儿这件事和这位秦先生。去美国参加女儿的毕业典礼期间，中国留学生和家属在一家中国餐馆聚会庆贺时，我还特意让女儿将这位留学生指给我看。没有想到这位留学生竟然做了我们家的女婿。世界是那样大，可有的时候却是那样小。

俗话说："男大当婚，女大当嫁。"当女儿有了男朋友，我又督促他们快结婚，其实我心中还有一个秘密，就是希望他们早些生一个小宝宝。

从优生学角度来说，女性最佳受孕年龄在24～30岁，男性在25～33岁。

女儿已经过了最佳受孕年龄，我不希望他们迟迟不结婚，因为女性在35岁以后，卵巢的功能开始减退，卵子逐渐出现老化，染色体也会逐渐出现明显的异常。由染色体异常引起的先天性痴呆（21-三体综合征、18-三体综合征）发生率会随着孕妇年龄的增高而逐年增高，宫外孕、流产、死产发生率也会随之增高，而且妊娠中毒症、妊娠糖尿病的发生率也将增高。同时，胎儿的发育会受到影响，发生宫内发育迟缓（小样儿）、低出生体重儿、早产儿以及各种先天畸形的概率明显增高。在我的临床生涯中就治疗过不少这样的患儿。

从优生学角度来看，女儿和女婿是天造地设的一对，两人都受过良好的教育，一个上海人、一个北京人，通婚距离远，因此血缘关系远——下一代的遗传差异越大，遗传优势越明显，后代就可能更聪明。双方均是知识分子家庭，可以在孩子出生后为其营造一个良好的家庭环境。

女儿和女婿在同年9月份举行婚礼。婚礼隆重而热闹，当女儿挎着她爸爸的手臂缓缓走上红地毯时，我热泪盈眶，心潮澎湃，难以形容此时作为母亲的心情。当我先生将女儿的手放在女婿手中时，我在心中默默祝福他们："生死契阔，与子成说。执子之手，与子偕老。"

女儿在她31岁之际结婚了！

要想生一个健康宝宝，孕前需要体检、补充叶酸，并做口腔检查

元旦期间，女儿和女婿回北京来看望我们。晚上，我在书房里正忙着赶杂志社的约稿，就听见女儿呼唤我："妈，您过来一下，我们和您谈谈！"

我过去一看，女儿和女婿都规规矩矩地坐在餐桌前，一脸严肃，好像要开圆桌会议似的。我不由得扑哧一笑："怎么，咱们这是几方会谈呀？"

"妈，我们有正经事要咨询您！"

"说吧！"

"妈，是这样的，我们想现在是时候要孩子了，可是不知道应该注意什么，需要做什么准备工作，您给我们讲讲！"

听女儿这么一说，我心中窃喜，看来抱大外孙有希望了，也许今年就能实现心愿了。现在，对每个家庭来说，保证孩子健康是最重要的。

根据现代优生学和营养学的观点，要想生一个健康、聪明的宝宝，应该从怀孕前3个月，甚至前1年开始做准备工作。女儿和女婿结婚比较晚，事业有成，考虑问题一向较为成熟，既然他们提出要孩子，肯定心里已经做好了迎接下一代的思想准备。女儿女婿特别喜爱孩子，对朋友的孩子常常疼爱有加，而且还表现得特别有耐心。女儿女婿平时一再说，如果有了孩子一定要亲自带大他，保证母乳喂养，否则孩子将来不和父母亲，对孩子身心发展不利。

心理上，女儿女婿已经做好了准备，而生理上也需要做全面的准备。

怀孕是人类繁衍的一个自然过程，看似平常，但在某种意义上说也充满了艰辛和危险，因此必须重视这个过程。

"首先应该保证夫妻双方身体健康、精力充沛、心情愉快，夫妻之间互相关心和体贴。为了杜绝遗传缺陷，建议你们做一次孕前体检，通过家系调查、家谱分析以及实验室检查评测遗传风险。如果你们中的一方存在着遗传性疾病，需要预测子代再发的风险。通过综合分析后，医生会给出医学建议，提高生一个健康孩子的概率。"

女儿赶紧对我说："妈！我们婚前已经做过有关方面的体检了，没有问题！"女婿笑着对我点了点头。

我接着说："平时的饮食营养要均衡、合理，这样有利于排出高质量的精子和卵子。这个阶段应该养成良好的生活习惯。不要吸烟和饮酒，每天饮用的咖啡，咖啡因含量不要超过100毫克，同时要适当控制茶的摄入量，还应尽量减少熬夜；注意身体，尽量不要感冒；最好不要随便吃药；双方不要接受X线照射；也不要密切接触宠物；尽量减少电磁辐射，尤其是不要把电脑放在腿上工作；不要在有环境污染的地方工作，如能够接触高温、铅、苯、汞、砷、农药等的环境，避免这些不利因素对精子、卵子造成一定的损害。"

"妈！他不喝酒，为了要孩子他已经戒了烟。咖啡只是早晨喝一杯，我也少喝茶了。"

"另外，你们现在还需要开始口服叶酸！"我对女儿女婿说。

"叶酸是一种水溶性的维生素，也称B_9，人体自身不能合成，只能从食物中摄取。叶酸是生命物质——蛋白质，以及遗传物质DNA、RNA合成的必需物质；还是红细胞分裂、生长，白细胞快速增生，大脑中形成长链脂肪酸所必需的物质，体内几乎一切物质代谢都离不了它。叶酸可以预防大脑神经管畸形和其他器官畸形的发生。同时，叶酸还参与核酸和蛋白质的合成，孕期服用还可预防高同型半胱氨酸血症、促进红细胞成熟和血红蛋白合成、预防先兆子痫和胎盘早剥。如果孕妇缺乏叶酸，可以导致胎儿神经管畸形，如无脑儿、脊柱裂、先天性心脏病、唇腭裂，还可导致胎儿患上胃肠道、心血管、肾脏、骨骼等方面的疾病，以及巨幼细胞性贫血。叶酸主要存在于各种绿色蔬菜、水果、动物肝脏、豆类、酵母里，但是遇光、遇酸、遇热很容易分解。中国孕妇缺乏叶酸的情况比较普遍，这是由中国人的饮食习惯所引起的。因为中国人喜欢吃熟食，尤其喜欢用煎炒烹炸或者大锅烩的方式烹制蔬菜，这样就造成50%～80%的叶酸流失，所以必须注意叶酸的额外补充。如果备孕女性每天服用0.4毫克叶酸就能避免85%的神经管畸形的发生。

"备孕女性从孕前3个月开始每天口服小剂量的叶酸，每天保证摄入叶酸0.4毫克，使体内的叶酸逐渐维持到一定水平，受孕后用于保证胚胎早期处在一个较好的叶酸营养状态中。怀孕3～8周是胚胎神经系统和循环系统的基础组织最先开始分化的时期，是胚胎生长发育的关键期，也是最容易致畸的敏感时期。孕第3周初神经管开始发育，孕第4周末脑部开始发育，孕第5周至第6周分化出左右脑雏形，孕第12周脑细胞继续增加，脑细胞间已经开始建立联系。保证孕前、孕期和哺乳期的叶酸供给，可以促进胎儿发育、减少神经管畸形发生，还可以有效预防51%的先天性心脏病及颌面裂发生，同时减轻妊娠反应、减少流产、降低宫内发育迟缓的发生率，也有利于降低妊娠高脂血症发生的危险，预防孕妇和胎儿贫血的发生，显著升高哺乳妈妈的血红蛋白含量和血细胞比容，何乐而不为！另外，WHO建议，至少应给产后妇女提供3个月叶酸补充剂。"

根据《生命时报》最近报道：英国阿尔斯特大学研究人员开展对照试验，以查明孕妇补充叶酸的长期影响。发现整个孕期补充叶酸，孩子以后的情绪会更稳定，掌握的词汇量更大，更能应对挫折。

接着，我转过脸来对女婿说："原来我们一直强调备孕期间女性要服用叶酸，现在主张男性每天也需要服用叶酸。研究表明，摄入叶酸水平最高的男性，出现精子异常的概率最低。孕前每日摄入叶酸722微克～1500微克，精子危险系数会降低20%～30%。男性体内叶酸水平低，会使精液中携带的染色体数量要么过多、要么过少。精液的浓度及精子活动能力下降，会使得受孕机会减少。如果卵子和这些异常的精子结合，可能就会引起新生儿缺陷，如唐氏综合征，还会增加女性流产的概率。因此男性每日补充叶酸，可以提高精子质量，其补充量为0.4毫克～0.8毫克。"

同时，我还建议女儿多吃一些含铁的食物，如动物血、肝脏、瘦畜肉、黑木耳、红枣和黄花菜等。因为孕前期保证铁的合理摄入是成功妊娠的必要条件，孕前期缺铁易导致早产、孕期母体体重增长不足，以及低体重儿的发生。同时多吃一些含有维生素C的食品，有助于铁的吸收和利用。还建议多吃一些海产品，每周至少1～2次，这样可以保证碘的摄入，因为孕前期和孕期对碘的需求相对较多，碘参与甲状腺素的合成，减少或杜绝孩子克汀病（又称"呆小症"）的发生。适当多吃海产品还可以增加对多不饱和脂肪酸DHA的摄入，使胎儿处于一个拥有丰富DHA的营养环境，有助于胎儿大脑的发育。

准备怀孕的夫妻双方不仅自身应戒烟、戒酒，还应远离吸烟的环境，以免影响精子和卵子的发育，造成精子或卵子畸形，这会影响受精卵着床和胚胎发育，导致流产，或者影响胎儿的智力发育。好在女儿和女婿都不吸烟和饮酒，我就放心了。

同时，我还嘱咐女儿怀孕之前要去医院彻底进行一次口腔检查，清除牙齿上的牙结石、牙菌斑，彻底治疗龋齿，拔除阻生的智齿或残根、残冠，及时修复缺失牙。孕期内，孕妇体内的雌激素水平上升，尤其是黄体酮水平上升，会使牙龈血管增生，通透性增强，诱发口腔问题。孕前如果存在口腔疾病，怀孕后病情往往会加重，可能出现牙龈肿胀、出血等症状，甚至影响进食。而且牙齿上的病原菌进入孕妇羊水，引起炎症，会导致流产，分娩早产儿和低体重儿的概率也会大大增加。

> ••• *Tips* •••
>
> 我建议女儿可以选择服用斯利安片、玛特纳片、爱乐维片等，前一种是叶酸片，每片含有叶酸0.4毫克，每天服用1～2片，相当于摄入叶酸0.4毫克～0.8毫克。后两者是孕期口服的综合维生素和矿物盐制剂，其中含有叶酸。

　　再加上孕期使用药物是有很多限制的，如果孕妇有很严重的口腔疾病，需要及时治疗，但是用药可能会对胎儿有严重的影响，往往会处于进退两难的地步。虽然国际上一致认为：孕期是可以看牙病的，但是80%自发性流产多发生在孕1～14周这个阶段，所以除非遇到必须要处理的牙病，否则不建议在这个阶段处理。可以把看牙病的时间推迟到14周以后，因为这个阶段胎儿主要的脏器已经发育完成，对胎儿的影响不会特别大。但孕妇在就诊时应该告诉医生怀孕的周数以及服用过的药物，医生会根据你的具体情况酌情处理。因此，为了减少怀孕阶段治疗牙病这种不必要的麻烦，平时就需要注意刷牙、漱口以保持口腔卫生，避免影响胎儿发育。

　　生活习惯也会影响后代的健康。虽然一个受精卵含有男性排出的精子和女性排出的卵子提供的各自一半的基因遗传信息，但不良的生活习惯可以导致表观遗传信息影响基因的表达。从事多年基因研究工作的浙江大学附属第一医院遗传与基因组医学科主任祁鸣告诉《生命时报》记者，在生活中，人们听说"DNA（脱氧核糖核酸）遗传"的机会较多，而"表观遗传"在研究领域都很前沿。绝大多数人可能没有听过，更不明白是什么意思。通俗地讲，DNA遗传确定了血缘关系，决定性别、肤色，比较稳定。而表观遗传是指DNA基因序列并没变化，只是基因状态发生了可遗传的改变。不夸张地说，作为男性，你抽的烟、喝的酒、熬的夜、吃的垃圾食品，完全可能在一定程度上被记录在精子里，悄悄影响后代的健康。

我对女儿说："你还没有接种过乙肝疫苗，如果在妊娠早期感染急性乙肝病毒，会使早孕反应加重，而且易发展为急性重症肝炎，危及母子生命安全。急性乙肝病毒感染还可通过胎盘传染给胎儿。你应该在怀孕前去注射乙肝疫苗。乙肝疫苗是按照0、1、6的程序注射的，即从第一针算起，在之后的1个月时注射第二针，6个月时注射第三针。因此，孕前至少提前6~9个月进行注射，才有可能在怀孕前产生足够的抗体，预防乙肝的急性感染。由于你出差多，在外就餐的机会也多，怀孕之后抵抗病毒的能力减弱，很容易受到感染，接种甲肝疫苗也很有必要。同时，我还建议你先去验血，检查有无风疹病毒的抗体。因为风疹病毒感染是目前发现最主要的导致先天畸形的生物因素之一。受风疹病毒感染的胎儿常会发生多个组织的损害，即先天性风疹综合征，常引发三联征（耳聋、白内障以及先天性心脏病）。风疹病毒感染的危害主要发生在妊娠早期。有些感染风疹病毒的婴儿并非出生后立即出现先天性风疹综合征症状，而是在出生后数周、数月，甚至数年后才逐渐显现出症状来。如果体内没有相应抗体，应当在孕前接种麻腮风三联疫苗（MMR）。虽然有的人在小时候接种过麻腮风三联疫苗，但如果验血后没有风疹病毒的抗体，还是应当接种此疫苗，并注意接种后1个月内不要怀孕，再次查血出现风疹病毒抗体后再怀孕。这可以预防在怀孕早期感染风疹病毒，从而避免由此引发的早产、流产或胎儿畸形。另外，还要说一下水痘疫苗和百白破疫苗。没有接种过水痘疫苗的准妈妈如果在孕早期或孕中期感染水痘，胎儿可能发生先天性水痘综合征，孕晚期或者临产时如果感染水痘，会导致新生儿水痘，新生儿的病死率可高达30%，也可能导致孕妈妈患严重肺炎甚至致命。接种水痘疫苗3个月后方可怀孕。注射百白破疫苗可以有效地预防新生儿以及小婴儿患百日咳、白喉、破伤风。因为6个月内的小婴儿百日咳发病率最高，家里人虽然不会患百日咳，但他们可能是隐性携带病菌者。所以建议至少在你怀孕前1个月接种百白破疫苗。"

听了我的话，女儿女婿表示一定要按照我说的做，争取怀上一个健康的小宝宝。

遗憾的是，女儿并没有完全听从我的疫苗接种建议，女儿在孕期以及外孙在婴儿期也侥幸没有患病，但铭铭1岁多接种水痘减毒活疫苗后反而出了严重水痘。

在此，我还要提醒一些备孕妈妈，对于儿童的听力障碍，遗传因素的影响约占65%，而在4～5岁以后出现的听力障碍，遗传因素可以上升到71%。所以家中若有耳聋或耳聋家族史的夫妇、曾生育过耳聋患儿的夫妇，尽可能在孕前进行耳聋基因筛查，以预防或减少耳聋患儿的出生。通过耳聋基因筛查能够确定遗传方式，计算再发风险，对患者及其家庭成员的患病风险、携带者风险、子代的再发风险做出准确评估与解释；通过客观、准确的生育指导和干预措施，从根本上预防和阻断遗传耳聋，实现预防耳聋出生缺陷。

另外，为了避免因TORCH感染而引起出生缺陷，备孕女性应该在孕前进行TORCH筛查，来确定女性的免疫状态，发现高危人群。现在TORCH筛查已作为孕前优生健康检查内容。

附 孕前和妊娠早期甲状腺功能筛查

在甲状腺功能的早期筛查方面，我没有给予女儿指导，这源于当初对这个问题没有深刻的认知，所以于这套书再版时补记上这方面内容，以提醒准备怀孕的女士或者怀孕早期的准妈妈重视这项检查。

2012年10月，中华医学会内分泌学分会和中华医学会围产医学分会为满足临床和妇幼保健工作的需要，联合编撰颁发了《妊娠和产后甲状腺疾病诊治指南》。其中曾提到，根据最近报道调查显示，10位孕妇中约有1位患有甲状腺疾病，并且有超过八成孕妇漏诊。因为妊娠期甲状腺疾病不但会影响胎儿的神经系统发育，而且会影响孩子智力发育，导致流产，还能增加妊娠期高血压疾病、早产和新生儿死亡的发生率。因此，怀孕前、妊娠早期进行甲状腺功能筛查是十分必要的。只有这样，才能对甲状腺紊乱做到早诊断、早发现、早治疗，才能保障孕妈妈的自身安全和胎儿的健康。现在一些医院已经将妊娠早期甲状腺疾病（甲状腺功能减退症、亚临床甲状腺功能减退症、甲状腺自身抗体TPOAb阳性、妊娠期甲状腺功能亢进症等）诊治列为围产期保健的重要项目。

甲状腺是人体内一个重要的内分泌腺体。在怀孕5~6周的时候，孕妈妈的甲状腺激素就存在于胎儿的体液中，而胎儿的甲状腺是从孕6周时开始发育的，孕10周初具形态，孕12周开始有了自主分泌功能，直到孕20周完全建立了自己的内分泌轴。因此，孕妈妈妊娠前20周的甲状腺激素水平对于胎儿生长发育非常重要，尤其是妊娠前12周是胎儿大脑快速发育时期，但是这个阶段胎儿自身的甲状腺功能还没有建立，如果孕妈妈患有甲状腺功能减退症，自身甲状腺素水平低下，不能为胎儿提供所需的甲状腺素，就会影响胎儿大脑的发育，因此可能对胎儿大脑造成不可逆的伤害。甲状腺自身抗体TPOAb阳性的孕妇就会增加早产和流产发生的概率。而对于甲亢的孕妇来说，流产、妊娠期高血压疾病、早产发生率以及围产期胎儿死亡率均可能增高。

2012年《妊娠和产后甲状腺疾病诊治指南》建议，有条件的医院和妇幼保健部门对妊娠早期女性开展甲状腺疾病筛查，筛查指标为血清TSH、FT4和TPOAb，筛查时机应选择在妊娠8周以前。甲状腺疾病在下列人群中高发，比如家族里有人患甲状腺疾病的，自己曾经患过甲状腺疾病的；孕妇过度肥胖，体质指数达到30以上的；或者有不孕症，经过治疗才怀孕的；以及35岁以上的高龄孕产妇，更容易患妊娠期甲状腺疾病。上述人群最好在怀孕前就进行甲状腺指标筛查，一旦确诊患病，可在怀孕前经有效治疗后再择机怀孕。

据制定2012年《妊娠和产后甲状腺疾病诊治指南》编辑委员会主编之一的滕卫平介绍："妊娠期间，准妈妈因体内雌激素和绒毛膜促性腺激素（HCG）水平升高，使机体内甲状腺激素增多，从而抑制促甲状腺激素（TSH）的分泌，使血清TSH水平降低20%~30%。TSH水平降低通常发生在妊娠8~14周，妊娠10~12周时下降至最低点。同时，妊娠早期血清游离甲状腺素

（FT4）水平较非妊娠时升高10%～15%。因为母体对胎儿的免疫妥协作用，甲状腺自身抗体（TPOAb）在妊娠后滴度逐渐下降，妊娠20～30周下降至最低滴度。因此，临床医生可以根据TSH、FT4、TPOAb这三大指数的变化，对妊娠期甲状腺功能紊乱以及是否需要进行治疗进行判断。这三项指数的变化对妊娠期甲状腺疾病有很好的预示作用。"因此，通过早期筛查，发现问题，及时治疗，才有可能保证孕育一个健康的宝宝。所以建议准备受孕和已经受孕的准妈妈在孕早期及时进行甲状腺疾病的筛查。

女儿怀孕了

一天，女儿给我打来电话，说自己这个月例假已经过了7天还没有来，不知道是不是怀孕了，也没有什么不适的感觉，自己去药房购买早孕试纸来自行检测，结果为阳性。

一般怀孕后，孕妇体内会分泌一种特殊的绒毛膜促性腺激素，于受精后17～20天出现在孕妇的尿中。绒毛膜促性腺激素的作用是维持卵巢内黄体的发育，从而维持妊娠。通过检验绒毛膜促性腺激素的试剂可以检测出女性是否怀孕。这种检测方法在停经后7～14天阳性率很高，不过也会出现假阳性，因此还需要去医院进一步确诊。

女儿来到医院，经过阴道检查和第一次B超检查，确诊怀孕了。从末次月经（LMP）的第一天算起，月份加9或减3，日数加7推算出预产期（EDC）是2005年12月21日。如果按农历计算，也就是从末次月经的第一天算起，月份仍然是加9或者减3，日数则加15。当然，这种计算的方法只是针对月经周期规律的人而言。一个孕期为37～42周。其实，真正在预产期内出生的孩子只占5%，而近90%的孩子会在预产期前后2周时间内出生，对于月经周期不规律或记忆不清楚的人，则需要医生根据早孕试验阳性的日期，或者早孕第一次检查时的子宫大小以及胎动出现的日期，借助B超检查来进一步诊断，推算出大致的预产期。当时医生还给女儿测量了基础血压，这样有利于观察怀孕期间血压的变化，及时发现问题。如果孕期没有什么不适的话，医生建议她在孕12周左右来医院登记建孕妇保健卡，做进一步检查。

第一次B超检查是在孕7周左右。这次检查不仅可以查出是单胎还是多胎、胚胎是否存活，还可以看出胚胎着床的位置。尤其对曾经剖宫产的经产妇更有重要的意义：可以看出胚胎是否着床在剖宫产的瘢痕上或是着床在子宫外，这两种情况都存在极大的风险，严重者甚至会因此而丧失生命。如果是多胎也会有很大的风险。所以，孕妇必须做B超，可以尽早发现问题。

去医院前女儿还给我打了电话，问："妈，如果医生要做阴道检查，我让她做吗？会不会造成流产？"

"没有关系，请医生操作时轻一点儿就好了。不做阴道检查的话，万一有特殊情况就发现不了了。一般这样的操作不会让孕妇流产的，你放心吧！"

听到女儿怀孕了，我十分高兴，但是还忘不了嘱咐女儿一些问题。其实这些问题医生肯定也会交代。

医学上认为，孕1~8周为胚胎期，8周以后到出生前为胎儿期。胚胎期是重要器官分化发育时期，每时每刻都在发展变化，这个时期又被医生称为"致畸敏感期"，保健重点在于防畸。神经系统和循环系统的基础组织是最先开始分化的。8周以后是胎儿各个器官进一步发育成熟的时期，因此，怀孕3个月内如果随便口服药物或者接触病毒、细菌就容易引发感染；密切接触宠物或放射线也可能造成胎儿的组织器官畸形。对于女儿来说，尤其要注意不能感冒，因为女儿在天气寒冷时穿得十分少，很容易造成抵抗力下降而染上疾病。

在怀孕1~2周以内，因为受精卵没有着床，处于游离阶段，所以是着床前期，孕妇用药对于胚胎影响不大，是用药安全期。受精卵形成胚囊着床后，即孕5~12周，这一阶段是药物致畸的高度敏感期。此时胚胎和胎儿正处于高度分化、迅速发育、不断形成的阶段，首先是循环系统和神经系统，主要是心脏和大脑开始分化和发育。接着是眼睛和四肢的发育。如果这段时间用药，药物以及药物的毒性就能干扰胚胎和胎儿组织细胞的正常分化和发育，容易造成相应部位的组织器官发育畸形。12周以后，由于胎儿的大部分组织器官（除生殖系统和神经系统外）已经基本形成，对药物的敏感性明显降低，因此不易出现畸形。但是由于生殖系统还未分化完全，神经系统到出生为止仍在发育，所以药物还是有影响的，有可能出现不同程度的发育异常或局限性损害。

协和医院谭先杰医生在其著作《子宫情事》中写道："美国食品药品监督管理局（FDA）将药物对胎儿的危害性分为A、B、C、D、X级。在孕12周前不宜使用C、D、X级药物。

"A级：经过临床对照研究，没有资料证实在妊娠早期和中晚期对胎儿有危害作用，对胎儿伤害可能性最小，是无致畸性的药物，如适量的维生素和微量元素。

"B级：经动物实验研究，未见对胎儿有危害，但无临床对照实验，在人体中未得到有害证据，可以在医生的观察下使用，如青霉素、红霉素、地高辛、胰岛素等。

"C级：动物实验表明对胎儿有不良影响的药物，由于没有临床对照试验，只能在充分权衡药物对孕妇的益处、对胎儿潜在利益和对胎儿危害的情况下谨慎使用，如庆大霉素、异丙嗪、异烟肼等。

"D级：有足够证据证明对胎儿有危害性的药物，只有在孕妇有生命危险或患严重疾病，而其他药物又无效的情况下才考虑使用，如硫酸链霉素。

"X级：动物和人类实验证实会导致胎儿畸形的药物，妊娠期间或可能妊娠的女性禁止使用，如氨甲蝶呤、己烯雌酚等。"

就药品种类来说，孕期禁用药信息如下：

初孕3个月内禁用药主要有以下几类：抗组胺药、抗凝血药、抗癫痫药、抗癌药、磺胺类药等。如氨甲蝶呤、氮芥、敏克静、苯妥英钠等。

有几类药是整个妊娠期都禁用的：抗感染药如链霉素、四环素、氯霉素；影响内分泌的药物如丙酸睾酮、己烯雌酚、甲巯咪唑以及肾上腺皮质激素类药物等。

妊娠后期至接近分娩时禁用以下药物：麦角新碱类药、泻药、奎宁、奎尼丁、巴比妥类药、利血平、阿司匹林、吗啡及其他镇静催眠药等。

有的孕妇在孕早期（受孕到孕12周末）会出现恶心、呕吐的情况，一般在停经6周后出现，至孕12周后自然恢复，偶有延至妊娠中期者。这是正常的生理现象，因此建议孕妇不要有思想负担。女儿怀孕后基本没有早孕反应，食欲很不错，特别喜欢喝水，因此我特意提醒她不要偏食、挑食，注意营养的合理搭配，尤其是注意含粗纤维食品的摄入；要适当控制水的摄入，防止体重过度增长和可能出现的下肢肿胀。

怀孕后尤其是孕中期（孕13~27周）时胎儿进入了快速生长发育期。与胎儿生长发育相适应，母体的子宫、乳腺等生殖器官也在逐渐发育。此外，母体要为产后泌乳储存好能量和营养素，因此需要增加食物量，以满足孕母和胎儿发育的需要。这个时期也是胎儿神经系统、内耳听觉神经细胞发育的时期，因此这个阶段要注意不要使用对神经系统、听觉神经有损害的药物或不良刺激物。这个时期还是重点防残的阶段，很多产前的诊断都在这个时期做。此时应该做母乳喂养的乳房准备。

到了孕晚期（孕28周至分娩），妊娠并发症增多，如妊娠期高血压疾病、早产、产前出血、胎位不正、胎儿宫内发育迟缓或胎儿宫内窘迫等，都是威胁母婴健康，甚至威胁母婴生命的疾病，因此要在此时加强对孕妇和胎儿的监测工作，预防并发症，并做好分娩前的准备工作。例如，进行胎动检测，依靠家中的亲人自行检测胎心、胎动，或者在医院里使用胎儿电子监测仪进行胎心和宫缩的检测。如果发现胎心过快，超过160次/分；胎心过慢，低于110次/分；胎心不规则；胎心音减弱；胎动次数少于10次/2小时，或减少50%，提示胎儿有缺氧可能；胎动次数少于10次/12小时，或者12小时未感到胎动，都需要马上去医院。如果孕妇感到头痛眼花、阴道流血或流水、规律性宫缩，也必须马上去医院就诊。在此期间继续做好母乳喂养前的乳房准备。

我以自己怀孕过程中的失误作为反面教材，让女儿记住那些教训。在电话里，我絮絮叨叨地说了一大堆，其实这些知识医生肯定已经嘱咐了，可我仍然不想就此打住，生怕有哪一点遗漏了。一看电话已经打了1小时，自己心里也说："该打住了！以后遇到什么问题再分别解决。更何况还可能会有未预料到的事情发生呢。"唉！谁让我是妈呀！疼女儿心切呀！

我嘱咐女儿："记住，马上去医院接种流感疫苗！因为孕妇患流感会导致胎儿体重过轻、早产或者流产，严重者甚至会危害孕妇生命。因为你的预产期在12月21日，所以9月份建议再接种一针流感疫苗。"

"妈！干吗要接种两次流感疫苗呀？安全吗？"女儿问。

"流感病毒是一种变异力极强的病原体，每一年的流行类型都会有所不同，疫苗只能让身体产生1年的免疫力，所以流感疫苗需要年年接种。世界卫生组织（WHO）设在100多个国家的监测网每年都会分析监测流感病毒类型及走势，论证和推测流感毒株的主导株。经过病毒学家、免疫学家、流行病学家、疫苗制备专家共同参与，经由WHO和我国卫生行政部门共同认定，于当年3月份公布流感病毒类型，并据此决定药厂每年生产的疫苗类型。人们接种了适宜的疫苗，可产生60%～90%的保护率。目前，他们的分析基本是正确的。在我国，特别是北方地区，冬、春季是每年流感流行的季节，因此，九十月份是最佳接种时机。而你怀孕时是3月，接种的是去年的流感疫苗。到了9月份开始接种的是今年的流感疫苗，孩子出生后6个月内是不能接种流感疫苗的，并且还要建立家庭流感防护圈来保护孕晚期的胎儿和出生后的小婴儿，这样孩子可以通过母乳中的流感病毒抗体以及家庭内部的流感防护圈受到保护。我国和美国疾控中心都已经明确，流感疫苗对孕妇是绝对安全的。你放心接种吧！"

"明白啦！"女儿说。

最后，我又不忘嘱咐女儿一句："怀孕12周左右，别忘了去医院建立孕妇保健卡！"

关照女儿注意饮食的调配和适当的运动，做好孕期体重管理

当得知女儿怀孕后，做妈的又多了一份牵挂，我总担心女儿不在我身边，她又是第一次怀孕，没有经验，因此经常给她打电话，嘱咐她需要注意的事项。经常是上午一个电话，下午一个电话，每次通话后总是觉得好像还有什么事没有嘱咐，不行，我还得给女儿打个电话，详细交代一遍。有时候，我自己都觉得这样絮絮叨叨的太啰唆了。

虽说怀孕是女性正常的生理过程，但又是一个非常特殊的时期。如何顺利地度过这段时间，需要科学的理念和长期的规划来指导。

均衡饮食，保证孕期营养

怀孕时，尤其是早孕期间大多数孕妇都会有不同程度的反应：恶心、呕吐、厌食或者偏食。虽然这一时期胎儿的生长速度相对比较缓慢，但因为这段时间正是受精卵逐渐形成胚胎继而形成胎儿的时期，因此，做好这个时期的饮食调配还是非常重要的。

孕早期膳食应当富含营养、少油腻、易于消化、适口，做到少食多餐。为保证摄入足量的富含碳水化合物的食物，每天至少应保证130克碳水化合物摄入，应以易消化的谷类食物为主。谷类、薯类和水果中同样富含碳水化合物。谷类中碳水化合物的含量为75%、薯类为15%～30%、水果为10%。水果中碳水化合物主要是果糖、蔗糖和葡萄糖，可以直接被机体吸收，能较快地

通过胎盘为胚胎和胎儿所利用。

　　饭菜一定要清淡适口，避免食用油炸食物和甜品，避免胃液反流刺激食管黏膜。如果呕吐严重，就会形成病理性呕吐，必须进行早期干预，可适当补充维生素B_1、维生素B_2、维生素B_6及维生素C，以减轻早孕反应，否则因为孕妇进食不足，体内脂肪燃烧会产生酮中毒，还会造成胎儿畸形。严重者可以输液补充营养，疗效很好。这一时期孕妇的饮食要做到粗细搭配和荤素搭配，尽量保证每天的热量供给。保证蛋白质的摄入，应该适当地增加鱼、禽、蛋以及海产品的摄入。每天保证摄入400克蔬菜，其中1/2为新鲜的绿叶蔬菜。多吃一些富含叶酸的食物，如动物肝肾、深绿色的蔬菜、豆类、坚果等，以保证胚胎或胎儿组织器官尤其是神经系统在迅速分化发育时期的需要。

　　整个孕期不仅要戒烟、戒酒，远离吸烟的环境，还要尽量少吃刺激性的食物。

　　胎儿平均每4周身长可以增长5厘米～10厘米，体重可以增加100克。因此，孕期加强营养很重要。孕妇所需要的钙剂也要增加，每天钙的摄入量应该是1000毫克～1200毫克，保证每天摄入鲜牛奶500毫升以上。如果对牛奶制品不耐受或者过敏，建议每天补充钙500毫克～600毫克，维生素D每天600IU。平时可以多吃一些含钙量高的食品，像豆制品、虾皮、鱼类，尤其可以多吃深海鱼，不但可以补充钙，而且可以满足胎儿大脑、视网膜和体格发育所需要的n-3多不饱和脂肪酸或n-6多不饱和脂肪酸。工作之余尽量多晒太阳，以利于皮肤下的胆固醇在紫外线的作用下转化为维生素D。或者口服补充维生素D，这样可以避免胎儿发生先天性的佝偻病。同时，孕妇体内维生素D的多少会影响孩子乳牙质量的高低，如果孕妇缺维生素D，会增加孩子患龋病的机会。为了孩子的健康，要记住补充维生素D和晒太阳。而且孕妇补充足量的钙和维生素D，可以促进自身的骨骼健康，减少以后动用"骨钙库"里的钙，老年后可以延缓发生骨质疏松。美国儿科学会的官方杂志根据发表的研究结果指出，孕妈妈体内维生素D水平会影响胎儿乳牙的发育及小儿早期龋齿的发生。如果孕妈妈体内维生素D水平低，可能影响宝宝牙齿的钙化、牙齿釉质发育不全，并导致婴幼儿龋齿风险增加。

从孕中期开始，孕妇体内的血容量迅速增加，而血液红细胞增加得相对缓慢，再加上胎儿也需要储备铁，所以孕妇要常吃一些含铁丰富的食物。如果处于孕中晚期的孕妇铁摄入量不足，会导致胎儿体内铁的储备不够，出生后的婴幼儿体内铁的储备也会不够，体内的铁被耗空，就容易导致缺铁性贫血。所以从孕中期开始，孕妇就应增加铁的摄入量。建议多吃一些含铁丰富的食品，如动物血、肝脏、瘦肉等，这些食物中血红素铁吸收率较高，为15%～35%。必要时在医生指导下可以少量服用小剂量的铁剂。同时注意多吃一些含有丰富维生素C的蔬菜和水果，以促进铁的吸收和利用，杜绝妊娠期间发生贫血。尽量少吃腌制食品、油炸食品、罐头食品和加工后的肉类食品等，因为这些食品中分别含有过多的食盐、食品添加剂以及亚硝酸盐等致癌物质。另外，孕妇要少吃除肝脏外的动物内脏，因为它们是高胆固醇食品。目前，虽然国家对家

从孕中期到孕晚期，是胎儿快速生长发育的时期，母体需要储备能量和营养素，子宫等生殖器和乳腺也逐渐发育。因此，孕妇可以考虑开始每日摄入总计150克～250克的动物性食物，如鱼、禽、蛋、瘦肉、海产品等。首选动物性食品为鱼类，除了供给优质的蛋白质外，鱼类还可以提供胎儿大脑和视网膜发育所需的n-3多不饱和脂肪酸，每周最好能够摄入2～3次富含DHA的低汞海鱼，每次120克左右。保证每天吃一个鸡蛋，因为鸡蛋的蛋黄是卵磷脂、维生素A和维生素B_2的优质来源。怀孕后对碘的需求量大大高于孕前，约为孕前的2倍。碘参与甲状腺素的合成，可减少或杜绝小儿克汀病的发生。因此，每周至少进食1～2次海产品（如海带、紫菜、黄花鱼、鲜鲅鱼、海蜇、海虾、扇贝、牡蛎等），以满足孕期对碘的需求。澳大利亚、美国以及世界卫生组织推荐的孕期、哺乳期每日补碘剂量是150微克。根据世界卫生组织建议：孕妈妈尿检结果碘低于150微克/升，应每日服用150微克的碘补充剂。甲状腺异常的女性，应该遵照医嘱。在哺乳期的妈妈如果检测到尿液中碘水平低于100微克/升，也需要补碘。因为一部分碘会进入乳汁，通过乳汁补充至婴儿体内，以满足婴儿对碘的需要。此外，孕妇还要适当增加奶类的摄入，多吃一些含铁丰富的食物。

禽、家畜饲料中添加剂的使用都有严格的规定和限制，但是也会有不法生产者在这些饲料中添加增肥剂、生长激素、瘦肉精之类的东西。肝脏是动物的排毒器官，有些毒素会残留在动物的肝脏中，如果食用了不合格的肝脏会对胎儿和孕妇造成严重的危害，所以在购买时一定要选择合格、安全的产品。

孕妇可以吃一些坚果以补充微量元素。另外，孕妇还要保证每天摄入大约500毫升的牛奶。如果经济条件允许，最好能够选用孕期配方奶粉（即低胆固醇，且含有孕期所需要的多种维生素和矿物质的配方奶粉）。现在不少厂家都在生产孕妇用配方奶粉，这些配方奶粉为孕妇提供了妊娠期间所需要的一部分营养，与鲜牛奶相比，营养要丰富得多。

适量运动，做好孕期体重管理

女儿每天的工作是很累的，她每天的行程就是家—办公室—家，只要一到办公室就是坐在电脑前工作或与客户开会，而且每天工作的时间都超过8小时，几乎很少能够在晚上10点前回到家。这种工作性质对于怀孕的人来说是非常不利的。为了提高效率，女儿都是坐车出行，连走路这样的运动都几乎没有。白天也很少能出去晒晒太阳，冬天甚至是顶着星星上班，顶着星星下班。因此，我要求女儿从现在起每天要散步1小时左右，最好能够利用上下班时间少坐车，留出一段路步行。因为散步可以促进血液循环，有助于消化，维持体重适宜增长，有利于孕期管理好自己的体重，而且运动强度不大，一般孕妇都适合。此外，散步还能够锻炼骨盆肌肉、韧带和骨盆的各个关节，有助于将来顺利分娩。我告诉女儿，要注意做好孕期体重管理，保证整个孕期体重增长8千克~14千克。

适量的运动可以维持体重适宜增长，对孕妇和胎儿都有好处。因此，每天要进行不少于30分钟低强度的体育运动，最好是1~2小时的户外活动，如散步、健身操。要知道，在有阳光的户外运动有助于改善体内维生素D的营养状况，以促进胎儿骨骼和孕妇骨骼的健康。

管理好孕期体重意义重大。如果孕期体重过重，会有很大危害，如发生巨大儿概率增高、易发生妊娠期高血压疾病、难产率和剖宫产率增加、胎儿窘迫和新生儿窒息风险增大、晚期胎儿死亡率增加、新生儿死亡风险增高；

对子代远期的健康也会有影响，即易患肥胖、代谢综合征、心血管疾病等。如果孕期体重增长不足，对于胎儿短期的影响就是体重增长不足，易出生低体重儿；对子代远期的健康影响，即易患高血压、血脂异常、心血管疾病、胰岛素抵抗等。

我建议女儿在工间休息时尽量到外面晒太阳，呼吸新鲜空气。午餐最好去大楼外面的餐馆吃饭，为自己创造晒太阳和呼吸新鲜空气的机会，这样做有助于提高机体的新陈代谢，有助于将皮下的胆固醇转化为维生素D，有助于胎儿的发育。

我记得我曾经治疗过这样一个新生儿：孩子的妈妈是一位公司职员。在怀孕期间每天上下班都是两头不见阳光，全天都在大楼里的办公室工作，中午吃外面送来的盒饭，也不出楼。她的孩子生下来后，因为惊厥被收住院。入院后经检查，发现孩子患的是典型的先天性佝偻病，按一下孩子的颅骨就像按在牛皮纸上一样，是典型的"乒乓球"头颅。而且每条颅缝都宽约2厘米，前囟门很大，后囟门和侧囟门都没有闭合。我们给孩子拍了头骨的X光片，显示骨质明显稀疏，骨密度降低得十分严重。当时我把这个孩子的X光片拿给北京市儿童医院放射科主任（我的大学同学）看时，他说自己已经很长时间没有见过这样严重的先天性佝偻病的片子了，因为现在孕妇、孩子的营养都很好，即便是来自贫困农村的孩子也很少见这样的病例。究其原因，主要是孕妇光照严重不足，食物中的维生素D、钙、磷明显不足，也未加以补充，导致维生素D、钙、磷极度缺乏甚至发生骨软化症，维生素D缺乏引起手足搐搦症、惊厥。这个孩子大约住院治疗了1个月，随后又在门诊随诊了3个月才算痊愈。这个病例给我留下了深刻的印象。每次我对女儿提起这个病例时，都提醒她注意晒太阳，注意补充钙和维生素D。

女儿在电话里问我，可以去游泳吗？我没有同意。游泳是不让肌肉和关节有过重负荷的运动，而且可以增加肺活量，增加耐力，是一项很好的运动。可是也存在一些问题，如游泳池的水是不是达到规定的卫生标准？游泳的人是不是都做了全面的健康检查？现在，有很多泳池为了经济收益根本不要求入池前体检，因此很有可能混入一些具有传染性疾病的人，那是很危险的。再加上如果游泳池水的温度很低的话，容易引起肌肉痉挛。因此，我并不建议女儿在孕期游泳。

　　总之，如果准妈妈在孕期能够合理调节自己的饮食，适当地进行运动，一定能够顺利地度过孕期，平安地分娩自己的宝宝。

美国FDA有关孕妇和婴幼儿的鱼类摄入指南

　　最佳选择：富含DHA的低汞海产品，建议每周2～3次，每次120克。如小黄花鱼、秋刀鱼、带鱼、鲅鱼、鲷鱼、河鲈鱼、河鳗鱼、虾、鳕鱼、鲑鱼、罗非鱼、鲶鱼、蚌、龙利鱼、牡蛎、比目鱼、鱿鱼、扇贝、鲥鱼、龙虾等。

　　良好选择：建议每周1次，如竹荚鱼、石斑鱼、左口鱼、方头鱼、长鳍白金枪鱼（新鲜的或冷冻罐头）、鲤鱼等。

　　避免选择汞含量较高的鱼，如墨西哥湾方头鱼、鲨鱼、旗鱼、橙棘鲷、大眼金枪鱼、马林鱼和鲭鱼等。

不同孕前BMI的体重增长推荐

	孕前BMI（千克/米²）	总体重增长范围（千克）	孕中晚期的平均体重增长率（范围）（千克/周）
体重不足	<18.5	12.5～18	0.51（0.44～0.58）
标准体重	18.5～24.9	11.5～16	0.42（0.35～0.50）
超重	25.0～29.9	7～11.5	0.28（0.23～0.33）
肥胖	≥30.0	5～9	0.22（0.17～0.27）

去医院建立孕妇保健卡

有些日子我去江苏等地讲课，讲完课我就绕道去上海看望女儿。女儿是妈妈的心头肉。我担心女儿怕我着急，有什么不适或有严重的早孕反应也不告诉我。不放心呀！

这天，女儿怀孕13周了，进入中期妊娠。女婿陪女儿去上次初检的医院建立孕妇保健卡。建立孕妇保健卡主要是为了加强孕产妇系统管理，掌握孕产妇的基本情况，保证围产期的健康，便于孕产妇动态保健，发现高危妊娠要进行专案追踪调查，同时做好产后随访工作。孕妇以后将定期到这家医院做产前检查，便于医生及时掌握孕妇的情况，保证在整个孕期大人、孩子能够健康平安。

孕期初检项目包括：

■ 询问夫妻双方个人史（包括月经史、婚姻史、生育史、既往疾病情况）、家族史（包括有无遗传病史）。

■ 测量血压、身高、体重。

■ 检查胸部和腹部重要脏器的检查。

■ 检查有无妇科炎症。

■ 检查有无肿瘤、畸形。

■ 了解骨盆的形态、子宫大小，做骨盆外测量，测量宫高及腹围。

■ 了解胎儿大小以判断是否与孕周相符；检查产道；检查胎方位（了解胎位是否正常）；听胎心；必要时进行B超检查了解胎儿在宫内情况（以确定

胎儿发育是否良好，如有异常可尽早予以矫正，如果无法矫正，可以早日制订分娩计划）。

■ 检查空腹血糖、尿常规、血常规、ABO血型、RH血型、肝功能、肾功能。

■ 检查有无肝炎、梅毒、艾滋病等传染病。

如果发现异常情况，需根据不同的情况去相关科室进一步检查，针对疾病及时给予治疗。

女儿回来汇报说："一切正常。医生告诉我，过4周再去医院检查。"

产前检查时间安排

孕 周	产检安排
孕12～28周	每隔4周产检一次
孕28～36周	每隔2周产检一次
孕36～40周	每隔1周产检一次
孕40周以后	每隔3天产检一次

这属于常规检查，每次都规定要查体重、血压、宫高、腹围、胎位、胎心、水肿情况以及有无蛋白尿。根据不同孕周，检查的侧重点也不同，可及时发现问题，尽可能地保障胎儿和大人的健康。

看到女儿孕早期几乎没有什么早孕反应，食欲很好，也没有什么特殊食品的偏好，就是因为尿频（增大的子宫压迫膀胱所致）感到口渴，喜欢喝水。我便嘱咐女儿不要过量饮水，因为妊娠时激素分泌增加，引起水、电解质在组织间隙潴留（即液体在体内不正常地聚集停留）；同时增大的子宫压迫下腔静脉造成血液回流受阻，体液通过血管壁渗出潴留在组织间隙，所以妊娠期会发生水潴留增加，造成肢体水肿，尤其是下肢水肿。因此，有尿要及时去卫生间排空，防止因尿潴留而引起尿路感染。同时嘱咐女儿多吃一些富含膳食纤维的食物，养成定时排便的好习惯，避免发生便秘。

我告诉女儿："你知道现在你肚子里的胎儿有多大了吗？大约有7厘米

长，重约28克，头相对身长较大，大约占了身长的一半。他的感觉器官，如视觉、听觉和味觉器官开始迅速发育，眼睛的晶状体和早期视网膜已经形成，耳朵已经移动到了最终位置，舌头已经出现了味蕾，嘴可以张开和闭合，还可以有吞咽和打哈欠的动作了。"女儿吃惊地张大嘴看着我，似乎不敢相信，她的孩子已经有了基本雏形。

　　既然女儿一切检查均正常，我就放心了。于是，我在上海待了2天，就飞回北京了。

做唐氏综合征筛查，警惕有无母儿血型不合溶血

进行唐氏综合征筛查

女儿已经怀孕17周了，她去医院做产前常规检查，向医生提出要做"唐氏综合征筛查"。因为她知道美国医生要求每个孕妇必须做唐氏综合征筛查，这是一项常规的检查，也是产前必须要做的一个检查程序。当时医生认为女儿年龄还不到35岁，其胎儿发生唐氏综合征的可能性很小，认为没有必要做（现在我国已把此项检查作为常规要求，预产期年龄35以下的准妈妈，需要在孕15～20周做唐氏综合征筛查。主要筛查唐氏综合征、18-三体综合征和开放性神经管缺陷）。但女儿还是坚持要做，于是打电话向我询问这件事，我说："必须做！"

唐氏综合征在医学上称为"21-三体综合征"，又称"先天愚型"，是染色体异常导致的一种疾病。人类细胞的染色体应该为23对（46条），其中一半来自父亲，一半来自母亲。正常人有22对常染色体，而最后1对是决定性别的性染色体。患有唐氏综合征的患者在第21对染色体上多了1条染色体，出现染色体异常，于是人们将这种疾病称为"21-三体综合征"，是受精卵早期细胞分裂错误或精子、卵子分裂错误导致的。中国著名的智障人乐队指挥者舟舟就是典型的唐氏综合征患者。

目前在活产的新生儿中，唐氏综合征发生率是1/800～1/700。唐氏综合征患儿出生率随孕妇年龄的增加迅速上升。分娩年龄在25岁的孕妈妈，

其分娩唐氏儿的概率为1/1340，而35岁的孕妈妈分娩唐氏儿的概率为1/400以上。到40岁以后，分娩唐氏儿的概率为1/106以上，而45岁以后为1/25以上，到49岁后上升至1/11以上。

患有唐氏综合征的新生儿多为小于胎龄儿或早产儿，表现为肌张力低下、韧带松弛，随着发育表现为智力严重低下（智商20～25），同时还可能伴有先天性心脏病、消化道畸形，成年后可能伴有白内障、精神异常。唐氏综合征的患者存活年限是20～30年。这样的患者会给家庭和社会造成极大的负担。

唐氏综合征是一种偶发的疾病，以前认为只有35岁以上的女性怀孕才有可能生这样的孩子。经过研究发现，有25%～30%的21-三体综合征发生在35岁以上的年龄组，70%～75%的病例发生于年轻的孕妇身上。也就是说，每一个孕妇都有可能孕育先天愚型儿，因此每个孕妇均应该做唐氏综合征筛查。

目前，唐氏综合征筛查分为两次，筛查时间分别为，早期筛查为妊娠11～13^{+6}周，中期筛查为妊娠15～20^{+6}周。检测时需核对孕周，尤其对月经不规律的孕妇，孕周是否准确对于检测结果的准确性十分重要。唐氏综合征筛查多采用联合血清学的方法进行筛查。筛查时，抽取孕妇的外周血，提取血清（不用空腹），检测母亲血清中甲型胎儿蛋白（AFP）、血清绒毛膜促性腺激素（HCG）和游离雌三醇的浓度。结合孕妇的预产期、年龄、抽血时的孕周、体重计算出患唐氏综合征的风险度。这样可以查出80%的先天愚型儿。同时此项检查还可以筛查神经管缺损、18-三体综合征以及13-三体综合征。当然，筛查结果不等于确诊，可能出现少数假阳性和假阴性，对高危孕妇的最终确诊还需做羊水穿刺，以进行羊水染色体检查。唐氏筛查可筛检出60%～70%的唐氏综合征患儿。

唐氏综合征的风险度，国际上以1∶270作为风险阈值，分母越大，风险越小。如果高于风险阈值，就需要做进一步诊断。女儿的唐氏综合征筛查风险系数为1∶1500，属于正常范围。

目前妊娠无创产前筛查可以在孕早期（孕11周～13周）进行唐氏综合征筛查，是通过NT超声波测定胎儿颈项后透明层厚度来进行筛查。如果胎儿患有唐氏综合征，其脖子后方一条"透明"的条带会增厚，厚度越大，风险也越大，超过3mm则需要做进一步检查。如果考虑唐氏综合征筛查高风险，需要进一步进行绒毛活检术或者羊膜腔穿刺术。孕妈妈必须清楚，这种无创筛查也会出现假阳性率和假阴性率。

唐氏综合征筛查高风险或高龄（年龄≥35岁）通过介入性诊断对母胎存在着一定的风险，目前我国很多医院已经开展了"孕妇外周血胎儿游离DNA产前筛查与诊断技术"。2016年11月9日，原卫计委颁发了《规范有序开展孕妇外周血胎儿游离DNA产前筛查与诊断工作的通知》及有关技术规范解读文件。这项技术即通过孕妇外周血胎儿游离DNA产前筛查与诊断，应用高通量基因测序等分子遗传技术，检测孕期母体外周血中胎儿游离DNA片段，以评估胎儿常见染色体非整倍体异常风险。根据目前技术发展水平，孕妇外周血胎儿游离DNA产前筛查与诊断的目标疾病为3种常见胎儿染色体非整倍体异常，即21-三体综合征、18-三体综合征、13-三体综合征，以预防出生缺陷。此项检查具有很高的敏感性和特异性，而且安全。因此适于无创性产前诊断。

此项检查适用时间：孕妇外周血胎儿游离ＤＮＡ检测适宜孕周为12^{+0}～22^{+6}周。

此项检查适用人群：

（1）血清学筛查显示胎儿常见染色体非整倍体风险值介于高风险切割值与1/1000之间的孕妇。

（2）有介入性产前诊断禁忌证者（如先兆流产、发热、出血倾向、慢性病原体感染活动期、孕妇Rh阴性血型等）。

（3）孕20^{+6}周以上，错过血清学筛查最佳时间，但要求评估21-三体综合征、18-三体综合征、13-三体综合征风险者。

慎用人群：

有下列情形的孕妇进行检测时，检测准确性有一定程度下降，检出效果尚不明确；或按有关规定应建议其进行产前诊断的情形。包括：

（1）早、中孕期产前筛查高风险。

（2）预产期年龄≥35岁。

（3）重度肥胖（体质指数>40）。

（4）通过体外受精——胚胎移植方式受孕。

（5）有染色体异常胎儿分娩史，但夫妇染色体异常的情形除外。

（6）双胎及多胎妊娠。

（7）医师认为可能影响结果准确性的其他情形。

不适用人群：

有下列情形的孕妇进行检测时，可能严重影响结果准确性。包括：

（1）孕周<12^{+0}周。

（2）夫妇一方有明确染色体异常。

（3）1年内接受过异体输血、移植手术、异体细胞治疗等。

（4）胎儿超声检查提示有结构异常须进行产前诊断。

（5）有基因遗传病家族史或提示胎儿罹患基因病高风险。

（6）孕期合并恶性肿瘤。

（7）医师认为有明显影响结果准确性的其他情形。

除上述不适用的情形外，孕妇或其家属在充分知情同意情况下，可选择孕妇外周血胎儿游离DNA产前检测。

（以上部分内容摘自2016年11月9日颁发的《国家卫生计生委办公厅关于规范有序开展孕妇外周血胎儿游离DNA产前筛查与诊断工作的通知》附件一）

以上这些无创筛查毕竟是筛查，如果是高风险的话，仍然需要进行羊膜腔穿刺术。羊膜腔穿刺适合在孕16～24周通过抽取孕妇的羊水进行培养，进一步分析胎儿的染色体是否异常。因为要抽羊水，因此有导致感染和流产甚至损伤胎儿的可能性，其并发症的发生率一般在0.5%左右。通常情况下，羊水穿刺会在B超监测下进行，其不良发生率很低，但也不等于0。无创DNA检查只筛查21、18、13这三对染色体，因为这三对染色体的问题是目前最常见的染色体问题。而羊膜腔穿刺是筛查23对（即全部）染色体。无创DNA只能作为筛查的手段，而羊膜腔穿刺却是确诊的手段，即金标准。两者整体上确认率都很高，无创DNA检查发现问题胎儿的概率为95%～99%；羊水穿刺发现问题胎儿的概率则是99%。

同时，通过甲型胎儿蛋白检测还可以筛查神经系统畸形，如无脑儿、脑膨出、开放性脊柱裂等。

另外，女儿还做了第二次B超检查，用于测量胎儿的生长数据，确定这些数据与孕周是否符合；观察胎儿各器官的结构和形态；筛查出无脑儿、内脏外翻等畸形。女儿检查一切正常，我也就放心了。

警惕有无母儿血型不合溶血

在这里我还想提醒一些孕妇——曾经有不明原因的流产、早产、死胎、死产史，或既往有新生儿重症黄疸史的孕妇，应高度警惕有无母儿血型不合溶血。因此，需先测定母亲和父亲的血型。目前母儿血型不合溶血主要包括ABO血型不合溶血和Rh血型不合溶血两种。例如，ABO血型不合溶血，最常见的是准爸爸的血型是A型、B型或AB型，妈妈是O型；Rh血型不合溶血发生在孕妇Rh因子是阴性（这种血型白种人偏多，在黄种人中不到0.5%。黄种人Rh因子阳性为多），而准爸爸Rh因子为阳性，胎儿Rh因子也为阳性，新生儿易发生Rh血型不合溶血症。

对于怀疑胎儿可能会发生母儿血型不合溶血的孕妇，可以做孕妇血型抗体效价测定。第一次测定一般应该选择孕16周开始进行。这次测定可以作为抗体的基础水平，以后每个月测定一次；孕7～8个月中，每半个月测定1次；第8个月后每周测定1次。若抗体效价上升，当抗体滴度达1：32时宜做羊水检查。

当ABO溶血病抗体效价为1：64时，高度怀疑胎儿ABO血型不合，但是不能确诊为溶血症。因为有的时候也会出现假阳性，这是自然界会存在类似A抗原物质、B抗原物质，孕妇体内也可能存在天然的抗A抗体或抗B抗体。即使母儿ABO血型不合，绝大部分也不会发生溶血症。即使溶血发生了，绝大部分症状也会非常轻微。目前，在孕期预防ABO溶血方面，有的医院让孕妇服用中药制剂，但是效果有限；也有不少医生反对使用中药制剂来预防，认为没有什么疗效，且中药制剂可能会对胎儿造成伤害，更何况新生儿ABO溶血发生率并不高，且病情相对比较轻，临床上比较容易治疗。

另一种Rh血型不合溶血症多在第二胎出现，第一次怀孕时胎儿基本正常。因此，如果有过流产或生过孩子等既往史，一定要查准妈妈体内的Rh抗体。若抗体呈阳性且水平高，羊水呈黄绿色，根据羊水中胆红素含量不同，决定是继续妊娠还是终止妊娠，即使不终止妊娠也可能因发生胎死宫内而流产。目前，若出现此类血型不合溶血可以在产前查出，也可用有效的科学办法进行预防和治疗。

感觉到胎动可以坐飞机出差吗

一天，女儿给我打电话，说："妈！已经有两天了，我感觉到孩子在我的肚子里动了，是不是胎动呀？"从女儿欢快的口气中，我已经明显感觉到她作为准妈妈的自豪心情了。女儿现在已经怀孕19周了。

"是呀！在停经16～25周，孕妇开始自觉腹内有轻微的胎动。因为胎儿在妈妈的子宫里开始活跃，并且开始吞咽羊水，胸壁也开始有规律地进行运动，这样有助于肺成熟。胎儿的味蕾也正趋于成熟。以后随妊娠的进展，胎动逐渐变强且次数增多。在19周时，胎儿已经可以踢腿、翻滚、伸懒腰，甚至可以吸吮自己的手了。你现在应该开始每天数数胎动，自己做监测，以了解胎儿是否安全。一般孕24周胎动每12小时约有86次，孕32周达到峰值，每12小时约有胎动132次。孕38周以后又逐渐减少。在怀孕28周以后，数胎动就显得十分重要了，这时的胎动开始有规律了。现在，你最好每天选择一个固定的时间，安静地躺在床上，一般胎儿在1小时内有3～5次胎动。28周以后每天最好数3次，分别在早、中、晚各数1小时。胎动一般在上午比较均匀，中午少一些，晚上动得比较多。你也可以将3次胎动的次数相加，再乘以4，如果大于等于30次就是正常（即12小时胎动数）。如果胎动减弱、减少或胎动频繁，胎动少于20次/12小时，胎儿可能存在异常，少于10次/12小时，就说明胎儿可能有慢性缺氧或急性缺氧，你要马上去医院，不能耽搁！更何况数胎动还是增进你和孩子感情的一个好手段。"我仔细地嘱咐她。

我又告诉女儿："这个阶段因为胎儿可以吞咽羊水了，妈妈一定要注意饮食多样化。因为孩子可以通过吞咽羊水逐渐接受和习惯妈妈饮食中的味道，等到将来孩子开始添加辅食的时候，他会更容易接受辅食中多样的味道。这也就很好地解释了为什么四川的孩子更容易接受辣味的食品，而江浙和广东的孩子会拒绝辣味的食品了。所以，为了孩子将来能顺利接受不同味道的食品，达到不挑食、营养摄入均衡合理的目的，你要从现在做起！"

同时，我还告诉女儿："我们儿科学最早认为胎儿肠道在子宫内是完全无菌的。随着测序技术的发展，发现在胎盘中也可以检测到微生物，这些微生物有可能很早通过胎盘血液或者吞咽羊水就定植在胎儿的肠道中了。孩子出生后如果家长科学喂养，1岁时小儿肠道微生物趋于稳定，到3岁时小儿肠道微生态就与成人相类似了。肠道的微生态平衡对于增强孩子的免疫力，保护孩子健康有着重要的意义。"女儿惊奇地说："我第一次听到这样的科普知识，获益不浅呀！"

"妈！我可能又要出差了，因为我手头这个项目快要结束了，新的项目可能需要我去美国出差，大约需要3个月的时间。"

"我建议你最好与上司谈谈，不要接这个项目，因为3个月后你就进入孕晚期了，坐飞机还是不太安全。虽然有些医生说，孕妇在任何时候坐飞机都是安全的，但是什么事都要防止万一的情况出现。尤其是你们两个人年龄都不小了，还是慎重为好。与上司沟通一下，能不能在上海做一个不出差的项目？"

女儿说："好吧！"接着就挂了电话。

一般孕妇坐飞机可能会受到低气压、低氧、飞机颠簸、座位狭小等状况的影响。中国民航总局规定，怀孕8个月（32周）以上乘坐飞机需要有预产期证明、72小时内医生开具的医疗证明以及填写《特殊旅客乘机申请书》才能购机票乘坐飞机。中国民航局的规定也是为了保障孕妇安全才制定的，尤其对于孕35周的孕妇来说，乘坐飞机容易造成提前分娩。

做TORCH筛查

女儿前几天抽血做的TORCH筛查出结果了：巨细胞病毒（CMV）血清抗体IgG阳性，其余是阴性。女儿一看是CMV抗体阳性，心里就没了底。虽然医生告诉她没有问题，但是对于不懂医学的人来说，唯恐这个"阳性"对胎儿有影响，于是赶紧给我打电话咨询。

我开始教女儿如何看这张化验单：目前一般医院筛查是否有病毒感染的风险主要通过检查病毒抗体水平来实现。每种病毒都要查抗体IgG和抗体IgM。如果抗体IgG阴性（－），在临床上一般认为没有感染过这类病毒，或者虽然感染过，但是在体内没有产生相应的抗体，因此缺乏对这种病毒的免疫力，需要高度警惕此种病毒的感染。有条件的话最好在怀孕前接种此种病毒的疫苗，当机体产生保护性抗体后再怀孕。抗体IgG阳性（＋），表明孕妇体内曾经有过这种病毒感染或者接种过这种疫苗，体内已经产生保护性抗体了。抗体IgM阴性（－）说明没有活动性感染，但不能排除目前可能有潜在感染。抗体IgM阳性（＋）则表明孕妇近期有这种病毒活动性感染。一般临床上认为，约有40%活动性感染容易引起胎儿宫内感染，所以需要检查孕妇血液中的IgM抗体。

"TORCH"是一组病原体英文名首字母的缩写。TORCH感染包括巨细胞病毒、弓形虫、风疹病毒、单纯性疱疹病毒及其他（如淋病、梅毒、艾滋病病毒、尖锐湿疣、流感病毒等）。

筛查巨细胞病毒

巨细胞病毒（CMV）感染，需通过孕妇血清抗体进行筛查。如果血清中巨细胞病毒CMV-IgG阳性，只能说明曾经受过巨细胞病毒感染，只有CMV—IgM阳性才有意义，说明近期受过感染。我国育龄妇女几乎都有过感染巨细胞病毒的经历，阳性率为90%～96.3%。如果体内没有巨细胞病毒抗体，说明是易感人群，需高度警惕，以防在孕期感染。一旦在孕期感染就属于原发性感染，虽然孕妇没有明显的症状，但是对胎儿的危害是很大的。因为巨细胞病毒可以通过胎盘引起胎儿的宫内感染，造成胎儿中枢神经系统损伤，可致胎儿黄疸、肝脾肿大、溶血性贫血、小脑畸形、脑积水、脉络膜视网膜炎、视神经萎缩以及低体重儿。新生儿会出现听力和视力的异常，语言、意识、运动障碍，智力低下以及精神发育异常，有的孩子出生后虽然没有显示症状，但是到了学龄前就可能有视力、听力以及智力低下的症状出现。巨细胞病毒可以通过母婴垂直传播，如果母亲属CMV-IgM阳性者，应该咨询医生是否可以进行母乳喂养，因为病毒有可能通过乳汁传播给新生儿。尤其对于早产儿和极低体重儿而言，更有可能通过乳汁引发感染。有人建议对母乳进行巴氏消毒后喂养，但是医学界并未就此达成共识。目前对于巨细胞病毒感染没有特效的治疗办法，因此提醒孕妇应该注意避免去公共场合，养成良好的卫生习惯，减少感染的可能性。

筛查弓形虫

弓形虫病是弓形虫引起的一种人畜共患的寄生虫病，如果孕妇与被弓形虫感染的猫、狗接触，或者食用了没有煮熟的肉类而感染，往往感染后没有特异性症状，所以不会引起孕妇和家人的注意，容易漏诊。如果感染上弓形虫病的话，在早期可以发生流产、早产，孕中晚期可以引起胎儿中枢神经系统的损伤，造成脑瘫、脑积水、小脑畸形以及脉络膜视网膜炎。有的孩子虽然出生后没有明显的症状，但是数月或者数年逐渐出现视力下降、耳聋、小脑畸形或智力低下。所以要检测孕妇血中特异性抗体IgG、IgM。确定近期有无感染的指标是特异性抗体IgM。一旦确定成人或孩子感染，必须及时进行治疗。

筛查风疹病毒

风疹病毒是引起风疹的一种急性传染病的病毒。孕妇感染率较常人要高出5倍，属于易感人群。而且孕妇一旦感染就可以通过血液、胎盘、羊水传播给胎儿，如是在孕早期或孕中期可以引起胎儿的畸形，这种畸形表现为多种器官（系统）的损害，如眼睛、耳朵、心血管、泌尿系统、血液系统和中枢神经系统等方面的损害，表现为白内障、先天性耳聋、先天性心脏病、肝脾肿大、间质性肾炎、间质性肺炎、血小板减少性紫癜、小脑畸形以及智力低下。成人感染风疹后可能没有明显的症状，而且可能皮疹出得也不典型，所以需要采集孕妇的血清进行实验室检查，其报告阳性可能提示过去曾受感染，或者正受到新的感染，因此对于阳性者需要做动态观察，如果1～2周后复查阳性指标继续上升，提示孕期有风疹病毒感染，需要进一步观察胎儿。如果胎儿畸形，应该终止妊娠。预防风疹可以在计划怀孕前3个月接种疫苗。

筛查单纯性疱疹病毒及其他

在疱疹病毒感染中，因为毒株不同，会分别感染生殖道或生殖道以外的皮肤、黏膜和器官。前者对新生儿危害最大。通过性接触是母体生殖道感染疱疹病毒的主要途径，而且垂直感染给胎儿。在孕20周前感染胎儿可以造成流产，孕20周后感染可以影响胎儿发育迟缓或者早产。如果临产前经过被病毒污染的产道分娩，新生儿感染后可迅速全身播散发病，表现为发热、吸吮能力差、黄疸、有出血倾向、痉挛、肝脾肿大、水疱疹等。通过孕妇血清检查或者新生儿的脐血可测定特异性IgM抗体，如果结果呈阳性，则提示有宫内感染，必须进行治疗以抑制病毒扩散、控制局部感染。如果在孕28周前检查结果呈阳性，应该终止妊娠；孕28周后检查结果呈阳性，要选择剖宫产。疱疹病毒感染是性传染病，是可以预防的。

流行性感冒是由流感病毒感染引起的呼吸道传染病，孕妇属于易感人群之一。如果孕妇感染流感病毒，可以通过胎盘危及胎儿，轻者妨碍不大，重者可以引起流产、宫内发育迟缓、畸形或死胎等。因此，孕妇要少去公共场合，以避免感染流感。如果感冒，要积极治疗，根据医嘱服药。一项研究发现，孕妇因流感而住院的可能性是其他女性的5倍。最近，世界卫生组织将孕妇列为最应优先接种季节性流感疫苗的群体。美国疾病控制和预防中心推荐，在流感季节，孕妇应进行流感疫苗接种，并且认为在孕期的任何时候都可以接种流感疫苗，这种疫苗对孕妇和胎儿都是安全的。在理想状态下，育龄妇女都应该接种流感疫苗，一旦怀孕，在预防流感上已经提前做好了准备。目前，女性在怀孕期间是可以接种流感疫苗的，而且也建议接种。另外，孕妇的家人也要接种，以提供最大的家庭保护圈。流感疫苗每年在流行季节前接种一次，免疫力可持续1年。接种流感疫苗2周后即可产生相应的抗体。孕妇接种流感疫苗对刚出生的宝宝也可以起到保护作用，减少暴露在流感环境中的机会。因为6个月内的宝宝是不能接种流感疫苗的，而且这个阶段从母体中获得的抵抗力逐渐降低，再加上自身免疫系统发育还不成熟，极易感染流行性感冒，所以家庭成员包括孕妇都接种了流感疫苗的话，就给小婴儿建立了保护屏障。

根据中华医学会妇产科学分会产科学组2011年颁布的《孕前和孕期保健指南》（第一版），现在不推荐孕妇进行"弓形虫、巨细胞病毒和单纯性疱疹病毒血清学筛查。因为目前对这三种病原体没有成熟的筛查手段，孕妇血清学特异性抗体检测均不能确诊孕妇何时感染、胎儿是否受累以及有无远期后遗症，也不能依据孕妇血清学筛查结果来决定是否需要终止妊娠。建议孕前筛查或孕期有针对性地筛查，不宜对所有的孕妇进行常规筛查，避免给孕妇带来心理的恐惧和不必要的干预"。因此，现在很多医院已经不把TORCH筛查作为常规检查项目了。孕前可以作为备查项目，其检查意义更大。北京市已在2017年将TORCH筛查作为孕前优生检查项目了。

梅毒、淋病、尖锐湿疣、艾滋病等疾病主要是通过性接触、血液传播或者个别间接接触病人用过的一些物品后感染。女性被感染后如果怀孕，则可能通过胎盘感染胎儿，引起胎儿发育迟缓，很容易胎死宫内或者死产，即使出生也会伴有一些器官的损害。此外，产道分娩也是新生儿感染的一个途径。因此，夫妇双方必须有健康、安全的性生活，不要去公共浴室，一旦感染必须积极治疗，暂缓怀孕。即使已经怀孕，根据检查情况，必要时也要终止妊娠。

电话中我还仔细叮嘱女儿：平时注意饮食卫生，少去公共场合，避免与患有传染疾病的患者接触，注意不要感冒，尤其是不要患上流行性感冒，尽量减少在各个环节上受感染的机会。

做糖尿病筛查和B超筛查胎儿畸形

昨天女儿告诉我，今天早晨要空腹去医院做糖耐量试验，筛查有无妊娠期糖尿病。女儿问我，自己没有什么"三多一少"的症状，为什么还必须做这项检查？而且听说还要抽几次血。

女性在妊娠期间由于血容量增加，血液相对稀释，使得胰岛素分泌相对不足。同时在怀孕期间，女性体内的胎盘催乳素、雌激素和孕激素逐渐分泌增加，在30周左右达到峰值，这些激素与体内分泌的肾上腺皮质激素等共同作用抵抗体内胰岛素，因此对胰岛素的需求相对于未怀孕时高出近1倍，如果孕妇胰岛本身功能不足，就很容易发生糖尿病。尤其是年龄在35岁以上或者家族有糖尿病史的孕妇，更容易患上妊娠期糖尿病或妊娠糖耐量异常。

一旦患上糖尿病，会对孕妇和胎儿造成很多危害：

孕妇体内的糖代谢紊乱，如果血糖控制不好很容易发生酮症酸中毒；高血糖促使动脉硬化，造成视网膜、肾脏以及末梢神经的损害；高血糖也容易引发各个系统的感染，而且长久不愈；同时也容易发生妊娠期高血压疾病。由此，可在整个孕期引发一系列的问题，对孩子的健康也会有损害。

孕妇患糖尿病直接影响胎儿的生长。首先，高血糖可以通过胎盘渗透给胎儿，造成胎儿高血糖，胎儿不能完全利用这些血糖，只好转化为脂肪储存在体内，所以妊娠期糖尿病患者的孩子出生时往往是巨大儿，医学上将这样的新生儿定义为高危儿，需要重点监护。在糖转化为脂肪的过程中需要消耗大量的能量和氧，所以胎儿往往缺氧，影响胎儿的发育。而且高血糖延缓了肺的成熟，因此有的孩子出生后易发生呼吸窘迫综合征。胎儿因为在妈妈体内长期处在高血糖的环境中，胰腺功能受损，导致出生后容易发生低血糖、低血钙和红细胞增多症，大大增加了围产儿的死亡率。

正因为如此，进行妊娠期糖尿病的筛查就十分重要了。

中午，女儿又来电告诉我自己去医院检查时的过程：到医院后首先抽血查了空腹血糖，然后口服250毫升水加50克葡萄糖，1小时后又抽血查餐后血糖，两天后出化验结果。女儿还告诉我，医生说如果空腹血糖大于等于7.8毫摩尔/升就可以诊断为糖尿病。现在的妊娠糖尿病筛查流程为：检查前8小时开始禁食，一般到医院上午9点或以前开始做检查。检查期间静坐，空腹抽血一次，然后用200毫升～300毫升水溶解75克葡萄糖，5分钟喝完，从喝第一口开始记录时间，分别在1小时、2小时后各抽血检查血糖。空腹血糖值≥5.1毫摩尔/升，1小时血糖值≥10.0毫摩尔/升，2小时血糖值≥8.5毫摩尔/升，如果血糖值超过上述的任何一种指标，则可诊断为妊娠期糖尿病。因此，血糖异常的孕妈妈需要做好血糖监控，同时在医生的指导下调整生活习惯，做好饮食控制，并进行相应的运动锻炼，必要时还需使用胰岛素。分娩之后要做复查，建议产后6～12周时再做一次糖耐量测试，如果正常则可放心了。

女儿还告诉我，今天自己还做了B超，医生说是做胎儿畸形筛查。怀孕22～28周，孕妇通常都会进行一项超声胎儿畸形筛查，也就是俗称的"大排畸"或"系统筛查"。孕24周左右为最佳筛查时间。通过超声检查胎儿的各个器官和系统的生长发育情况、胎盘情况、羊水情况，其目的是筛查胎儿是否存在结构缺陷。这是整个孕期超声检查中最重要、最详细的一次超声检查，临床医生和孕妇都非常重视。该项检查"含金量"很高，对超声科医生的技术要求也相当高。基本能排查70%产前发育缺陷：小到胎儿的嘴唇、眼球、心血管连接、颅内结构，大到四肢长骨、脊柱、胸腹壁，都会一一排查。必须要说明的是，胎儿的位置、羊水的情况、孕母腹部皮肤的厚度以及孕周，都会影响筛查的结果。也就是说，不是所有的畸形都能够筛查出来，如外耳畸形、白内障、多指、部分脑积水、胃肠道发育异常以及隐性脊柱裂等。小室缺、小房缺、主动脉或肺动脉轻度狭窄、肺静脉异位引流等，由于病变很微小，相当部分病例也可能被漏诊。目前，即便是发达国家，他们运用医学超声对胎儿畸形的检出率也只有70%左右。

女儿检查一切正常，我也就放心了。

女儿曾经问过我，在孕期经常做B超好不好？B超是一种超声波，既可以用来诊断，也可以用来治疗。用于诊断时，其所产生的辐射量很小。我告诉她，在整个孕期，一般医院就给孕妇做4～5次B超检查，所用探头的频率在3兆赫～5兆赫，超声波强度都控制在最小（小于10毫瓦/平方厘米）的范围内，而且每次B超检查只有5～10分钟，对于每个器官探测的时间更短，这么一点儿辐射量对大人或胎儿都没有什么影响。除非有特殊情况，可能会多做几次进行跟踪检查。目前，还没有因为B超检查造成胎儿损害的报道。所以，今天在做第三次B超检查时，女儿没有任何顾虑了。

一般情况下，整个孕期B超检查包括：

第一次做B超检查时间为孕6～13周，用于确定孕周。

第二次做B超检查时间为孕14～19周，用于测量胎儿相关生长数据，确定这些数据与孕周是否符合；观察胎儿各器官的结构和形态；筛查无脑儿、内脏外翻等畸形。

第三次做B超检查时间为孕19～24周，用于筛查胎儿是否畸形。因为这一时期胎儿的大部分器官已经形成，因此可以发现如四肢短小、唇裂等畸形。

第四次做B超检查时间为孕34～36周，用于检查胎儿大小、发育是否迟缓以及有无宫内缺氧状况。随着胎儿的生长，还可发现原来没有表现出来的异常，包括脑积水或囊性肾等。

最后一次B超检查在孕37～40周，进一步了解胎儿在宫内的情况、评估胎儿大小、羊水量、胎盘成熟度、胎位和脐动脉收缩期峰值和舒张末期流速之比（S/D值）等，为临床提供参考，以决定分娩方式、分娩时间，防治各种并发症，为以后顺利分娩做好准备。

需要做胎教吗

女儿几乎每天都打电话问候我们夫妇二人，在电话里我和女儿聊天，聊天的内容自然离不开她怀孕的问题。

"妈！您说胎教可靠吗？我需要做胎教吗？现在一些杂志刊登的胎教理论有科学性吗？我所认识的人都劝我给孩子做音乐胎教，让我多看动画片和美丽的图画，说有助于胎儿的发育；让我多触摸腹部，尤其在胎动时和他说话并轻拍肚皮，会很有意义。是这样的吗？"女儿在电话里将这一大堆问题甩给了我，希望我能给她一个明确的回答。

对于胎教，我也十分感兴趣，胎教在我国已经盛行了10年左右，市面上还有不少介绍胎教的书籍和音像制品，不少准妈妈、准爸爸还很崇尚这个理论。现在有关胎教究竟有无科学性的争论很是激烈，双方的观点针锋相对，各不相让。

胎教，顾名思义，就是对胎儿进行教育。

胎儿一般在3个月时就有了触觉，身体表面已经分布有神经末梢，因此胎儿的身体表面能对触摸产生反应。听觉发育从孕4周开始，多数胎儿在孕22周时开始听得见声音，但分辨声响的能力要在孕23周逐渐成熟。孕4～5个月时已有了视觉反应能力以及相应的生理基础，当用强光照射孕妇的腹部时，能发现胎儿会闭眼且胎动明显增强。

主张胎教的人认为，必须根据胎儿发育各感觉器官成长的时间，通过母体给予胎儿有针对性的视觉、听觉、触觉等方面的刺激，如光照、音乐、对话、拍打、抚摸等，使胎儿大脑神经细胞不断增殖，神经系统和各个器官的功能得到合理的开发和训练，进而促进其大脑机能、躯体运动机能、感觉机能及神经系统机能的成熟，最大程度地发掘胎儿的智力潜能，达到提高人类素质的目的。现在流行的是音乐胎教、语言胎教、触摸胎教等，尤其以音乐胎教宣扬得更多，而且准爸爸、准妈妈也更为推崇，相关音像制品也很多。

中国医师协会儿童健康专业委员会主任委员、亚洲儿科营养联盟主席、中华儿科学会儿童保健学组组长、全国儿童营养喂养协作组组长、中国人民解放军优生优育中心名誉主任、著名儿科专家、生理学专家丁宗一教授在联合国儿童基金会召开的《儿童有权拥有最佳人生开端》专题报告会上说："胎教没有严格的生理学研究基础，不利于胎儿正常的生长发育。"对所谓的胎教给予了中肯的批评。

中国优生优育协会胎教专业委员会主任委员刘泽伦教授也强调指出："古今中外流行的胎教，无论是民间一些家庭的实践，还是某些科研部门的专题研究，至今未能科学地论证在胎教实践中胎儿有学习的表现。"同时，他认为胎儿在子宫里"还不能形成知觉，更没有产生思维及意识"，"把向胎儿输送声音、光线或对肢体触摸的刺激活动认为是早期教育不仅缺乏生理学及心理学根据，而且误导人们忽略对胎儿发育中大脑的保护。甚至在不懂医学和心理学的情况下，制作出一些违背正处在发育中胎儿听觉神经或听觉器官的安全要求的，含有声压很强的高频声波的'胎教音乐'，用传声器直接向宫内传送给胎儿听"，"把胎教认为是对胎儿的早期教育的观念，往往从主观上忽视了营养对胎儿大脑的影响。因而误导孕妇走上事倍功半的'早期教育'的误区，甚或有碍胎儿正常生长发育的道路上去"。

对于胎儿来说，大部分在子宫封闭环境中的时间是在睡眠中度过的，没有自主的认知能力，因此也无法接受教育。从这个意义上说，将其称为"胎教"既不确切，也不全面，不具有科学性。

无论是音乐还是抚摸，所谓的胎教都是在人为地干扰胎儿的正常生活环境。目前，谁也不能用科学数据证明这种干扰究竟对孩子的发育有什么用处。即使某些所谓的胎教专家所举出的胎教成功案例也不能完全说明这就是因为胎教而产生的结果，因为没有可供对比的副本。胎儿生长发育的好坏是由诸多因素协同作用才能决定的。例如，在音乐胎教中，有的是母亲聆听音乐，有的是将扬声器放在孕妇的肚皮上让宝宝听音乐，在这种情况下胎儿可能会出现胎动，于是，胎教专家就认为这是音乐胎教的结果，说明孩子是在欣赏音乐。

丁宗一教授说："给胎儿听音乐，得到的结果是胎儿的听力阈值下降了，胎教专家因此判断这种方法是科学的、可行的，它产生了良性效果。然而国际生理学界的共同评判是，胎儿听力阈值下降证明，这种音乐通过母体的传递，被胎儿的听觉神经感受到时已不再是原有意义上的和谐的旋律与节奏，而只是一个单纯的物理声波，是有害的噪声，而不是音乐教育。它造成胎儿的易干扰性和易激惹性。也就是说，本来给胎儿一定音量的声音才能引起他的反应，而现在，一个比原来音量还要低的声音就能引起他的反应，表面上看起来，胎儿变得伶俐了，但实际上，这使得胎儿神经紧张，得不到安静的环境。而且这种伤害还不是短期内就能表现出来的。"

当然，这些音乐对于胎儿来说是不是噪声还很难说，但是已经有不少例子证明，实施音乐胎教的孩子出生后听觉损害严重，而且这种损害往往是不能治愈的，尤其是在孕5个月开始音乐胎教的胎儿受损更严重。

关于看漂亮的图画就能促进胎儿的视力发育，促进智力的发育更是无稽之谈。因为每个准妈妈的美学观点不一样，个人修养不一样，漂亮的标准自然也不一样。对于同一张图画，有的人认为是漂亮的，可能另外一些人就认为不是那么漂亮。那么，又何谈对胎儿视力和智力发育有好处呢！因此，此种论点是没有科学根据的。

至于抚摸胎教更是在干扰胎儿安静的生活环境，因为孩子在胎动时可能是伸懒腰、活动活动手脚，因此在此时拍打胎儿会引起他的躁动不安，影响他进入睡眠状态，时间一长就会影响胎儿正常发育。

本来胎儿习惯在几乎黑暗的子宫里生活，虽然也可以眨眼，但实际上是什么也看不见的，可是我们人为地用光照孩子，促使孩子闭眼或眨眼，得不到休息，同样是干扰了胎儿发育的生长规律。

因此，我对这些胎教的手段都持反对意见，不主张女儿做这些所谓的胎教。所以我对女儿说："不要做这些所谓的胎教，而要做到在怀孕期间摄入全面、均衡的营养，粗细搭配，荤素搭配；保持愉快的心情；多去公园等环境优美的地方，多呼吸新鲜的空气，这样才能最大程度地保障你和胎儿的健康。你可以多听音乐、多看画展，可以陶冶你的情操，能够让你全身心地放松，这样做也有助于胎儿的发育。不要拿自己的孩子去试验还没有科学根据的胎教，如果出了问题，我们将一辈子得不到安宁，同时也增加了社会的负担，我们会终生悔恨的！"

需要保存脐带血吗

　　我的手机响了，一看是女儿的电话。今天是女儿例行产前检查，可能又有什么事不明白要咨询我了。

　　"妈！今天我来医院检查，医生问我孩子出生后要不要保存脐带血，咱需要保存吗？"

　　"脐带血需要保存！"

　　"如果要保存脐带血，首次需要缴纳5000元人民币，以后每年的储存费一袋为600元。我想储存两袋，每年得缴1200元储存费。"

　　"这相当于给孩子买了一份健康保险，是值得的！"

　　"噢！我还要与脐带血造血干细胞库签署一份《脐带血造血干细胞储存合同书》。好吧！妈，再见！"

　　女儿挂上了电话。不一会儿，女儿又来电话了："妈，我已经签署了合同，他们给了我一个纸口袋，让我临产前带到医院，脐血库派专人负责采集，运输、储存也由他们派专人负责。妈，听说目前对储存脐带血有很多争议，是吗？等有工夫了，妈给我讲一讲！"女儿汇报完毕又挂上了电话。

　　脐带是胎儿与母亲直接连接的唯一的通道。胎儿足月时脐带长30厘米～70厘米，平均长度为50厘米。胎儿通过脐带中的脐静脉获得从母体输送来的营养物质，并且通过脐带中的脐动脉将胎儿代谢的废物由母体代替排出去。当胎儿出生后，医生在距离婴儿3厘米～8厘米处用两把止血钳夹住脐带，将其剪断。孩子的脐带需要进行正常处理；靠近母体端经止血钳处消毒后，将针头插入脐静脉处，采集残留在胎盘和脐带中的血液就是我们说的脐带血。以往这些脐带血是要废弃的，经过近十几年的医学研究发现，脐带血具有很多优点，脐带血作为人体早期的细胞成分，储存着人体早期的遗传信息。如果孩子得了一些疾病，可以通过对自体脐带血的检测来研究发病原因。脐带血移植是治疗血液系统和免疫系统疾病的成熟手段之一。临床研究显示，脐带血对脑瘫、自闭症、一些神经系统损伤、脏器功能恢复也有疗效。同时研究还发现，脐带血里含有丰富的高质量造血干细胞。造血干细胞是所有造血细胞和免疫细胞的原始细胞，具有自我更新、复制、多向分化和定向迁移到造血组织器官的能力。造血干细胞主要存在于骨髓、脐带血以及外周血中。它不仅可以分化为红细胞、白细胞、血小板，还可分化为其他细胞。可以用来治疗血液系统（特别是恶性血液病）及免疫系统疾病、先天性的代谢疾病、神经损伤、角膜损伤、恶性肿瘤等。目前，国际上利用脐带血可以治疗的疾病已经有80多种，我国利用脐带血参与治疗的疾病也有37种之多。有些疾病由先天遗传缺陷造成，而有些疾病则是由后天基因突变造成。因此，储存具有先天遗传缺陷的脐带血就没有意义了。如果疾病由后天基因突变造成，脐带血不存在致病因子，就不会有问题。如果孩子可能存在先天遗传缺陷，脐血库也不会建议你储存脐带血的。因此，采集脐带血前会对产妇情况、有无遗传病史进行严格筛查，脐带血入库前还会进行有关遗传病的检测。这样，经过层层筛查和检测，可保证脐带血在未来能够应用。每份脐带血是60毫升～100毫升。目前，脐带血是提供造血干细胞的一个重要来源。

目前，我国还有很多家庭是独生子女，一旦患了需要做细胞移植的疾病，很难在同胞中找到造血干细胞提供者，即使有兄弟姐妹，骨髓配型的相和率仅为25%，非血缘的相和率仅为0.001%，希望非常渺茫。如果孩子出生时将脐带血保存下来，一旦需要便可以做到随用随取，而且与本人的配型完全相同。与骨髓干细胞和外周血干细胞相比，新生儿脐带血干细胞的异体排斥反应小，免疫原性低，再生能力和速度是前两者的10倍～20倍，脐带血病毒携带率较骨髓低且安全性高。此外，脐带血经收集、冷藏后可以随时取用，有效缩短找寻造血干细胞的时效，不会耽误病情。因此，可以说保存脐带血等于给了孩子将来的健康一份保障。

医生将采到的脐带血分离出干细胞，经过严格的筛选和检测，合格者方能进行储存。一般将脐带血降温至−190℃左右，适时加入适量保护剂，然后用液态氮密闭保存。在现在的科学条件下，一般能在20～30年的时间内保持活性。

中国工程院院士、造血干细胞移植之父陆道培教授认为，自体脐带血除了可用在白血病、再生障碍性贫血等疾病的治疗上，还可以对付实体瘤。因为自体脐带血中不仅有造血干细胞，还有免疫细胞——自然杀伤细胞（NK），同时植活快，没有排异反应，种进体内后可以杀伤肿瘤细胞，起到一次大化疗的作用。对肿瘤来说，是一种有效的治疗方法，其前提是病人必须早发现、早治疗，切莫等到病入膏肓、细胞耐药性增强的时候再治疗，否则效果大打折扣。同时，陆道培院士表示："从医学角度来说，保存脐带血是有价值的，家庭可以根据自身经济状况决定是否保留。"陆道培院士还认为："自体脐带血移植没有禁忌证，只有适应症状。通过临床诊疗和研究发现，过去将遗传性疾病认为是自体脐带血治疗的禁忌，但是这类遗传疾病通常需要一定的时间才能显现，移植后可以为重症再生障碍性贫血患者或白血病患者赢得时间，等待更好的移植机会，病情稳定后可以做第二次有效移植。"

陆道培教授的博士研究生刘芳医生曾在撰文谈道，他们采用自体脐带血移植治疗重型再障贫血均非常顺利重建造血，并未出现严重并发症。国内外也有多个用自体脐带血移植治疗重型再障贫血成功的案例。自体干细胞移植也适用于多种恶性肿瘤的治疗，而自体脐带血移植为干细胞移植提供了来源，为移植提供了机会。由于自体移植不存在移植物排斥问题，对于细胞数量的要求相对较低，理论上较低数量的干细胞仍然可以植活。脐带血也可以用于亲缘移植，明显优于非亲缘移植。同时，学术界认为，单份血移植不劣于双份血。

目前，医学界在对于自体脐带血有无价值的认识上存在分歧。为此，上海市卫生计生委在2014年曾连续两天组织血液领域知名专家就"自存脐带血有没有临床应用价值"的专题进行研究和讨论。专家们经研究认定，脐带血造血干细胞移植技术的作用是明确的、可靠的。

我的观点仍然是"不怕一万，就怕万一"，人们很难预料10～20年以后的事情，虽然花了一些钱用于采血、储存脐带血，但也让孩子多了一份生命的保障，让家庭多了一份安心！虽然有的专家认为脐带血自存自用的可能性极低，但我认为，即使自家孩子不使用，也可以贡献给公共脐带血库。如果家族中其他成员有血液病或遗传病，保存脐带血后，未来也可能挽救家族的其他成员，何乐而不为呢！

随着时间和医学技术的发展，目前不仅可以保存脐带血，还可以保存脐带。过去，我们保存的是脐带血，主要提存其中的造血干细胞。近几年，在保存脐带血的同时把脐带也一起保存起来。这是因为脐带有间充质干细胞，是新生儿脐带组织中的一种多功能干细胞。间充质干细胞是干细胞的一种，因能在体内外特定环境下经过培育增殖，培养出大量的间充质干细胞，分化成骨、软骨、肌肉、脂肪等许多间叶组织而得名。同时，这些间充质干细胞更能保证移植的成功率，因此具有广阔的临床应用前景。

因此，当我的小外孙子出生时，女儿和女婿果断地储存了脐带血和脐带。

附 **有关孕期接种百白破三合一疫苗（Tdap）**

2012年，美国疾病控制中心（CDC）建议，所有的孕妇，不管是第几次怀孕，每次怀孕时都应该重新接种百白破（百日咳、白喉、破伤风）三合一疫苗（Tdap），以获得较高的免疫水平。Tdap疫苗是一种减量破伤风、白喉、非细胞性百日咳混合增强疫苗。一般认为，最理想的接种时间是孕27～36周。接种百白破疫苗不但能够保护孕妇自己，更能够保护孩子，因为孩子从出生后第3个月才开始接种百白破疫苗，这样在孩子尚未接种百白破疫苗时就有一个容易感染的窗口期，万一感染百日咳，可能导致孩子呼吸停止。而孕妇在接种疫苗后，母亲获得的抗体可以保护胎儿，也能够保护出生后的小婴儿在这个窗口期获得足够的免疫力。孕期接种Tdap不会增加母亲及婴儿不良反应的发生风险，同时也不会显著影响婴儿对以后接种百白破疫苗的反应。

在我女儿怀孕时，美国疾病控制中心还没有提出这个建议，所以她没有接种。传染病最好的预防方法就是接种疫苗，所以为了下一代的茁壮成长，我把美国疾病控制中心有关孕妇接种百白破疫苗的最新建议介绍给大家。

是妊娠期高血压疾病吗

中午女儿又来电话了，说昨天检查尿常规，发现尿蛋白＋＋＋，很是恐慌，不知道是不是有问题。并且还告诉我，明天还需要去医院化验尿常规。我仔细询问了女儿近来的情况："你近来水肿得厉害吗？"

"就是手和脚有些肿胀，有时小腿到晚上还可以按压出坑来。"

女儿在早些时候曾经告诉我，她的小腿和脚一到晚上就肿胀得厉害，但是没有其他不舒服的地方。我想可能是日益增大的子宫压迫下腔静脉，造成回心血流困难，引起下肢水肿。所以我告诉她，坐的时候要将下肢抬高；晚上睡觉的时候，将小腿和脚垫高。这样处理后，回心血量增加，肿胀的现象就会减轻。后来，女儿打电话告诉我，下肢肿胀的现象比原来好多了。那么，女儿为什么会出现尿蛋白＋＋＋呢？

"你现在头晕吗？"

"不晕！"

"休息得好吗？"

"休息得很好！睡得也好！"

"是不是近来你体重增长得太快了？"

"医生说我的体重增长在正常的范围内。"

"血常规检查的结果显示贫血吗？"

"血色素是12克（12克/升）多。"

"血压高吗？"

"100/60（毫米汞柱）。"

"放心吧！没有问题，我想化验室的化验单可能写错了，或者弄错了标本。"我对女儿说。

虽然我根据女儿的情况考虑到可能是化验单写错了，或者弄错了标本，但心里还真的放心不下，唯恐女儿发生妊娠期高血压疾病。

妊娠期高血压疾病为妊娠期常见且严重威胁母婴安全的疾病，是孕产妇特有的一种全身性疾病，发生率为5%～12%，多发生在妊娠20周至产后2周，在孕32周以后最为多见。其主要表现为高血压、蛋白尿、水肿，同时伴有多脏器的损害，严重患者可出现抽搐、昏迷，可能伴有脑出血、心力衰竭、胎盘早剥和弥散性血管内凝血，甚至可引起孕产妇和围产儿的死亡。目前，妊娠期高血压疾病的发病原因尚不明确，倾向与免疫遗传、子宫胎盘缺血、前列腺素缺乏、营养缺乏等有关。

妊娠期高血压疾病一般分为3类：轻度、中度和重度。

轻度妊娠期高血压疾病主要表现为血压轻度升高，血压大于等于140/90毫米汞柱或较基础血压升高30/15毫米汞柱，可能伴有轻度水肿和微量蛋白尿。此阶段可持续数日至数周，可逐渐发展或迅速恶化。

中度妊娠期高血压疾病主要表现为血压进一步升高，但不超过160/110毫米汞柱，尿蛋白＋，伴有水肿，无自觉症状。

重度妊娠期高血压疾病包括先兆子痫及子痫。血压大于等于160/110毫米汞柱，尿蛋白＋＋～＋＋＋以上，水肿程度不等，出现头痛、眼花等自觉症状，严重者抽搐、昏迷。

妊娠期高血压疾病易患人群主要有：高龄或年轻的初产妇，体形矮胖者，有高血压家族史或者本人有肾炎、糖尿病史者，以及羊水过多、多胎、葡萄胎、精神高度紧张、营养不良特别伴有严重贫血等患者。

那么，孕妇应怎样预防妊娠期高血压疾病发生呢？

首先要了解家族史，家中是否有人曾经患过妊娠期高血压疾病，自己是否患有原发性高血压、糖尿病、慢性肾炎等易导致妊娠期高血压疾病的病史，尤其在寒冬怀孕的准妈妈应加强孕期检查，尽量做到早发现、早治疗。即使没有家族史或易患此病的原发疾病的准妈妈也应该按照围产期医生的要求，定期产前检查，在妊娠早期测量基础血压之后应坚持定期检查，尤其是在妊娠36周以后，应每周观察血压及体重的变化，有无蛋白尿及头晕等自觉症状。孕期应合理安排饮食、适度锻炼、合理安排休息，以保持妊娠期间身体健康。杜绝营养不良和贫血的发生，保证食品多样化，减少动物脂肪及过量盐的摄入，同时注意补充钙剂。保持孕期愉快的心情也是十分重要的。当然，家属的关怀支持，尤其是丈夫的体贴和呵护对准妈妈情绪管理更是十分重要的。

第二天中午，我给女儿打电话。从电话中听到女儿好像正在和同事一起吃中午饭，女儿说："今天早晨去医院化验尿，一切正常。因为手头有一些工作上的事忙着处理，忘记给妈打电话了。"

嘿！这个孩子！也不说及时给我打电话通告一声。不过，我终于放下心了！我想昨天可能真是医院弄错标本或填错化验单了。

睡眠采取什么姿势最好

　　女儿已经怀孕31周了，一般说来，这个时期孕妇的子宫底已经上升到横膈膜处了。由于子宫顶着横膈膜，因此孕妇可能会感到呼吸不如以前顺畅，活动一下就喘不上气来。而且因为子宫压迫胃，所以孕妇会感觉到吃进去的食物好像消化不了，很不舒服。我担心女儿是不是也是这样，于是给她打电话询问。

　　女儿说："妈！我挺好的，虽然现在比以前'笨'多了，但是我自己认为活动还是很自如的。不过，晚上如果仰卧睡觉就好像肚子上扣着一口大锅，有时喘不上气来，我必须要侧卧才能睡觉。"

　　"你是向左侧卧还是向右侧卧？"

　　"妈！怎么舒服怎么来！"女儿说，

　　"不过，我建议还是左侧卧位比较好！随着胎儿的生长发育，子宫也日益增大，这么大的子宫对周围器官都会造成压迫和推移。因此，仰卧时，偌大的子宫会压迫后面的腹主动脉，造成子宫动脉和胎盘供血不足，影响胎儿的发育。同时也会压迫下腔静脉，造成回心血量减少，进而心脏血的搏出量也减少，造成各个组织器官血流量供给不足，影响其代谢和机能的发挥，这时你会感到非常不舒服，如头晕、恶心、喘不出来气等，同时也会引起下肢的静脉曲张。所以你不能仰卧睡觉。最好的孕期睡眠姿势是选择左侧卧位，15°～30°左侧卧位比较舒适，这样可以减轻向右旋转的子宫压迫对右侧输尿管的压迫，可以降低右侧肾盂积水肾炎的发生率。"

"对了，妈！我同学前几天送给我一个U形枕，她说美国的孕妇睡觉都用这个，我现在睡觉时就用这个U形枕垫在后背或者侧卧时垫着肚子。我同学说，将来喂奶时将U形枕头倒过来，开口冲着我，让孩子躺在枕头弯曲的地方，可以支撑我的胳膊抱紧孩子吃奶。将来孩子练习坐的时候，可以让孩子坐在U形枕圈里，靠着枕头的弯曲处，两手可以扶着U形枕的两边。"女儿详细地向我叙述一遍。

　　其实，女儿说的这个枕头我是知道的，我国一些医院的产科早已经使用这种枕头了，的确是对孕妇很实用的一种枕头。

去家政公司找月嫂

现在离女儿的预产期还有不到2个月的时间，应该开始预约月嫂了。

要说在北京找个月嫂还是很容易的，但是要找一个合格的月嫂就十分困难了。现在，家政公司遍地都是，但是良莠不分，月嫂的水平也参差不齐，有不少是在家政公司培训一个礼拜就充当月嫂上岗的，真正通过劳动局职业教育培训出来的月嫂还是很少的。可能因为我是搞儿科专业的，而且近几年来一直搞婴幼儿的早期教育，所以会用挑剔的专业眼光挑选月嫂。经朋友介绍，我来到长安街沿线的一个家政公司挑选月嫂。

月嫂不同于一般的保姆，她必须有爱心、责任心和熟练的专业知识。因此，她要具备丰富的产褥期护理经验，要做好产妇产后的一切护理，包括帮助产妇做好乳房护理；协助产妇做好新生儿的母乳喂养；帮助产妇进行膳食的调配和制作，以利于生乳、产后的营养补充和身体的恢复；指导产妇进行康复训练。同时，她还要负责新生儿24小时的喂养、洗澡、抚触、换洗尿布、所用物品的消毒、脐带的护理，以及产妇和新生儿一些疾病的观察和简单处理。从某种意义上说，应该比医院产科护士的技术更加全面和熟练，而且还要吃得了苦、耐得住寂寞。因此，没有较高的素质、没有爱心、育儿观念陈旧的人是很难胜任这个工作的。

我先与这个家政公司负责人谈了我对选择月嫂的要求，而且还特别强调月嫂要说普通话，并且询问她能够给我提供什么样的月嫂、介绍给我的月嫂是否能够满足我的要求。负责人告诉我，能够给我找到满足我条件的月嫂，但是这样的月嫂是他们公司的特级月嫂，月工资高达2800元（这是在2004年的工资，听说现在月工资已经达到万元以上了，甚至更高）。月嫂每月的工作时间是28天，休息2天（根据劳动法的要求，现在已经休息4天了）。如果月嫂上户后，我们不满意，他们还负责调换，直到满意为止。我告诉这位负责人，如果我挑到合适的月嫂，希望她从北京去上海，来回的火车票由我来负责。这位负责人告诉我，等这位月嫂下户来公司时，她电话通知我来公司与她见面，我看着满意了就可以签订合同，并且预缴500元的定金，等月嫂上户后定金就算在第一个月的工资里了。"下户"是他们的行话，意思是做完这户的工作，从这户下来了。当时我想，女儿生孩子就一次，生产和产后的恢复是女人一生中非常重要的阶段，如果处理不好这个时期中的一些事情，有可能造成女人一生的痛苦。因此，我认为多花一些钱请一个称职的月嫂是十分必要的。在新生儿阶段，由于孩子各个组织系统发育得还不成熟，需要在大人的照料下，逐渐发育完善起来，这是一个塑造良好人生开端的非常重

• • • Tips • • •

我记得在新浪育儿论坛上，有一位妈妈曾经问过我这样一个问题："孩子出生后不久，我发现孩子的眼屎特别多，月嫂让我用舌头舔孩子的眼屎，说我的唾液可以治好孩子眼睛的毛病。于是我每天都用舌头舔孩子的眼睛，结果眼屎不但没有减少，反而越来越多了。"当时我看到这个帖子非常气愤，一方面我为这个妈妈的无知而生气，另一方面我为这个月嫂将不知从哪儿得来的错误观念灌输给产妇而恼怒。实际上，这个问题是新生儿的鼻泪管或者泪囊堵塞造成的，只要轻轻压迫眼睛内侧的泪囊部，可见黏液或黏液脓性分泌物从眼睛内角下缘的泪点中溢出即可痊愈。母亲的口腔中含有很多细菌，这样做只能使免疫机制不健全的新生儿再次感染。所以说像这样的月嫂我是不能要的。对于我来说，我倒不在乎这个月嫂掌握的护理技术少一些，因为我可以手把手地教给她，但是我最不能容忍陈旧、错误的观念根深蒂固，而且还自以为是的人。

要的阶段。如果月嫂是一个具有高度责任心和爱心、具备先进的育儿知识、能够很好地照顾孩子的人，这对于处在产后休养阶段的妈妈来说，是一件很能让她感到安慰的事情，因为这个时期的妈妈有时真是心有余而力不足！护理孩子的压力过大，也容易让产妇休息不好、情绪不佳，这是发生产后抑郁症的原因之一。

挑选到一个合适的月嫂

　　这天家政公司的经理通知我下午去公司面见一位特级月嫂。我如约来到家政公司，一位月嫂正在办公室里等我。只见这个月嫂个子不高，眼睛不大却很有神，年龄40多岁，从她的打扮可以看出是经过修饰的：文着淡淡的眉毛，涂着浅浅的口红，衣服干净得体，谈吐不俗，普通话说得还不错，给人感觉这是一个精明能干的城市人。当然，看人不能完全凭直觉。我还想问她几个问题，看看她对产褥期产妇和新生儿护理的知识知道多少，观念新不新。

　　"你会新生儿抚触吗？"我问，

　　"会的。"她回答时有些紧张，因为她知道我的身份和所从事的行业。

　　"你能够给我从头到尾说一遍吗？"

　　"可以。是这样做，当给孩子洗完澡擦干净全身后，放到温度为22℃～24℃的屋里，最好再放一些柔和的轻音乐，在手上倒少量润肤油，涂抹在孩子的身上……"她详细地把抚触的过程说了一遍。

　　听着月嫂的叙述，我认为基础知识掌握得还不错。

　　"你会冲配方奶粉吗？"我问。

　　"会的，先在消好毒的奶瓶中放上大约50℃的水，如果配方奶要求1勺奶粉兑30毫升水，孩子每顿吃90毫升配方奶，那么就在奶瓶中先放90毫升的水，然后再放3勺奶粉。充分摇匀后喂孩子。"

　　"1勺奶粉指的是1平勺奶粉，就是挖出来1勺后用筷子刮平，就可以了。

1勺奶粉指的不是用力压实的1勺，这样奶粉就多了，奶液的浓度大，对孩子的肾脏是有害的。而且，用这个温度的水冲调的奶液一定要立即喝。"我又对月嫂的话进行了补充。她笑着点点头。

"那怎么试奶液烫不烫？"

"将奶液滴在自己的手背上，如果不烫手背，孩子就能喝了。"

"不错！回答得很对！不过，最好将奶液滴在手腕的内侧，这个部位对温度最敏感，不觉得烫就可以给孩子吃了。孩子的肚脐还没有脱落，你怎么护理？"

"每次洗完澡后，用消好毒的棉签蘸着酒精，在脐痂底下消毒。"月嫂回答完后，我补充了一句："记住，应该用75%的酒精，不能用90%以上的酒精。另外，尿布不能裹到脐带上方，这样尿液容易污染脐带，造成感染。"

"你会给产妇做下奶汤吗？"

月嫂又给我讲了一些营养配餐的方子，看来她知道得真不少。

"如果我们签了合同，我愿意到您那儿去，我可以向您学习更多的育儿知识，这等于给了我一个很好的学习机会！"月嫂最后向我表白。

我感觉这位月嫂不像是没有什么文化的妇女。等她走后，我问家政公司的经理，刚才那位月嫂原来是做什么工作的。经理说，她是南昌一个大企业的内退职工，自己自学拿下了大专文凭，还有会计证，但因为她原来的企业是一个经济效益不怎么好的国有企业，从岗位上下来后她不安于现状，要体现自己的价值，所以和几个同事一起到北京来闯荡了。她做月嫂已经四五年了，有着丰富的经验，而且多次获得用户的好评。

"行！我就定她了。"我这个人就是喜欢这种不安于现状，能够努力拼搏的人。而且在她身上有一种积极向上的精神，很让人敬佩！另外，她是一个城市人，很多的生活和卫生习惯与我们是一致的。至于观察产妇和新生儿的一些异常表现，就不需要她了，因为有我在女儿身边，自然责无旁贷。当然，对于这样好学的月嫂，我还会尽量帮助她提高业务水平，使得她今后能够在这个岗位上做得更好，更好地体现她的人生价值。

月嫂这个工作还是很重要的，而且社会需求量很大，如果城市中一些下岗女职工转变观念投身到这个事业中，开辟一个新领域，无论对社会还是对个人都是非常有好处的。

于是我当时缴了500元定金，签订了3个月的用工合同，并且负责月嫂去上海的火车票费用。家政公司的经理说给买一个硬座就可以了。这怎么行？我心里想，如果夜间坐十三四个小时的硬座是很辛苦的。于是我对经理说："请给她买一张卧铺票，不能让她路上太辛苦，再说她也是近50岁的人了，我负责这个车票费。"就这样，月嫂就算找好了。

女儿近来便秘严重，出现肛裂、痔疮；女儿的牙龈出血了

今天给女儿打电话，告诉她我已经选好月嫂了。我详细地向她介绍了月嫂的情况。她也认同我找月嫂的条件，因此对于我选定的人还是很满意的。

女儿出现便秘的症状

"妈！最近我便秘厉害，每天大便十分困难，而且出现肛裂，排便时出血很多，再加上痔疮犯了，坐也不行、站也不行，太痛苦了！其实我已经照您嘱咐的去做了，怎么还是便秘呢？而且痔疮比以前更严重了！"

在女儿刚得知自己怀孕时我就提醒她平时要注意多喝水，多吃富含膳食纤维的蔬菜、瓜果、粗粮一类的食品，不要长时间坐在电脑前，要适当地站起身来回走动。每天定时大便，预防便秘发生。

由于女儿的工作性质需要长期坐在电脑前工作，而且工作十分繁重，每天都需要工作到深夜，结果导致便秘、肛裂和痔疮。

怀孕后，孕妇体内会发生一系列的生理变化：体内女性激素（雌激素、孕激素等）水平增高，促使子宫肌肉松弛，以满足不断发育的胎儿需要。但是也会造成胃肠道平滑肌松弛，肠蠕动减慢、减弱，因此食物和水分在消化道内停留的时间延长，粪便在大肠中因滞留的时间延长，以致水分继续被吸收，致使大便干硬，形成便秘。再加上不断变大的子宫，尤其是孕晚期胎头下降，在盆腔内压迫直肠，致使直肠的弯曲度增大，排便时腹腔压力不够，

排便时间延长，也是造成便秘的原因。同时，雌激素水平的提高造成直肠底部血管平滑肌的扩张，血流减慢，容易形成痔疮。变大的子宫压迫肛门直肠底部及肛门黏膜的静脉丛造成回流受阻，发生静脉曲张，也会引起痔疮。由于便秘使直肠齿状线以下的皮肤裂开，形成了肛裂，而且由于直肠齿状线的黏膜下有丰富的静脉丛，粗糙的大便和肛裂引发小静脉破裂，引起出血。

　　既然已经发生肛裂和痔疮，那么就需要认真治疗。我嘱咐女儿，除了我平常告诉她的注意事项，现在还需要注意以下问题：

　　■避免大便干燥。不要用泻剂或机械刺激肛门（如用开塞露等），造成肛裂加重。

　　■保持排便通畅，一天1～2次，每次排便后要清洗肛门。最好在清洗水中加上1克小檗碱坐浴，坐浴后肛门涂上少量的金霉素软膏。一般浅肛裂经过这样处理就可以痊愈。

　　■深肛裂需要到医院去处理。

　　■有条件最好每隔4～6小时平卧20分钟，减少直肠肛门血液回流受阻。晚上睡眠时尽量左侧卧位，以避免压迫直肠。

女儿的牙龈出血了

　　"妈！最近我每次刷牙都有一些出血，是不是牙龈炎呀？"女儿十分注意牙齿保健，基本上是每隔4～6个月就去口腔医院检查和清洗牙齿，为什么最近还是出现牙龈出血的状况呢？其实这与雌激素水平增高有关。大约75%的孕妇在妊娠2～3个月时会出现牙龈出血的状况，因为雌激素水平增高，牙龈的毛细血管扩张、弹性减弱、血液流动缓慢、瘀血造成牙龈肿胀，血管壁的通透性增加，引起牙龈肿胀出血，临床上称为"妊娠期牙龈炎"。其症状会随着妊娠月龄的增加而日益加重，孕8个月时达到高峰，因此这个阶段对于口腔的保健非常重要。如果口腔保健做得不好，造成细菌滋生，形成菌斑，细菌会随着血液进入全身，形成菌血症。这些细菌在血液中大量繁殖，引起亚急性心内膜炎、心血管硬化，心脏内大量栓子形成，适时就会脱落，堵塞血管，从而引发心肌梗死和全身其他部位的血管堵塞，进而出现一系列器官的损害，严重者可以危害生命。产后因为雌激素的水平下降，症状会逐渐减轻。

因此，我告诉女儿，每次吃完饭后一定要清洁口腔，因为口腔内酸性物质增多，会增加龋齿的发生。多吃富含维生素C的水果和蔬菜，以降低毛细血管的通透性，增强血管的弹性，这样会有效减少牙龈肿胀与出血。另外，还需要定期去牙医那儿进行口腔保健，这是必不可少的。口腔保健可以预防口腔感染和牙龈疾病，不过最安全、最好的办法还是在孕前进行牙病治疗。

我给女儿讲了在新浪亲子中心专家答疑论坛上一个帖子的内容，虽然这是一个极个别的例子，但也有可能发生在某个孕妇身上。"不怕一万，就怕万一"，还是谨慎些好。随后，我把这篇文章给女儿电传了过去。

附 仲夏的深夜，大雨倾盆，不时还有雷鸣与闪电，冰雅的妈妈满脸淌着绝望的泪水，这一切都好像一年前这一天的重演，唯一不同的是，几乎没有人再去安慰冰雅的妈妈，因为大家似乎都习惯了她发呆、绝望……这是一个发生在我们身边的真实故事。

那时女儿冰雅26岁，年轻貌美，结婚不久想要个宝宝。邻居建议她怀孕前去看看牙医，怀孕期间注意刷牙，以预防牙病，可冰雅的妈妈说当年她生了8个孩子也没看过什么牙医，个个都很健康。冰雅就没再想这事。

不久，冰雅有了身孕，和老公商量后辞掉了心爱的工作，一心在家调养，迎接宝宝的降临，准备做一个全职妈妈。两家老人更是对她照顾有加，百般呵护。冰雅平时就爱吃零食，又偏爱酸甜的食物，怀孕后婆婆更是宠着，零食买了一大堆。冰雅的肚子一天天地大了起来，人也笨拙了许多，尽管早晚刷牙还算认真，但每次牙龈出血她也不当回事，早习以为常。就这样，冰雅度过了女人一生中最难忘的几个月。离预产期还有48天的那个傍晚，她肚子突然疼痛难忍，被紧急送进了医院，结果，冰雅早产了，新生儿只有2千克，虽然经过医护人员的全力抢救，小家伙还是难逃厄运，来到这世界不到3小时就在狂风暴雨声中离开了人世。医生说是胎儿免疫力低下，感染肺炎所致……躺在病床上的冰雅听到这一噩耗，顷刻间口吐白沫，四肢抽搐了几下昏了过去，冰雅妈妈一边掐冰雅的人中，一边叫人去喊大夫。大夫赶到病床，诊断后却无奈地摇了摇头，宣布冰雅因急性心肌梗死而导致心力衰竭。短短几个小时，两条生命就这样先后离开了人世。

家人悲痛之余也非常疑惑，冰雅怀孕期间身体一直很好，没有出现任何病症，胎儿怎么会感染肺炎？而且对冰雅的死因更感到蹊跷，经申请尸检，结果在冰雅的羊水中发现了梭形杆菌。该细菌主要居于口腔和肺部，可能是在刷牙时通过牙龈出血而直接进入血液，并通过胎盘感染羊水，造成胎儿肺炎及低体重儿出生。同时，法医还鉴定出冰雅的冠状动脉出现粥样硬化和堵塞，并有血栓形成，可能是口腔细菌及病毒通过牙龈出血直接进入血液，造成菌血症、败血症所致。冰雅的牙龈出血是造成胎儿早产死亡及自己心肌梗死的罪魁祸首。

谁会把牙龈出血当回事儿？更不可能想到细菌会通过牙龈出血而直接进入血液。每每想到这些，冰雅的妈妈追悔莫及，一年的时光都是在悲痛与悔恨中度过的，她的痛哭声又一次淹没在狂风暴雨声中……

■
女儿开始休假，为婴儿准备生活用品

　　女儿来电话告诉我，手头的项目已经完成，由于还有1个月就要生产了，所以不能接新的项目，可以开始休假。我担心她一休假就不出家门了，建议她继续上班，这样每天强迫自己活动，对生产有好处。我还列举出我怀她时一直在门诊和急诊上班的情景：有一次随急救车出诊回来，司机还对我们科主任说："你们科没有大夫了，让一个挺着大肚子的人跟着出诊，我都担心救人不成，反而先去救她。"一直到临产前4天，我才休假。女儿说："我总不能整天在办公室里看着别人忙，自己晃悠耗时间吧！好像我是为了这1个月的工资似的。"于是女儿打报告休假了。

　　今天去医院检查，医生说，胎位很好，是头先露，但是胎儿的头还没有入盆，并且告诉她胎儿不大，大约是3千克。医生提醒她注意不要因为食欲好就多吃，从现在起每周都要去医院检查。

　　女儿说，近来食欲大增，呼吸也比以前顺畅了，只是经常口渴，因此喝水多，尿的次数也多，四肢尤其是手脚感觉发胀，脚比以前大了两号。我告诉女儿，因为这一阶段子宫整体已经开始下降，孕妇的胃不像以前那样受到子宫的挤压，有了空腹感，所以吃的东西比以前多了。原来增大的子宫向上顶着横膈膜，肺脏呼吸也受到限制，现在子宫整体下降，不再顶着横膈膜，因此就感到呼吸顺畅了。但与此同时，下降的子宫对膀胱的压迫也会逐渐增加，所以也会出现尿频的现象。增大的子宫进一步压迫下腔静脉，造成下肢血液回流不畅，所以下肢水肿是可能发生的。为了防止下肢静脉曲张，我建议女儿起床后穿上高弹力的长筒袜子。同时也警告女儿，孕32～38周是胎儿生长最快的时候，由于孕妇在这个阶段食欲大增，所以最好注意节制，否则胎儿和自己的体重都会迅速增长，这样会增加生产难度。如果超过正常增长的速度，对大人和孩子都是不利的。

女儿说，她的肚子很大，行动有些迟缓，但是为了自己能在临产时有足够的产力，她准备每天去公园散步1小时；平时在家料理一些家务，尤其是给孩子和自己准备一些临产时或坐月子期间需要用的东西。

其实，我已经为女儿准备了孩子出生后所需的一切床上用品，准备得很多，足以用到孩子六七岁大。

■ 小枕头4个，里面分别装的是蚕沙、荞麦皮（自己清洗干净的），每个枕头高2厘米～3厘米，宽大约是15厘米，长是33厘米。我之所以做这么多枕头，就是因为小婴儿出汗多，枕头套需要天天洗，枕头芯需要天天晒，这样轮换着用清洁、干燥、方便。

■ 小被子2床，大小为90厘米×90厘米，内胆使用的是包上纯棉白布的膨松棉，并且用缝纫机扎上3～4行棉线，防止洗涤时卷缩。同样尺寸的被套做了4床，被套三边缝死，一边开口，主要为了换洗方便。

■ 选用以上的材料做了大一些的被子，因为1岁以内的孩子身长发育迅速，可以达到73厘米～78厘米，因此根据孩子的情况，需要不断地更换不同尺寸的被子。我做了100厘米×100厘米的被子2床，110厘米×110厘米的被子2床。

■ 小尿垫4块，尺寸为40厘米×60厘米，主要是铺在孩子的身下，既能吸汗，又能防止尿透床垫，尿垫内胆还是用棉布包上的膨松棉，用缝纫机扎上3行棉线，便于直接放在洗衣机里清洗。这些棉布的枕套、被套和尿垫表层，我选择的都是吸水性好的纯棉布。这些棉布没有异味，不易掉色，做好后全部重新清洗一遍，将一些颜色的浮色洗去，尽量减少污染环节，然后包好存放在没有樟脑片的箱子里。

女儿问我："上海的夏天和秋天还很潮湿，储存的衣被很容易生虫，为什么孩子的衣物不能放樟脑片呀？"

"目前市面上售卖的樟脑丸或者樟脑片都是合成的化学品，其主要成分中含有萘酚。萘酚具有强烈的挥发性，当穿上放置过樟脑丸的衣服后，萘酚会通过皮肤直接进入血液。而血液中的红细胞中含有葡萄糖-6-磷酸脱氢酶，这种酶可以和萘酚结合，之后形成无毒物质，随小便排出。但是新生儿或小婴儿红细胞中的葡萄糖-6-磷酸脱氢酶含量少，萘酚就会造成大量红细胞被破坏，导致宝宝发生急性溶血。另外，大量红细胞被破坏后还可造成体内胆红素水平升高。血液中胆红素水平升高以后，需要肝脏及时处理，将其排出体外，但是小婴儿的肝功能发育不健全，不能及时处理过高的胆红素，可发生严重黄疸，出现浓茶样小便。严重的情况下，不但可以引起新生儿或小婴儿发生严重贫血、心力衰竭，甚至还可能危及生命。因此，储存孩子的衣物用品千万不要放进装有樟脑丸（片）的箱子里。"我告诉女儿。女儿听后，吃惊地说："哇！这么严重呀！那以后我可要注意了！"

后记

随着时间的推移，6年以后，到了我小外孙恒恒出生时，他除了继续使用哥哥留下来的小被子，我们还给他买了几个睡袋。这样护理起孩子更方便了，尤其是可以避免一直困扰着我的一个问题，那就是不会翻身的小外孙使用小被子时容易口鼻堵塞，我一直担心发生意外。而且小睡袋将上半身包裹得比较紧一些，上肢不能乱动，犹如还在妈妈的子宫里，更容易让他获得安全感，有利于他安静睡眠。同时，也对培养孩子良好的睡眠习惯很有帮助。

■ 我还预备了一些旧式的布尿布，一部分裁成60厘米×60厘米的正方形，使用时对折成三角形；一部分裁成30厘米×60厘米的长方形，使用时对折成15厘米×60厘米的细长形尿布。使用时，最好将三角形的尿布放在底下，细长形尿布竖着放在三角形的尿布上面，用细长形尿布覆盖住孩子的档部，再用三角形的尿布包裹孩子的小屁股。旧式的布尿布吸水性好、透气、经济实用，便于家长及时发现孩子大小便，易于更换，可以反复清洗，孩子也不容易形成尿布疹，而且有助于及早建立良好的排便习惯。我主张白天最好用旧式布尿布，夜间可以使用纸尿裤，以解除夜间频繁起床换尿布之劳累。其实，现在市面上出售有类似三角裤式样的尿布垫，买来后可以在三角裤里面放上布尿布，很是方便。

女儿说，她准备定做婴儿床和尿布台。我告诉她，选择安全的婴儿床十分重要。因为孩子有时会在无人照料的情况下一个人躺在床上，所以婴儿床床栏的间隔必须小于5厘米，以防止婴儿的头或者腿、躯干伸出而发生意外。材质要选择木质的，不会像金属材质那么冰凉，孩子摸起来也舒服。床的大小根据房间的大小情况决定。床头和床尾应该是光滑的床板，不要有雕刻和镂空花纹。床的四边和床头、床尾的床板一样高矮，外表光滑，不要有毛刺等，防止刮伤孩子的皮肤或钩住孩子的衣物。床四周的护栏要固定，不要选择护栏一侧可以升降的婴儿床。婴儿床最好使用带拉链床罩的（必须除去外面包的塑料）、结实且偏硬、符合婴儿床内部尺寸的床垫（杜绝软床垫）。护栏的最佳高度是50厘米～70厘米，这样当孩子学会扶着站立的时候，不会从栏杆上方翻下来，以防止孩子发生意外。当孩子在床上时，床栏要始终竖起来，确保锁住且坚固，孩子无法打开。婴儿床所有的部件一定要选用原配套的部件，安装牢固，以防止由于孩子活动，婴儿床散架。孩子长到90厘米高时就要换婴儿床了。婴儿床不要使用床围，以预防意外发生。

为了防止孩子啃咬或碰撞护栏，最好同时制作包着腈纶棉的纯棉花布床围，棉布的花色要鲜艳、好看，能够给予新生儿或小婴儿视觉刺激，也便于清洗。

尿布台可有可无，如果自己愿意置备的话，其高矮应该以自己不用弯腰，可以站着给孩子换尿布为宜。女儿告诉我，她打算在尿布台下做两个大抽屉，用来放孩子的衣物、毛巾、纱布和床上用品，最底下可以并排放两个藤条筐：一个放孩子的尿布和纸尿裤，另一个放洗浴用品。

随后，我还告诉女儿，我在北京给她准备了孩子出生后穿的衣服、奶瓶等所用物品。没有想到女儿嘿嘿一笑，说："妈！您别准备了！我已经买了。10月份因为志勇去香港办事，我也跟着去了，没敢告诉您，怕您知道了不让我去。"

"你这个孩子，怀孕7个月时孕妇坐飞机是很危险的！万一出事怎么办！"我生气地责怪她。

"没事，妈，我这不是没有事嘛！再说还有志勇在身边呢！"女儿嬉皮笑脸地解释着。然后她赶紧转移话题，告诉我她给孩子都买了什么东西。

"妈，我给孩子买了6身0～3个月穿的纯棉连衣裤，都是浅颜色的；2包（每包6个）白色的布围嘴；2包（每包6个）白色细纱布的小手帕；4个120毫升的小奶瓶；4个260毫升的大奶瓶；10个0～3个月婴儿用硅酮橡胶奶嘴；10个3～6个月婴儿用奶嘴，每个奶嘴都在顶端周围偏离中轴的部位扎了3个小孔，基本符合您的要求。我还买了配套的奶瓶刷、奶嘴刷、清洗奶瓶的清洁剂和蒸汽消毒锅。妈，我买的可都是名牌，您不是嘱咐过我吗，不要买没有名的产品！"

是这样的，我曾嘱咐过女儿，最好买奶嘴眼扎得偏一些的奶嘴。因为孩子在吸吮时，如果奶嘴眼在正中央，吸出的液体直射咽部，假如孩子的吞咽动作不协调，很容易呛着孩子，因此最好在奶嘴顶部两侧偏离中轴45°的地方扎2个小孔，这样不容易呛着孩子。为什么孩子用的东西一定要买知名厂家的产品呢？目前市面上有一些婴幼儿服装甲醛超标，奶瓶、奶嘴使用的是回收医疗废弃物后制成的再生塑料，所以婴幼儿用品一定要买知名厂家的产品，质量才有保证。

"妈！我还买了一大堆婴儿专用的洗浴和护肤用品、2条婴儿用的大浴巾、婴儿用指甲刀以及婴儿用的洗涤用品。我还买了婴儿用的梳子呢！"

"你买得很全呀。这么多东西，你们怎么拿回来的？"

"妈！您别忘了，我身边有一个壮劳力呀！"女儿自豪地说，看来女婿这次可真成壮劳力了。

"妈！您知道吗，我买了几本有关怀孕和分娩的书籍，这些书都写了产前应预备什么东西，除了您嘱咐的以外，我都是参考这些书的内容准备的。这两天，我准备给孩子买浴盆去。"

"浴盆一定要买盆沿宽一些的，给孩子洗澡时可以支撑住自己的胳膊，不会感到劳累，而且也安全。另外还要买1个小的洗屁股盆和1个小的洗脸盆。"我嘱咐女儿。

"知道了!"女儿挂了电话。

后记

　　女儿给孩子定做的床是一个败笔,她没有听我的话,光考虑床做得大一些,孩子可以使用很多年,但是护栏很矮,而且四边都是固定死的,孩子只要一学会坐,恐怕就不能睡在其中了,因为孩子很容易就能从护栏上翻下床。即使4~5岁的孩子睡在上面也很麻烦,因为护栏是固定死的,因此孩子上床需要翻越护栏才行。浴盆买得也很不理想。这个浴盆底部中央有一块葫芦形的凸起部分,可能厂家设计时考虑新生儿可以躺在凸出的位置上洗澡,结果2个月大时就开始从凸起的部位滑下来,尤其是用了浴液后,孩子身体滑滑的,照看者往往揽不住,很容易摔着孩子。所以我建议给孩子买浴盆最好选择盆沿宽的、平底、有防滑条纹的。另外,4~6个月孩子用的奶嘴(扎好3个小孔的那种)不能喝自家榨的鲜果汁,因为稍微有一点儿渣滓都会堵住奶嘴眼,因此我们不得不将小孔用剪子剪通,形成一字形。所以建议给孩子喝果汁用的奶嘴最好自己扎眼。

女儿开始准备自己入院 分娩时所需的物品了

女儿怀孕已经37周。从这个时期开始出生的孩子就是足月儿（37周～41周+6天的新生儿称为"足月儿"）了。孩子随时都可能出生，于是女儿开始准备自己入院分娩时所需的东西。

女儿来电话向我讲述了这周去医院检查的情况："妈！医生检查说孩子头已经下降，但是还没有入盆，胎心挺好的，胎儿估计在3千克～3.5千克的范围。"

在入院前，根据书中学到的和从同事那儿听来的相关知识，女儿为自己和宝宝准备了以下物品：

产妇用品	● 产妇卫生巾1包 ● 产妇一次性内裤1包 ● 防滑拖鞋1双 ● 湿纸巾1盒 ● 小包面巾纸1包 ● 中空坐垫1个 ● 孕期多种维生素片、钙片各1瓶 ● 孕妇衣物（哺乳内衣、棉袜、长袖T恤、出院外衣，数量根据入院时间决定） ● 浴巾1条 ● 毛巾2条 ● 洗漱用品1套 ● 方形靠枕 ● U形孕妇抱枕 ● 眼镜和隐形眼镜

婴儿用品	● 婴儿纸尿裤1包
	● 婴儿柔湿面巾1盒
	● 婴儿洗浴、按摩、护肤用品各1瓶
	● 婴儿爽身粉1盒
	● 婴儿小面巾、毛巾若干条
	● 婴儿衣物（睡袋1条，包巾1条，内衣4件，连体外衣2件，外套1件，小袜子2双，小帽子1个）
其他	● 食品若干（巧克力、什锦坚果、果茶、全麦饼干、水果、新鲜橙汁）
	● 弯头吸管1包
	● 脐带血收集袋1个
	● 笔记本1个
	● 笔1根
	● 闹钟1个
	● 温度计1支
	● 湿度计1支
	● 按摩器1个
	● 随身小包1个（内装身份证、信用卡、医院就诊卡、手机、数码相机、电脑以及DVD和CD光盘）

"嗬！准备得够全的。"我不禁赞誉起来。

"妈！您以为我总在依靠您呀，其实我早已经通过书本学习了一些有关临产的知识，还经常不断咨询我们已经生过孩子的同事，我也不能总依靠您一辈子呀！妈，您别忘了，我也要做妈了。"多大的孩子在妈妈的眼里也是一个小孩子，好像她永远长不大似的，因此我总是不放心这、不放心那。女儿的这番表白让我感到她确实已经长大了，不需要我像以往那样照顾她了。

看来，女儿在做准妈妈的过程中，也在不断地学习来充实自己，为做一个合格的妈妈不断地提高自己。

事实证明，女儿准备的这些物品，在入院分娩前后都用上了。

因剖宫产可能会出现种种问题，女儿坚定了自然产的决心

本来12月份全国很多地方想请我去讲课，但是考虑到12月21日是女儿的预产期，只好推掉了几场讲座，将12月初的两次讲座讲完后，马上来到上海，准备陪女儿生产、照料她坐月子。

到了女儿在上海的家中，看见女儿比上次胖了不少，面色红润，肚子明显下坠了，手和脚像发面馒头一样，女儿说："手肿胀得连结婚戒指都不能戴了。为了走路舒适和安全，我现在穿的是39码运动鞋。由于穿鞋时不能弯腰，只好使用长把的鞋拔子。"不过，女儿其他动作还很灵活，在家里不停地干着家务，没有休息的时候。一天三顿饭都是她做，女儿很会做饭，保证三顿饭是色、香、味俱全。请了一个小时工帮助她打扫卫生。女儿看见我来了，高兴得不得了，什么都不让我干，说："妈！您就好好休息，或者看书，或者看电视。以后保驾护航的任务就是您的了。那时，您想休息恐怕就难了。"但我是一个闲不住的人，什么事都想帮一把，于是我担负起每天上街买菜的任务，其余时间全程陪着女儿，几乎是寸步不离。因为现在女儿随时都可能生产。

上海市内几乎没有比较大的公园。因此，每天下午3点后，我们都要去西郊宾馆的花园里散步。进入宾馆的大门，汽车沿着弯曲的马路来到庭院深处。只见马路两边都是绿茵茵的草地，青草修剪得非常平整，远远望去就像一块绿色的毛毯镶嵌在大地上一样。绿地的一边是一些不高的山包，山包上种着不少的乔木

和灌木。我和女儿下了汽车，走在林间的小道上，平坦的小道上落了不少叫不出名字的浆果。这些小浆果被人踩出的紫黑色浆液，洒落在小路上。虽然已经是秋末冬初，但是南方特有的葱郁景色还是深深地吸引了我。树上小鸟婉转的鸣叫显得那么悦耳动听，不远处潺潺的流水声也传了过来，我和女儿循声绕过山包，看见山包的那一侧是一条小河，河面上几只野鸭悠闲地游来游去，别有一番风景。我们闻着都市里难得的清新空气，感到心旷神怡。这里的一切都显得那么幽静，大有世外桃源的意思！走在路上，我不禁浮想联翩：时光过得真快，30多年前我牵着幼小女儿的手走在庄稼地旁，匆匆忙忙把她送到她爸爸工厂的幼儿园里，一路上女儿哭哭啼啼地不愿意去，这一幕就好像发生在昨天一样。现在，我渐渐进入老年，当年哭哭啼啼的女儿又开始孕育下一代，我就像当年我的母亲一样，为女儿的生育操着心！人类就是这样一代又一代重复着这样的过程，才能够使得种族不断繁衍昌盛。

已经有很多年没有和女儿这样并肩散步了。我们聊着她小时候的趣闻，还一起畅想她孩子将来的发展，整个林间只有我们两个人低声交谈的声音，以及不时发出的愉快笑声。我看得出女儿情绪很好。

我问女儿："你决定采取什么方式生产？"

"如果检查没有什么问题，我还是决定自己生。采取自然分娩无论对孩子还是对我自己都有好处。经过子宫收缩和产道挤压，可以将孩子呼吸道里的黏液和羊水挤出，减少羊水吸入的可能。毕竟剖宫产也是一个大手术，不管手术做得多好，也会对身体有损伤的，例如腹腔和盆腔组织的粘连。谁敢保证手术中不会发生大出血和感染呢？我一直认为，自己既然想要孩子，就不应该怕痛；只要对孩子有利，我也不能怕痛。作为母亲，我愿意为孩子忍受这点儿痛苦。剖宫产的孩子因为没有经过产道挤压，缺乏第一次触觉和本体感的刺激，将来容易出现感觉统合失调的问题，如果我的孩子以后有多动症或注意力缺陷，不就麻烦了嘛！再说，我待产的医院还有药物性无痛分娩，我的几个同事就是在临产前，麻醉医生在后腰上打了一针，止痛效果很好，大人孩子都平安。为了孩子我愿意选择自然分娩。"女儿娓娓道来，语气中充满了无限的母爱。

的确，剖宫产不是一个最理想的分娩方式，它只是一种在万不得已的情况下，为保证孕妇和胎儿的生命安全才会采取的分娩方式。再者说，并不是所有人都适合剖宫产。根据世界卫生组织的建议，剖宫产率应该维持在15%左右。但是近年来我国一些三甲医院的剖宫产率已经达到40%～50%，甚至个别医院已经达到60%，其原因主要是因为产妇对自然产有恐惧感，误认为剖宫产可以让孕妇免受生育疼痛之苦，而且孩子还可以减少一些意外，自己还能够保持优美的体型。对于很多家庭而言，都只要一个孩子，因此都希望孩子没有丝毫的危险，再加上一些医护人员害怕担当责任，尤其是现在一些助产士阴道助产水平下降，所以往往出现一点儿异常情况都会向家属和产妇按"严重的情况"交代，迫使家属和产妇别无选择，只能采用剖宫产的方式生产。

　　"你知道得真不少！尽是一些医学术语。"我不由得对女儿刮目相看。

　　"其实回北京时，我早就看了您书架上的《实用新生儿学》《实用儿科学》《实用妇产科学》《美国儿科学会育儿百科》（第5版）和您的讲稿。"女儿自豪地说。

　　另外，目前使用一些胎儿监护仪器往往出现假阳性，也是造成剖宫产率上升的一个原因。还有个别产妇因为迷信，要为孩子选择"良辰吉日"出生而要求择期剖宫产。所幸我的女儿对生产方式有一个正确的认识，不需要我再多说什么。

　　选择剖宫产手术是有严格的手术指征的。

从孕妇情况来判断

　　如果孕妇的骨盆畸形或狭小、高龄初产、患有严重的妊娠期高血压疾病、曾经做过剖宫产或子宫手术，以及此次不适合自然产的，如产程停滞、胎盘早剥、前置胎盘、引产失败、子宫破裂都应该实施剖宫产。

从胎儿情况来判断

胎位不正、胎儿宫内窘迫、体重预估为4千克以上而不能进行阴道分娩的、多胞胎、宫颈未开全而脐带脱垂者都必须实施剖宫产。

尤其是我国近来开始实施的"单独"二孩政策，对于一些准备要二孩的家庭，孕妇更要慎重选择生产方式。剖宫产的妈妈想要二孩时，需要在第一个孩子2岁以后才能考虑再次怀孕，即使这样也要高度警惕瘢痕子宫再度怀孕有可能面临的一些危险。

例如，剖宫产术后切口愈合不良瘢痕宽大、产生炎症都可导致瘢痕部位有微小裂孔，一旦受精卵运行过快或者发育迟缓，很有可能在通过子宫腔时未具备种植能力，但是却通过子宫瘢痕的微小裂孔进入子宫肌层而着床发育。随着胚胎的发育，子宫肌层较薄弱，而且剖宫产瘢痕缺乏收缩能力，孕妇在怀孕早中期有可能发生腹腔内出血，也有可能在人工终止妊娠的负压吸宫手术中发生致命性出血；维持到孕晚期者，极有可能发生胎盘粘连等，造成严重的产后出血；生产时，子宫有可能承受不了强烈的宫缩，发生子宫破裂。由于瘢痕破裂导致大出血，往往会使孕妇失去子宫，甚至造成死亡。随着国内剖宫产率居高不下，此病的发生率也呈上升的趋势。据《扬子晚报》2014年7月的报道，在2013年，仅淮安市第一人民医院产科病例中竟然有494个"二宝"长在生产"大宝"时母亲剖宫产的瘢痕上。仅2014年上半年，就已有254例新增病例。

因此，如果头胎采用剖宫产，最好是2年之后再怀二胎，有的产科医生甚至建议两胎之间最好间隔3～5年，让瘢痕有时间长得很牢固。

当有剖宫产史的女性准备要第二胎时，孕前一定要做检查，看看瘢痕恢复情况，如果经超声波检查发现剖宫产后子宫切口瘢痕处肌层薄甚至有肌层中断的情况，应视为子宫切口愈合不良，不适合再怀孕。孕6～7周时，孕妇必须做B超检查，检查孕囊位置。如果孕早期出现与先兆流产、胚胎停育类似的腹痛出血症状，就要高度警惕是否为瘢痕妊娠的早期症状。在临床上曾发生因为产妇在怀二孩的时候不做相关检查，最后导致子宫瘢痕处破裂，胎儿掉入腹腔窒息而死，母亲也因此必须摘除子宫的悲剧。

即使有医疗指征需要剖宫产，必须指出的是剖宫产儿在出生1周内最容易出现以下5个问题。

哭闹问题

95%以上剖宫产儿出生后很快就会出现不同程度的哭闹、多动、不喜欢触摸、易惊及睡眠障碍，即使很小的声响也能引起婴儿过强的反应，而且多发生在晚上，常常莫名其妙地哭闹。这些孩子的哭闹很难安抚，甚至拒绝进食，引起父母紧张、焦虑的情绪，久而久之容易超出父母的忍耐限度，引起反感，疏远孩子，不利于亲子依恋关系的建立。据研究认为，发生这种情况是因为胎儿在子宫内吞咽了大量羊水，由于实施了剖宫产，不能通过产道的挤压排出体外，大量的羊水羁留在新生儿消化道造成了危害，引起肠绞痛。也有专家认为剖宫产儿哭闹，主要与感觉统合失调，即触觉防御性反应过度有关。

下奶晚及母乳不足引发的一系列疾病

剖宫产儿出生后由于妈妈还在手术中或状态不佳，不能在生后半小时内进行早吸吮，不利于妈妈早期建立生乳反射和喷乳反射。另外，手术疼痛的打击容易令产妇精神紧张、焦虑、忧郁，止痛药或麻醉药残留在体内均可抑制或影响乳汁的分泌；而且剖宫产会使5-羟色胺分泌增加，导致泌乳素和催产素分泌减少；再加上手术后医生需要观察产妇的肠功能是否受损，因此饮食受到限制，只能摄入流食或半流食，不能满足乳母对营养的需求，以上均可造成下奶晚或母乳分泌少。因此，剖宫产儿由于不能及时获得初乳中的一些免疫物质，其免疫功能差，易合并感染；下奶晚或母乳不足也容易发生新生儿低血糖。人的大脑代谢主要依靠能量的来源是糖，低血糖对大脑造成的损伤往往是不可逆的。同时，由于喂养延迟或母乳不足，也造成剖宫产儿胎粪排出延迟，增加胆红素的回吸收而发生高胆红素血症。也有报道称，因为产妇所用麻醉药物通过胎盘进入胎儿的血液循环系统，致使红细胞通透性改变，存活期缩短，造成大量破坏，致黄疸加重。

容易发生剖宫产儿综合征

剖宫产儿综合征主要指剖宫产儿呼吸系统并发症，如窒息、湿肺、羊水吸入、肺不张和肺透明膜病等。剖宫产儿湿肺的发生率为8%，阴道产儿湿肺的发生率仅为1%。在孕期中，由于发育的需要，胎儿肺内存有一定量的肺液，但在出生的瞬间这些肺液必须迅速得以清除，为出生后气体顺利进入呼吸道减少阻力，保证肺能够马上进行气体交换，建立有效的自主呼吸。阴道产儿由于生产时产道的挤压和儿茶酚胺的调节，使得胎儿呼吸道内肺液的1/3～2/3被挤出，剩余的肺液在出生后可被进一步清除和吸收。但是剖宫产儿缺乏这一过程，肺液排出较少，肺内液体积聚过多，增加了呼吸道内的阻力，减少了肺泡内气体的容量，影响了通气和换气，导致不少剖宫产儿特别是择期剖宫产儿出生后出现呼吸困难、发绀、呻吟、吐沫、反应差、不吃、不哭等症状，发生新生儿湿肺，严重者可导致窒息、新生儿肺透明膜病、新生儿缺血缺氧性脑病的发生。另外，由于剖宫产儿没有经过产道挤压，无法更好地适应出生后血流动力学和血生化的瞬间改变，严重者甚至有发生颅内出血的可能。

不利于建立早期依恋关系

心理学家指出，几乎所有的母亲对孩子的爱都是无限的，特别是当孩子分娩出的那一刻，母爱达到顶点，不能忍受与宝宝片刻的分离。心理学家把这一阶段称为"母性的敏感期"。剖宫产儿却由于妈妈还在继续手术或者因为妈妈的状态不佳，不能及时与母亲进行密切的肌肤接触。虽然我国医院规定孩子出生后半小时内（世界卫生组织规定为产后1小时内）必须和母亲进行皮肤接触，但是往往由于各种原因而无法实现。因此造成了母婴最初的"隔离"。而刚出生的孩子是最需要母亲爱抚的，否则会使孩子亲近母亲的天性得不到自然发展，也不能获得安全感和满足感，对孩子日后的健康成长是非常不利的。

近来有科学家认为，母子之间最早的皮肤接触，有助于建立早期的依恋关系，在此基础上经过一段时间的相互作用形成牢固的依恋关系。母子间最初皮肤接触时间的早晚比早期接触绝对时间的长短更重要，这是因为产妇在体内雌激素的作用下可能产生最强烈的感情，促使她去关心自己的孩子，有利于形成早期依恋。如果不尽快加以利用，激素的作用就会消失。

容易发生感觉统合失调问题

一些剖宫产儿的家长发现自己的孩子似乎比别的孩子更加"活泼好动"，但动作不协调，做任何事情没有长性、爱哭闹、情绪不稳定、爱招惹人、不合群，且食欲缺乏、饮食起居没有规律。去医院检查，也没有发现什么健康问题，因此，家长认为是孩子天生调皮任性所致，就没有在意。直到孩子上学后，出现学习困难、表现出行为异常，才引起家长的足够重视。经过专业医生检查，认为发生以上问题主要是由于感觉统合失调造成的。虽然进行了治疗，但是由于这些孩子失去了早期及时进行恢复治疗的机会，直到出现严重异常的行为问题才给予关注，这会给孩子、家庭和社会带来沉重的负担。据不完全统计，目前，3～13岁的孩子有10%～30%不同程度地患有此症，其中剖宫产儿占很大的一部分。因而迫使我们不得不再一次重新认识剖宫产。那么，为什么剖宫产儿在感觉学习和感觉统合训练方面存在着先天不足呢？

阴道分娩过程中，在限定时间内胎儿的肌肤、胸腹、关节、头部均受到宫缩有节奏且逐渐加强的挤压刺激，以及产道适度的、具有物理张力的刺激，胎儿必须主动通过狭窄而屈曲的产道，这些刺激信息通过胎儿外周的感觉神经传入中枢神经系统，经过大脑对这些信息进行分析、加工、整合后发出指令，令胎儿整个身体以最佳的姿势、最小的径线、最小的阻力，即形成一个"圆柱体"，适应产道各个平面的不同形态，顺应产轴曲线而下，最终娩出。一般来说，在胎儿娩出的过程中（约2小时），他接受了人类最早的、最重要的、强有力的触觉、本体觉和前庭觉的体验和学习的过程。尤其在此过程中，产道对胎儿头颅的挤压，激活了大脑的神经细胞，这也是胎儿第一次主动参与的感觉统合训练，即触觉和运动觉的统合。

剖宫产属于一种干预性分娩，没有胎儿主动参与，完全是被动地在短时间内被迅速娩出，剖宫产儿没有分娩过程中被挤压的经历，没有感受这些必要的感觉刺激，大脑与胎儿的机体所发生的各种动作也没有机会进行整合和反馈，失去了人生中最早的感觉学习和第一次感觉统合训练的机会，皮肤的触觉没有被唤醒。因此，剖宫产儿在感觉学习和感觉统合训练方面存在着先天不足。

如果剖宫产儿生后没有进行科学的训练，就很容易发生感觉统合失调问题。

我和女儿每次散步近1小时。散步是一项很好的有氧运动，散步时以能微微出汗为最佳运动量，这样不仅能够防止体重增加，还能够锻炼平时不常使用的肌肉、活动全身的关节、提高产力、促进血液循环、减少四肢水肿。此外，还能够亲密接触大自然，放松自己，让孕妇拥有一个好心情，有利于克服产后因为内分泌环境的迅速改变，机体难以适应而产生的紧张、焦虑和忧郁的情绪。

当初冬的太阳就要落下时，我和女儿迎着余晖走在回来的路上，身后拖着我们长长的身影。我们即将送走今天，谁知道明天我们还会不会再走这条路呢！

医生估计的胎儿体重
与B超显示有差异

孕
39
周

这是我第一次陪女儿去做产前检查。虽然挂的是这个医院的特需门诊号，但是环境仍有些扰攘。我们坐在沙发上等待护士叫号。不一会儿，护士叫女儿去量体重，并且留尿做尿常规化验。随后，护士让女儿躺在诊断床上，测量血压并监测胎心。这是一台腹壁外胎心宫缩电子监护仪，胎心通过监护仪的放大，发出有节奏的咚、咚、咚的声响。这美妙的声音就是一首生命交响曲，让我如此陶醉。我看着胎心图描绘的胎心率基线都很正常，通过监护仪还可以了解胎心与宫缩、胎动的动态关系变化。一般来说，胎心率是反映胎儿健康情况的一项敏感指标。正常的胎心基线率在110次/分～160次/分。如果胎心率基线持续在100次/分～110次/分，说明胎儿为轻度心动过缓；小于100次/分则为明显心动过缓，则提示胎儿可能出现进行性缺氧，表现为胎儿窘迫。如果胎心率基线持续在160次/分～180次/分，说明胎儿为轻度心动过速；大于180次/分说明胎心明显心动过速，提示可能有早期的胎儿窘迫，但不管是心动过缓还是心动过速都需要观察10分钟以上，因为在许多情况下也会出现假阳性，所以不能单纯依靠胎心基线率异常做出胎儿异常的诊断，必须结合其他的检查手段。但是腹壁外胎心宫缩监护仪的确为医生更好地监测胎儿在宫内的情况提供了帮助。女儿告诉我从怀孕建围产保健卡开始，每次去医院都会使用腹壁外胎心宫缩监护仪进行监测。其实在孕6～7周时，胚胎的心脏已经开始划分心室，并进行有规律的跳动及供血，其胎心大约为150次/分。

然后我陪着女儿又做了B超。对于一个正常的孕妇来说，这次B超检查应该是产前最后一次，其作用是为顺利分娩做好监测和准备。B超显示胎儿为头先露，胎盘情况和位置都很好，羊水量正常，胎儿宫内活动的情况也很好，经过B超测量计算胎儿体重大约为4千克。

　　所有该做的检查都做完了，我们开始静静地等待产科医生。10点左右，一位个子不高、步态轻盈的女医生来到诊室。这位专家脸上充满了微笑，让人感到很亲切。医生问了问女儿近来有没有什么不舒适的感觉，当得知女儿一切都很好时，医生让女儿上床进行检查。检查后医生告诉女儿，胎头已经下降，但还是没有入盆，胎儿估计在3千克～3.5千克。

　　产科医生看过B超室的报告后，认为孩子没有那么重，孩子的体重与B超室测出的体重有差距，并坚持自己的检查，认为女儿完全有能力自然分娩。

　　医生还嘱咐女儿不要过度饮食，防止体重增长过快，并且建议天天散步，这样可以帮助胎儿下降入盆，松弛骨盆韧带，为自然分娩做准备。医生最后嘱咐我们1周后再来检查。

已到预产期的女儿没有任何动产迹象，且体重已经超标

女儿进入孕40周，已经到了预产期，但是丝毫没有动产的迹象。其实我也很清楚，真正在预产期出生的孩子很少，大约也只有5%的样子，但是在这一周内出生的孩子还是很多的，据我的临床经验，第一胎往往会比预产期推后降生。

这次来医院检查，继续以往的常规检查，结果女儿的体重在一周内增长了1千克。女儿埋怨我，说我净给她做好吃的，让她体重迅速增长。

"咦！我做了，你可以不吃呀！我看你在家嘴就没有闲着的时候。自己没有意志力还赖别人，真不讲道理。"尽管我嘴上这么说，其实心里很内疚。按说妊娠期孕妇的体重肯定会增加，所以对于孕期的体重管理是非常重要的。因为孕期体重过重不但可能造成巨大儿，而且容易并发妊娠期高血压疾病，同时增加难产率和剖宫产率，生产时还易发生胎儿窘迫和新生儿窒息，增加了晚期胎儿死亡和新生儿死亡的风险。不管是母体体重过重还是体重过轻都会对孩子造成潜在的远期问题。如果母体体重增长不足，则可能造成子代短期健康问题，如胚胎体重增加不足；或造成子代远期的健康问题，如高血压、血脂异常、心血管疾病、胰岛素抵抗等。如果母体体重增长过多，子代短期可能出现的健康问题有胚胎体重增加过多，子代远期出现的健康问题有肥胖、代谢综合征、心血 管疾病等。标准的体重增长在"女儿怀孕了"一节的附表中曾经涉及，希望读者能够根据上面的标准严格控制孕

期体重。

　　女儿怀孕前属于标准体重，体重增长不应该超过16千克，妊娠前半期应该增加总体重增长量的1/3，后半期增加剩余的2/3，13周以后至足月每周增加大约350克，不能超过500克。尤其是妊娠最后一个月，应该限制脂肪和碳水化合物的摄入，防止因胎儿过大而增加分娩的难度，还要注意限制盐和水的过多摄入而造成妊娠水肿。一般主要控制中午的主食，适当地增加副食的摄入。对于女儿来说，体重增加就意味着胎儿可能迅速增长为巨大儿（体重大于等于4千克），或者孕妇营养过剩造成肥胖。我没有来上海之前，女儿体重控制得很好。我来之后，虽然女儿希望我好好休息，养精蓄锐，但闲不住的我还是主动承担起了做饭的工作，我总做她喜欢吃的饭菜，而且上街买的零食也多，所以女儿埋怨我是应该的。

　　经过产科医生检查，胎儿的头仍然没有入盆，胎儿体重估计为3.5千克左右，医生还是认为女儿分娩的条件很好，完全可以自然分娩。因为产科医生知道我是儿科医生，所以建议我每天给女儿听胎心3～4次，以便进行监测。还嘱咐女儿每天要数胎动，正常情况下，12小时胎动应大于10次。医生告诉我们如果仍然没有动产的话，3天以后还要来医院检查。

　　女儿一听胎儿的头还没有入盆就有些担心了。我告诉她，对于初产妇来说，这是很正常的现象，有不少孕妇在临产前胎头才入盆。胎头如果确实不能入盆，可能出现了头盆不称，如胎儿的头太大或者孕妇的骨盆狭窄等，但女儿不存在这些问题，所以劝她放心，耐心等待生产来临。

为了预防过期产，准备住院做药物引产

女儿在12月23日和12月26日又去医院做了两次检查，仍然没有动产的迹象。虽然医生说目前胎儿的情况很好，还是嘱咐我们如果这周不生，12月28日一早就要去住院，进行引产。

随着时间一天天过去，我的焦虑情绪逐渐显露出来。我在家不止一次说："说不定一会儿你就要生了，我不能离开你的身边。""别看上午你没有事，说不定下午就破水了。"

夜里，我睡得也不踏实，有的时候突然惊醒，好像听见女儿在叫我，就赶紧起床，走到客厅里，只见月光透过窗户照在客厅的地上，四处静悄悄的，女儿的卧室中传出轻轻的鼾声。"哎！我是在做梦吧！"我自言自语道。上海的冬夜是很冷的，我赶紧裹紧衣服回屋继续睡觉。谁知道刚一躺下，懵懵懂懂地又做起梦来，梦见女儿推开我的屋门，告诉我已经见红了，催我赶紧起床与他们一起去医院……真是日有所思，夜有所梦，仿佛我又回到在医院值夜班的情境中，心里总是装着病人的事。

"沙莎，我昨晚做了一个梦。梦见你生了一个大胖小子，是男孩还是女孩来着？好像是个男孩，咱们全家这个高兴呀！说不定你今天就生了。"女儿起床后，我赶紧将我做的梦讲给女儿听。

"妈！您净制造紧张气氛，看您急的！我还不着急呢！"

要说女儿不着急是假的，我看她一遍又一遍地打开箱子，检查她准备带去医院的东西。

我现在要做的工作就是每天陪着女儿，并且不时监测胎心，万一出现状况后能及时去医院。

"这个孩子可真沉得住气，竟然赖在妈妈身上不出来。其实孩子一生下来麻烦事就多了，还是带在身上方便，你愿意去哪儿就去哪儿。"我不由得安慰女儿。

其实我的焦虑也是有原因的：

从医学上说，超过预产期2周即42周出生的孩子就是过期产儿，过期产儿对产妇或自身都会存在一些危险。如果胎盘功能是正常的，胎儿会继续生长，那么因为胎儿过大，发生巨大儿的风险增加2倍，可能会造成难产、死产和新生儿死亡的风险也会增加，死产和新生儿死亡的风险也会增加；而且过大的胎儿也会压迫胎盘，造成胎盘功能低下，从而影响胎儿发育，对孩子或产妇都很危险。如果胎盘功能退化，羊水减少，胎儿所需要的营养和氧气不能得到及时供应，引起胎儿宫内窘迫，严重地影响胎儿各个脏器的新陈代谢，尤其会对大脑造成很大的损害，出生后可能表现颅内出血或出现其他中枢神经系统方面的症状；胎儿缺氧也会造成胎儿的肛门括约肌的松弛，胎便排出，污染羊水，可能会使胎儿吸入，引起胎粪吸入综合征。

目前对于妊娠40～42周的称为延期妊娠，虽然目前医学上可以通过医疗手段中断延期妊娠，完全预防过期产儿出生，但最好还是通过自己适当的运动进行催生。可是我的女儿每天都在不停地运动，孩子却在妈妈的子宫里稳如泰山，丝毫没有出来的意思。没有办法，看来我们只好等到明天清晨去住院，采取药物引产了。

住院用催产素引产

孕
41
周

清晨，我和女婿陪同女儿去住院，并且带上女儿早已经准备好的住院所需物品。一路上我不断地嘱咐司机车要开得慢一点儿、稳一点儿，不要急刹车，唯恐女儿出现意外。

女儿所住医院的硬件条件不错，装潢也很漂亮，看得出来这是一座刚投入使用的病房大楼。我们选择的是一套有里外间的产休室，由于女儿还没有分娩，所以先被安排在一套里间可以作为待产室或产房，外间可以作为陪床亲属休息的房间。整个房间布置得好像自己的家一样，麻雀虽小，五脏俱全，生活所需要的东西这里全有，而且还有配膳员按时给产妇和陪住家属送饭。女婿为了女儿能够康乐待产，还将家里的小音响带来，接上电脑，在产休室里播放轻柔的乐曲。当音乐响起时，我们的心情也变得愉快起来。

正常分娩取决于产力、产道、胎儿、产妇心理状态四大重要因素。产力为分娩的动力，但是受产道、胎儿及产妇心理状态制约。产力分为子宫收缩力和辅助力两种。子宫收缩力简称"宫缩"（即子宫节律性、阵发性地收缩）是临产的主要产力，贯穿于整个分娩过程中。腹肌、膈肌收缩力和肛提肌收缩力，是胎儿娩出的重要辅助力。胎儿因素主要指胎儿的大小、在子宫的位置以及通过产道的姿势是否与产道吻合。产道指胎儿从母体分娩的通道。产妇的心理状态也很重要，如果产妇紧张、焦虑、恐惧，也会影响子宫收缩不协调，宫颈口迟迟不开，产程延长。四者互相联系、互相影响，要想顺利分娩，必须协同作用，发挥正常，并且由医生根据情况全面分析判断才能顺利实现。

女儿虽然已经过了预产期，目前仍然没有动产的迹象。女儿住院后，住院医师、主治医师以及产科主任都先后过来进行检查，因为女儿一直准备自然分娩，但是预产期已经过了1周，因此需要通过引产来终止妊娠。引产就是通过人工方法促使子宫颈成熟，并且促使子宫收缩，缩短阴道分娩的时间来终止妊娠。因为女儿至今没有动产的迹象，因此就谈不上产力，多位医生认为女儿的情况具备催产素引产的适应证。因此，护士很快就来给女儿静脉滴注5%葡萄糖加催产素，并且使用胎心监护仪来监测胎儿情况。

人工合成的催产素主要作用是选择性兴奋子宫平滑肌，增强子宫的收缩力以及收缩的频率，目前临床上主要用于引产、催产及预防产后子宫收缩乏力性出血。不过，值得注意的是，催产素个体敏感度差异是很大的。因此，当护士给女儿输上葡萄糖，并在液体瓶中加上催产素后，会根据女儿宫缩、胎心的情况不断地调整输液的滴数。女儿开始出现宫缩，由弱渐强，这种宫缩的强度并没有让女儿感到剧烈疼痛，而且宫缩维持的时间也很短，间歇很长时间才开始下一次宫缩。

我一看这种情况，心里暗暗地想，女儿今天恐怕还是生不了，心中不免急躁起来。于是急忙打电话向我们医院原妇产科主任咨询。她说："张主任，你不要着急，有的时候需要点3天的催产素才能引产成功。是不是因为涉及自己的女儿就着急了？"其实，我也是知道这种情况的。我们医院原来规定孕妇从进入产房或手术室开始，儿科医生就要进去协助产科医生监护新生儿分娩的那个瞬间以及产后新生儿的一切，也就是说，新生儿只要一出生就归儿科负责，所以与妇产科接触得十分频繁，再说新生儿医生也必须了解围产医学的知识，否则就不是一个称职的新生儿医生。俗话说，"医不治己"，一个医生能够正确对自己的病人进行诊断治疗，但有时对自己或自己的亲人却不能予以客观的分析和诊断。

在女儿输液的过程中，我又向医生打听了这家医院使用药物进行无痛分娩的具体情况。

几乎所有生过孩子的人都知道分娩的过程的的确确是很痛的，如果把无痛到痛不欲生这个过程用数字0~10来表达，那么，0代表着无痛；1~3为轻度疼痛，4～6为中度疼痛，7～10为重度疼痛。在这里，自然分娩的痛感为9～10，镇痛分娩的痛感不会超过5，麻醉师一般会将孕妇痛感控制在3～4。但因为每个产妇的疼痛阈不一样，所以每个人的感受也是有差异的。有些孕妇受到影视节目或者书籍中所描述生产时"声嘶力竭、大汗淋漓、撕心裂肺"的疼痛场面的感染，使得对分娩感到更加紧张、恐惧、焦虑，因此这些人更有可能感到分娩的疼痛难以忍受。当很多孕妇听说有无痛分娩，都希望自己使用这项技术来免除分娩的痛苦，甚至有的孕妇因为恐惧分娩时产生的疼痛而强烈要求剖宫产。据说发达国家80%～90%都采用的是无痛分娩。关于无痛分娩，世界卫生组织（WHO）在《关于分娩护理以获得积极分娩经历的建议》中指出：①建议对分娩中要求减轻疼痛的健康孕产妇使用硬膜外止痛法（一种麻醉方法）；②对分娩中要求减轻疼痛的健康孕产妇，注射用阿片类药物如芬太尼、二醋吗啡及哌替啶（都是止痛药）。由此可见，推荐无痛分娩已成共识。

目前临床上使用较普遍、安全性较高、镇痛效果最确切的分娩镇痛法——椎管内阻滞（腰麻、硬膜外联合镇痛或连续硬膜外镇痛）的分娩镇痛技术。由麻醉医师在椎管内注射麻醉药，这种麻醉不影响子宫规律性收缩，能够减轻应激反应，通过使用最小剂量的镇痛药物达到有效阻断痛觉神经，消除腹部疼痛的目的。具体操作是：麻醉医生在产妇的腰椎三四节之间进针，在椎管内放置导管，当产妇宫口开到2厘米～3厘米时，也就是规律宫缩开始时，就可以通过导管开始推进药物，其药物浓度大约是剖宫产的1/5。医生用一次药，药效大约持续1.5小时。该分娩镇痛技术除了用药浓度较低、镇痛起效快、可控性强、安全性高、减轻分娩疼痛的优点外，还不增加产钳使用率，而且剖宫产率、会阴侧切率、产后出血率、新生儿窒息率、新生儿重症监护病房入住率、新生儿早期死亡率均减少。在整个分娩过程中，产妇都是清醒的，大多数情况下是不影响产程的。但是产妇对麻醉药物敏感程度不同，实施麻醉的时间掌握得如何、麻醉师技术水平的高低，甚至原来是否有过手术的经历等因素都会影响无痛分娩的效果，因此要求麻醉医生技术十分娴熟。

分娩镇痛不是完全无痛，医生会保留产妇3～4分痛感，使其感受宫缩，便于生产。分娩镇痛产程基本不会延长，如果产妇对疼痛较敏感，或患有高血压、瘢痕子宫，建议采取分娩镇痛。

剖宫产时使用浓度为0.5%的局部麻醉药物，而无痛分娩时使用的镇痛麻醉药物浓度仅为0.125%，并且只有极少剂量的麻醉药物被注入椎管，经血液吸收再通过胎盘屏障到胎儿的药量更是微乎其微。目前，没有证据显示镇痛分娩会对新生儿智力产生影响。镇痛分娩使用的麻醉用药量相当于剖宫产的十分之一，而且这个药物不入血，是不会透过胎盘被孩子吸收的。

但也不是什么人都可以使用无痛分娩，如有阴道分娩禁忌证、麻醉禁忌证、腰部外伤、腰椎疾患、凝血功能异常者等就不能选用椎管内镇痛分娩。

女儿所选择的这家医院很早就开展了椎管内镇痛分娩，据说还开展了笑气（氧化亚氮和氧气的混合物）吸入镇痛法，经验还是很丰富的。

在输液过程中，医生和助产士不断进屋观察女儿的宫缩情况，但是宫缩发生得仍不理想，医生还不断嘱咐女儿输液期间可以在地上来回走动，这样有助于宫口打开，尽管宫缩时女儿腹部有一些疼痛，但是女儿仍然遵从医生和护士的意见下地活动，我便陪着她推着输液架子来回在房间里走动着……液终于输完了，女儿还是没有发生规律性宫缩。输液停止后的这一夜，女儿的宫缩却逐渐减弱。

哎！真的不能着急！等明天再开始引产吧！

引产两天后因胎心不太好且宫缩无力，我要求给女儿做剖宫产

今天是使用催产素的第二天。女儿在输液的过程中，随着催产素浓度逐渐加大，宫缩也逐渐加强。导乐陪产的护士是和蔼亲切的主管护师，叫"小吴"。导乐陪产是近年来国际产科学界极力推崇的一种全新的服务理念，我国一些医院的产科也相继引进了这项人性化的服务措施。所谓"导乐陪产"，就是选择一位有爱心、有分娩经历的专业人士，在整个产程中给予产妇持续的生理、心理及感情上的科学支持，使产妇在舒适、安全、轻松的环境下顺利地分娩。小吴每次进入房间都面带笑容，指导女儿在每次宫缩开始时如何掌握呼吸的节律和深度，并且告诉女儿只要掌握了合适的呼吸节律就会减轻因宫缩而引发的疼痛，也会促使宫口迅速打开。她根据诱导宫缩进行的情况，逐渐加快了输液的速度，使得宫缩由每5分钟发作一次到2~3分钟发作一次。同时，小吴也在不断观察胎心监护仪，这时胎心监护仪显示胎心为110次/分~120次/分，小吴叫来了大夫。这是两位年轻的女医生，她们查阅胎心监护图后，没有立刻表示是否出现问题。其中一位女医生给女儿做了内诊，但是动作太粗鲁，再加上她手的条件也不好（妇产科医生的手指最好是细长型的），疼得女儿大声哭叫。这位女医生可能看惯了临产前产妇的哭叫，丝毫不理会女儿的痛苦，很职业地说："不行！宫口开一指，宫颈还没有消失，现在不能人工破膜。继续使用催产素！"她对小吴说："继续输液！"女儿仍在为一阵阵宫缩引起的疼痛龇牙咧嘴，我在一旁鼓励安慰着……

近12点时，产科主任来到产房，经过内诊检查，认为宫颈已经消失、宫口开大一指、可以摸到胎头，已经具备人工破膜的条件，可以破膜了。经过严格的消毒后，由产科主任亲自破膜。破膜后马上流出大量清亮的羊水。主任说："破膜后可以诱导宫缩发动加速，有利于胎头下降、宫口开全，进入第二产程。"

的确，破膜以后宫缩的速度会逐渐加快，因为宫缩引起的腹痛间隔时间越来越短。也许因为自己是儿科医生，我格外注意胎儿在宫内的情况，不断观察着胎心监护仪，其显示胎心基本维持在120次／分～160次／分。偶尔胎心也有低于120次／分或高于160次／分时，但其正处于宫缩发生时，而且瞬间就能恢复到正常范围，因此应该是正常的。这时，小吴基本上就留在产房中观察女儿的产程进展。看着小吴和蔼可亲的微笑以及认真负责的工作态度，女儿和我都对她产生了无限的信任和依赖，我很庆幸有这样一位可靠的导乐陪产助产师。

近下午3点半，小吴告诉我，她要下班了（因为她的工作时间是7点半～15点半），并且告诉我接班的护士也是一位有经验的助产士。这时我才知道，这家医院的VIP产房不是像和孕妇宣传、承诺的那样，固定一个导乐助产士陪伴产妇整个产程直至胎儿娩出。想当初，我选中这家医院最好的VIP产房正是看中了这一点。看来不实的宣传也充斥在这家上海的三甲医院里，而且连我这个熟知医院门道的医生也被……唉！不说了！

小吴熟悉女儿的情况，观察产程细致周到。作为一个临床医生，尤其是和产科打了几乎一辈子交道的我来说，我十分清楚导乐人员素质对于产妇和胎儿安全是多么重要。我在征求了小吴的同意之后，请求护士长让小吴继续留下来，担任女儿的导乐助产师，尽管这个要求加大了小吴的工作量，但也是迫于无奈。护士长挺通情达理，爽快地同意了，但是提出输完催产素后如果宫口仍未有进展，就必须让她下班，因为第二天她还要上班。谁知道，近17点30分催产素已经输完，女儿的宫口仍然只是开到一指（约1厘米），毫无进展。值班医生检查后告诉我，今天催产素只能输到此，明天继续输催产素引产。这时女儿的宫缩2～3分钟一次，每次持续的时间也就10秒钟左右，胎心的情况还算正常。小吴告诉我，胎心监护仪再用1小时就停了，于是小吴下班走了。我从心里对小吴十分感激，如果这家医院的助产士都像她这样就好了。不过，我可不认为胎心监护仪只用1小时就可以了，如果1小时后护士来撤胎心监护仪，我要坚持继续用。因为只有通过胎心监护仪，我才能了解胎儿在宫内的情况。

拔掉输液的针头后，发现女儿宫缩发作的频率也逐渐变慢，因宫缩引起的腹痛也不像输液时那么强烈。由此可以分析出，女儿的宫缩完全是因为静点催产素引起的，这是药物在起作用，并没有诱导出女儿临产前自己发动的宫缩。我感到忧虑不安，担心明天继续静点催产素是否能够真正让女儿自己发动宫缩，而且破膜后还增加了感染的机会，大大增加了大人和孩子的危险。

晚上7点左右，我发现胎心监护仪上显示的胎心在110次／分～120次／分，甚至个别出现90次／分的记录。"胎儿是否发生宫内缺氧？还是因为正赶上宫缩启动？"我有些忐忑不安，但是没有表现出来，怕女儿和女婿着急。当我继续观察，发现女儿在没有宫缩的时候，胎心有时也在110次／分～120次／分，甚至还低于110次／分。这可是一个危险信号！凭着我多年的临床经验，胎儿可能发生宫内缺氧，有宫内窘迫的倾向。"不行！我得赶快去找值班医生！应该顺转剖。"这时，正好碰上我的朋友、这个医院的儿科主任——在上海很有声望的一位儿科权威。她看过胎心监护图后，马上说："我去找值班主任，我认为必须做剖宫产。"

值班主任是一位副主任医师，一位男医生。他进产房仔细查阅了胎心监护图纸，提出："胎儿可能有宫内缺氧的情况，目前羊水清亮，按照以往的惯例，可以等到明天再静点催产素继续引产。"

"目前胎儿已经有宫内缺氧的迹象，虽然表现为阵发性的，但是如果发展为持续缺氧，后果是很严重的，而且前羊水清亮不等于后羊水没有问题！"我说。

我和我的朋友一致坚持认为，目前胎儿的情况不再适合自然产，具备了剖宫产的指征，应该提前结束妊娠。女儿、女婿也表示同意。

这位值班主任说："你们二位都是专业人士，我遵从你们的意见，可以进行剖宫产，是今天做还是明天做？"并且还谨慎地让我的朋友问我，是不是请一直给女儿做产前检查的专家（这家医院产科权威）做手术。

这位值班的男主任给人一种踏实谨慎的感觉，态度也很温和，让人感到很可信。我想与其要做剖宫产，早做比晚做好。我马上表示："马上做手术，由您来做！谢谢您！"

我的朋友为我留下来，准备亲自进手术室接孩子（实际上是为了预防意外情况，做好抢救的准备）。

于是手术前的准备工作开始了，备皮、插尿管。女婿很紧张，哆哆嗦嗦地在手术同意书上签了字，然后等待手术室来人接走女儿。我告诉女婿不用紧张，所有医生在做手术之前都会将手术可能发生的所有问题一一列在手术同意书上，哪怕只有万分之一的可能，都要明确地告诉家属或者患者，这是医院必须执行的工作程序，也是医生的工作职责，没有必要紧张，更何况这个手术无论如何也是必须要做的。也许自己是医生的缘故，对此我内心十分平静，能够坦然面对。病房护士通知我，女儿回来后要换病房。于是我急急忙忙收拾东西，并准备和女婿一起换房间。这时，女婿对我说："沙莎现在需要我，我得在她的身边！"女婿跑到女儿身边，我看到这小两口四只手紧紧地握在一起，深情地互相望着，女儿眼里含着泪水。是呀！对于剖宫产手术，女儿肯定很害怕，在这时丈夫的安慰恐怕比妈妈的安慰更重要。女婿做得十分对！我很欣慰女婿是这样一个懂得体贴妻子的人！可能与我长期在医院工作有关，我没有把女儿要做手术的事当成一件大事，认为自然产改为剖宫产是很平常的一件事（女儿常常说我是职业麻痹），一般不会有什么问题，所以并没有认为这是一件紧张而可怕的事情。但是对于一般人来说，这可是一件天大的事情！我再一次体会了老百姓的就医心理，确实应该换位思考呀！

晚上8点05分，女儿被推进手术室，我的朋友向女婿要了相机，准备给刚出生的孩子照相留念，我和女婿也跑到手术室门口等待手术结束。手术室门口只有我们和另一家的亲属在焦急等待。对于"久经沙场"的我来说，不知道为什么也开始紧张起来，这时我才真正体会产妇家属的心情。在焦急等待中，20点25分，我的朋友推开手术室的大门，招呼我："剖出来了，4130克的大男孩，多亏采取了剖宫产！孩子过大，自己生是很困难的，而且脐带还缠绕着孩子的前臂，并抓在孩子的手中，如果坚持自然产是很危险的。羊水已经很少了，但是还算清亮。现在已经开始缝合刀口。"

我很庆幸及时做出了剖宫产的决定：

（1）几乎所有给女儿检查过的医生都估计胎儿的体重为3.5千克左右，而且都认为自然产是没有问题的，只有B超医生检查认为胎儿体重在4千克左右。对于高龄产妇，尤其是怀有巨大儿的高龄产妇而言，要想自然产是很危险的。

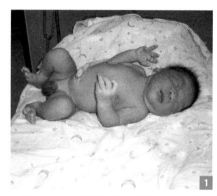 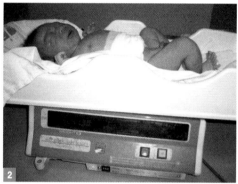

1 刚出生的小铭铭还没有睁开眼睛　2 小铭铭怎么这么重！4130克！我们都没有想到

（2）脐带绕住孩子的前臂并抓在孩子的手中，如果在自然分娩的过程中由于胎儿自己的拽拉很容易发生意外。

（3）出现羊水过少的情况，如果等到明天再继续静点催产素引产，恐怕对于胎儿是很危险的。

通常情况下，脐带缠绕的危害并不大，但如果脐带受压变细，脐带中的血流就会受到影响，宝宝所需要的氧气、营养也会受到影响，严重的还会威胁到宝宝安全。另外，如果脐带自身扭转过于严重或脐带缠绕过紧、缠绕周数过多，都有可能会导致氧气和营养无法供给胎儿，使胎儿发生窘迫危险。

如果脐带缠绕不紧或压迫程度较轻，不会对胎儿造成大的威胁，也无缺氧情况发生，这种情况下可以试产。如果脐带缠绕周数多，可能会造成胎儿窘迫，这种情况下顺产有一定的危险，医生会建议行剖宫产。

虽然是巨大儿，且出生时Apgar评分是10分，但我的朋友还是认为把他留在新生儿科观察一夜比较安全。我和女婿在新生儿科看了看孩子，就回到病房的休养室等待女儿手术回来。

在回来的路上，女婿乐得合不上嘴。看到我的朋友在手术室里给出生的外孙照的相，我们都无限欣喜，女婿赶紧向他的父母和爷爷奶奶报告好消息，我也赶快用手机向先生通报女儿、外孙一切平安的大喜事。因为先生已经知道女儿要剖宫产，正焦急地在北京家中等待这边的消息呢！

回到产休室，看见女儿已经安静地平卧在床上，闭着双眼，神情安然，床头上放着正在工作着的止痛泵，下面插着导尿管，一只胳膊的上臂绑着血压计上的袖带。护士屋里屋外地跑着，忙着术后的一切监护工作。护士告诉我们，产妇需要平卧12小时，不能抬头，并且需要禁食12小时，12小时后进餐从流食开始，同时让观察女儿排气的情况，如果已经开始排气，说明肠蠕动正常，而且消化道是通畅的，且没有受到损伤。

目前生产时医院会使用连续性胎儿电子监护，已经很少使用胎心多普勒监护，因为假阳性率很高。通过胎儿电子监护观察可以了解：胎心率基线、基线变异、增速、减速（周期性减速与宫缩相关，散发减速与宫缩无关）、一定时间内胎心率的改变及其变化趋势、子宫收缩情况等。以此来判断胎儿在宫内的情况。

CHAPTER 2

新生儿期发育
和养育重点

❶ 新生儿先天带来的一些本能是保证自己基本生存的条件。目前，新生儿完全依赖成人的照顾。

❷ 新生儿通过哭闹开始与人交往。家长需要仔细观察并找出孩子哭闹的原因，给予安慰或满足他的要求。

❸ 新生儿最佳视物距离为20厘米左右。喜欢看简单的线条，或对比鲜明的图案，如黑白两色。

❹ 新生儿刚出生时可以听到较大的声音，逐渐可以辨认母亲的声音。

❺ 家长可以给予恰当和适量的视听、触觉、嗅觉、触觉等方面的刺激。

❻ 新生儿的双手紧握成拳，家长可逐渐训练孩子把手张开并学习抓握动作，发育早的孩子1个月末可以吃手。

❼ 新生儿表现出的微笑是一种自发的反射性微笑。

❽ 家长可以竖着抱新生儿，训练头竖立（注意保护后背和颈部）；或在新生儿处于俯卧位时让他练习抬头。

❾ 新生儿平躺时，在其上方摆一面镜子，便于孩子观察自己，提前认知自我，一定要保证镜子不会掉落。

❿ 新生儿的内在生物钟还没有建立，每个睡眠周期中活动性睡眠时间相对长，出现看似睡眠不实和昼夜颠倒的情况。在睡眠过程中活动时，家长不要过早干预，同时帮助孩子建立昼夜规律的作息，保证孩子有充足的睡眠时间，建立良好的睡眠习惯。

⓫ 建议家长进行新生儿抚触。

⓬ 坚持母乳喂养、按需哺乳的原则，出生后即可开始补充维生素AD。不能进行母乳喂养或者母乳确实不足的情况下，孩子应补充相应阶段的婴儿配方奶粉。

⓭ 出生后24小时内接种乙肝疫苗第一剂，1个月内接种第二剂，两剂间隔应≥28天。

小外孙回到妈妈身边，怎么喂养呢

夜间，女儿一直睡得很好。现在女儿平躺在床上，由于用了止痛泵，每隔20分钟，止痛泵通过导管给一次止痛药，这种止痛药不但可以止痛，而且还有一定的镇静作用，所以女儿一直没有感受到手术刀口处的疼痛。导尿管仍然插着，因为女儿尿不少。由于止痛药和麻醉药的作用，女儿一直没有排气。配餐员送来了流食——米汤，因为没有排气，所以不能进食有渣的食物，女儿用吸管吃完了米汤。

对于使用止痛泵，大家应该有一个正确的认识。一般术后的疼痛容易使产妇（患者）产生紧张焦虑的情绪，会影响伤口的愈合，同时也容易造成产妇（患者）产生精神创伤，对康复是不利的。因此，手术医生有义务为产妇（患者）创造术后无痛的条件，而止痛泵就能解决这方面的问题。但是作为手术医生，尤其是腹部手术的医生，最担心的是产妇（患者）肠蠕动恢复延迟，出现肠麻痹。因此，医生最盼望的就是术后产妇（患者）早点儿排气和自行排尿，因为这就意味着肠功能和泌尿功能的恢复。但是止痛泵给的止痛药都是阿片类药物，其副作用恰恰可以引起尿潴留和肠功能障碍，而且还容易引起恶心、呕吐，这说明使用止痛泵也有不利的一面。因为疼痛是一种主观感受，因此在使用止痛泵镇痛的过程中，需要使用者进行参与。麻醉医生先给使用者设计一个基本剂量，这个剂量不大，可以缓解疼痛，但是不一定能够完全控制住疼痛，再给使用者设计一个自控剂量，当使用者感到疼痛的时候，按一下止痛泵的按钮，就会有一定剂量的药物流出，如果还是疼痛，可以继续再按。但是为了安全起见，医生还要设置一个间隔的时间，在这个间隔时间内再按也不会流出药来；只有超过这个间隔时间再按，才会流出药来。当然，医生也要根据使用者的情况进行相应调整。

早晨，手术医生来查房，打开敷在伤口上的创可贴，我看到医生的手术做得很漂亮：横切口，刀口整齐，伤口对合得非常好，完美得几乎就像在皮肤上划了一条浅浅的痕迹。这位男医生是我看到过剖宫产手术做得最漂亮、最完美、最迅速的产科医生。现在，我再一次庆幸自己当时选择这位男医生做手术是一个正确的决定。

小外孙从新生儿科被抱回来了。孩子个子长得很大，小脑袋圆圆的（因为是剖宫产，没有受到产道挤压，所以头颅没有变形），头发不多，软软地塌在头皮上，粉嘟嘟的小脸蛋堆满了胖肉肉，一副甜甜的睡相，让人打心眼里那么喜欢、那么让人疼爱。女儿和女婿曾在家里反复商量，如果生的是男孩子，他的大名就叫"秦绍铭"，小名叫"铭铭"。哈哈！世界上从此开始有一个名叫"秦绍铭"的小男子汉了！

11点左右，孩子大哭，换过纸尿裤后也没有停止哭闹。我想，孩子可能是饿了，需要吃奶了，就把孩子抱到妈妈身边，准备让孩子吸吮母乳。

但剖宫产是不利于母乳早期分泌的：首先由于手术还在进行或者妈妈的状态不佳，生产后30分钟内无法做到早接触和早吸吮，因此女儿也就不能在早期建立生乳反射和喷乳反射。现在，女儿身上有两条输液管：一条是和止痛泵相通的管道；另一条是抗生素输入的管道，而且还插着导尿管，因此活动受到了很大的限制，我和女儿费了很大的力气才帮助孩子含上妈妈的乳头，孩子吸吮一会儿后就撒开乳头睡着了。

"吃饱了？还是因为没有乳汁，孩子吸吮累了？"我仔细分析，唯恐孩子没有吃到母乳，发生低血糖。我从女儿的乳房根部向乳头方向按摩，没看见一滴乳汁分泌出来。我考虑原因有以下几种：

■ 手术疼痛的打击。疼痛可以促使肾上腺素分泌增加，抑制乳汁的分泌。

■ 精神紧张、焦虑、忧郁都可能抑制催乳素分泌，造成乳汁生成减少。

■ 现在正在使用止痛药，而且麻药在体内可能还有残留，药物作用也会影响乳汁的分泌。

■ 通过阴道分娩是所有哺乳动物最原始的繁衍方法，也是最科学、合理的方法，但是在剖宫产过程中会促使5-羟色胺分泌增加，从而减少泌乳素和催产素的分泌。

■ 由于手术的原因，产妇的饮食受到限制，不能满足乳母对营养的需求。

从这些因素综合看来，为了下一代，选择自然分娩是最好的。

现在必须让孩子频繁吸吮母乳，通过吸吮的刺激，可以经过神经反射刺激母亲垂体前叶分泌催乳素，催乳素的血浓度随着新生儿吸吮强度和频率的增高而增高，催乳素可以刺激乳腺细胞产生乳汁，这是促进泌乳的关键机制。另外，通过孩子吸吮乳头和乳晕，刺激产妇乳头上的感觉神经，经神经反射刺激脑垂体后部分泌催产素，通过血液流至乳房，引起子宫收缩，且当婴儿吸吮时在催产素的作用下产生喷乳反射，让奶水喷出来。从我的临床经验来看，只要坚持让孩子勤吸吮母乳，一般3天以后母乳量就会逐渐增加。

为什么我这样坚持母乳喂养呢？

这是因为母乳是婴儿最天然、最理想的食品，所含有的各种营养素比例适当，营养物质全面，尤其是含有其他动物乳不可替代的活性免疫物质，非常适合身体快速生长发育、生理功能尚未发育成熟的婴儿食用。

具体来说，人乳中所含的蛋白质、糖、脂肪、维生素、矿物质和水的比例合适，易于孩子吸收；人乳中还含有双歧因子和生长因子。人乳中的乳清蛋白和酪蛋白之比为70：30，人乳的乳清蛋白含有比较容易消化的可溶性蛋白质，比以酪蛋白为主的牛乳更易消化、排空，其中人乳中的乳清蛋白以 α-乳清蛋白为主。人乳中还有分泌型免疫球蛋白IgA、乳铁蛋白、溶菌酶、活性白细胞等，分泌型免疫球蛋白IgA使孩子在初乳中获得人生第一次免疫；乳铁蛋白能抑制肠道中的某些细菌，如抑制大肠杆菌的繁殖，可以防止腹泻；含有溶菌酶的物质可以杀死细菌；有活性的白细胞，如巨噬细胞、淋巴细胞等都可以杀死细菌。此外，人乳中还有对神经系统、智力和视力发育均有重要作用的牛磺酸，以及新生儿体内缺乏的一些酶。人乳中的钙磷比例合适，易于钙的吸收。妈妈可以随需随喂，温度合适，永不变质，清洁卫生，而且经济省钱。妈妈自己哺乳可有效增进母婴之间的感情，有利于孩子的身心发育，形成良好的母婴依恋关系。这都是配方奶粉所不能比拟的。正如《中国居民膳食指南》所述：母乳喂养可使儿童和青春期肥胖发生风险降低13%～18%，还可促进妈妈身体尽早复原，降低乳腺癌、卵巢癌和2型糖尿病的发生概率。

近年来，科学家认为母子之间最早的皮肤接触，有助于建立早期的依恋关系，而且只有经过一段时间的相互作用才能形成牢固的依恋关系。如前所述，母子间最初皮肤接触时间的早晚比早期接触的绝对时间长短更重要，这是因为妈妈会在体内雌激素的作用下产生最强烈的感情，促使她去关心自己的孩子，有利于形成早期依恋。如果不能及时加以利用，激素的作用就会消失。所以现在提倡在孩子出生后半小时内进行皮肤接触，让他及时吸吮初乳。

母乳在产妇分娩后不同的阶段所含有的营养也不同，初乳的营养尤为珍贵。

一般认为，产后5天之内所分泌的乳汁为初乳，有以下特点：

■ 富含蛋白质，尤其是含有分泌型免疫球蛋白IgA抗体，这是新生儿最早获得的免疫抗体。比起过渡乳和成熟乳，初乳含有10倍的免疫细胞、2倍的低聚糖和2倍的蛋白质，这些蛋白质主要是一些免疫蛋白和生长因子，有助于肠道功能的发展，并提供免疫保护。尤其对于早产儿，初乳的摄入对其大脑发育更为重要。这是新生儿最早获得的免疫抗体。

■ 白细胞的含量高，有助于新生儿抗感染能力的提高。

■ 含有生长因子，促进小肠绒毛成熟，阻止一些蛋白代谢产物进入血液，防止发生过敏反应。

■ 有轻微的通便作用，能使胎粪早日排出。因为胎粪含有大量红细胞破坏后产生的胆红素，其中50%能被肠道重吸收，所以初乳能减少高胆红素血症发生的机会。

■ 磷脂、钠、维生素A、维生素E的含量也高。

■ 母乳喂养是一个有菌喂养的过程，通过吸食初乳，孩子获得的菌群让微生物在婴儿肠道定植，帮助婴儿建立肠道菌群共生系统，对增强免疫力、保护婴儿健康十分重要。

■ 脂肪和乳糖相对少。

产后5～10天的乳汁为过渡乳，其所含的蛋白质和无机盐逐渐减少，脂肪和乳糖的含量逐渐增多。产后10天以后的乳汁为成熟乳。成熟乳中含有大量的脂肪和乳糖，可满足孩子对热量的需求。每次哺乳时，宝宝最先吸入的乳汁叫"前乳"，后吸入的乳汁叫"后乳"。前乳中的蛋白质、乳糖含量高，含水分也多。后乳色发白，脂肪含量高，能为婴儿提供能量。俗话说的"前乳解渴，后乳解饱"就是这个道理。要想让孩子既摄入前乳，又摄入后乳，就要求婴儿先吸空一侧乳房，再吸另一侧，这样才能得到全程乳汁。

但是女儿的乳房却一直没有分泌乳汁，护士每次进产休室都给她做按摩，而且还用乳房按摩仪做按摩，但是收效甚微。我很着急，因为外孙子是巨大儿，我唯恐孩子出现新生儿低血糖，所以应及早喂奶，避免发生早期低血糖。因为低血糖可使脑细胞失去基本能量来源，使得脑代谢和生理活动无法进行，如不及时纠正会造成不可逆的脑损伤。而且新生儿低血糖常常缺乏症状，无症状性低血糖比有症状低血糖多10～20倍，症状和体征常常显示非特异性或因伴有其他疾病过程而被掩盖，有的孩子仅仅表现为嗜睡、不吃、多汗、苍白和反应低下。低血糖多出现在生后数小时至1周内，尤其是出生后6～12小时内最易出现。

想当初，我在医院做儿科主任时，一再告诫科内的医生：早吸吮和早接触可降低新生儿低血糖发生的风险，高危新生儿生后1小时内应监测血糖。因为当时我们医院刚获得"爱婴医院"称号，医院一直倡导坚持母乳喂养，并建立了自己的母乳库。为了观察母乳喂养后新生儿血糖的变化，还制定了每天3次血糖监测的管理办法，目的就是为了更好地推进母乳喂养。《美国新生儿低血糖管理指南》建议，新生儿出生24小时内，血糖水平应持续>2.5mmol/L；出生>24小时，血糖水平应持续>2.8mmol/L；低于上述水平则为低血糖。高危儿已发生低血糖，出现激惹、呼吸急促、肌张力降低、喂养困难、呼吸暂停、体温不稳定、惊厥、嗜睡等临床症状时，均应在生后1小时内监测血糖，以后每隔1～2小时复查，直至血糖浓度稳定。无症状低血糖婴儿可继续母乳喂养，有临床症状或者血糖<2.6mmol/L时可静脉

输注葡萄糖。

新生儿产生低血糖的原因有很多方面。一般来说，胎儿主要在胎龄32～36周储存肝糖原；而代谢产热、维持体温的棕色脂肪的分化则从胎龄26～30周开始，一直延续到出生后2～3周。因此，由于孩子出生后离开母亲温暖的子宫，来到温度比子宫低（大部分情况下）的外界环境。新生儿为了适应周围的环境，代谢所需的能量相对较高，但是其体内糖原储存得少，所以容易发生低血糖。若在怀孕的时候患有妊娠期糖尿病，由于孕妇血糖高，胎儿的血糖也随之增高，胎儿的胰岛素代偿性也会增高。出生后的新生儿不能从母体中再获得糖原，但胰岛素还维持在一个高水平，因此就发生了低血糖。个别孩子也会出现因为延迟开奶而发生低血糖。

如果乳品摄入量不足，还有可能造成新生儿黄疸迟迟不能消退，胎粪不能尽早排出，进而促使黄疸加重。

鉴于以上种种原因，我决定暂时添加适量的配方奶粉，同时坚持让大外孙多吸吮母乳，每次先吸吮母乳15分钟（因为这时孩子饥饿，所以吸吮的强度和频率都很高），然后才使用小杯子喂配方奶补充不足。喂食配方奶时，先按5毫升/千克体重/次添加，每4小时在母乳吸吮后添加。这样计算的话，小外孙应该每次喂20毫升配方奶（现有体重下）。小外孙吃得很好，但是每次吃完后似乎还不满足，有些哭闹，而且睡眠的时间多是1小时左右。考虑到配方奶可能添加得不够，我决定在添加配方奶粉的第二天，将配方奶量增加10毫升/次。于是，吃完奶后孩子满意地睡着了。之后，小外孙多在吃奶后2～3小时醒一次，每次换尿布时尿布都湿了，说明奶量是够的。以后孩子想吃就先让他吸吮母乳，一天大约吸吮母乳10～12次，配方奶一天喂6次。

出生第一天，小外孙已经在新生儿科接种了乙肝疫苗第一针（必须在生后12小时内接种），以后在孩子满1个月和6个月时再各接种一针。目前，我国采用的是基因工程酵母菌表达疫苗，每次5微克，注射部位以上臂三角肌内注射为宜。其保护率可以达到85%～93%。

今天护士接走孩子去接种卡介苗。卡介苗是预防结核病的减毒活菌苗，是结核杆菌经过反复的减毒、传代后，使得病菌逐渐失去致病力，最后制成的一种减毒活疫苗。人体接种后，使机体产生对结核病的免疫力。接种的卡介苗菌进入人体后通过血液传播到全身。在机体杀灭卡介苗菌的同时，亦产生了对结核菌的抵抗力。但是自卡介苗发明至今的90年来，各地报道的保护率不一样，对其预防结核病的效果也争论不一，所以一些发达国家，如美国没有把卡介苗作为常规预防接种项目。但是世界卫生组织针对结核病高负担地区，仍建议把接种卡介苗作为常规预防接种项目。我国是结核病高负担的地区，且据目前综合状况看，接种卡介苗对于预防结核性脑膜炎和播散性结核病有着很好的效果，因此，新生儿接种卡介苗仍然是常规接种项目，并纳入国家计划免疫程序中。我国规定，新生儿应在出生24小时后接种卡介苗。卡介苗人体接种后，一般3~6个月后去当地的防疫机构或防疫站复查。

今天早晨接来了月嫂（王静芬女士，以下简称小王）。我明确告诉她，无论孩子是大便还是小便，必须一律用清水清洗屁股，不能只用目前市面上婴儿用的湿纸巾擦拭，因为肛门的皱褶处易藏污纳垢，这样处理是不容易清理干净的，残留的排泄物容易刺激新生儿娇嫩的皮肤，从而产生尿布疹或者引起皮肤感染。更何况这些湿纸巾还含有很多添加剂和防腐剂，如果不进行清洗的话，这些化学成分会残留在皮肤上造成皮疹、皮肤干燥、接触性皮炎或皮肤表面损伤。

自从回到产休室，孩子已经排出2次黏糊糊的黑绿色胎便。为了促使新生儿早日将胎便排空（有助于生理性黄疸的消退），需要保证每天摄入的奶量。因为添加了配方奶，基本上所有的配方奶中含有的蛋白质都高于母乳，虽然配方奶已经改造了牛奶中的蛋白质结构，但是乳清蛋白中的α-乳清蛋白的含量仍较低，且配方奶的渗透压常高于母乳的渗透压，因此上、下午需要各喂1次水（当时配方奶的渗透压均高于母乳，所以需要给孩子喂水。现在的配方奶进行改进，其渗透压和母乳相同。所以现在6个月内无论是母乳喂养还是配方奶喂养的宝宝都不需要额外喂水）。纯母乳喂养的宝宝就不需要额外补充水了。

下午3点左右，护士给女儿拔掉导尿管，鼓励女儿自行排尿。

拔掉导尿管后，女儿一直没有尿，连尿意都没有，可能是水分摄入太少的缘故。不过夜间女儿睡得还是很好。

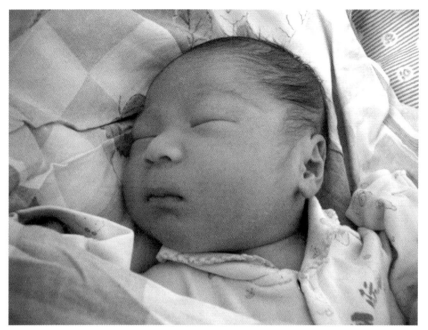

回到妈妈身边，多么惬意

　　拔掉导尿管后，我让女儿下床活动。先让女儿坐在床上，然后慢慢挪到床下，我扶着她围着床边活动。当她没有什么不舒服的感觉后，就让女儿来到外屋溜达溜达，换换环境，心情舒畅，这样有利于产后身体的恢复。对于剖宫产者可以避免盆腔内组织粘连，也可以避免静脉栓塞发生，促使子宫、腹部肌肉和韧带的恢复，避免腹壁过度松弛。

　　夜间，女婿和女儿怕我太劳累，劝我回家睡觉，由女婿陪床。但是我不放心他们，尤其现在正处于大人产后不久和孩子出生第二天的特殊时期，万一有情况他们发现不了怎么办？说实在的，对于这个医院的医护人员我也不是完全放心。我在医院当主任时，一直不停地告诫科里的医生、护士："我们是和人的生命在打交道，一定要谨慎、细心，并且具有高度责任心。出事都是在万一的时候，绝不会在一万的时候。"因此，当女儿和女婿劝我回去休息时说："不会有事的，您放心吧！"我仍然想到的是"万一"的情况。尽管很累，我还是决定留下来陪床，由我监护我才放心！真是劳碌命！

麻烦事还真不少，孩子产生了乳头错觉

孩子和女儿夜间睡得还不错，为了让孩子多吸吮以刺激母乳产生，女儿夜间基本上2小时让孩子吃一次母乳。我和小王在夜间基本上每隔4小时在孩子吸吮母乳后喂一次配方奶。今天早晨，我发现孩子的巩膜出现轻度黄染。利用护士给孩子洗澡的时候，我又全面、仔细地给孩子做了体检。因为没有带听诊器，所以没有检查心肺，不过看到孩子面色红润、呼吸平稳，我还是比较放心的，心想一会儿新生儿医生来查房，会做全面检查的。

没过多久，来了一位年轻的女医生，只见她把听诊器伸进孩子的衣服里，听了听孩子的胸部，告诉我："孩子挺好的。"然后就走了。速度之快，使得我还没有反应过来这是哪一科的医生时，已经不见了人影。等这位医生走了，我才反应过来，敢情这是新生儿医生来查房！我自己是一名新生儿专业的医生，所以对这个专业领域中的事是相当敏感的。不是说我爱挑刺，作为新生儿医生查房，应该包括以下内容：

（1）应该仔细询问家长或看护人孩子吃奶吃得好不好；有没有吐；如果吐，吐的是什么东西；孩子精神好吗；睡觉好吗；孩子有大便吗，是什么样的大便，大便的颜色和形状是怎样的；一共几次大便；尿了几次，尿的颜色如何；孩子有无异常的表现等。医生应该善于从家长或看护人叙述的过程中发现问题、分析问题，找出可能存在异常的地方，再一个个地进行甄别，发现有诊断价值的东西。

（2）解开孩子的衣服做全面的体检：观察外貌、面容、面色、神志、

反应、精神状态、姿势体位、呼吸节律、有无呻吟等；头颅有无异常；颅缝有多大；前囟有多大，其张力如何，后囟是否闭合，有无血肿和水肿；面部是否对称；鼻唇沟深度，是否对称；有无眼睑水肿、下垂，眼球活动、瞳孔大小、对光反射情况如何，巩膜有无黄染、结膜是否充血、有无分泌物；外耳道有无分泌物，耳郭发育是否正常；鼻外形如何，有无鼻扇；口唇颜色如何；口腔黏膜有无出血，有无其他异常；全身皮肤有无异常，弹性如何，有无色素沉着，有无水肿及硬肿；观察有无黄疸，其程度、色泽如何；有无皮疹和糜烂等皮肤问题；毛发情况如何；颈部活动如何，有无畸形、有无斜颈及血肿；胸廓外形如何，是否对称、呼吸运动度、有无锁骨骨折。此外，心、肺经过望、触、叩、听，检查是否有异常；腹部通过望、触、叩、听，检查是否有异常，尤其是孩子的脐部更是需要注意是否干燥，有无分泌物或渗血；肛门和外生殖器是否有异常；脊柱和四肢有无畸形、有无水肿、四肢温度如何、四肢活动是否好；检查新生儿的特殊反射，有无病理性反射……幸亏我事先给孩子做了检查，否则医生这样查房能让人放心吗？

在新生儿出生后第3天时，应该注意以下几点：

■如果精神萎靡或烦躁（哭闹或尖叫），伴有呕吐，同时前囟张力大或者凸出，不能排除中枢神经系统的病变，尤其是手术产的孩子应该高度警惕颅内出血。

■如果孩子口唇出现青紫，尤其是哭闹时表现得更为明显，说明孩子有缺氧的现象，应该向医生反映，警惕心肺方面的疾患。

■如果黄疸在生后24小时内出现，并且黄疸发展得非常迅速或者黄疸晦暗、肝脾肿大，应该高度警惕病理性黄疸。

■如果脐带有渗血，可能需要二次结扎；如果脐轮红肿或者脐窝内和脐带干痂下有脓性分泌物，说明脐部有感染，需要马上处理，防止感染扩散引起败血症。

■如果四肢活动受限，应该警惕是否因产伤所致或其他问题引起的损害，需要及时请医生处理。

■如果皮肤出现皮疹或糜烂，要请医生分析原因，进行对症处理，千万不能麻痹大意。

■ 如果出生后48小时内没有排出大便，或第一天内没有排出小便，需要注意消化系统和泌尿系统的问题，警惕先天畸形的问题。

因为新生儿出生后，各个系统发育得不成熟，一旦出现一些问题，尤其是发展十分迅速的感染性疾病，往往容易因小事酿成灭顶之灾。因此，家长千万不要疏于观察；同样，医生也需要有高度的责任心，努力做好本职工作。

50%～80%新生儿在正常的发育过程中可能发生一过性的黄疸，也就是生理性黄疸，足月儿多于生后2～3天出现，4～5天达到高峰，7～10天消退。早产儿由于肝功能更加不成熟，所以黄疸程度较重，消退得较慢，可以延长到2～4周。生理性黄疸不需要特殊的治疗，可以自行消退。早开奶、供给充足的奶量、刺激肠管蠕动、建立肠道正常的菌群、减少肛肠循环，都有助于减轻黄疸的程度。

又该让孩子吸吮母乳了，孩子含着妈妈的乳头吸吮大约20分钟后，突然撒开嘴大哭起来。我急忙挤挤女儿的乳房，而后又用力地压迫乳窦，没有发现一滴乳汁流出来。孩子大哭可能是没有吃到母乳的缘故，没有办法，只好又准备喂配方奶。这时小王告诉我，我不在时，她不敢用小杯子喂孩子，怕呛着孩子，要求使用奶瓶、奶嘴。我考虑了一下，觉得小王的要求并不过分，因为有的人确实不会使用小杯子喂奶，万一呛着孩子那可太危险了。"不怕一万，就怕万一"仍然是我处理问题的前提，于是我同意了小王的要求。但只要我在就必须用杯子喂奶，之所以这样做是有原因的，用奶瓶、奶嘴喂奶有可能引起孩子乳头错觉，干扰母乳喂养成功，所以必须做好准备。

今天每次奶再增加10毫升，即每次喂30毫升，一天6次。当孩子贪婪地吃完奶瓶中的配方奶，安然入睡时，脸上一副十分满足的样子。

没有想到，孩子到了晚上，在因为吸不到母乳大哭后，小王拿着奶瓶、奶嘴去喂孩子配方奶，发现孩子虽然迫切地想含着奶嘴吃奶，却怎么也衔不住奶嘴。即使含上了又不知如何吸吮，于是又吐出奶嘴，反复几次，孩子急得直哭。应验了我的顾虑，孩子产生了乳头错觉，不过经过几次练习，孩子终于适应了奶嘴。

今天孩子排出的大便仍然是黏稠的黑绿色胎便。

女儿的饮食已经由流食改为半流食，配餐员送来的是稀饭和鸡蛋羹。今天已经不输液了，但是仍然使用止痛泵。到了下午，女儿还不能自行排尿。护士建议女儿坐在马桶上，开着自来水龙头听着流水声，引起条件反射，促使排尿。然而一切努力都白费了，坐马桶倒是排了气，可仍然不能排尿。一天一夜没有排尿，也没有尿意，而且因为膀胱过度充盈，使得子宫也不能很好地收缩，产科医生检查时宫底仍然很高，没有办法只好再次导尿（虽然导尿我不愿意，唯恐因为操作不当造成尿道感染），放出了大量的尿液。我想，现在不能自行排尿可能与麻醉药和使用止痛泵有关，因为麻醉药和止痛药都可能会造成膀胱括约肌麻痹，因此不能很好地收缩排尿。于是建议护士先将止痛泵关闭。我同时告诉女儿，不要着急，你肯定能自行排尿的，让她放宽心，因为精神焦虑也会使排尿的功能受到抑制。一直到女儿睡觉前，我不停地说一些其他的事情分散她的注意力，尽量不让她再想尿的问题。

这两天女儿有些低热，但是体温没有超过38℃，可能与过度疲劳引起的疲劳热以及手术后的吸收热有关，因此不需要处理。

女儿产后出汗多得邪乎，几乎每天需要换两身衣服，即使这样，衣服还是湿漉漉的。尤其夜间出汗更多，常常把床上的褥单都打湿了。"这是什么原因呢？"女儿问我。这是因为产妇在怀孕后期常常出现水肿，体内储存了大量的水分，当孩子出生以后，皮肤排泄功能较前旺盛，排出了大量的汗液，这是正常现象，不需要处理。但是需要用温水进行清洗，不能受旧的习俗影响，不注意个人卫生。如果是正常产，可以用淋浴清洗；如果是手术产，则需要用清水擦浴，不过需要适度保暖。而且，产妇要照常刷牙、梳头，这样才有利于产后的及时恢复。

因为明天是2006年元旦，长期在医院工作的我知道：医院一般都要尽量安排员工休假，只留下少数值班人员值班，而且三线大夫休息的人数多，因此往往这个时期医院里多由年轻的医护人员值班。由于人员少、值班人员经验不足，也是事故的高发时期。我不放心，就对女婿说："还是你回家休息吧！我必须留在医院继续陪床，保证他们母子平安。"

这样做听力筛查怎么行

今天小铭铭又不知道怎样衔住妈妈的乳头了，将妈妈的乳头含在嘴里却不会吸吮，急得直哭。

怎么办呢？好办！我告诉小王一会儿吃配方奶时由我用小杯子来喂，现在主要是让小铭铭习惯妈妈的乳头。由于小王不敢用小杯子喂，于是每顿喂完母乳后，都是我用小杯子喂配方奶。经过几次这样哺喂后，孩子很快习惯了妈妈的乳头。晚上，我改用奶瓶、奶嘴喂小铭铭配方奶，孩子已经能够分辨出妈妈的乳头和奶嘴的区别。而且小铭铭会采用不同的衔接方法吃奶，真是感叹小铭铭的"记忆"（这是运动记忆）之好！其实，这说明小铭铭的条件反射建立得快。

下午小铭铭正在哭闹时，儿科医生来给孩子做听力筛查。听力筛查要求孩子必须在安静状态下，或处在睡眠期间，或在吃奶期间，而且还要在周围环境安静的情况下才能进行。医生采用的是耳声发射法。因为孩子一直哭闹，这位年轻的女医生为了安抚孩子，竟然将自己的手指伸到孩子的嘴边，企图让孩子吸吮她的手指以达到让他安静下来的目的。我发现后生气地将医生的手从孩子嘴边推开。经过我们的安抚后，孩子安静下来。这位医生急于给孩子进行检测，插进孩子外耳道的医疗器械也不进行消毒（正常操作应该是一人一消毒）。这些操作已经引起了我的不满，这时医生草草结束操作，开始向我女儿交代："这个孩子的听力没有通过，需要42天后来复查。"女儿听后，脸上马上出现惊愕、紧张的表情。我眼看着女儿的眼圈红了，眼泪在眼眶中打转。女儿这种紧张而焦虑的心情使得我深深理解了网上那些妈妈在询问我孩子听力筛查没有通过的问题时，她们惶惶不安而又无奈地度过漫长的42天等待复查结果的心情。

这位医生交代完，我十分生气，明确地告诉她："我对你有意见！

"一是听力筛查应该选择在孩子生后72小时以后进行，因为剖宫产儿没有经过产道挤压，并且产后不满3天的新生儿由于外耳道和中耳腔有羊水，胎脂和胎性残积物滞留，可以使传入的刺激声和传出的反应信号衰减，使耳声发射能量减弱或消失，可能会导致听力筛查通不过。

"二是即使现在做（48～72小时），如果没有通过的话，也需要在72小时后复查，而不是42天以后。

"三是你没有从一个产妇的角度上去考虑问题。一个产妇从怀胎到生产，要经历漫长的9个多月，这是一个生理和心理变化很大的时期，谁都希望自己生的孩子身体健康，你却将不准确的测试结果通知产妇，对于产妇来说，她会认为孩子可能终生丧失听力，这对产妇和其家庭是一件多么残酷的事情！现在产后抑郁症的发病率很高，我们医生为什么不能帮助产妇保持精神愉快呢！你将不准确的信息传达给产妇，她将如何熬过这42天呢？

"四是尤其令我不能容忍的是，你竟然将你的手指放在孩子的嘴里让他吸吮，你们的老师是怎么教的你？难道你每次都这样做吗？新生儿免疫机制发育得不成熟，其机体抵抗力低下，你进屋里来没有洗手，而且你还有可能是从其他产休室过来的，你这样不规范地操作，很容易造成新生儿间的交叉感染。你们学校和医院的老师难道就是这样教你安抚孩子的吗？

"最后，我要求72小时后你们再给孩子做听力筛查！"

这位医生还辩解："你家孩子不是明天要出院吗？所以今天我们是要做听力筛查的！"

"我女儿1月3日才出院，明天不出院。你是产休室的儿科医生，竟然不了解产妇和孩子的基本情况，你怎么查的房？查房的重点是什么？你要侧重观察孩子的什么情况？你全都不了解！虽然今天是元旦，但是不能因为休息的医护人员多，工作量可能加大，就降低医疗质量呀！我们医务人员是在和人命打交道，你知道吗？千万不能马虎，出事都出在万一的情况时！"我十分生气地说。

"另外，我要质疑在你们医院出生的所有孩子，包括自然产的孩子做听力筛查的准确性，一个科学工作者尤其是医务工作者工作态度不严谨，这是一件最可怕的事情！"这位医生在我的质疑下，答应明天再来检测，就离开了产休室。

听力损失是全球最常见的先天性出生缺陷，如果婴儿期患上听力障碍，会给孩子的语言学习造成毁灭性的破坏。胎儿听觉感受器在孕6个月时就已基本发育成熟，孕9个月以前可完成听觉神经系统的髓鞘化。所以孩子一出生就具备了听的能力，也具有初级的、原始的视听、视触等感觉协调能力。在1岁内，通过常规体检和父母识别几乎不能发现听力障碍儿童，唯有新生儿听力筛查才是早期发现听力障碍的有效方法。早期发现儿童听力障碍在预防聋哑和语言发育障碍中具有十分重要的作用。

需要提请家长注意的是，即使筛查没有通过，也不要着急，因为以后孩子吃奶、哭闹等会带动耳内软骨运动，使一部分羊水和胎性残积物排出，大部分孩子在满月或者出生后42天再复查时就会顺利通过。对于早产儿和低体重儿来说，由于听力传导系统和神经系统未发育成熟，住院期间没有通过检查也可能是暂时性的，以后随着发育会顺利通过。

因为正常的听力是进行语言学习的前提。听力正常的婴儿一般在4~9个月便能牙牙学语，这是语言发育的重要阶段性标志。而听力严重障碍的儿童由于缺乏语言刺激和环境的影响，不能在11个月以前进入咿呀发音期，在语言发育最重要和关键的2~3岁不能建立正常的语言学习，此时再经过检查确认有先天性的听力损伤，进而开始语言康复治疗，已经太迟了。轻者导致语言和言语障碍、社会适应能力低下、注意力缺陷和学习困难等心理或生理问题，重者导致聋哑，这将严重影响儿童的智力发展，并对他将来的生活产生生理、心理和经济问题。如果在新生儿或婴儿早期能及时发现听力障碍，在语言发育的关键年龄段之前运用助听器等人工方式帮助其建立语言刺激环境，则可使语言发育不受或少受损害。

许多欧美发达国家都以立法的形式规定，所有的新生儿必须进行听力筛查，有听力障碍的儿童需在3个月前得到确诊，6个月前接受治疗。北京市出台了《北京市0～6岁儿童听力筛查、诊断管理办法》，要求本市各级从事助产工作的医疗保健机构应对出生72小时的新生儿在出院前进行听力筛查；各级设有新生儿急救病房的医疗保健机构，对收治的新生儿出院前要进行相应的听力筛查。现在，我国其他城市也相继出台了有关文件。

新生儿听力筛查须在新生儿安静状态下（睡眠、吃奶后）和周围安静环境下，由专人用耳声发射（OAE）和/或脑干听觉诱发电位（ABR）的方法对其进行听力筛查。未通过者产后42天复查或直接转往当地儿童听力诊断指定医疗机构。

对于听力筛查未通过的孩子，家长回家后需要密切观察孩子对外界各种声音的反应；另外也需要注意不要让孩子受到噪声的刺激；不要给孩子使用耳毒性的氨基糖苷类抗生素，如新霉素、庆大霉素、链霉素、卡那霉素等容易造成孩子听力损害的药物，一些非氨基糖苷类抗生素，如氯霉素、红霉素等也可以引起药物性耳聋；注意不要让孩子感冒，感冒也会致耳聋，因为人的鼻咽部和中耳之间有一条通道叫"耳咽管"，可以调节耳内的压力与大气压保持平衡，感冒时因鼻咽黏膜发生炎症，常常影响耳咽管，造成耳咽管的黏膜充血肿胀，从而引起堵塞，导致通气和引流不畅，促使中耳腔内的空气逐渐被黏膜吸收，而外界气体不能及时进入鼓室，鼓室内形成负压，引起中耳黏膜血管扩张、瘀血，通透性增加，再加上耳咽管堵塞，渗出的积液在鼓室内发生积化，引起鼓膜粘连，遇到声音不能振动，听力就下降了。

然而应特别强调的是，并不是所有婴幼儿时期的听力损伤在出生时都能表现出来，更何况部分婴儿可能因为一些后天性和继发性的原因而导致听力障碍。所以新生儿听力筛查正常并不能完全排除听力异常，有必要对通过筛查的儿童在入学前定期复查。

对确诊听力障碍的婴儿应转往相应的聋儿治疗、康复机构，进行耳聋分析和听力测试，选配助听器以及人工耳蜗，并进行相应的听力语言训练。同时，婴儿父母应及早接受培训，花更多的时间陪伴婴儿，利用视觉信号和实例来教育孩子认识这个世界，以使听力障碍得到最大程度的减轻。

不过，也有一些家长因卫生保健知识欠缺，或是医生没有向家属交代清楚，孩子听力筛查没有通过，却没有引起家长的重视，也没有及时去做复查。正如原上海新华医院儿科教授沈晓明所说："目前新生儿听力障碍检出率达到1.34%，在实际操作中，不少在筛查中被发现可疑听力障碍的孩子并没有在家长带领下进行复查，这种失访率达到30%～40%，因而失去了接受早期干预的机会。事实上，很多早期干预听力障碍的孩子都能和正常人一样说话。"因此，新生儿听力筛查千万马虎不得！

女儿停了止痛泵已经24小时了，可是还没有自行排尿，女儿急得直想哭，我一边安慰她，一边让她去卫生间，坐在马桶上，听着流水声，自己努力小便。经过几个小时的努力，女儿终于自己排出尿来了，这个时候女儿恐怕是世界上最快乐的人了。

附　目前对于已经生育了一个聋儿，或有耳聋家族遗传史、发生过突发耳聋、夫妻双方均有耳聋等情况的人群，可在生育前进行耳聋基因诊断和遗传咨询。

耳聋基因筛查属于耳聋的遗传咨询，可以发现包括药物性耳聋易感者在内的各种高危人群，能够确定遗传方式，计算再发风险，对患者及其家庭成员的患病风险、携带者风险、子代的再发风险做出准确评估与解释。通过客观、准确的生育指导和干预措施，早期发现听力障碍并佩戴助听器或植入人工耳蜗，可使绝大部分遗传性耳聋及其引发的语言障碍得以避免，从根本上预防和阻断遗传耳聋，实现预防耳聋出生缺陷。

以下是首都医科大学附属北京同仁医院、北京市耳鼻咽喉科研究所听力师张华医师谈到的有关儿童听力发展和可能存在的一些问题，供大家学习参考。

1.母亲孕前及孕期的保健。妈妈们需要了解哪些因素会影响宝宝的听力。一般而言，引起听力问题的原因可归纳为遗传因素和环境因素两大类。一方面是遗传因素，准备怀孕的妈妈们，建议进行孕前检查，特别是有耳聋或耳聋家族史的夫妇、曾生育过耳聋患儿的夫妇，尽可能在孕前进行耳聋基因筛查，以预防或减少耳聋患儿的出生。另一方面是孕期的环境因素，如孕早期的病毒感染（包括风疹、巨细胞病毒或带状疱疹等）、孕期耳毒性药物的使用（链霉素、庆大霉素、卡那霉素等）、高危孕妇（糖尿病、慢性肾炎、高血压、甲状腺功能低下等）等。因此，加强体质锻炼和孕期的营养，减少感染，尽可能避免使用耳毒性药物，高危孕妇进行孕妇及胎儿监测，可有效预防宝宝出现听力损失。

2.新生儿期的保健。新生儿出生时如果合并严重窒息、严重黄疸、重度羊水污染等，可导致听力损失。早产儿发育不成熟，引起听力损失的比例也会高于足月新生儿。另外，新生儿使用某些耳毒性药物，也可能损害听力。因此，积极治疗原发病，慎重使用耳毒性药物，是预防新生儿听力损失的重要措施。如果新生儿期出现了听力问题，可以通过听力筛查来早期发现。所以宝宝出生后3天左右均应该接受听力筛查，以便早期发现宝宝的听力问题。

3.儿童期的保健。在儿童成长发育的过程中，感染性疾病（脑膜炎、流行性腮腺炎等）、耳毒性药物、头部外伤、噪声及中耳炎等是导致听力损失的主要因素。有的遗传性听力损失，如大前庭水管综合征，也会因感冒发热或头部碰撞等在儿童期出现听力损失。因此，0~6岁的儿童每年应进行一次听力筛查。如果新生儿期有窒息、黄疸及病毒感染等病史，3岁以前每年至少应进行1~2次听力随访，以便及早发现听力损失。如果发现孩子有拍打或抓耳部的动作，有耳痒、耳胀等症状，对声音反应迟钝或有语言发育迟缓的表现，最好尽快到耳科或听力中心检查听力。

如果已经发现宝宝有听力损失，应该听从耳科医师或者听力师的建议，尽快给予听力干预和康复，以求最大程度发挥他们的听觉和语言发育能力。

小儿的听力发育与语言发育密不可分，听力是否正常，语言发育测试就是"晴雨表"。父母可以通过日常与孩子的接触，观察孩子是否有听力问题，做到早期发现孩子听力异常。

- 刚出生的婴儿可以听到较大的声音。
- 3～6个月就能辨别声音方向。
- 6个月左右能听到较小的声音。
- 6～7个月能发出"爸、妈"的声音。
- 8～9个月能发出"爸爸、妈妈"的声音。
- 1岁能牙牙学语。
- 2岁能用言语表达自己的意思。
- 3～4岁能讲短小的童话故事。

如果发现孩子对声音无反应或反应迟钝，应立即就医。

通过听力筛查，采孩子的足跟血筛查代谢性疾病

今天来了一位儿科医生给小外孙做听力筛查。这时孩子正在吃奶。这位年轻的女医生问我，能不能让孩子停止吃奶，先做听力筛查。我一看奶瓶里还有20毫升奶，我说："不行，也就还有20毫升，让他吃完了吧！否则奶就凉了。你先等一会儿吧！"

医生就在孩子吃奶时将测试仪器上的胶管插到孩子的外耳道。"又没有消毒！"我很不高兴地说。"这样测试的结果是不准确的！"我又提醒这位医生。正在这时，女儿在屋里有事叫我，等我出来，医生告诉我，孩子的听力筛查已经通过了。

"如果昨天我不提意见，我女儿将在今后的42天里不得安宁。另外，我还要提一个问题，为什么你们没有监视孩子黄疸的进展情况？孩子的黄疸已经很明显了。现在一般都采用经皮黄疸测试仪进行测试，这是无创伤性操作，是很容易做的事，而且也是必须做的事，你们为什么不做呢？尤其是孩子出生24小时内更需要检测。"

当然，凭借几十年的临床经验，我知道小外孙的黄疸还处于生理性黄疸的正常范围内。如果陪住的家属没有这方面知识，而且孩子黄疸发展得比较严重，那不是贻误了孩子的病情嘛！

医生悻悻地走了！后来小王告诉我，当女儿叫我进屋后，这位女医生看见我不在，迅速将奶嘴从孩子的嘴里拔出做了测试。哎！让我怎么说这位医

生好呢！怎么就没有一点儿爱心呢！说深一点儿就是职业道德太差！

大概是我提意见的缘故，不一会儿又来了一位医生，进屋来什么也没有说，径直走到孩子床边，用经皮黄疸测试仪给孩子进行测试。"17，正常！"医生毫无表情地说。后来我问了这个医院原儿科主任才知道，这台仪器所得的相关系数在22以上才有病理意义。

新生儿黄疸是新生儿时期常见的一个症状，它可以是正常发育过程中的症状，也可能由病理性原因所引发。严重的病理性黄疸可以造成新生儿大脑的损害，即新生儿胆红素脑病（又称"核黄疸"）。因此，要求新生儿医生在孩子出生后就需要细致观察黄疸发生和进展的情况，尤其对于高危儿而言更需要重点监视，发现问题给予及时处理，避免核黄疸的发生。

新生儿生理性黄疸产生的原因多认为是胎儿在母亲子宫里处于低氧的环境中，因此红细胞生成素大量地产生，以生成更多的红细胞来满足自身发育需要。出生后由于新生儿建立了肺呼吸，血氧浓度提高，因此过多的红细胞就会被破坏，从而产生了大量的胆红素。也有人认为新生儿红细胞的寿命比较短，所以相对产生的胆红素就多。同时，由于新生儿的肝功能不成熟，肝细胞摄取和结合胆红素的能力低下，肝细胞排泄胆红素的功能不成熟，再加上新生儿本身肠肝循环的特点，所以导致血液中胆红素浓度增高，出现新生儿黄疸。

新生儿生理性黄疸是各种疾病因素在正常发育过程中发生的一过性血胆红素增高。血胆红素测定足月儿不应该超过12.9毫克/分升，早产儿不应该超过15毫克/分升。因为新生儿生理性黄疸的程度与很多因素有关，而且致病因素很难确定，因此必须密切观察，及时诊断治疗，才能有效地预防核黄疸的发生。如前文所述，生理性黄疸不需要特殊治疗便可自行消退。早喂奶、供给充足的奶量可以刺激肠管蠕动，建立肠道正常的菌群，减少肠肝循环，有助于黄疸的减轻。在监测的过程中，如果发现出生后24小时内出现黄疸，且黄疸进展得比较快，或者测定血胆红素高于正常的标准，或者迟迟没有消退，就要高度警惕病理性原因了，必须及时给予处理，以杜绝对神经系统的损伤，发生核黄疸。近年来，一些纯母乳喂养的新生儿发生的黄疸不随生理性黄疸的消失而消退，黄疸可延迟28天以上，甚至2个月之多。黄疸程度以轻度至中度为主，宝宝一般情况良好，生长发育正常，肝脾不大，肝功能正常。这种黄疸我们称为"母乳性黄疸"。母乳性黄疸的病因和发病机制目前尚不明确。本病确诊后无须特别治疗，如果其黄疸没有达到病理指标，无须停止母乳，但需要增加母乳喂养次数，促进排泄，也有助于退黄。如果孩子的黄疸发展到整个躯干，可以试停母乳3天，改用配方奶喂养，黄疸可以消退50%。恢复母乳喂养后，黄疸可轻度上升，但随后逐渐降低至消退。对于母乳性黄疸的孩子，我建议晒太阳（可以隔着玻璃），晒的时候裸露孩子的躯体，并戴上眼罩。

下午，一位医生来采孩子的足跟血做新生儿疾病筛查。根据《中华人民共和国母婴保健法》规定，每个新生儿在出生后48～72小时、正常哺乳6次以上都要采足跟血。采足跟血主要筛查两种疾病：一种是甲状腺功能低下，另一种是苯丙酮尿症。先天性甲状腺功能低下和苯丙酮尿症的患儿在出生时可能没有任何症状，但可以通过足跟血化验筛查出来。部分先天性甲状腺功能低下患儿，在新生儿期有黄疸时间延长、便秘、脐疝等，以后逐渐出现眼距较宽、舌常伸出口外等表现。苯丙酮尿症的患儿皮肤常有湿疹、频繁呕吐、头发逐渐变黄、尿有特殊臭味等症状。随着年龄的增长，先天性甲状腺功能低下和苯丙酮尿症的患儿在智能和体格发育方面均落后于同年龄的孩子。一旦症状表现出来就无法治愈，失去治疗时机。因此早期进行新生儿疾病筛查，尽早发现以上两种疾病，及时治疗，使他们的智力发育不受影响是非常有必要的。孩子出生的医院会让产妇填写一张有详细联系方式的表格，并且告诉产妇或家属如果在1个月之内没有收到通知，就说明新生儿疾病筛查没有问题，反之，则必须到指定医院进行复查。

附　新生儿应该做眼科疾病的筛查

我的两个外孙子都没有做过新生儿眼科疾病筛查，皆因我对此未加重视。但随着医学不断发展，新生儿保健意识提高，我深深感到新生儿眼科疾病筛查的重要性，所以在此补上这一课。

虽然绝大多数的新生儿都不会发生先天性眼科疾病，但是一旦发现又没有及时干预，错过了视觉发育的关键期可能造成终身残疾，令孩子失去光明。从2000年开始，许多发达国家都已经开展了对新生儿眼科疾病的筛查，筛查出患有先天性眼病的患儿并及早进行干预和治疗，能最大程度地避免一些先天性的眼科疾病使孩子致盲。尤其对早产儿、极低体重儿、难产儿以及生后经过氧疗的新生儿，此项筛查更为重要。在我国，有一部分医院已经开展了这方面的工作，但是绝大部分医院新生儿眼科疾病筛查仍然是一个空白，这不能不说是一个遗憾！

胎儿在孕4个月时开始对光照敏感，在孕4～5个月眼睛的内部结构才开始逐渐形成，孕28周的胎儿遇到光刺激能闭眼或凝视。孕32周的胎儿对光的刺激能持续地闭眼，具有了对光反射和视觉反应能力。新生儿出生后，其视觉的神经通路虽然已经铺设完毕，但是视觉神经系统还需要不断成熟和完善，因此需要接受正常光线刺激，不断地使用视觉神经通路。但是如果视觉系统先天发育有问题，影响和干扰接受光刺激，使得通向大脑视觉中枢的神经通路一直没有使用，错过了视觉发育的关键期，其视觉神经通路就会遵照神经系统发育的特点进行修剪。其修剪的原则是优胜劣汰、用进废退。若先天眼病疾患（也包括早产儿氧疗后引起的视网膜病变）没有被及时发现，使得视觉的神经通路一直处于没有使用状态，那么这条神经通路就会被修剪掉，孩子就会失去视力而致盲，一辈子生活在黑暗之中。如果及早发现眼病，在视觉发育的关键期内进行干预和治疗，就能恢复视力或者保留一部分视力。

新生儿眼病筛查时间最好在出生24小时至1个月以内，检查内容包括：

（1）通过对光刺激检查不同胎龄段的视觉反应以及追视反应。

（2）泪器检查：内眦部有无分泌物或泪液堆积，或者压泪囊部有无分泌物自泪点流出。

（3）角膜大小。

（4）瞳孔大小以及不同胎龄段的对光反射。

（5）不同胎龄段的眼球运动。

（6）双眼眼位（垂直或水平）是否协调。

（7）眼底检查。

对于早产儿、极低体重儿、难产儿，或者出生后有氧疗史的孩子，通过筛查可排查早期视网膜母细胞瘤、先天性青光眼、先天性白内障、视网膜出血、视网膜水肿、脉络膜视网膜炎、晶状体后纤维组织形成等各种眼部异常。如先天性上睑下垂、先天性白内障、斜视、先天性青光眼，经过早期干预和治疗都可以获得良好的视力。对于早产儿视网膜病变，还有新生儿泪囊炎、角膜皮样瘤、婴儿性血管瘤等，均需要及时进行治疗，其疗效也是不错的。另外，还有视网膜母细胞瘤，是一种儿童时期的恶性肿瘤，严重危害儿童的健康，如果能早期发现，就可挽救患儿的视力乃至生命。

目前，新生儿眼病筛查不像听力测试和代谢疾病筛查那样推广了很多年，还有国家补贴，这个检查是最近这些年才兴起的。不过，眼科医生认为，眼部疾病的筛查比听力测试更加重要。

回到家中需要注意的问题

今天女儿和小外孙准备出院了，护士最后一次给孩子洗澡和测量体重，今天孩子的体重是3950克，比出生时减少了180克。这是因为刚出生的新生儿体内含水量占体重的65%～75%或更高。出生数日内，新生儿会丢失较多的水分，从而导致体重下降4%～7%，称为"生理性体重减轻"。但是体重减轻不应该超过体重的10%。一般出生后7～10天，体重恢复到正常。

做剖宫产手术的男医生再次来查房，打开手术切口上的创可贴，刀口愈合得非常漂亮，我一再向这位男医生表示感谢。这位男医生仍然很谦和地说："有什么问题可以随时找我！"并且给了我们一张他的名片（上面有医院、科室、姓名和联系电话）。一般医生是从来不给患者或家属电话的，怕找麻烦。这样的好医生真是让我感动呀！

我又去护士站，要求值班医生多给女儿开几副剖宫产创可贴，以备回家后用。因为女儿是剖宫产，我还买了1个无纺布的腹带，在家里我也给女儿准备了2个腹带，但是我准备的腹带（是从我们医院里买的）不如无纺布的腹带合体、方便，而且松紧度也没那么合适。使用束腹带可以帮助剖宫产的产妇压迫腹部切口，防止渗血。下地活动时，腹带可以减少伤口张力，减轻疼痛。待产妇伤口痊愈后就不需要再使用腹带了。但是对于自然产的孕妇，不建议使用腹带。这是因为自然产的产妇在分娩后子宫、韧带和盆底组织开始复原，这大约需要6周时间。过早使用腹带会增加盆底支持组织和韧带经受压力，不利于功能的恢复。如果盆底组织受损，有可能日后引起子宫脱垂、尿失禁、阴道壁膨出等盆底功能性障碍性疾病。同时还会影响产妇活动以及腹部的血液循环。实际上，在正常情况下，经过6～8周子宫会逐渐恢复正常，怀孕时造成的腹壁松弛也会逐渐恢复。

不一会儿，医院康复科的女医生来教女儿做产后健身操。这位女医生很专业，是体育学院康复专业毕业，和颜悦色，态度十分好。她耐心地教女儿做各种产后康复动作，女儿也非常认真地学习。大约用了1小时，康复医生才离开产休室。产后健身操的优点很多：促进骨盆和全身的血液循环；帮助身体迅速恢复各种生理功能；有助于子宫复原和恶露的排出；加强腹壁肌肉紧张度，防止松弛；促进肠蠕动，增进食欲；增加热量消耗，有助于体形早日恢复……一般顺产的产妇在产后24小时、剖宫产的产妇在手术5天以后就可以做产后健身操了。

护士来教女儿做新生儿抚触，小护士教得很认真。因为这是我本专业应该会的操作，小王也做得非常不错，所以我们没有占用护士很长的时间。不过，对她的认真态度我还是很感谢的。

虽然经过这几天不愉快的遭遇，对这家医院的部分工作存在着很大意见，但在办完出院手续后，我还是和护士们友好地告别。这层产休室的护士们服务还是不错的，一般都是微笑服务。虽然不能固定导乐陪产，但是护士长能够根据产妇的要求尽最大的努力给予帮助。出现门诊宣传与实际不符、收费昂贵（与服务和技术水平严重不符），恐怕是这家医院在管理上出现了问题。

女婿开车接我们回家，将孩子放在小婴儿专用的反向汽车座椅上，这个专用汽车座椅是为1～3个月的孩子准备的可以系上五点式安全带的后向式（即背向行驶方向）汽车安全座椅，即头和躯干背向前进方向且呈卧位。这样在行车过程中即使是急刹车也不会出现意外，女儿、女婿在这方面还是很注意的。

回到家中，我告诉全家人和小王在女儿坐月子期间需要注意的一些问题：

（1）女儿休息的屋子是一间向阳的房间，由于上海的冬季没有集中供暖，所以需要使用电暖气，室内的温度需要保持在24℃～26℃，相对湿度保持在50%～65%。女儿要求孩子与她同屋不同床，这样做能够方便她照顾孩子，增进母子之间的感情，又有利于培养孩子独立睡眠的好习惯。虽然他们也买了监听器，主要是在大人离开屋的时候进行监听。这个屋的卫生由小王来打扫，因为小时工一个人做几家的清洁，难免会带来一些细菌。另外，保证上、下午屋里各通风30分钟，因为通风是最好的空气消毒的办法，这样可以使得屋里细菌污染降低40%～60%。

（2）孩子的奶瓶、奶嘴（奶嘴是0～3个月专用的）各准备6个，使用奶瓶消毒锅集中消毒，每次使用奶瓶和奶嘴后一定要马上清洗干净（因为奶液是细菌最好的培养皿，容易滋生细菌），用完6个后集中消毒，保证孩子每次使用的奶瓶都是消好毒的。并且告诉月嫂在拿奶瓶和奶嘴的时候不要碰其他消好毒的奶瓶和奶嘴。在取奶粉时，将小勺和牙签（用来刮平奶粉的）竖着放在奶粉桶中，防止在取奶粉时手碰到奶粉。之所以这样严格要求，主要是因为孩子现在的免疫力低下，任何不当操作都可能引起孩子患上感染性疾病，像消化道疾病、鹅口疮等。

（3）每次配奶前，操作者一定要清洗双手。奶粉要严格按照奶粉桶上的说明进行配制，如果过稀，孩子吃不饱，影响发育；如果过浓，造成渗透压过高，会增加肾脏的负担，因为这个阶段的孩子肾脏发育得还不成熟。今天孩子每顿吃奶60毫升，每天6次，还是每次吸吮完母乳后再喂配方奶。另外，冲调配方奶的水温应根据世界卫生组织建议："如果当时没有开水冲调乳粉，也可以使用新鲜、干净的室温水冲调，然后马上食用。"一次没有吃完的奶液必须倒掉。

（4）洗孩子的衣服时要专盆专用，不能与大人的衣服混合洗，而且需要使用婴儿专用洗衣液，多漂洗几遍，可以使用烘干机烘干，这样也能起到消毒的作用。如果家庭没有烘干机，就要放在阳光下晾晒，通过阳光中的紫外线进行消毒。每天保证换洗1～2身衣服，如果孩子衣服被尿液或奶液弄脏也要及时换，不能让孩子身上有异味。

（5）孩子每天洗一次澡，定在下午3点左右，因为下午气温比较高。正常的新生儿或小婴儿由于皮脂腺的分泌、汗液排出、皮屑脱落以及皮肤上附着有大量细菌，需要及时清洁。冬季每天最好洗一次，夏季每天可以洗两次。宝宝皮肤的表皮薄，防护功能比成人差，细菌很容易侵入，成为全身感染的门户。洗澡时，卫生间温度要比较适宜，洗澡前要先开浴霸和电暖气，否则卫生间的温度达不到24℃～26℃。为避免交叉感染，宝宝必须使用专用的浴盆。一周两次使用婴儿浴液，其他时间使用清水冲洗。这样做，一是为了减少浴液对孩子娇嫩皮肤的刺激；二是为了保护孩子皮肤上的油脂，因为这些油脂是保护孩子皮肤的天然屏障。

（6）每天早晚两次（清晨醒后以及晚上临睡前）给孩子清洁口腔。洗干净双手，使用指刷或者干净的纱布蘸着清水擦拭孩子颊部、牙龈和舌面。因为新生儿与小婴儿唾液腺不发达，唾液分泌量极少，口腔较干燥。而且婴儿以母乳或配方为主，直接吞咽，还不会有咀嚼动作，舌机械摩擦作用减少，所以口腔自洁能力很弱。反流的奶液或者滞留在口腔中的奶液沉着或吸附在舌表面，成为细菌生长繁殖的最好培养皿。这些细菌包括致病菌，不但可以寄生在口腔内，也可以随着吞咽动作直接进入胃肠。当孩子发热、营养不良、微量元素缺乏或抵抗力下降时，都可以引发感染性疾病。因此，孩子出生后需要做口腔清洁护理。孩子习惯了这样的护理，待他乳牙萌出后家长为他刷牙时，他就不会抗拒了。

（7）减少探视。因为每个来访的人都有可能携带一些细菌污染空气，这些细菌对于成人可能不会引起疾病，但是对于抵抗力低下的新生儿来说，可能会带来严重影响。尽量减少孩子的会客时间，并且订下一个原则，即"许看不许摸"。而且每次客人走后必须马上开窗换气，保证室内空气新鲜。家里人外出回来，必须换上在家穿的衣服，以防将外面不清洁的东西带回家。

（8）要求小王将孩子每天的情况，如每顿吃奶的情况、大小便的情况、所使用的物品、孩子的情绪反应和所做的各项技能训练等都进行全面记录。这是为了以后一旦发生问题便于查找原因，同时也便于总结孩子各方面发展的情况。更何况我还想将这份记录留给孩子，等他长大后也让他看看自己成长的轨迹以及大家为他成长所做出的贡献，让他永远感恩这些帮助过他的人。

回家后，我又全面检查了孩子的身体，孩子发育得很好，但是有先天性包茎。其实大部分的男性新生儿都有先天性包茎，主要是包皮和阴茎头有粘连。随着发育，这种粘连逐渐被吸收，包皮与阴茎头分离，可以活动向后退缩，一般2年之内可以露出阴茎头，先天性包茎会自然消失。在检查的过程中，我没有摸到左侧的睾丸。"莫非是隐睾？"先不要告诉女儿，保暖后再看看。大约有97%的胎儿在7~9个月时，睾丸会降入阴囊中；有些孩子的睾丸在出生不久后就降入阴囊中；有些孩子一侧或双侧的睾丸停留在腹膜后、腹股沟管或阴囊入口处，停止继续下降形成隐睾。其实，新生儿隐睾的发生率是很高的，早产儿隐睾发生率更高。所以，有些男孩的睾丸直到出生后3个月甚至更长的时间才完全降入阴囊，这都是正常的。引起隐睾的原因很多：母亲在怀孕期间缺乏足量的促性腺激素；孩子睾丸先天发育不良、睾丸异位、精索过短、提睾肌发育不良、腹股沟环过紧、有纤维带阻止睾丸下降等。隐睾可能影响男孩日后精子的生成和生育能力。一般新生儿隐睾不需要治疗，绝大多数在1岁内下降。如果2岁以后仍不下降就需要手术治疗，手术时间最迟不超过孩子10岁。

待了一会儿，我再打开孩子的衣被，发现孩子左侧的睾丸已经降入阴囊中。为什么刚才没有摸到？因为睾丸受提睾肌制约，有的男孩提睾反射亢进，极其轻微的刺激，包括寒冷、恐惧的刺激都能引起睾丸的上升，甚至可以使其到达腹腔，刚才就是因为孩子受到低温的刺激，睾丸就上升了。

附　世界卫生组织发布的《如何冲调配方奶粉，让您在家用奶瓶喂哺》文件中文译本摘抄如下：

1.最新安全建议

婴儿配方乳粉并非完全无菌，它可能含有能够导致婴儿发生严重疾病的细菌。正确地冲调和保存婴儿配方乳粉，可以有效地降低患病风险。此文件将告诉您如何以最安全的方法使用奶杯冲调婴儿配方乳粉。

▇ 母乳是最佳的喂养方式

世界卫生组织（WHO）建议婴儿在6个月内应绝对母乳喂养。完全使用母乳喂养，将为婴儿的成长、发展、健康打下坚实基础。不能进行母乳喂养的婴儿必须有合适的母乳替代品，例如婴儿配方乳品。

2.清洁、消毒和存放

■ 清洁

第1步：用香皂和水清洗双手，然后用干净的毛巾擦干。

第2步：在热肥皂水中彻底冲洗所有的哺喂和冲调工具。使用干净的瓶刷和瓶嘴刷擦洗瓶子和奶嘴内外，确保清除各个死角残留的奶液。

第3步：用干净的水彻底冲洗。

■ 消毒

使用市面的消毒器（按照厂商的说明），或者在锅中用沸水滚煮，对清洁后的工具进行消毒。

第1步：在大锅内注入水。

第2步：把清洗后的哺喂和冲调工具放入水中，确保工具完全没入水中，内部没有残存的气泡。

第3步：盖上锅盖，煮至沸腾，注意水不能烧干。

第4步：在您需要使用哺乳工具时再打开锅盖。

■ 存放

清洗并擦干双手，然后接触消过毒的工具，建议您使用消过毒的镊子来处理这些工具。如果您要提前从消毒器中取出冲调和哺喂工具，请将它们放在干净的地方并盖好。当您提前从消毒器中取出奶瓶时，请切记把奶瓶全部组装好，这可以防止奶瓶内部，以及奶嘴内外再次受到污染。

3.如何冲调乳粉

第1步：对冲调奶粉的表面进行清洁和消毒。

第2步：用香皂和水清洗双手，然后用干净毛巾或一次性毛巾擦干。

第3步：煮些干净的水。如果使用自动电炉，请等到电炉自动断电。如果使用锅煮水，请确保水煮至沸腾。

第4步：阅读配方乳粉包装上的说明，了解开水和乳粉的调配比例。多于或少于说明的分量都可能使婴儿患病。

第5步：请小心被烫伤，将适量开水倒入干净且消过毒的奶瓶中，水温不得低于70℃，并且煮开水后不能闲置30分钟以上。

第6步：量好适量配方乳粉，添加到奶瓶的开水中。

第7步：轻微摇动和转动奶瓶，使其充分混合。

第8步：握住奶瓶放在水龙头下冲洗，或者将奶瓶放在盛放了冷水或者冰水的容器中，迅速将其冷却到适合哺喂的温度，这样您就不会污染到乳汁了，但要确保冷却水的水平面低于瓶盖。

第9步：使用干净毛巾或一次性毛巾擦干瓶子表面。

第10步：将少量乳汁滴进您的手腕内侧，以便检查温度。应该感觉到温热，而不是烫。如果感觉到烫，请继续冷却，然后再哺喂。

第11步：哺喂婴儿。

第12步：2小时内未能吃完的乳汁应全部倒掉。

警告：切勿使用微波炉冲调和加热乳汁，微波炉并非均匀加热，物体会产生热点，这可能烫伤婴儿的口腔。

如果当时没有用于冲调乳粉的开水，也可以使用新鲜、干净的室温水冲调，然后马上食用。使用70℃以下温水冲调的乳汁即可食用，不得存放以备后用。2小时以后剩余的乳汁全部倒掉。

选择安全的睡姿，也要预防孩子溢奶

今天是小外孙回家的第二天，孩子吃奶、睡眠都很好，今天奶量仍是60毫升/次，一天6次。孩子的大小便很好，胎便已经排完，现在转换为黄色软便，一天一次很正常，黄疸也几乎消退了。

只要有工夫，我就要到女儿房间去看睡眠中的外孙子，喜爱之情溢于言表。今天我坐下来仔细观察孩子的头型，由于是剖宫产，孩子的头颅没有经过产道挤压，所以头型很好看，圆圆的，而且很光滑。

对于经过产道挤压的自然产的孩子，可能出生后头颅会变形，或颅骨重叠，或头部显得狭长，但是随着孩子发育，头型会恢复正常。有时头皮可见水肿或血肿，一般几天内就会消退，如果血肿比较大，呈囊状，可以扪及波动感，一般需要2~3个月才能消散。

为了让孩子有一个好的头型，同时也为了给孩子进行感官上的刺激，尤其是视觉上的刺激，在孩子清醒时可以短时间竖抱，让孩子通过视觉看四周的景象。我发现孩子特别喜欢看周围的物品，其实这也是早期教育。但是竖抱时间不宜太久，可以逐渐延长。在孩子清醒时，也可以对孩子进行俯卧抬头训练，锻炼孩子背部及颈部的力量。

小王问我，孩子应该采取什么睡姿最好？需要不需要枕头？因为她原先护理过的孩子由于采取了固定睡姿，不是后脑勺太平，就是偏头，很不好看。

我对小王说："美国儿科学会建议健康的婴儿应尽量选择仰卧位的睡

姿，因为这种睡姿对婴幼儿最为安全，可以减少婴儿猝死综合征的风险。仰卧睡眠的建议适用于1岁以内的婴儿，尤其是6个月内的婴儿。但也有医生认为，侧卧睡眠也是很好的选择。不过，有证据表明侧卧有安全隐患。因此，孩子采取何种姿势睡眠，具体还应该听从儿科医生的指导。孩子清醒的时候建议在大人的看护下多练习俯卧，这样不仅有助于婴儿肩部肌肉和头部控制能力的发育，还可以保持一个漂亮的头型。"

接着，我又对小王说："你要注意把孩子的床上清理干净，不要放一些不必要的物品，尤其是一些软绵绵的物品，如棉被、靠垫和一些填充海绵的玩具或枕头放在孩子的床上。因为这些物品很容易堵塞孩子的口鼻，引起窒息。再者说，这么大的孩子并不需要枕头。刚出生的宝宝因为脊柱基本上是直的，不建议使用枕头，尤其是一些固定头部的枕头更不能要。宝宝的头比较大，头和躯干基本处于同一个平面上。但是随着宝宝的生长发育，到宝宝趴着可以抬头，或2~3个月头竖立时，颈椎前凸形成颈曲，就可以给孩子使用枕头了。一般枕头与折叠3~4层后的毛巾高度一致就可以了。当宝宝学会坐的时候，胸椎向后凸起形成胸曲，枕头高2厘米~3厘米。当孩子学会走路，腰椎向前突起形成腰曲，孩子的枕头高3厘米~4厘米。枕头宽度大约是孩子的双肩宽度。那种固定头部的枕头很容易使孩子发生意外。"

我的外孙子吃完奶后常常溢奶，如果擦拭不及时很容易被误吸，引起吸入性肺炎，严重者还可以引起窒息。因此我告诉小王最好的护理方法就是：吃奶时让孩子采取半卧位（头高脚低）躺在母亲或其他大人的肘窝上，吃完奶后竖着抱起孩子，让孩子的头趴在大人的肩上或让孩子的前胸趴在大人的前胸上，一只手抱着孩子，另一只手从下向上拍孩子的后背，直到孩子打出几个嗝（为的是将吃进的气体通过打嗝排出），然后竖抱孩子大约30分钟再让孩子躺下。如果这样处理后，孩子有时还溢奶，家长可以抬高孩子上半身，再让孩子采取右侧卧位，以预防孩子溢奶或吐奶后误吸，一般1~2小时后孩子就可以平躺了。当然，在孩子清醒的时候可以让孩子头高脚低呈半卧位躺在大人的臂弯里，让他看看四周或户外的景象，获得更多视觉上的信息。其实这也是早期教育！所以说早期教育就存在于生活的点点滴滴、时时刻刻中，更何况孩子也特别喜欢被抱起来！

因为外孙子时常会出现溢奶现象。小王问我："溢奶和呕吐奶液是不是一回事？"因为她以前照看的孩子也有大口呕吐奶液的情况，有时呕得比较严重让人感到害怕。我告诉她："溢奶和呕奶是有区别的。溢奶是指胃内容物被动返流至食管或溢出口外。新生儿和小婴儿胃容量小，由于胃呈水平位置，幽门括约肌发育较好（食物由胃进入肠道所经之处），而贲门括约肌（食道和胃的连接处）发育较差，肠蠕动的神经调节功能及分泌胃酸和蛋白酶的功能较差，不具有呕吐时神经肌肉参与的一系列复杂的兴奋反射过程，不属于真正的呕吐。溢奶可能与食道的弹力组织及肌肉组织发育不完全有关。所以当喂奶时吸入空气，喂奶后就可能有少量奶汁倒流入口腔，出现溢乳。这是正常生理现象，随着年龄增大、消化系统发育成熟、改进喂奶方法后，这种现象会在生后6个月消失。

"但是如果大口的呕吐奶液就是另外一回事了：呕吐是一种保护性反射，通过呕吐中枢受刺激反射性地引起幽门、胃窦收缩，胃底贲门松弛及腹肌、膈肌的强烈收缩，使腹压增高，迫使胃内容物经食管由口腔排出。孩子呕吐多是由疾病引起的，例如可能为消化不良、胃肠炎、感染性疾病或者其他的器质性疾病等。如果孩子在呕吐的同时伴有其他症状，就要及时去医院就诊。即使孩子除呕吐外未见其他症状，也一定要找出呕吐原因。"

如何计算配方奶的奶量

　　女儿在住院期间（生产的一周之内）基本上吃的都是清淡的汤水。这是因为产妇产后出汗较多，这就意味着体内水分流失得比较多，需要及时补充。另外，乳汁也要逐渐增加分泌，所以产妇需要增加汤水，要多喝汤。但是我没有给女儿喝大量的催奶汤水。如果孩子刚出生就让产妇大量喝催奶的汤水，容易使产妇大量分泌奶水，而刚刚出生的婴儿胃容量小，仅有10毫升左右。同时刚出生的孩子吸吮力较差，吃得也少，妈妈乳房的乳导管未完全通畅，过多的奶水会瘀滞于乳腺导管中，导致乳房发生胀痛。加之产妇的乳头比较娇嫩，容易发生破损，一旦被细菌感染就会引起乳腺感染，乳房出现红、肿、热、痛，甚至化脓，不仅给产妇造成痛苦，还会影响正常哺乳。因此，产后不宜过早催乳，适宜在分娩1周后逐渐增加喝汤的量，以适应婴儿进食量渐增的需要。即使在1周后也不可无限制地喝催奶汤水，正确做法以不引起乳房胀痛为原则。

　　女儿这两天吃了不少催奶的汤水，可是乳房还是软塌塌的，小王压迫她的乳窦，只有一点点乳汁。女儿到处打电话咨询催奶的方子。只要别人吃着管用的煲汤，我都把食材买来。她婆婆也送来鲫鱼、猪脚、猪腰子、母鸡、排骨等有催奶功效的食材。小王变着花样地做，什么黄豆炖猪脚、鲫鱼豆腐汤、排骨炖木瓜等，可就是不见她的奶量增加。每次孩子吃完母乳后还大哭大闹，而且每天不能尿湿6块尿布。看来女儿的母乳确实不够孩子吃，于是我考虑要添加配方奶了。但是我和女儿有一个坚定的信念：即使女儿的乳汁不能满足孩子的全部需要，但是母乳中含有的活性抗感染物质是任何配方奶都不能添加进去的，必须继续坚持母乳喂养，按需哺乳，充分让孩子吸吮，所以目前女儿一天喂奶大约12次之多。我们继续采取混合喂养的方式。

如何添加配方奶呢？有两种方法进行混合喂养。

补授法

适用于6个月以内母乳不足的婴儿。每次先吃母乳，将乳房吸空，然后补授配方奶粉。补授的乳量可根据母乳量多少及婴儿的食欲大小来确定。先按小儿需求让他吃饱，几天后就能了解婴儿每次所需补充的乳量。这样每次喂奶都使乳房吸空，有利于刺激乳房不断分泌乳汁，使母乳量逐渐增加。这种方法适用于母乳确实不够，且妈妈与婴儿整天在一起的情况。

代授法

适用于母乳量充足，但因为特殊原因乳母不能按时给婴儿哺乳。只能应用配方奶代替一次和几次母乳喂养。在用奶粉代替母乳时，应先将乳汁吸出，置消毒奶瓶中冷藏，可在1天之内喂给婴儿吃。这样按时吸空乳房，以保证下一顿乳汁再分泌，不致使其逐渐减少。此方法适用于上班或外出的妈妈。

女儿应该采取补授法。今天已经是孩子出生后的第8天，今天孩子每顿奶量为70毫升，一天给予420毫升配方奶。

小王是一个很爱学习的人，她看我每天都给孩子增加配方奶的奶量，问我为什么这样做？怎么给孩子计算配方奶的奶量？我就详细地给她讲讲。

孩子出生后每天所需要的能量包含5个方面。

基础代谢所需

指人体在空腹、清醒而安静状态下，在环境温度18℃～25℃时的能量所需。婴幼儿时期基础代谢所需能量占总能量需求的50%～60%。

动作和活动所需

用于肌肉做一切活动的能量，其波动较大，与体格大小以及活动强弱、类别、持续时间长短有密切的关系。爱哭闹、活动频繁、觉醒时间长的孩子比安静、多睡、少哭、少活动的孩子在这方面所需要的能量高3~4倍。

生长发育所需

因为小婴儿正处在不断生长发育的阶段，年龄越小生长越迅速，其体格快速增长、各组织器官逐渐成熟，都需要消耗能量，这是小儿能量需求与成人最大区别的地方。孩子所需能量与生长发育速度成正比，如果饮食能量入不敷出，则生长发育就会缓慢甚至停滞。1岁以内的孩子尤其是生后数月内的小婴儿在这方面所需能量会占总能量需求的20%~30%。

食物的特殊动力作用所需

摄取食物后6~8小时，因为食物消化、吸收、运转、代谢利用、储存等刺激体内能量消耗增加，称为"食物的特殊动力作用"（又称为"食物生热效应"）。但是摄取不同食物引起的能量所需不一样，进食蛋白质食物引起机体所消耗的能量要高于进食脂肪和碳水化合物时所消耗的能量。婴儿时期因为以奶为主食，蛋白质较多，所以食物的特殊动力作用所需能量占总能量需求的7%~8%。当孩子稍大可进行混合喂养时，此类消耗所需能量约占总能量需求的5%。

排泄消耗所需

每天摄入的食物不能被完全消化吸收，剩余未消化吸收的部分就转化为粪便排出体外，食物中营养素被机体利用后代谢的产物也要从体内排泄出去。混合喂养的孩子这方面消耗的能量占总能量的10%以下。

必须提请注意的是，体重相仿的健康孩子所需要的总能量也可能相差很多。此外，瘦长的孩子比肥胖的孩子需要的能量高。如果总能量长期供给不足，可导致婴幼儿生长发育迟缓、营养不良，严重者影响孩子认知能力的发展。但是如果总能量长期供给过多，会引起孩子患上肥胖症，以后很难减下去，为将来患成人疾病埋下了隐患。

如果完全是配方奶喂养，就需要好好计算奶量。

足月儿健康母乳喂养在生后头4个月内每日摄入85千卡/千克体重～100千卡/每千克体重，配方奶喂养儿由于脂肪的消化吸收率较低而有较高的能量需要，每日摄入100千卡/千克体重～110千卡/千克体重。而每100毫升的配方奶液含有的能量为67千卡。

例如，铭铭每顿的奶量为90毫升，一天给予540毫升配方奶。产生的热量是361.8千卡，他现在是4千克体重，那么每千克体重获得的能量是90.45千卡。因为铭铭是混合喂养，还能获得一少部分母乳，加上母乳产生的热量，完全可以满足他生长发育的需要了。

另外，家长还需要注意的是水的供给。水是人体不可缺少的物质，尤其是小儿体内的水相对比成人多，占体重的65%～70%。母乳喂养的新生儿，一般可以不用额外补充水分，因为母乳中已经含有大量的水分，但是如果孩子活动量大，外环境气温高，散热多，也需要补充一定量的水分。对于人工喂养的新生儿，每天必须要补充一定量的水分，这是因为当时所有配方奶的渗透压都比母乳高。婴幼儿每天每千克体重需要补充液体量100毫升～150毫升。例如一个体重为3千克的孩子每天需要补充液体量为300毫升～450毫升，减去每天的总奶量，剩余的就是每天需要给孩子喝的水量。当然，需要家长根据孩子的情况灵活掌握（注：现在配方奶的渗透压都与母乳相同了，所以现在无论是人工喂养还是配方奶喂养，都不需要额外给宝宝喂水了）。

今天我先生从北京飞来看女儿和新出生的外孙子。孩子的太爷爷、太奶奶、爷爷、奶奶今天下午也要来家中看孩子。孩子的出生是一件让全家高兴的事情，尤其是太爷爷和太奶奶更是喜上眉梢，乐得合不拢嘴。太奶奶早就放出话来，重孙子出生后每个星期都要来家中看看。

但是对于搞新生儿专业的我来说，心中则多了一层顾虑。我在医院工作时，无论是在母婴同室还是在新生儿病房，都制定了规章制度，是坚决禁止探视的。如前文所述，每个人都会携带一些细菌或病毒，对于成人来说这些细菌或病毒可能不致病，但是对于新生儿来说，由于免疫系统发育不成熟，这些细菌或病毒就可能引发孩子患上重大的疾病。

不让家里的亲人来看孩子似乎太不近情理，怎么办呢？于是，我提出了以下的要求：

■ 大家进门前最好在外面院子里散步20分钟，尽量减少携带细菌和病毒的数量，因为寒冷的新鲜空气是很好的洁净剂和部分细菌的灭菌剂。

■ 大家进屋时将外面穿的衣服脱掉，尽量不要将外衣上沾染的不洁物质带给孩子。

■ 进屋后洗手，原则上许看而不许摸孩子。

■ 屋里杜绝吸烟，如果实在管不住自己，就去外面院子里吸烟。吸烟后做深呼吸，20分钟后才能再进屋，并将外面的衣服脱掉。因为孩子也不能吸二手烟呀！实际上这一条规则是给我先生制订的，够苛刻的吧！谁让他不戒烟呢！

目前有充分的证据证明，孕妇暴露于二手烟可以导致婴儿猝死综合征和胎儿出生体重降低；母亲在妊娠期吸烟以及产后暴露于二手烟，可以导致儿童发生肺功能下降；儿童暴露于二手烟，可以导致呼吸道感染、支气管哮喘、急性中耳炎、复发性中耳炎及慢性中耳积液等疾病。有证据提示，孕妇暴露于二手烟，可以导致早产、新生儿神经管畸形和唇腭裂；儿童出生前和出生后遭受二手烟，可导致白血病、淋巴瘤和脑补恶性肿瘤；儿童暴露于二手烟，可以导致多种儿童癌症，加重哮喘患儿的病情，影响哮喘的治疗效果；母亲妊娠期及产后戒烟，可以降低儿童发生呼吸道疾病的风险。

女儿、女婿听了我的要求都坚决支持我，最后女婿去和他们家的人进行沟通。

也许有人会说，你真不通情理，哪有那么可怕！别人家怎么没有事儿呢？你这样做，亲家的人会不会对你有意见？事实上，我的亲家很理解我、支持我。他们都是大学老师，文化程度很高，明白我这样做的目的只有一个——为孩子的健康着想。

我从医40年，治疗过无数的患儿，也接触了不少的病例，常常因为家长一时疏忽而造成孩子患上严重感染性疾病，甚至造成死亡的病例感到惋惜。我曾经治疗过这样的一个新生儿：爸爸家三代单传，家中添丁，家里所有的人都非常高兴，探望的人络绎不绝，每个人都要抱抱和亲亲孩子。因为处在隆冬季节，屋里又不开窗通风换气，孩子很快出现拒奶、吐奶、面色发灰、全身脓疱疹、体温不升的症状。当时这个男孩出生才7天，家长就急忙带到医院来看病。经过检查，孩子为金黄色葡萄球菌感染发展为败血症，虽然经过大力抢救，但是因为孩子的抵抗力太差，还是在住院后第3天死亡。家里人号啕大哭，无比伤心。后来，他妈妈告诉我，孩子的爷爷面部长了一个疖子，正在化脓。家长后悔死了，可是已经于事无补。

因此，我常常告诫科里的医生和护士，作为医务工作者要牢牢记住一句话："不怕一万，就怕万一！"出事都是在万一的情况下，千万不能马虎大意！

我重蹈了母亲的路，开始帮助女儿照顾隔代人

孩子的姥爷（我先生）看着我抱着孩子，羡慕地说："让我抱一会儿行不行？"

"行！但是你得把外面的衣服脱了，别让烟味熏着孩子。"

先生赶紧声明："我没有吸烟，今天起床也没有外出，刚洗完澡。"

"满足你的要求，以后可要记住，吸烟就别抱孩子！"

"嘿嘿！"先生笑着从我手中接过孩子。

别说，我先生抱孩子还真是那么回事儿！姿势特别标准，而且技术熟练，可比女婿会抱孩子！

回想起我们年轻的时候，女儿出生后56天我就要上班，因此必须把女儿送到先生工厂的哺乳室去。那时，几乎每个单位都有了自己的哺乳室。每天早晨我先生在工作服上衣口袋里放进一瓶冲好的牛奶，用斗篷抱好孩子，迎着凛冽的寒风，急匆匆将孩子送到哺乳室，然后他去上班，大约上午10点钟去给孩子喂奶。先生将带去的奶瓶用热水温好，一个人在哺乳室的里屋默默地给孩子换尿布、喂奶。哺乳室的阿姨们都开玩笑地对我说："屋里都不知道有一个奶爸爸，一点儿声音都没有。"其实我们那个年代是不给孩子爸爸喂奶时间的，因为我们两口子没有人帮忙，我又在医院工作，所以他们技术科的人都睁一只眼闭一只眼地默许了。我问先生为什么不在哺乳室逗逗孩子。先生说："我哪儿好意思，都是妈妈喂奶，我就想赶紧喂完离开。"因为我有喂奶时间，每天中午提前40分钟下班，匆匆赶回家做好午饭，吃完后

就去哺乳室喂孩子母乳。这样的日子一直坚持到孩子近1岁，因为我先生有一项科研任务要去哈尔滨长期出差，我又要上夜班，无奈之下只好将孩子送到北京让我母亲照看。

那时我的母亲已经60多岁了（与我现在的年龄差不多），而且她老人家还看着一个比我的孩子大1岁半的小侄子（我的哥哥和嫂子大学毕业后因为家庭"政治"条件不好，被分配到河北的一所乡村学校当教师，没有条件带孩子）。我父亲因为一直在安徽基层工厂工作，身边没有人帮衬母亲，但是为了我们的工作，母亲义无反顾地承诺要看两个孩子。记得曾经有一次为了让母亲休息几天，我把孩子接回我工作的县城医院，结果被传染上水痘，因为处在潜伏期阶段的缘故在我那儿没有发病，送回北京后水痘发出来，尽管水痘出得并不多，症状也不严重，而且很快就痊愈了，却将水痘传染给我的小侄子。结果，小侄子的病情比较严重，我的母亲只好背着我的女儿，拉着小侄子一起去了当时的老人民医院（即现在北京大学第二附属医院）。接诊的医生批评我母亲为什么不注意隔离。我母亲听着医生的训斥只好苦笑，没有说话。医生哪里知道我们家的具体情况呢？直到现在，我都深深地感谢我的母亲，我的母亲抚养了我们这一代，又帮助我们抚养第三代，省吃俭用，毫无怨言地把自己的一生完全奉献给我们。当我费尽周折好不容易调回北京，父亲也落实政策恢复原职回到中央机关，到了母亲该享福的时候，不承想，她却患上阿尔茨海默病。在之后的10年光景中，虽然母亲被我照顾得很好，也很舒适，但最后她已经什么都不知道了，完全丧失了思维能力、行为能力和语言能力。当母亲毫无痛苦、默默地离开这个世界时，我觉得我对母亲的恩情还没有报答完，从内心感到愧疚于母亲，很长时间难过得不能自拔。愿我的母亲在遥远的天国里不再劳累受苦！母爱是多么伟大而无私！想不到我今天又重蹈了母亲的路，开始帮助女儿照顾她的孩子，只不过我比母亲舒服得多，物质条件也优越得多。我能像母亲那样全身心地帮助女儿抚养孩子吗？

■

外孙长了很多奶癣；昼夜颠倒，搅得全家不得安生

这些日子，在孩子两侧眉毛周围和头皮处出现了一些鳞状细片，内含一个个像小米粒样的黄色结节，有的地方还形成了一层厚厚的黄色"痂皮"，让孩子的脸失去了往日的光滑，给人感觉脏兮兮的，很难看。这就是俗称的"奶癣"或"奶痂"。这是因为新生儿受母体中雄激素的影响，皮脂分泌功能旺盛，皮脂分泌多，同时马拉色菌的参与，形成了奶癣。它可以在孩子的前额、耳后、颊部、背部、会阴处、皮肤皱褶处出现干燥油腻的鳞屑，严重者可能形成痂皮，发展为皮脂溢出性皮炎。那些像小米粒样的黄色小结节是皮脂腺堵塞的缘故，不用处理，以后会逐渐消退。

我让小王每天多次在乳痂上涂上润肤油（婴儿用），待软化后用浴液清洗或用消好毒的棉签轻轻擦下。后来，我发现用润肤油涂上后有些黏腻，而且也不方便清洗，因此我们改用橄榄油，将它用小奶锅熬开后（消毒处理）放凉或者隔水蒸20分钟（消毒处理）后放凉，用棉签蘸着橄榄油涂抹在乳痂处，因为孩子天天洗澡，因此软化后的乳痂很快就被洗干净了，经过几天的处理后，孩子的脸和头皮又恢复光滑了。另外，给孩子洗澡时选择的浴液应该是婴儿专用的，不能用偏碱性的浴液。后来，我请教了皮肤科教授，她告诉我经过她们多年实践，给孩子处理奶痂时，芝麻油比橄榄油的效果更好。

昨夜孩子哭闹个不停，可他吃得饱，尿裤很干爽，检查全身也没有什么问题，就是需要大人不停抱着、摇晃着，只要一放在床上就哭闹，可是抱他

睡觉也睡不实，而且小嘴一直歪着似乎在找奶吃。小王提出再喂一些奶，我没有同意。实际上，这是婴儿的原始反射，即觅食反射，即觅食反射，并不是饿了。觅食反射在婴儿3~4个月才消失。一些家长往往误认为孩子是饿了而频繁喂奶，这样很容易发生过度喂养而导致孩子肥胖。白天孩子吃饱了就睡，而且睡得也很踏实，3~4个小时醒一次，白天很省事儿。可是一到夜间，醒来的次数就多了，而且还大声哭闹，出现了黑白天颠倒的作息了。因为害怕吵着邻居，所以他只要一哭闹，家里人就赶紧抱着他，哭闹得厉害时小王还轻轻摇晃着他。孩子喜欢让人抱着，因为这让他有一种安全感，但是我也担心孩子将来养成必须要抱着、摇晃着才能入睡的坏习惯。我告诉小王适当的时候要把孩子放在床上，让他哭一会儿。再说，孩子哭一哭也是一种运动，哭累了自然就能入睡。不过，在这一过程中需要孩子旁边有人拍拍他，让他感到身边有人关照着他。这样，孩子断断续续地哭闹了近3个小时，终于自己入睡了。

同时我提醒小王，要逐渐培养孩子昼夜分明的作息规律。白天孩子清醒时尽量多让他玩耍，练习俯卧抬头和一些动手的游戏。也可以到户外去活动，一方面，可以让孩子享受日光浴；另一方面，户外的景象也是孩子最喜欢看的。尽量减少白天睡眠过多的现象，晚上就会按时上床睡觉了。

新生儿大脑皮层的兴奋性低，神经活动过程弱，外界的任何刺激都很容易引起大脑皮层的疲劳，所以新生儿时期除了吃奶基本都处于睡眠状态。新生儿睡眠时间为17~20小时，随着大脑皮层的发育，孩子睡眠的时间会逐渐缩短。

人的睡眠有两种不同的状态：一种是眼球的非快速运动睡眠，表现为心率和呼吸规律，身体运动少，是安静睡眠时期。此状态又分为4期，第1、2期为浅睡眠期，第3、4期为深睡眠期。另一种是眼球的快速运动睡眠，主要表现为全身肌肉松弛，心率和呼吸加快，躯体活动较多，醒后可有梦的回忆，是活动睡眠时期。整个睡眠过程中眼球的非快速运动睡眠与眼球的快速运动睡眠呈周期性交替，成人大约90分钟重复一个周期。

新生儿的眼球快速运动睡眠时间较长，每一天为8~9小时，随着年龄的增长这种睡眠不断减少；眼球的非快速运动睡眠分期不明显，2个月后才能分清，4个月时，婴儿睡眠—觉醒生物节律基本形成。6个月以后，孩子才能形成完整的睡眠周期：觉醒→浅睡→深睡→活动睡眠→觉醒，不断循环，一夜重复几个周期，构成夜间睡眠的整个过程。

婴儿期每一个睡眠周期为40～45分钟，幼儿期大约为60分钟。在上一个周期和下一个周期之间会有短暂的清醒时段，尤其当婴幼儿进入活动睡眠状态，会出现较多的面部表情或肢体运动，因此就表现为婴幼儿夜间睡眠"不安"、半夜醒来等，这时孩子很可能正处于活动睡眠期。另外，新生儿还有介于睡和醒之间的过渡状态，即瞌睡状态。所以家长总是反映孩子睡眠不实，躯体不停地活动，因而过早或过多地进行照顾，反倒影响了孩子的正常睡眠，养成了不良的睡眠习惯。其实，可能有的时候孩子正处于活动睡眠或浅睡眠时期，也有可能是正处于短暂的觉醒阶段，即将进入下一个睡眠周期的瞌睡状态。

哎！道理讲得很明白，但是实际操作起来确实很棘手。有的时候我又担心孩子哭得太多，不利于孩子的心理发展。如果家长对于孩子的哭闹不予理睬，孩子经常受到预期失望的影响，逐渐就表现出情绪淡漠、焦虑，或者表现出痛苦和愤怒，对抚养者逐渐产生不信任感，不利于建立正常、健康的依恋关系，对孩子今后的发展会产生重大的影响。因此，我总是要求小王虽然仍让孩子躺在床上睡觉，但在他哭闹时一定要在他的旁边拍着他，或者哼着睡眠曲哄他睡觉，表现出对他的爱抚和关注。而且每天一定要采取同一个模式进行哄睡，孩子逐渐就会建立良好的入睡条件反射。对于纯母乳喂养的孩子，千万不要采用奶睡的方式来安抚孩子入睡。如果宝宝经常在喂奶后立即睡觉，特别是在喂奶中睡着的宝宝，可能会将喂奶和睡觉联系起来。只有喂奶或者进食后才能入睡，那么睡前喂奶则成为影响孩子睡眠的不良习惯。因此，应该把喂奶与睡眠分开，喂奶至少在睡前1小时进行。一旦形成奶睡的习惯，再想纠正就十分困难了。

引起新生儿或小婴儿哭闹的原因有很多，这一点需要家长了解：

（1）95%以上剖宫产儿出生后很快就会出现不同程度的哭闹、多动、不喜欢触摸、易惊，从而容易出现睡眠障碍。即使很小的声响也能引起强烈的反应，而且多发生在晚上，常常莫名其妙地哭闹。这些孩子的哭闹很难安抚，甚至拒绝进食。有的专家认为，剖宫产儿哭闹主要与感觉统合失调，即触觉防御性反应过度有关。

（2）饥饿、寒冷或过热、大小便刺激而哭闹，这是正常的生理情况，只要能够及时满足孩子的正当需求，哭闹就会马上停止。

如果检查后发现不是以上的原因引起的哭闹，就需要考虑孩子可能是疾病引起的病理性原因：

（1）鼻腔堵塞：新生儿是用鼻呼吸的。但是如果因为鼻内的分泌物堵塞（鼻痂）而只能用口呼吸，孩子不适应，尤其是哺乳时孩子不能用鼻呼吸，只能松开奶头大声哭闹。对于这种情况，可以在吃奶前每个鼻孔滴一滴生理盐水，待鼻痂软化后用消毒好的细棉签轻轻擦下鼻腔内的分泌物，或者用温毛巾热敷鼻部（注意不要烫着孩子），待鼻塞缓解后再喂奶。

（2）原因不明的肠绞痛：有少部分的新生儿或婴儿可能表现为不停地哭闹，且不可安慰，伴有尖叫、腿向腹部弯曲、腹部鼓胀、腹部肌肉张力较高。但引起婴儿肠绞痛至今没有确切的原因，建议从以下几个方面注意。

● 常见原因是奶嘴孔过大或过小、未充满乳汁，造成宝宝吸奶时吸入大量空气，气泡在宝宝肠道里移动引起腹痛。宝宝剧烈哭闹也会吸入空气导致腹痛。另外，吃得过饱而引起消化不良，也可导致腹痛。

● 如果是纯母乳喂养的婴儿，可能对乳母饮食中的一些成分，如茶、咖啡、牛奶以及部分具有一定刺激性的蔬菜和水果等食物过于敏感。

● 如果是配方奶喂养，婴儿可能对奶粉中的牛奶蛋白过敏，或者是对奶粉中的一些成分不耐受，例如乳糖不耐受。

● 所进食物不消化，在肠腔内发酵，产气刺激肠壁，或者副交感神经兴奋引起一过性肠壁肌肉痉挛，暂时阻断肠内容物的通过，都会导致近端肠管发生强力收缩和蠕动紊乱。随着蠕动的加强，腹痛阵发性的加剧，肠鸣音亢进，严重者还会呕吐。

对于发生肠绞痛的宝宝，家长应该怎么处理呢？建议逐一排查引起肠绞痛的原因。

● 选择合适的奶嘴。喂奶后家长空手握拳从下向上轻拍婴儿背部，直至婴儿打出嗝来。

●当婴儿出现肠绞痛症状时，家长可以围绕婴儿肚脐顺时针方向按摩腹部，也可以用温毛巾热敷腹部（注意不要烫伤孩子）。家长还可以让孩子趴在大人的膝盖上，轻轻按摩他的背部，腹部的压力可以让他感到舒服些。腹胀严重的患儿可用小儿开塞露或者用消毒好的棉签蘸着消毒好的植物油，轻轻刺激肛门，让婴儿排便放气。

●不要让孩子吃得过饱，不要吃过凉的食物，或者吃进过多气体，以免激惹肠道引起肠绞痛。

●对于母乳喂养儿，母亲可以避免进食一些有刺激性的食物，如咖啡、茶、洋葱等。如果这样处理后肠绞痛得到缓解，说明孩子的肠绞痛是由母亲进食不当引起的，母亲就要避免吃容易引起孩子敏感的食物。

●不要过早添加辅食，以免不消化引起肠绞痛。

●如果以上原因都排除了，那么可以考虑孩子是对牛奶蛋白过敏，并根据过敏的轻重程度选择深度水解蛋白奶粉或氨基酸配方奶粉。但需要慎重定夺，在没有找出原因之前，不要随便更换其他品牌的配方奶粉。

如果孩子哭闹不止的同时伴有呕吐、面色不好、腹部比较紧张、有肠形或摸着有包块、长时间不排大便或者大便呈果酱样，就要及时去医院就诊，以免贻误病情。

如果婴儿对牛奶蛋白过敏，可以将牛奶为基质的配方奶粉改为水解蛋白奶粉或者氨基酸奶粉；乳母饮食中不要吃一些含有刺激性的食品，如可以试着停止摄入奶制品、咖啡因、洋葱、卷心菜等；不能过早添加辅食。肠绞痛发作时，最好让孩子俯卧在大人的腿上，用手轻轻按摩他的背部，可能会有所缓解；可以用暖水袋温暖腹部（注意不要烫伤孩子）；可以抱着孩子裹紧毯子，有节奏地轻轻摇晃孩子。以上措施可能会对疼痛有所缓解。一般3个月以后这种情况会减轻，直至逐渐消失，预后良好。

（3）肠套叠：孩子表现为阵发性的剧烈哭闹、呕吐，发生休克时面色苍白，4～12小时排出果酱样大便或血便。产生原因可能为原发性的或因为饮食不当、吞咽气体过多造成的肠蠕动紊乱。患病早期可以通过肛门通入空气复位，晚期需要手术治疗。

（4）嵌顿疝：腹股沟斜疝、脐疝、腹内疝一般都能复位，但是也有极少病例发生嵌顿疝和肠梗阻，因此孩子表现为剧烈哭闹，伴有呕吐和腹部鼓胀。如果仔细检查是可以发现的。

因此，作为家长只要细心观察，一般还是能够分清病理性和生理性哭闹的。

有一件事需要所有家长谨记，那就是当孩子哭闹时不能大力摇晃婴儿。美国儿科学会强烈反对大力摇晃婴儿，他们认为这是一种严重虐待行为，容易引起头部损伤，发生摇晃婴儿综合征，可以造成严重的身心伤害，甚至造成婴儿死亡。

孩子吐奶了怎么处理？在建立昼夜生物节律时进行早期教育

今天早晨孩子醒来，精神很好，小王喂完孩子后拍了嗝，把孩子放在床上就离开屋去刷洗奶瓶了，孩子由女儿在屋里照看着。突然，女儿在屋里大声呼叫："妈！您快来！孩子怎么啦？"声音充满了恐惧。听到女儿的喊声，由于长期职业的习惯，心里咯噔一下，马上想到"是不是孩子出了什么事"。我急忙跑进她的屋里，女儿双手正不知所措地伸着，站在小外孙的床旁，直愣愣地看着孩子嘴里吐出的大量奶液。我急忙竖着抱起孩子，将孩子头冲下擦干净嘴边的奶液。所幸孩子吐出的奶液没有被误吸，我才松了一口气。

"孩子一吐奶你赶紧把他竖着抱起来，把奶擦干净呀！不要让孩子把奶吸进鼻腔或气管里去。你喊我，我再进屋，在这个时间里孩子就有可能把奶吸进去了，这不是就晚了嘛！"我生气地责怪她。

"我不是没有见过这个阵势吗？害怕得不敢动。"女儿申辩着。

"对于新生儿和小婴儿来说，吐奶或溢奶的现象大都是正常的，很多时候新生儿吐奶是由于不正确的喂养方式造成的，例如喂奶次数过于频繁、哺乳量过多、更换配方奶、奶的浓度不合适、奶嘴眼过大、孩子吃得过快、奶液过凉、喂完奶后不及时拍嗝，或者过早搬动孩子等都会使孩子吐奶。只要改正了喂奶的方法，就可以止住吐奶。还有，这些知识我不是跟你说过很多遍了嘛！一遇到事就惊慌失措，会耽误事的！"我一边责备女儿，一边收拾被孩子吐脏的衣被。然后抬高孩子的上半身，让他呈右侧卧，并给孩子盖好了被子。后来小王告诉我，可能这次喂的奶多了一些，而且拍嗝不彻底，才导致孩子吐奶。因为孩子每次吃完奶后都是右侧卧位，所以没有误吸。我嘱咐大家以后一定要小心，按照我说的做。并叮嘱小王喂配方奶时可以每喂奶5分钟后拔出奶嘴给孩子拍拍嗝，拍嗝后再继续喂奶。同时不要让孩子平躺着吃奶，应采取头高脚低的姿势或者躺在大人的臂弯里吃奶。孩子每次吃完奶后如果拍完嗝还吐奶，可以继续竖抱20～30分钟。

小家伙吐完奶后就甜甜地入睡了，没有感到任何不适。

吸取孩子这几天夜间闹觉的教训，于是我们适当地减少孩子白天睡觉的时间，逐渐建立孩子昼夜分明的作息安排。下午孩子醒后，我让小王哄着他玩儿，不让他马上入睡。让他看画片、给他摇能发出各种声音的小铃铛，并且不间断地与他说话，大约玩了2小时之后看他有些疲倦、躁动的时候才让他入睡。夜间9点多钟孩子醒来后，继续和孩子玩儿，大约过了2小时，给他吃了奶后又玩了一会儿才让他入睡，杜绝奶睡习惯的形成。结果孩子一觉睡到了清晨5点多钟。这一夜大人和孩子休息得都很好。

我们说的"玩"实际上就是现在常说的"早期教育"，也就是孩子从出生那一刻起就应该开始进行的"教育"。对于新生儿来说，这种教育就是给孩子的感知觉器官良性的刺激。

新生儿期是指胎儿娩出结扎脐带时开始至生后满28天之间的这段时间。在新生儿期孩子具备6种行为状态，即安静睡眠、活动睡眠、安静觉醒、活动觉醒、哭和瞌睡状态。在孩子安静觉醒阶段，应该给予孩子感知器官的刺激，让孩子多看、多听、多触、多尝、多嗅、感知冷热等，促使大脑的神经细胞不断长出更多的突起（即神经纤维），并互相连接，形成致密的、复杂的网络，用于传递信息；还可以促进启动大脑早已铺设好的神经通路建立回路并且固定下来。

孩子生下来已经具备了看和听的能力，因此应该给予孩子视觉和听觉的刺激。当孩子处于安静觉醒状态时，孩子表现得很机敏，喜欢看东西，尤其喜欢看颜色对比鲜明的黑白两色图片，如黑白两色的条纹图案、同心圆、棋盘格的图片。还喜欢看简单的人脸和规则人脸的图谱。它们能吸引孩子的兴趣，逐渐让孩子的视线追随这些图片和玩具。这些图片和玩具应该放在距离孩子的眼睛20厘米左右的地方，这是新生儿看东西的最佳距离，因为新生儿调节视焦距的能力差。2个月以后开始喜欢看颜色鲜艳的物体，尤其是红、绿色可摇动的，带有响声的玩具。家长不妨在孩子的床上放上摇铃，吸引孩子的目光随着摇铃的转动而移动。让孩子聆听各种声音，比如我们说话的声音、古典音乐、各种物品发出的声音（可不能是噪声，而是孩子喜欢的悦耳的声音）。人的说话声，尤其是妈妈的说话声是宝宝的最爱。要多与孩子说话，用言语去安抚孩子，让语言的信息早日输入到孩子的大脑。在给孩子听觉刺激时，我们发现小外孙会将头转向发出声音的地方，孩子已经能够将听和看初步地联系起来了。有的孩子在快满1个月时听到妈妈的声音会转过头去寻找。

给予孩子触觉上的刺激也是非常重要的，我们还经常用不同质地的浴巾轻轻擦拭孩子的身体；有时候用各种不同硬度的毛刷子轻轻扫扫孩子全身的皮肤，给予孩子触觉上的刺激。当然，紧紧地搂抱，尤其是母子和父子之间亲密的搂抱，更是让孩子感到最安全、最喜欢的抚慰方式。

由于孩子生下来就能够很好地辨别味道，对甜味亲和力最强，所以我不让孩子喝含有糖分的水，只允许喝白开水，防止孩子以后拒绝白开水。

以后我们还要陆续给予孩子嗅觉上的刺激，让孩子闻闻各种气味。我发现只要妈妈抱着孩子准备喂奶时，他的头很快就转向了妈妈的乳房，并且小嘴开始吸吮。别人抱他时，他就没有这个动作，这说明孩子能够清楚地分辨妈妈的气味。

给孩子洗澡也是一个技术活儿

如何给孩子洗澡，一般月嫂都是比较清楚的。但是有些细节恐怕被很多月嫂和家长疏忽了，甚至是他们完全不知道的。所以在孩子回家后的第一天，小王给孩子洗澡时，我在旁边仔细观察，随后指出了她做得不足的地方。肯学的小王要求我详细地将孩子洗澡的完整步骤告诉她：

（1）先准备好洗澡所需的物品：婴儿专用的干净浴盆、柔软的大浴巾、洗脸用的小软毛巾，婴儿专用的浴液、消毒棉签、极细棉签、指刷、干净的尿布（或一次性纸尿裤）、衣服、婴儿专用小梳子、婴儿专用润肤油、75%的酒精（以上的物品我早就准备好了）。

（2）盆内盛水至1/2～1/3满，水温达到38℃～39℃（视室温而定）。可先以温度计或肘部测试水的温度，以不烫皮肤为宜。

（3）脱掉宝宝的衣服后，用左手托住小婴儿的枕部，并用手指轻轻将婴儿的双耳耳郭向前按，贴在脸上，让孩子的上身躯体仰卧在操作者的左臂上，臀腰部夹在操作者的腋下，用右手拿着软毛巾先洗孩子的脸部和头颈部，以后依次清洗手臂、上身、双腿，然后用右手托住宝宝左侧腋下，让他面向操作者的右前臂靠好，再清洗背部，最后清洗小屁屁。注意，皮肤皱褶处要清洗干净。婴儿洗澡时1周只需用1～2次婴儿浴液即可，防止孩子皮肤的油脂被过度清洗掉，使皮肤干燥。最后使用温水（38℃～39℃）冲洗全身。有条件的话最好使用流动温水进行清洗。

（4）用大浴巾包裹婴儿，轻轻擦干全身，尤其将皮肤皱褶处擦干。如果脐带未脱落，用消毒好的棉签蘸着75%的酒精进行消毒（注意要在脐痂下进行消毒），用棉签吸干外耳道水分，然后用婴儿专用润肤油涂抹全身以滋润皮肤，为皮肤保湿。

（5）用消好毒的指刷或者消好毒的棉签、手指缠着干净纱布，蘸着清水擦拭口腔黏膜、牙龈，并轻轻刷洗舌面。因为舌苔常填有脱落的角化上皮、唾液、食物碎屑、渗出的白细胞和寄生在口腔内的寄生菌团等。如果清理不及时，舌苔增厚，其酸性环境有利于白色念珠菌生长。

（6）各用一根极细棉签蘸着清水清洗鼻孔，一个鼻孔一根，轻轻旋转一圈即可，以保证鼻腔的清洁和呼吸道的通畅。

（7）穿上尿布或者纸尿裤，穿上衣服，用婴儿小梳子轻轻梳头后，全套洗澡程序完毕。

需要注意的是，新生儿或小婴儿的四肢和躯干十分娇嫩，头不能竖立或竖立不好，稍有护理不当就会在洗澡的过程中发生意外。年轻的妈妈以及看护人不会像儿科的护士那样熟练操作，尤其是给孩子使用上浴液后，全身滑溜溜的，更加重了年轻妈妈及看护人的紧张情绪，不妨选择一个安全、卫生、易于清洗、便于护理者操作的浴盆：选择的婴儿浴盆必须带柔软防滑的浴网，用固定带将浴网悬挂在浴盆两边。浴网上最好备有专用枕头，洗澡时孩子的头高脚低，能与妈妈面对面，这样在洗澡的过程中还能增进母子之间的交流。妈妈可以按照医院孕妇班教授的洗澡顺序以及注意事项很轻松地给孩子洗澡。浴网还可以隔开孩子与洗过的水，这一点对于新生儿就更重要了。选择浴盆也要考虑经济实用，当孩子大一些时，去掉浴网后孩子还可以半卧或坐在浴盆里洗澡，如果旁边再配上一些洗澡的玩具，让孩子边洗澡边玩儿，那么，洗澡对于孩子来说就是一件非常惬意的事了！

做抚触真是一件惬意的事呀

　　当孩子离开医院，第一次在家洗完澡后，我就要求小王开始给孩子做抚触。本来孩子出生后就应该尽快开始给孩子做抚触，越早做效果越好，只可惜医院产休室内的温度不够（抚触时室内温度应该达到28℃以上），不适合做新生儿抚触，而医院又没有给开展小婴儿抚触这项工作创造条件。对此，我感到非常遗憾。对于几乎在全国各个医院已经普及的小婴儿抚触，在上海这家三甲医院（据说，这家医院在全国是最早开展婴儿抚触技术的）里竟然没能实现，真是很不应该的。

　　今天，照往常的惯例，在下午3点多（孩子在2点吃的奶）洗完澡后，小王开始给孩子做抚触。抚触前女儿已经打开音响，屋里响起了圣桑创作的、充满了美丽联想的《天鹅》。我在旁边看着，感到宝宝是非常舒服的，与小王的动作配合得非常好，能够呼应小王的每一个动作。尤其是抚触孩子的腹部，当小王的手指肚滑过宝宝已经涂抹上润肤油的腹部皮肤时，你会发现宝宝在努力鼓起肚皮来呼应小王的动作。做完抚触以后，还会感觉到宝宝有一种满足感和安全感。不长时间宝宝就甜甜地入睡了。

　　记得大约在1995年，美国强生公司率先把世界上先进的婴儿抚触技术引入中国，我参加了由北京协和医院儿科籍孝诚教授主持的推广会议，与会者都学习了这项技术。我回到医院在科室里也开展了这项工作，护士们还做了有关临床的观察和总结，并且撰写论文证实了婴儿抚触确实能够促进新生儿及小婴儿的生长发育。

人的皮肤是最大的触觉器官，新生儿的全身都有灵敏的触觉，是孩子认识和探索外界的一个重要途径。我的小外孙是经过剖宫产娩出的，没有经过产道的挤压，也就失去了人生最初应该获得的最强烈的触觉刺激，对此我们感到十分遗憾。新生儿抚触可使孩子的全身皮肤经受到触觉刺激，满足皮肤饥渴的需要。这些触觉的刺激使得孩子的神经系统和内分泌系统得到锻炼，同时增加了机体的免疫力，减少和缓解新生儿和小婴儿面对纷纷扰扰的大千世界所产生的紧张和焦虑，有利于建立孩子独立自信的性格。抚触不但能够增进孩子的食欲，让他保持良好稳定的情绪，而且还有利于帮助孩子早日建立良好的生活规律，更好地促进孩子的生长发育，尤其对于我的小外孙而言更具有特别重要的意义，因为他是剖宫产儿。女儿在旁边认真地看着，我知道她是在揣摩抚触的要领。当她看见小王那充满爱意的目光和孩子的目光对视，并且还不断地与孩子说话，似乎在进行真正的交谈一样，女儿羡慕极了，私下对我说："妈！你看着，我将来一定会比王姨做得更好！"这一点我相信，因为女儿有不达到目的不罢休的坚忍性格。

是呀，女儿因为工作忙，没有时间去上孕妇学校，因此，一些有关新生儿护理的知识完全是靠她从自己买的一些书自学或向我咨询获得的。一直以来，女儿可能觉得反正自己的母亲是搞这一行的，有母亲在自己身边不用发愁。不过，这次女儿可真是认真地向我学习了。我告诉她具体应该怎样进行新生儿抚触。

头部

（1）用两手拇指从宝宝前额中央向两侧滑动。

（2）用两手拇指从宝宝下颌中央向外、向上滑动。

（3）两手掌面从宝宝前额发际向上、向后滑动，至后下发际，并停止于两耳后乳突处，轻轻地按压。

胸部

两手分别从宝宝胸部的外下侧向对侧的外上侧滑动。

腹部

（1）用右手指腹自宝宝的右下腹→右上腹→左上腹→左下腹滑动。

（2）用左手指腹自宝宝的左上腹→左下腹→右下腹→右上腹滑动。

做腹部抚触时，应做顺时针方向抚触，避开未脱落的脐痂和膀胱部位。

四肢

（1）双手抓住宝宝上肢近端，边挤边滑向远端，并搓揉大肌肉群及关节。

（2）下肢与上肢相同处理。

手足

（1）两手拇指指腹从宝宝手掌根侧依次推向指侧，并提捏各手指关节。

（2）足与手相同处理。

我喜欢做抚触

背部

宝宝呈俯卧位，两手掌分别于脊柱两侧由中央向两侧滑动。

另外还需要注意，抚触要选择适当的力度。在抚触的过程中要仔细观察孩子的反应，如果发现孩子哭闹、肌张力增高、肤色出现变化或呕吐应停止该部位的按摩，如异常表现持续1分钟应完全停止按摩。每次抚触完继续观察一段时间，以防孩子延迟出现不适反应。每次抚触的时间不超过10分钟，适应后可以逐渐延长到20分钟。

需要给孩子补充钙和维生素AD吗

小外孙已经出生14天了，经过生理性体重下降期后，近5～6天来长得特别快，眼看着小脸一天比一天丰满，个子也一天比一天高，皮肤一天比一天滋润，我高兴得不得了。

今天，小王问我："现在是不是需要给孩子补充钙和维生素AD了？"

小王认为孩子该吃钙片了。她说孩子有的时候听到大的声音后，身体会突然抖一下或者大声啼哭，因此她认为孩子有些"发惊"，而且夜间睡眠也不踏实，经常醒，所以需要补充钙片和维生素AD了。

"这可不是缺钙的表现！"我告诉小王，"孩子听到大的声音有些'发惊'，是因为新生儿或小婴儿的神经系统发育还不健全。新生儿是在大脑不成熟的状态下出生的，出生以后需要继续发育：包括神经细胞的不断增殖和自身肥大以及功能健全；营养和支持神经细胞的神经胶质细胞在不断地增殖；神经纤维在不断增长，与其他神经细胞进行连接，建立神经通路，完成机体对外界刺激反应的信息传导。为了加快信息以及反应的传递速度，神经纤维的外侧需要磷脂进行包裹，这样在信息传递时不仅可以加快速度，还能保证信息传递的准确性，使机体对外界的刺激能够迅速而且准确地做出反应而不至于流失和分散。这个过程在医学上就叫作'神经系统髓鞘化'。孩子出生时神经系统髓鞘化已完成50%，到3岁可达到80%。因此，新生儿或小婴儿由于神经系统髓鞘化形成不全，当外界的刺激作用于神经而传入大脑时，因无髓鞘的隔离，兴奋可传于邻近的纤维，在大脑皮层内不能形成一个明确的兴奋灶。同时，刺激在无髓鞘的神经纤维传递速度也比较慢，所以小婴儿对于外来的刺激反应得比较慢而且泛化，于是就出现了全身抖动或者'发惊'。随着神经系统的逐渐发育健全，这种现象就会逐渐减少，直至消失。但是也有的小婴儿清醒时在没有受到任何刺激的情况下出现全身抖动，这就需要家长高度警惕，因为低血糖或低钙血症会出现这种症状，某种癫痫或婴儿痉挛症也呈现这种症状，需要去医院就诊。

"当然低钙血症也会出现神经肌肉兴奋性增高，而导致抽搐现象的发生，但是最具临床特征的症状仍是手足抽搐。产生的主要原因是给予孩子含钙的食品少，或者进食含磷的食品多。尤其是过早喂食米糊、米汤影响了奶的摄入，造成饮食中钙量减少，而且由于米糊和米汤含有的磷相对比较高，就会影响钙的吸收。

"至于孩子夜间睡不实经常醒则与以下因素有关：新生儿每天的睡眠时间大约20小时，其中8～9小时处于活动性睡眠阶段。处于活动性睡眠阶段的孩子呼吸不规则，呼吸频率比安静睡眠时稍快，可表现为睁睁眼睛、四肢活动、发出哼哼声，甚至几声哭声。所以家长往往认为孩子睡不实。其实，这与新生儿还没有形成正常的生物钟节律有关。不少的家长把新生儿发育过程中的正常现象当作缺钙的表现，从而盲目补钙。"

钙和维生素D是人体发育过程中不可缺少的物质。钙是人体的重要组成部分，其中99%存在于骨骼和牙齿中。身体中的钙维持着神经兴奋性、血液凝固、肌肉收缩和舒张、腺体的分泌以及对多种酶的激活作用。当钙：磷摄入量为2：1时钙吸收得最好。维生素D主要与甲状旁腺共同作用，维持血钙的水平稳定，它是钙磷代谢的重要调节因子之一，对正常骨骼的骨化、肌肉收缩、神经传导以及体内所有细胞的功能而言都是必需的。同时，维生素D还具有免疫调节功能，可改变机体对感染的反应。

婴儿因处于快速生长发育期，对维生素D和钙的需求量相对较大。

奶制品是最好的钙来源，且含钙量丰富，因此无论是纯母乳喂养、混合喂养，还是人工喂养的孩子，只要保证每天的乳量，对于1岁内的孩子而言，乳汁中所含有的钙量足以满足他发育的需要，所以无须额外补充钙剂。

母乳中维生素D的水平很低。维生素D可以从两个途径获得：一是膳食供给，二是通过阳光中的紫外线照射使皮肤合成维生素D，所以晒太阳也是补充维生素D的一个相当好的途径。但是这个途径受到地理纬度、季节、气候、空气污染、室外活动时间、服饰以及防晒用品等多种因素的影响，而且裸露的皮肤面积比较大，才能产生一定量的维生素D。同时年龄和皮肤也会影响维生素D的合成，其合成的数量不稳定。综上所述，晒太阳无法满足宝宝对维生素D的需求。更何况，让宝宝长时间暴露在阳光下，阳光中的紫外线会灼伤孩子的皮肤。科学研究表明，中午和晴空万里时最好不要晒太阳，天空有点云彩时比较适合晒太阳，夏天晒太阳时尽量避免日光强烈的10～16点。所以口服维生素D制剂是一个非常好的摄取维生素D的方式。美国儿科学会建议1岁以内的婴儿每日补充400国际单位的维生素D，不超过800国际单位即可。如果孩子是人工喂养，那么只要保证每天足量的配方奶就不需要额外补充维生素D了。但是对于纯母乳喂养的孩子，从孩子出生后2周开始可补充每天发育所需要的维生素D400国际单位。

维生素A也是人体不可缺少的维生素，维生素A具有以下的生理功能：①是构成视觉细胞内的感光物质（视紫红质），维护泪液正常分泌，促进视觉功能和视力健康。②维持皮肤与呼吸道、消化道黏膜上皮细胞完整性和功能健全。③促进生长发育和维持生殖功能。④维持和促进免疫功能。⑤促进铁的吸收和利用，影响造血。⑥促进骨骼生长和身高发育。⑦参与牙釉质形成，维护牙齿健康。婴幼儿时期是儿童生长发育第一个黄金时期，生长迅速，各个系统和器官逐渐发育成熟，对维生素A的需求量相对较大。因此日常必须保证维生素A摄入充足。但维生素A和类胡萝卜素均很难通过胎盘屏障进入胎儿体内，新生儿出生时体内维生素A含量较低。换言之，胎儿能够从母体内获得的维生素A含量较低。中国妈妈母乳中维生素A含量要低于全球平均水平。同时，宝宝是否维生素A缺乏还受哺乳量、哺乳时间等多种因素的影响。对于0~6个月纯母乳喂养的宝宝，从出生后即可以开始补充维生素A，每天给予维生素A1500国际单位，也可根据所生活的地区和季节来决定补充的量。

中国营养学会在《中国居民膳食营养素参考摄入量（2013年版）》中，修正了《中国居民膳食营养素参考摄入量（2000年版）》有关钙的推荐摄入量（适宜摄入量）。2016版"营养性佝偻病的预防和管理全球共识"也给出了钙和维生素D的推荐摄入量。

对照表如下：

年龄/月龄	0~6月龄		~1岁		~4岁	
版次	2000年版	2013年版	2000年版	2013年版	2000年版	2013年版
钙	300毫克	200毫克	400毫克	250毫克	600毫克	600毫克
维生素D	400国际单位	400国际单位	400国际单位	400国际单位	400国际单位	400国际单位

2016版"营养性佝偻病的预防和管理全球共识"建议：

		钙（mg/天）	维生素D（IU/天）
0–6个月	母乳喂养	200	400
	人工喂养	200	400
7–12个月		260	400
>12个月		>500	600

根据《中国居民膳食营养素参考摄入量（2013年版）》，1岁以内的孩子无论是采取母乳喂养还是采取配方奶喂养都不需要额外补充钙剂。因为母乳或配方奶中含有的钙已经可以满足孩子每天生长发育的需要。

我的外孙子在添加钙时遵照的是《中国居民膳食营养素参考摄入量（2000年版）》有关钙的推荐摄入量（适宜摄入量），现在看来是不合适的。所以说，医学和育儿的理念不断发展和不断更新，我们养育的方法也需要不断发展和更新。对于儿科医生来说，更要不断地学习，以跟上先进的科技发展趋势，才能更好地指导家长。

以下是我当年的一些做法，写出来给大家做个借鉴：

我的外孙子是混合喂养的，但是以配方奶喂养为主，所以需要计算出每天吃的配方奶的总量，并计算出配方奶中含有的钙和维生素D的量，只补充不足的部分。通过计算，外孙子每天吃配方奶的总量是650毫升～700毫升。他所吃的配方奶每100毫升奶液中含有钙46毫克，维生素D43国际单位。因此，孩子从配方奶中可获得钙299毫克～322毫克，维生素D280国际单位～300国际单位，当时认为所摄入的钙不足400毫克，因此需要补充钙近100毫克，需要补充维生素D100国际单位。我选择每天补充一支10%的葡萄糖酸钙口服液10毫升（含钙90毫克）口服，伊可欣（每粒含有维生素D500国际单位，维生素A1500国际单位）3天一粒。

现在回想起来，当初补充维生素D的量是正确的，但是不应该再额外补充钙剂。当初，铭铭曾有一段时间出现便秘，我还认为是吃配方奶粉的缘故，现在看来与过量补充钙剂有关。

孩子拉绿色便是怎么回事

孩子今天下午拉的大便是墨绿色的糊状便，而且大便的量还很多，孩子的精神很好，食欲也特别好，是什么原因造成孩子拉绿色的大便呢？

纯母乳喂养儿的大便多是黄色或者金黄色的，均匀呈膏状或带有少许黄色粪便颗粒，偶尔略带绿色，不臭，有酸味。人工喂养儿的大便，如果是以牛奶或羊奶喂养的小儿，大便是淡黄或者灰黄色的，较干稠，有明显的臭味。如果大便中有奶瓣，多是未消化的脂肪与钙或镁化合成皂块，如果量不多，就没有什么问题。大多数形状正常的绿色便是正常大便。正常人的粪便颜色和其中所含胆汁的化学变化有关。小肠上部胆汁含有胆红素及胆绿素，此处的排泄物呈黄绿色。当这些排泄物到结肠时，胆绿素被此处的菌群还原成胆红色，使大便呈黄色。一般牛奶喂养儿的大便偏碱性，可以使胆红素还原为无色的粪胆原，所以大便的颜色较淡。但是也有因为进食奶液过多、消化不良或者急性腹泻的婴幼儿因为肠蠕动加快，胆绿素在肠内来不及转化为粪胆素，致使出现绿色便。还有一种情况就是服用铁剂过多或者维生素C缺乏引起铁吸收不良，从而造成墨绿色或黑色的大便。

我仔细地观察了孩子的大便是糊状便，没有奶瓣，也没有黏液，而且一天只有一次大便，基本可以排除因消化不良或急性腹泻所导致的绿色便，但也要注意是不是因为喂奶过多造成的。

仔细回想，这几天只要孩子一醒，小嘴就歪歪着寻找奶头，不管如何哄他、摇晃着，他就是大哭，最后只有将奶头放在他的嘴里，吃进奶液他才停止哭闹。如果不喂他，他就大哭，大有吃不到嘴誓不罢休的意思。看到这种情况，小王开始缩短了喂奶的间隔时间，昨天一共吃了820毫升的配方奶。所摄入的奶量已经大大超过了平日孩子进奶量，而且我计算了昨天一天所摄入的热量，也已经大大超过了孩子每天所需要的热量。

现在0~6个月的配方奶粉都是强化铁的配方，主要是因为孩子在将近4个月的时候，由于从母体中带来的铁几乎已经消耗完，必须从外界获得补充，否则孩子就很容易发生缺铁性贫血。因此，配方奶考虑到这个因素，就在第一阶段的配方奶中强化了铁。昨天孩子吃了那么多的配方奶，其摄入的铁也就多了一些，这些铁没有完全被身体吸收利用，与空气接触氧化后形成绿色的大便。而且过多的奶液经过消化道没有来得及转化为粪胆原就被排泄出来了，这也是造成绿色大便的因素之一。

所以我告诉小王，今后还要控制奶量，不要过度喂养，保证每天不要超过650毫升就可以了。继续观察孩子的大便，如果今后的大便仍然是墨绿色的大便，可以适当地补充一些维生素C。

经过生理性体重下降阶段，体重按正常速度增长了

近来孩子醒后就开始哭闹，哼哼唧唧的。虽然音调并不高，但是只要一碰他的嘴唇，小嘴一歪一歪地似乎在找奶吃。女婿看后说："是不是孩子饿了？"

"不是的，刚吃完奶不到2小时，不能再喂奶了。"我对女婿说。

"孩子会不会饿坏肚子？"女婿又问。

"怎么能够呢！现在孩子胃里的奶还没有排空呢！"我向女婿解释道。

新生儿出生后先天带来一些原始反射，以此来应付外界的刺激得以生存，例如觅食反射，只要用手指轻轻触及孩子的嘴唇或面颊，都会发现他们马上把头转向被触及的一侧。如果触他们的口唇，他们会噘起小嘴，样子好似觅食的小鸟一样，所以叫作"觅食反射"。有觅食反射不一定表示孩子饿了。

现在孩子每天进食配方奶600毫升～650毫升，虽然孩子每次喂奶前都让他先吃母乳15分钟，然后才给喂配方奶，但是女儿说，她从来没有乳房胀的感觉，而且孩子在吃母乳时也没有听到过有吞咽奶的声音。从孩子离开妈妈的乳头后迫不及待地吸吮配方奶，我就知道女儿确实没有什么奶。因此我分析小铭铭每天大概从母亲那里也就能够获得100毫升的母乳，因此估计孩子一天进奶的总量就是700毫升～750毫升，即470千卡～500千卡的热量。那么孩子的体重现在究竟是多少呢？

洗澡前，在孩子已经排空大小便的情况下，我让小王自己测量了体重。孩子洗完澡后，小王又抱着没有穿衣服的孩子测量出共同的体重，两者相

减，获得孩子的体重是4.6千克。也就是说，孩子出生20天，体重增长了大约0.474克。孩子出生后20天内体重基本处于下降和逐渐恢复原体重的阶段。这是因为孩子刚出生，进奶量很少，而由皮肤和呼吸造成的失水量增加，同时又要排出大量的胎便和尿，因此体重处于下降阶段。这一生理性体重下降期，就是老百姓通常说的孩子出生后要掉"水膘"。但是体重下降不能超过10%，否则就要检查是不是有病理的原因了。之后随着孩子进奶量的增加，身体对水和电解质平衡水平的提高，孩子的体重会上升，基本在出生10天内恢复到出生时的体重。以后体重迅速地增长，每天以25克～50克的速度增长，满月时理想的增长大约是600克或以上。如果体重的增长超过1000克说明有过度喂养的迹象，体重的增长低于600克说明孩子的奶摄入量不够或者有其他的病理原因。铭铭的体重增长在正常范围内，这让我很放心。

虽然孩子吃完奶后还有觅食反射，但是我认为他已经吃饱了，理由如下：

（1）吃母乳时，孩子吸吮得很用力，而且含住妈妈的乳头不松嘴，15分钟后拔出妈妈的乳头，孩子的嘴仍然做觅食状，寻找乳头，说明母乳确实不够，不能满足孩子的需要。

（2）吃完配方奶后孩子带着满足感入睡。

（3）每天尿湿一次性纸尿裤8～9片。

（4）大便每天一次或隔天一次，为糊状便，量不多，没有奶瓣，说明消化得很好。

针对孩子吃完奶后1小时就哭闹，而且触碰嘴唇或面颊呈现觅食状态，我告诉女婿这并不是表示孩子饿了，而是对触碰的一种原始反射或说本能，如果我们错误地估计了这种情况给予孩子多次或超量喂奶，就会将大量的乳汁"灌"到孩子的嘴里，这就是过度喂养。多余的热量会转化为脂肪储存起来，造成孩子的脂肪细胞大量生成并且肥大，为儿童期的肥胖打下基础。但是我也注意到每天总是有那么一段时间，这个孩子不饿，也没有什么不舒适，就是哭闹，你怎么做也不能安慰他，因此我们索性就不理他，让他自己哭一会儿，很快孩子就进入深睡眠了。《美国儿科学会育儿百科》说："这种难以控制的哭闹似乎有助于孩子消耗过剩的精力，由此进入更加舒适的状态。"

可以训练孩子抬头和头竖立，训练爬行可不行

今天孩子吃奶和睡觉都不错，醒着的时候双眼还直视前面的挂物，尤其是大人的一只手托着他的头（头竖立还不稳）竖着抱他时。他特别喜欢看颜色鲜艳或者颜色对比度非常大的规则图案，还喜欢看有人脸的图画。于是在孩子清醒时，为了训练孩子的头竖立，我经常竖着抱孩子，让孩子趴在我的肩上，面对着挂在屋里墙上的图画，另一只手在后面保护好孩子的头部和脊柱，然后慢慢走动，让他注视这些图画，并且一边走一边告诉孩子："这是

小姐姐。""这是小哥哥。""这个小哥哥吃手指呢！""这是小黄鸡。""这是美丽的孔雀。"小王和女儿也每天这样给孩子重复看图画，我们的目的就是要给孩子视觉和听觉上的刺激，让他接受更多的视觉和听觉上的信息，提高认知水平。其实这就是早期教育，在我们生活中时时、处处、事事都充满了早期教育的契

这是小黄鸡

机，关键是我们家长要抓住这个契机，给孩子相适应的早期教育。

孩子非常喜欢我们竖着抱他，因为这样孩子的视野更加广阔，看见的东西比平卧时看着白色的天花板有趣得多。这样孩子通过视觉可以获得更多的信息，储存的信息也就更多，有利于提高认知水平。更何况这样竖着抱他也

训练了孩子头竖立的能力，锻炼了颈椎和肩背部肌肉，增强了支撑孩子头部的力量。在此过程中，需要家长保护好孩子的脊柱和头部。

下午给孩子洗完澡后，到了小王给孩子做抚触的时间，当给孩子翻转身体呈俯卧位抚触孩子的后背时，只见孩子四肢屈曲，且做着爬行的动作。同时还能看到孩子努力尝试着抬头，用于保障自己的呼吸，原来孩子求生的欲望是这样强！当然，毕竟孩子的能力是有限的，因此当孩子在俯卧位时还是应该注意孩子的鼻子和嘴不能被堵上。当我和小王一起看着孩子四肢做着爬行的动作时，小王习惯性地将手放在孩子的双脚下，试图推着孩子的双脚促使孩子爬行。小王的这个动作使我联想起在新浪网亲子中心的专家答疑论坛上，有一位妈妈曾经这样问我："我的女宝宝52天，出生后月嫂每天给孩子洗完澡后都训练她爬行。主要方法是用手把她的脚底板顶住，让她往前爬，每次她都哭，但是都能爬1米。后来我们看书上说必须会翻身之后才能练习爬行，所以爬了15天左右就不再让她练习爬了。可是这几天只要把她俯卧过来，她的两条腿就蹬啊蹬的好像要往前爬。请问月嫂这样训练对吗？"当我把这位妈妈的提问讲给小王听，小王说，她们培训时老师也这样教给她们的。老师说，从新生儿阶段就可以这样训练孩子爬行，训练好后孩子就会爬行了。

"怎么能这样！"我说，"可不能这样训练。因为宝宝出生后动作发育的规律是从整体到分化，从不随意到随意，从不准确到准确；动作发展的顺序是从上到下，从中心到外周，从大肌肉到小肌肉。因此，刚出生孩子的运动是不随意、不准确的，而且不会主动控制自己的肢体，更不能主动移动自己的身体。另外，刚出生的孩子四肢呈屈曲状态，主要是屈肌占优势，两只小手紧握着，像青蛙一样，这是先天带来的爬行反射。当身体呈俯卧位时，就表现出两条腿蹬啊蹬的，好像要往前爬似的。但是随着孩子的双腿伸肌的发育，爬行反射像觅食反射一样就会消失。另外新生儿的颈椎和脊椎还很娇嫩，新生儿肌肉和关节软弱无力，不可能克服地球对身体的吸引力和地面的摩擦力，也不可能不断转换自己的重心来移动自己的身体。实际上所谓的向前爬行1米，可能就是月嫂用手推的结果。月嫂的这种训练是错误的，因为她违背了孩子动作发展的规律和顺序。这种不科学的训练方法极有可能对新生儿的肌肉和关节造成损害，千万不要大意！我告诫小王，以后千万不要这样做了。小王赶紧说："哟！敢情是这样的，我回去后要和家政公司说说，千万不要再给人家的孩子这样训练了，真是很危险的！"

做完抚触，给孩子穿好衣服后，我们让孩子俯卧在床上，在孩子的头上摇动了一个响铃。清脆的铃声吸引了孩子的注意，孩子努力地抬头，想看看发出铃声的地方，但是无奈颈部的力量不够，努力了几次还是没有能够抬起头来。只好趴在床上喘着气，不过孩子的头偏着趴在床上，把鼻子和嘴都偏向一侧，丝毫不耽误他的呼吸，看来孩子自卫的能力还是很强的。

我告诉小王，每天要在孩子清醒时多训练俯卧抬头和头竖立，以增强颈椎和肩背部肌肉的力量，争取让铭铭2个月能头竖立。

女婿提出要学习照料孩子

今天是星期六，女婿休息。当小王要给小铭铭清洗屁股、换尿布时，女婿提出他想给儿子清洗屁股、换尿布。这时，我才突然意识到怎么疏忽了父亲参与育儿的要求和责任了呢！

我马上让小王把孩子送到女婿手中。看到小外孙被他爸爸抱在怀里，一个是1米8多的大个子，一个是50多厘米的娇小婴儿；一个深情地、默默地注视着手中的宝宝，一个天真无邪地看着爸爸。爸爸抱着宝宝站在早晨洒满了金色阳光的屋里，这是一幅多么美好、充满了人间柔情的画卷呀！

只见女婿笨手笨脚地将儿子放在尿布台上，用他那双大手颤巍巍地将孩子的裤扣解开，把已经尿湿了的纸尿裤打开，取下纸尿裤并且包裹好扔到尿布专用桶内，然后女婿小心翼翼地让孩子躺在他的右臂膀上，将衣服的小裤腿压在孩子的身下，右手提着孩子的双脚，左手拿着海绵在孩子专用洗屁股的小盆里轻轻地撩起水来清洗着孩子的小屁股。别看是五大三粗的汉子，可是给孩子洗得还真仔细：孩子的"小鸡鸡"、肛门、腹股沟处一一按前后顺序仔细地清洗，然后又用干毛巾一一擦拭干净，放在尿布台上，薄薄地撒上了少许以玉米粉为原料制作的婴儿爽身粉。我告诉他："因为是在冬天使用，孩子出汗少，只要薄薄地涂抹上一层爽身粉就可以了，而且要避开小鸡鸡。"女婿用手将爽身粉涂抹均匀后，才给孩子穿上纸尿裤。我在旁边告诉他，纸尿裤一定要兜在肚脐以下，防止尿液洇湿肚脐而引发感染，尤其是小男孩更要注意这一点，因为"小鸡鸡"常常会向上尿湿尿布。女婿一一照办了。这时我发现他没有把纸尿裤两边的纸边缘外翻出来，我提醒女婿必须将纸尿裤两个纸边翻出来，否则尿液会从侧面渗漏出来的。虽然是冬天，但女婿紧张得脑门上都渗出了滴滴汗水。做完后，女婿笑着对我说："其实做起来并不难，就是我总怕自己粗手粗脚地碰坏他哪儿，因此就很紧张！"

"你做得真不错，比我想象中的要好几倍！继续努力吧！"我发自内心地夸奖着他。

看到女婿的表现，我不由得想起了自己在医院工作时出"42天复查门诊"的情景。大约是在20世纪80年代，那时我还是主治医师，需要经常出门诊。每个星期五下午是42天门诊复查的时间，妈妈去产科门诊进行复查，而孩子则要来儿科门诊进行复查。

每次我都非常喜欢出这个门诊，因为这些孩子出生时都是我曾经照顾过的。经过42天以后，这些孩子几乎都变了模样，不但身体长大了一圈，而且都变得非常漂亮。我喜欢看着这些变化，并且发自内心地关心和疼爱这些孩子，因为这里有我曾经流过的汗水和付出的辛苦。当他们的爸爸妈妈带着自己的孩子到我这儿复查时，我几乎都不认识他们了。每个孩子检查后，我发现一般都是爸爸过来给孩子穿衣服，换上尿布（那个时候多半用的是旧式布尿布），然后包好孩子，做得有模有样，技术十分熟练。妈妈反而待在一旁看着爸爸操作。我问妈妈们为什么自己不去包裹孩子，几乎妈妈们都这样回答，坐月子时，先生怕自己辛苦，都自告奋勇地承担起了夜间照顾孩子的责任，于是顺理成章地，穿衣服、换尿布就成为爸爸照顾孩子的专职工作了。每当看见小两口抱着孩子亲亲密密地离开我的诊室时，我真的好感动！谁说中国男人有大男子主义思想，他们是世界上最合格的，也是最伟大的爸爸。

虽然在世界上不同的国家、不同的地区、不同的民族以及不同的宗教信仰中，抚育孩子的职责几乎都由母亲来承担，母亲是孩子的主要抚养者和第一个交往的对象，也是孩子出生后的第一任老师。但越来越多的心理学家和社会学家的研究表明，父亲在子女成长过程中有着母亲不可替代的特殊作用。虽然父亲与孩子接触和交往的时间短，但是父亲对于孩子发出的信号同样敏感、照料孩子的实际操作与母亲一样出色。通过女婿给孩子换尿布的操作就充分说明了他做得一点儿都不比女儿差，甚至比女儿还周到、细致。我相信女婿在今后的日子里也将是孩子的好老师、好伙伴，是一位被大家认可的好父亲。

今天我先生又来电话，问小外孙是不是长胖了？睡觉好不好？吃得多不多？大便情况好不好……问题一个接着一个，让我应接不暇。我告诉他："你要是不放心，就来上海看孩子！"先生赶紧说："一百个放心，你办事我放心！你可要注意身体，每天要去楼下散步40分钟，千万要记住锻炼身体！咱们已经老了，可不如年轻的时候。每个月回趟北京，休息几天再回上海。"我知道先生既怕女儿受累，又不放心小外孙，还担心我的身体。这种矛盾的心理，大概现在家家都一样吧！

最后，我还要嘱咐家长两件事：一是一定不要选择含有滑石粉成分的爽身粉；二是给女婴洗澡或冲洗小屁屁时要用干净水先冲洗大阴唇和小阴唇，冲洗干净后用专用的小毛巾擦拭干净。尤其需要注意的是，涂抹爽身粉不要涂抹到会阴处，尤其是不能涂抹到小阴唇内，防止小阴唇炎症引起的粘连。

孩子开始发音了；卡介苗接种处出现红肿

新生儿生长发育的速度真快，一天一个样，正应了老人们说的："有苗不愁长。"这不，今天下午小铭铭在大人的逗引下竟然发出了"啊"的声音，而且一连两次发出了这样的声音，让我欣喜若狂。

言语是小婴儿心理发育的最重要内容，也是小婴儿认知发育的一个重要方面。语言是人类进行交流的工具，对孩子社会性发展起着相当重要的作用，因此，言语的发生对于孩子的心理发展有着深远意义。别看这只是简单的发音，对于小婴儿的言语发育来说却具有重大的意义，也可以说是起着里程碑的作用。

小婴儿的言语发育必须依赖于听觉系统的发展、发音器官的成熟以及大脑中枢神经系统的成熟，这三者是言语发生和发展的重要生理基础和必备前提。言语的发生必须经过语言的感知、理解，然后才能有语言的表达。孩子出生后到能够说出第一个具有真正意义上的词中间这一时期称为"前言语阶段"。前言语阶段又分为简单发音阶段（出生～3个月）、连续音节阶段（4～8个月）、学话萌芽阶段（9～12个月）。孩子出生后，哭声是他最初的发音，但是随着发育，哭声也是要分化的，因此，母亲或看护人往往从孩子不同的哭声中以及当时的具体情况可以分辨出孩子的需求或病理情况。一般孩子在2个月以后能够发出简单的语音，而且这些语音都是元音。随着发育，孩子以后逐渐可发出辅音，进入连续音节阶段，虽然目前这种发音没有什么实际的意义，但它却是孩子在前言语阶段所发的音，对于孩子的言语发育具有重大的意义。以后，孩子的发音会逐渐复杂。由于女儿、小王都很重视孩子的早期启蒙教育，虽然孩子还听不懂，但为了让孩子时时刻刻处在一个丰富的语言环境中，只要孩子处在觉醒时，她们都会与孩子不断地面对面说话。她们说话从不会说儿话，说的都是普通话，把孩子当成一个听得见、会说话的人一样与他进行语言交流，其目的就是为了让孩子感知言语，将大量的言语信息储存在大脑里，所以孩子能够在出生不到1个月发音也就不足为奇了。因为家里的人都说的是普通话，包括上海人的女婿，这样不至于让孩子日后产生语言的混乱，便于他理解语言，有助于更好、更快地掌握母语。

今天在小铭铭左上臂卡介苗接种处出现了红肿的小包，大约有0.1厘米大小，孩子没有任何不适的感觉。卡介苗是含有减毒活菌的疫苗（严格讲应该称为减毒活菌苗），90%的接种者在接种2周后局部会出现红肿，6～8周接种的部位还会发生红肿、脓包，直至最后结痂。我告诉小王，这种情况下不必擦药和包扎，只要保证局部清洁，洗澡时不要沾水，衣服不要穿得太紧，也不要挤压就可以了。一般8～12周结痂形成疤痕。结痂后需要等痂皮自然脱落，不要用手去抠。小铭铭还有可能出现低热，这是接种卡介苗后的正常反应，过些时间便可自然恢复正常。待接种部位结痂脱落后，皮肤会留下一个小小的瘢痕。但是卡介苗毕竟是减毒活疫苗，由于个体的差异，个别的孩子不能完全消灭随着血液进入淋巴结中的结核菌，在卡介苗接种后1～2个月，反而继续繁殖产生脓肿，颈部、腋下、锁骨下等处产生淋巴结的强反应，出现红肿、化脓。根据这种情况，可以切开引流。一般在脓液中不能查出结核菌。针对结核菌可进行抗结核治疗，如异烟肼（雷米封）口服直至伤口愈合，再吃1～2个月。这种情况一般认为与接种卡介苗的量没有直接关系，而与孩子的体质有关。此病发病率一般为2%～3%。因此需要密切观察孩子，如果出现以上的情况必须去结核病防治所就诊。3～4个月后我要带着小外孙去上海的防疫站或结核病防治所复查。

开始把便；孩子出现了社会性微笑

今天小外孙出生已经26天了，今天有两件事让我特别高兴！

把便不把尿

上午小王告诉我，刚才通过把大便，孩子解出了大便，大便为黄色糊状便，没有奶瓣，看来孩子的消化还是很好的。同时，小王还告诉我，孩子大便时小脸憋得通红，还很会使劲儿呢！

把大便，是中国人传统的做法，这种做法可以促使孩子早期建立排便的条件反射。本来我告诉小王当孩子满月后要开始练习把孩子大便，没有想到小王提前做了这件事，而且孩子还很识"把"。以后需要继续训练把便，但把便的前提必须是孩子有了排便的表情后再把，这有利于培养孩子良好的排泄习惯。

目前对于把便和把尿有一些争论。我也谈谈我的看法。我是赞同把便的，但是不赞同把尿。为什么呢？这要从孩子排泄大小便的生理过程谈起。

人的排便过程是由意识和生理需要控制的。正常人排便的生理过程是这样的：胃和肠道消化食物中的营养成分被小肠和结肠吸收后产生的废物形成粪便，当结肠内储存的粪便被推入直肠后，直肠继续吸收粪便中的水分。由于直肠被充盈而膨胀，粪便对直肠腔内压力达到一定压力时，刺激直肠壁内的牵张感受器，牵张感受器将冲动信息通过传入神经的传导，将要排便的信息传到脊髓的初级排便中枢，由此再向大脑排便反射神经中枢发出排便信息，人便有了便意。降结肠、乙状结肠和直肠的肌肉开始收缩，同时腹肌、膈肌开始收缩，人闭口屏气开始增加腹压、盆腔压力以及肠腔内压，肛门内外括约肌松弛，大便就排出体外了。

当小婴儿控制大便的意识还没有发生时，生理需求就占主导的地位。所以对于小婴儿来说，通过早期训练逐渐建立正常的排便反射就十分重要了。一般来说，孩子在2~2.5岁才能够很好地控制大小便，当孩子满月后可以开始把便，以便及早建立排便的条件反射。当孩子学会独立坐的时候，可以训练坐盆。尽量把排便的时间安排在早晨，每次把便或坐盆的时间把握在5分钟左右，时间不要太长，以免引起孩子的反感，同时避免发生肛门的静脉血液回流困难。

一般小婴儿在大便前是有表现的：可能突然表现为眼周围发红、眼神发呆、身体扭动、嘴角向两侧撇着使劲儿，甚至放几个臭屁。这时，如果家长及时把便或者坐盆，大便一般都会排出来。如果把便与家长发出的"嗯嗯"声结合起来，孩子以后只要听到家长的"嗯嗯"声就会很快地大便了，很容易地建立了排便的条件反射。当孩子3个月后建立了内在的生物钟规律时，同样消化道也有自己的生物钟规律，许多孩子的大便时间基本上是相对固定的，这样就减少了家长的很多麻烦。如果家长训练得好，饮食没有特殊变化，孩子会养成每天在固定时间内大便的习惯，这样也有助于预防便秘的发生。

为什么我不赞同把尿呢？一个正常人排尿的生理过程是这样的：当肾脏生成的尿液经过输尿管运送到膀胱储存，膀胱储存到一定的容量时引起反射性排尿。当尿液的压力刺激位于膀胱壁的牵张感受器，由牵张感受器发出的排尿信号经周围神经系统传导至大脑皮层排尿反射高级中枢，并产生尿意。该指令到达膀胱，膀胱逼尿肌收缩，引起尿道括约肌松弛，从而将尿液排出体外。在排尿时腹肌和膈肌的强烈收缩，也能产生较高的腹内压，协助克服排尿的阻力，直到尿液排泄为止。

但小婴儿的膀胱黏膜柔嫩，肌肉层和弹力纤维发育不良，埋于膀胱黏膜下的输尿管短而直，抗尿液反流能力差，易发生膀胱输尿管反流。由于膀胱储尿功能差，再加上小婴儿大脑发育不成熟，不能刺激膀胱壁的牵张感受器向大脑排尿反射中枢传递排尿的信号。随着年龄的增长，此段输尿管增长，肌肉发育成熟，抗反流机制逐渐增强。5～6个月后条件反射逐渐形成，在正常情况下，1～1.5岁可以养成主动控制排尿的能力。

而频繁地把尿，让孩子多次小便，膀胱储存尿的能力和排空的能力就得不到锻炼，违反了孩子生理发育发展的过程。而且孩子要尿时把尿还会引起他的反抗，尤其是一些家长往往在孩子夜间睡得正香的时刻拽起孩子就把尿，更容易引起孩子的反抗。孩子在1岁以后，多是在1岁半以后，随着膀胱储尿功能和膀胱壁的牵张感受器发育完善，再训练孩子排尿就比较容易进行了。

我在美国经常看到3岁左右的孩子还在使用纸尿裤，每次妈妈需要换纸尿裤时，挺大的孩子躺在地毯上让妈妈换纸尿裤，在我看来是十分尴尬的。但美国的妈妈认为孩子长大了自然就能学会自己控制大小便，很少见到美国妈妈刻意地去训练孩子。因此，很大的孩子兜着纸尿裤到处去玩儿也就不足为奇了。国内有一些刊物也在宣传这种做法，认为这是世界上最先进的育儿理念，不存在违反孩子的意志、强迫孩子大小便的问题，认为这是尊重孩子人格的表现。我真的不明白，整天让孩子的小屁屁浸泡在污秽的尿液和大便中也是爱护孩子？有的人说，给孩子把尿或把便容易引发痔疮，又谈中国人痔疮发病率高就是这个原因导致的。对于这种说法我不敢苟同，目前没有任何文献报道中国人痔疮发病率高是因为小的时候把便、把尿造成的。而且也没有任何统计证明中国是痔疮发病率高的国家。仁者见仁，智者见智吧！其实我们国人的一些传统做法，是通过代代人们生活经验总结出来的，我认为是更为先进的育儿理念。

我记得美国琳达·索娜教授在《婴幼儿早期大小便训练》一书中也阐明了这种观点，并且批驳了《斯波克育儿经》所宣扬的自由的、以孩子为中心的观点，并列举了延迟进行大小便训练所造成的种种危害。琳达·索娜教授认为，延迟训练曾给商家和父母都带来利益，但同时它也将一个本是很自然的学习过程变成无数家庭紧张、无助、代价沉重的噩梦……1961年，在美国有90%的儿童都是在2岁半完成大小便训练的，到了1998年，这一数字下降为22%。根据《儿科救护学》发表的一份研究，到2001年，孩子们只有到35个月（女孩）和39个月（男孩）时才完成大小便训练。所以我在美国看到三四岁的孩子还穿着纸尿裤就丝毫不感到惊奇了。

铭铭的小脸上出现社会性微笑

下午小铭铭吃饱后，小脸呈现出一种十分满足的表情，我不由得亲切地叫着他的名字并且轻轻地触摸他的脸颊。这时，我发现孩子突然对我微笑了。此时，孩子的眼睛十分明亮，眼睛周围的皮肤伴随着微笑也皱起来了。孩子是不是因为听到我的声音或者因为触及他的脸颊才发出微笑呢？我重复了几次，先是叫他，发现孩子对我报以微笑。后来我不说话，仅仅是用手触摸孩子的脸颊，发现孩子也对我微笑。我要是远离他，让他看不见我也听不到我的声音，我发现孩子并没有微笑。后来小王、女儿和女婿也像我一样重复了这些做法，发现只要是和孩子面对面地说话或者触摸孩子的脸颊，孩子都报以微笑。前两天小王曾经告诉我，有时候她逗引孩子，主要是触摸孩子的脸颊孩子就会笑，我认为这属于自发性微笑。但在今天孩子表现出的确实是一种社会性微笑，不过这属于无选择性的社会微笑，因为他对任何一个人的声音或面孔都报以微笑。

一般孩子生下来就可能有微笑反应，主要是在睡眠中发生，这是大脑自发性反射微笑。这种微笑多数表现为"皮笑肉不笑"，没有多大的意义。如果在孩子生后我们经常逗引孩子，与孩子面对面亲切地说话或者轻轻触摸孩子的面颊等，那么，孩子在生后最早出现无选择性社会性微笑的时间是3～6周，经常出现无选择性社会性微笑的时间是在2.5～3个月，这是孩子开始与人进行真正社会交往的信号，这是一种积极的情绪。笑对孩子的认知能力、认知发展水平起着很重要的作用，因为孩子的笑可以引起人们对孩子的积极反应，获得人们对他的喜爱。社会性微笑的发生是大脑情绪调节和认知功能的发育，也是视觉发育的里程碑。

由于我们平时不断逗引孩子的缘故，所以小铭铭很早就分化了无选择性社会微笑，这要比一般的孩子发育得早。

小铭铭又哭又闹，原来是得湿疹了

今天下午发现孩子的右面颊、左眉边以及额部有少许红色的皮疹，有的小皮疹内含有黄色的颗粒，尤其是洗澡后做抚触时更为明显。孩子得湿疹了!

下午1点半左右我们给孩子洗澡，洗澡后做抚触时孩子表现得很安静，逗逗他还会冲你微笑，甚至发出了一声"啊"的声音。可是吃过奶后准备让他睡觉时，却开始大哭大闹起来，只见小铭铭已经困得快睁不开眼了，却还拼命地睁着。如果不摇晃，不换个姿势抱着他，他就大哭不止，无论怎么哄，他就是一直哭闹。眼看着怎么安慰都不行，索性我让小王把他放在床上，让他哭个够!别说，这个孩子还真聪明，人家躺在床上大声哭闹，哭累了自己知道休息一会儿，等缓过劲儿来继续大声哭闹。因为哭的时间太长了，怕给孩子心理留下阴影，于是我抱起孩子紧紧地搂着他，不停地安抚着他，然后抱着孩子来到我住的房间里，也许我的房间比他妈妈的房间温度低一些，孩子渐渐入睡了。

原先，孩子经过一段时间的矫正，睡前已经不哭闹了，可以通过大人拍着他入睡。可今天的表现实在是出乎我们的意料，孩子为什么这样哭闹呢?可能就是湿疹造成的，洗完热水澡后湿疹受到刺激可能使他感到很难受，而抚触摩擦皮肤又使得湿疹造成的瘙痒得以缓解。女儿屋内的温度比较高，吃奶后孩子出汗了，进一步刺激湿疹，引起瘙痒加重，这时让他睡觉，安静下来的孩子因湿疹瘙痒的刺激让他难以忍受，所以大哭大闹起来，而我的屋子温度相对较低，使得孩子的瘙痒得以缓解，孩子才能入睡。

孩子为什么会得湿疹呢？

婴儿湿疹属于特异性皮炎，也称为婴儿期特异性皮炎。其发病机制还不是很清楚，主要与婴儿皮肤屏障发育不完善、比较敏感，以及与免疫机制发育不成熟有一定关系。婴儿湿疹是小婴儿最常见的变态反应性疾病，小婴儿皮肤角质层薄，毛细血管网丰富，皮内含有的水及氯化物多，因而容易发生变态反应。湿疹一年四季皆可发生。皮肤干燥的小婴儿更容易患湿疹。婴儿湿疹主要在颜面部、头皮多见，躯体甚至四肢比较少见。湿疹部位会有瘙痒、局部干燥、起皮或者有液体渗出的丘疹、丘疱疹和水疱。湿疹常常表现为对称性、渗出性、瘙痒性、多形性和复发性等特点。婴儿湿疹好发于1个月～2岁的婴幼儿，是一种反复发作的皮肤疾病。2岁以后逐渐消失。治疗湿疹，保湿很重要。大多数湿疹与食物无关，不需要过度忌口，过敏原检测（特别是特异性IgE）结果也仅供参考，不能作为忌口的最终依据。如果确实怀疑某种食物过敏，需要进一步检查。某些外在因素，如接触丝织品或人造纤维、外用药物，以及皮肤细菌感染等也有可能引起湿疹或加重其病情。孩子从母乳中摄入了变应原物质，如螃蟹、木瓜、鱼、虾等都含有致敏因素，使得体内发生变态反应，出现湿疹。溢奶、口水等机械刺激也是产生本病的诱因。当然也有可能与遗传或基因突变有关。

湿疹可以引起皮肤糜烂、潮红、渗出、结痂等皮肤损害。如果处理不当还可以继发感染。湿疹起病大多在生后1～3月，6个月以后逐渐减轻，在1岁内婴儿湿疹会有反复，1岁半时大多数的患儿可以痊愈，个别的孩子可以延长至幼儿及儿童期。

根据病因，治疗湿疹需要采取全身综合治疗：

（1）注意保护皮肤屏障。美国儿科学会《育儿百科》中建议，可以减少洗浴次数，每周3次即可，因为频繁洗澡会使皮肤更干燥。我国皮肤科专家认为，可以每天洗澡，但是时间要控制在10分钟之内。水温不要太高，控制在36℃～37℃，每次洗浴后应全身涂抹润肤油保湿，甚至一天可以涂抹几次润肤油。严重者可以局部涂抹弱效激素湿疹膏，可以交替使用含有不同激素的湿疹膏。一般儿童湿疹可选择氢化可的松软膏、地奈德软膏、丁酸氢化可的松软膏等。对于湿疹严重的患儿，也可以先用中强效的糖皮质激素迅速控制病情，再用低强度的糖皮质激素维持。这些激素类药物只要使用合理，即使长期使用也是安全的。大多数糖皮质激素软膏在局部连续使用不超过2周就是安全的。也可以使用非激素的他克莫司软膏交替使用。

（2）控制过敏原。如果母乳喂养的孩子，怀疑起婴儿湿疹可能与妈妈饮食有关，不主张妈妈盲目禁食，但需要妈妈记一下食物日记，以找出引起婴儿湿疹发生或者湿疹加重的食物，并在日后杜绝吃这些食物。如果孩子已经添加了辅食，需要提醒家长注意，一般不要过度忌口，婴儿湿疹多数与其饮食无关。

（3）做好预防。平时给婴儿穿纯棉、宽松、柔软的衣物，不要穿丝质、毛织的衣物。不要捂着孩子，屋内温度控制在20℃～24℃，洗浴时要选择温和中性的沐浴露。

最后需要提醒一下各位家长，湿疹患儿做皮肤过敏原点刺试验和血液查过敏原特异性IgE可能会显示出多种阳性反应，这些结果仅供参考，还是需要与实际食用后是否真正加重病情等病史综合判断，而且应以实际情况为准。特别是如果患儿吃了某种食物没有任何过敏反应，不应因为血清IgE阳性而诊断食物过敏。另外，目前认为查血液中食物IgG抗体对婴儿湿疹（特异性皮炎）没有意义，除非是非常明确的某种食物过敏，否则不应刻意限制饮食。

孩子得湿疹，原来是妈妈惹的祸

今天，铭铭度过了新生儿期，开始进入婴儿期。这两天孩子的颜面部、前胸以及后背的皮疹出得更多了。昨天孩子哭闹了一天，无论怎么安慰都不管用，而且每次哭闹时小嘴总是做觅食状，因此小王认为孩子太难弄！总是想通过喂奶让他睡觉。尤其是夜里大人都困得很难受了，孩子仍然哭闹个不停，大人被铭铭弄得十分疲惫。每当孩子迷迷糊糊地闭上眼睛时，你能感觉到孩子确实困得不行可能要入睡了，但是"狗眨眼的工夫"他就醒了，难怪小王说他太难弄，她还没有见过这样难弄的孩子。

孩子越哭闹，湿疹就越红越明显，现在孩子的皮肤被小王戏称为"3号砂纸"。昨天小王已经让孩子吃了890毫升的配方奶，而且还不停地让孩子吸吮母乳，企图以此安慰宝宝（我已经告诉小王不能这样过量喂孩子配方奶）。

虽然昨天婴儿用品店送来了郁美净儿童霜，马上就给孩子涂抹上了，但是需要使用一段时间才能见效果呀！我们就在孩子哭闹声中稀里糊涂地熬过了这艰难的两天。

经过这两天回想，查看每天给铭铭做的记录，孩子近期使用的物品和吃的食物没有添加新的品种，只是女儿这两天吃了木瓜、猕猴桃和无花果，因此我断定孩子得湿疹可能与吃这些水果有关。一般南方的水果里含有一些容易使人过敏的成分，如果酸、木瓜蛋白酶、番木瓜碱等。猕猴桃虽然不是南方的水果，但也有不少人对它过敏。这些水果没让女儿过敏，但是水果中的一些过敏原可以随着乳汁传递给孩子，孩子现在处于高度致敏状态，当母亲再次吃这些食物的话就会引起孩子的过敏反应。因此，哺乳期的妈妈吃东西一定要考虑宝宝的过敏问题。那么，究竟是不是因为女儿吃了木瓜才引起孩子发生湿疹呢？要让女儿停掉木瓜，继续观察。

因为长湿疹，孩子这两天睡觉少，哭闹得非常厉害。但目前还没有这么大孩子可以吃的抗组胺药物。为了让孩子安静睡觉，避免因哭闹刺激湿疹引起孩子更加烦躁，只好采取局部冷敷，以减轻孩子皮肤瘙痒而引起的哭闹。

"为什么孩子没有吃过木瓜，却对木瓜过敏而引发湿疹呢？"小王好奇地问我。我说："诱发小儿食物过敏主要通过胃肠道、呼吸道和皮肤接触等途径发生。对于胎儿和婴儿来说也可以通过胎盘、羊水和母乳进入。几乎所有引起食物过敏的过敏原都是蛋白质。在胎儿阶段，孕母吃的一些食物蛋白质微粒通过羊水或者胎盘输给胎儿，引起较敏感的胎儿对这些食物不耐受，产生了相应的抗体，处于高度致敏状态。这种致敏状态如果没有再次遇到相应的抗原可以持续半年，甚至数年以后消失。但是孩子出生以后，当哺乳的妈妈再次吃进含有这种抗原的食物时，其食物中的抗原通过乳汁进入孩子的体内，于是抗原（变应原）和处于高度致敏状态下婴儿体内相应的抗体发生反应，就引起了小婴儿对'母乳'过敏。像一些纯母乳喂养的孩子虽然没有进食过牛奶，但是也会发生对牛奶蛋白过敏的现象，其原因是对乳母进食的牛奶制品过敏。因此，乳母对自己所吃的食物要慎重选择，避免再食入能引起孩子过敏的食物。"

乳母将每天所进的食物做记录（所幸我每天都要求给铭铭日常作息和所进食物，包括女儿的饮食做详细的记录），然后对照孩子是否有过敏表现。如果孩子出现一些过敏的表现，对照当天进食的品种一一检查，发现进食的某种食物可能致使孩子发生过敏情况，以后不吃这种食物，孩子的过敏现象消失了，就可以确定孩子对这种食物过敏。如果过敏现象依然存在，就要再次从其他的食物中寻找过敏原。如果确认了过敏原，那么乳母忌口不吃含有该过敏原的食物之后1～2周，母乳中的过敏原就会消失，婴儿的过敏状况应该会好转，不过完全消失可能需要1个月甚至更长的时间。

铭铭第一次做保健体检；
接种乙肝疫苗第二针

　　下午带孩子去医院接种乙肝疫苗第二针，同时给孩子做出生后的第一次体检。本来应该在满月时也就是29日接种乙肝疫苗，但因为29日是除夕，医院可能要休息，所以提前两天去给孩子接种疫苗。乙肝疫苗第三剂接种应该在6月龄。

　　临去医院前，女儿问我是不是得了湿疹就不能接种疫苗了。我说目前湿疹已经消了一些，应该不会影响接种。

　　女儿停吃木瓜后两天了，铭铭身上的湿疹通过涂抹郁美净儿童霜后已经消了不少，看来铭铭出现湿疹确实与女儿吃木瓜有关。

　　在医院门口，护士先给孩子测试了体温（"非典"以后，儿科门诊都要先测试体温，根据孩子的温度情况进行分诊），然后我们乘电梯到2楼，很快护士就来接诊了。女护士和蔼可亲，她们在换好一次性纸巾的测量台上，给孩子测量身长和体重。

　　"哇！你的孩子长得好快呀！"护士惊奇地说，"头围41厘米，体重是5125克，身长是58厘米。体重比出生时长了975克，身长长了7厘米。"

　　女儿高兴地笑了。

　　但是我不太相信孩子能够长这么多，因为一般的孩子生后头3个月每个月平均身长增长3厘米～3.5厘米，3个月平均才增长10厘米，他还不到1个月怎么就长7厘米了，于是我请求护士让我自己给孩子再测量一次，护士微笑着说："可以。"我又给孩子测量了一遍。

孩子放在磅秤上，他的裸重就是5125克。然后我又测量小铭铭卧位身长。将孩子裸露全身，仰卧于量床底板中线上，让女儿固定小铭铭的头使其接触头板，面向上，两耳在同一水平上，两侧耳珠上缘和眼眶下缘的连接线构成与底板垂直的平面。我站在孩子的右侧，左手握住孩子的两膝，使双下肢互相接触并紧贴底板，右手移动足板，使其接触两侧足跟，双侧有刻度的量床两侧读数都是58厘米。

接着，又按常规测量小铭铭的头围。让他继续躺着，我还是站在孩子的右方。用右拇指将软尺零点固定于孩子头部右侧，齐孩子眉弓上缘处放置软尺，使软尺紧贴皮肤，左右对称，经枕骨结节绕头一周，果真是41厘米。"孩子发育得不错！"我抱歉地对护士笑了笑。

接着，儿科医生给孩子做了全面的检查。首先将诊断床上铺的一次性纸垫撤掉，换上新的纸垫。我们把孩子放在床上，医生在检查孩子前洗干净手（一些医院的医生忙于应付门诊，很少看见医生在看每个病儿前都洗手，其实这也是医源感染的途径呀），用手焐热听诊器，然后给孩子听诊、触诊、检查四肢活动情况、先天性髋关节是否有脱位，然后仔细检查了孩子的湿疹情况，用窥器查看孩子的耳道和鼻腔后，认为孩子一切情况良好，发育得很不错。同时，医生告诉我们不必介意孩子的湿疹，很快就会好的，没有必要用药。

当然，医生做的这一套检查我在家已经全部做完了，除了测量身长和体重没有合适的器械精细测定外，我能够做的检查都做了，尤其是有关先天性髋关节脱位的检查，孩子出生后回到产休室时我就详细检查过了。我在医院当主任时，特别在新生儿病历上专门设置了一项就是必须做髋关节的检查。当时很多产科医院都没有把这项检查作为常规检查项目，因此一些先天性髋关节脱位的孩子就漏诊了，造成孩子以后走路像鸭子一样跛行，既会对体力劳动造成影响，还会影响孩子的体形，而且腰和髋部还会感到疼痛，给孩子的心理埋下自卑的阴影。先天性髋关节脱位如果在孩子出生时被医生及时发现，是很好矫正的。只要在孩子的双腿会阴处用上厚厚的尿布，让孩子的双腿呈高度外展的蛙式位，一般3~4个月就可以恢复正常。但是超过3岁以后再采取保守治疗就很难恢复了，多半都采取手术治疗；8岁以后治疗效果就不明显了。

小铭铭到了一个陌生的地方，一点儿都不哭闹，而且睁着眼睛四处看看，也许这个地方与家里是不一样的吧！他好像很感兴趣似的。当护士在他右臂上消好毒，注射的针头扎进皮肤时他都没有哭，当护士推进乙肝疫苗，将针头拔出来，在针眼上贴上小块的创可贴时，他却突然大声哭起来，可能这时才感受到疼痛。不过这孩子很好安慰，不到1分钟就停止了哭闹。我想孩子对痛觉的迟钝反应可能与孩子的痛觉发育相对差一些，对痛觉信息的神经传导速度慢一些有关。

　　在回家的路上，孩子躺在汽车的儿童座椅上，在行驶的晃动中睡着了。

孩子兴奋和哭闹源于母亲喝咖啡和茶

孩子的湿疹逐渐好了，可是这两天睡眠的时间还是很短，而且难以入睡，总处于兴奋状态。小王说，昨日夜间1～5点，孩子就是不睡，精神还特别好，也不哭闹，眼睛四处看着，有时候自己还笑得全身抖动。5点以后就开始哭闹，明显感觉到他已经困得不行了，可就是难以入睡。

究竟是什么原因让孩子这样兴奋呢？

我计算了这两天孩子的睡眠时间，每天平均才12个小时。家中周围环境安静，也不会是因为饥饿或尿布的刺激而影响睡眠。是湿疹？由于孩子每天涂抹2～3次润肤油，湿疹基本上已经消退了。今天我看见女儿正拿着杯子在喝咖啡，突然我意识到孩子睡眠不好、爱哭闹可能与女儿喝咖啡、喝茶有关系。

女儿和女婿都喜欢喝咖啡，这是他们每天必备的饮品。咖啡是自己煮的，每次都自己制作卡布奇诺喝。女儿还非常喜欢喝茶，尤其是自己熬制的奶茶。

哺乳期的妈妈是不建议喝咖啡和浓茶的。因为咖啡和茶中都含有咖啡因，而且茶中还含有茶碱，都能促使神经系统兴奋，刺激大脑皮质，造成精神紧张、睡意消除，使人过度亢奋。这些物质都可以通过乳汁传递给孩子。对大人可能不会造成什么影响的咖啡和茶，对于小婴儿却是一个能够引起兴奋的刺激物。另外，因为茶里含有鞣酸，进入身体后无论对于产妇还是新生儿都会阻止自身吸收铁元素，使身体缺乏造血的原料，久而久之可以引起贫血。尤其对于小婴儿来说，本来内源铁就不多，就更容易发生缺铁性贫血了。而且鞣酸通过胃肠道吸收后，会抑制乳汁的分泌，对于本来乳汁就很少的女儿来说，就更不合适了。曾有杂志报道，哺乳期饮咖啡，咖啡因可通过乳汁进入婴儿体内，使婴儿发生肠痉挛和忽然无故啼哭，咖啡因还可以破坏体内的B族维生素。当然，对于咖啡因的这些作用，每个人的耐受情况不一样，但是对于小婴儿来说可能其影响会相对大一些。

因此，我不允许女儿再喝咖啡和茶了。饮用白开水比什么都好！

附 **哺乳期乳母的膳食指南**
（参考2007年卫生部颁布的《中国居民膳食指南》）

（1）增加鱼、禽、蛋、瘦肉及海产品的摄入

每天鱼、禽、蛋、肉类200克～300克，大豆类和坚果类食品40克～60克，补充优质蛋白质；多食含铁的食物，预防和纠正缺铁性贫血；多吃海产品，对婴儿生长发育十分有益。

（2）适当增饮奶类，多喝汤水

每天饮奶500毫升可以增加优质钙600毫克；避免骨质软化症发生；适当补充微量营养素。

（3）食物多样、不过量

食物多样构成平衡膳食，无须特别禁忌；防止蛋白质、脂肪摄入过量，重视蔬菜和水果摄入。这样有利于乳母健康，可保证乳汁的质和量，持续进行母乳喂养。

（4）避免刺激性饮品

忌烟酒，避免喝浓茶和咖啡，避免危害婴儿健康。

（5）做好体重管理

科学运动和锻炼，保持健康体重，有利于产妇机体复原，减少产后并发症的产生。

宝宝的睡眠时间

年龄	0~3个月	4~11个月	1~2岁	3~5岁	6~13岁
睡眠时间 （小时）	14~17	12~15	11~14	10~13	9~11

美国全国睡眠基金会（2015年2月4日）

CHAPTER 3

1~2月龄发育
和养育重点

❶ 经过训练，孩子俯卧时可以抬头45°～90°；头竖立可以从数秒到数分钟；孩子可以将手放在胸前观察，并看着手玩儿。此时训练孩子双手张开，学习抓握玩具或物体，并给手进行触觉刺激。

❷ 孩子可以转头寻找声源，并且喜欢听说话声，尤其喜欢听母亲的声音（建立视听结合神经通路）。

❸ 孩子呈卧位时双眼同时运动聚焦，可以追随移动物体，喜欢看颜色鲜艳的物体，已经有"红"和"绿"两种色觉，尤其喜欢红色或绿色能摇动、带有响声的玩具。喜欢看正规的人脸，不喜欢五官扭曲的人脸。开始注意图形的内部结构，是图形识别的开始。

❹ 孩子可以发音，主要是重复的元音"ɑ""o""e"等。父母要多和孩子说话，说话时最好能够声情并茂，再配合肢体动作。孩子偶尔可以做出应答。让孩子聆听大自然中的各种各样的声音以及旋律优美的乐曲。

❺ 当家长哺喂孩子或安慰孩子时，孩子会愉快地微笑。随着嗅觉、听觉和视觉的发展，孩子逐渐认识妈妈或其他抚养者。

❻ 继续给予感官上的刺激，所选刺激物能够引起婴儿兴趣，刺激物必须连续、多次出现，且需要持续出现一段时间。当孩子逐渐不感兴趣时就要更换新的刺激物。

❼ 多去户外活动，让孩子接收更多的信息，通过空气浴和日光浴，孩子不但可以呼吸新鲜的空气，预防佝偻病的同时还可以进行寒冷训练。

❽ 孩子睡眠可能仍不规律，家长需要继续帮助孩子建立夜睡昼醒的规律性睡眠习惯。

❾ 开始给孩子做婴儿操。

孩子睡摇篮有利也有弊

　　小铭铭已经满月了。女儿的朋友从美国带回来一个摇篮送给他。今天，女婿给孩子把摇篮安装好了。这个摇篮很漂亮，整个摇篮的装饰具有热带海洋的风格，孩子躺在摇篮里呈半卧位，摇篮可以前后摇动，也可以左右摇动，同时可以播放各种声音柔和的乐曲、大海的波涛声以及潺潺的流水声，可以根据孩子的喜爱任意选播。摇篮顶上吊着鲜艳绒布制作的4条不停旋转着的热带鱼，顶灯里装着一些液状物质，好似水一样流动着，里面"游动"着一些海马、贝类的海洋动物玩具。看得出来这些装饰是摇篮的设计者为了刺激孩子的视觉和训练孩子眼睛追随物体的功能而设计的。由于小铭铭闹觉闹得厉害，我又不主张大人一直抱着哄睡，于是女婿安装好摇篮准备试着将孩子放在上面进行安抚，看看能不能起到催眠的作用。

　　我从小王手中接过孩子，把孩子放在摇篮里，系好安全带，让摇篮前后摇动，小铭铭仍然不干，还是哭闹，于是我们又将摇篮调至左右摇动，并且播放着海浪轻轻拍打着岸边的声音。随着摇篮轻柔地摇晃，小铭铭渐渐入睡了。也许是摇篮摇动的节奏有助于催眠，也许是孩子哭闹累了，疲乏至极入睡了。不管如何，反正孩子睡着了，我们可以松一口气了。哎！从深夜到现在，已经8个小时了，孩子才睡觉，真累人呀！

　　女婿问我："左右摇动对孩子的大脑有影响吗？"

　　女婿提出了一个关键的问题。

　　让孩子睡摇篮有利也有弊。有利的方面是，孩子躺在轻柔的、有节奏摆动的摇篮里，好似又回到了自己曾经熟悉的母亲子宫里。这个环境使得宝宝获得安全感，而且前后左右摇动能刺激内耳前庭，有利于宝宝平衡感的建立，有利于刺激大脑的呼吸中枢，能够在睡眠期间保持通畅和有力的呼吸，有利于孩子运动功能的发育及各种神经反射的建立。

但如果家长晃动摇篮的幅度特别大，而且频率和速度也非常快，这是不正确的。小婴儿大脑发育不成熟，大脑组织中毛细血管丰富，缺乏结缔组织支持，并且婴儿头部的体积和重量占全身的比例远比成人的大得多，婴儿头长占身长的20%，而成人约为10%。婴儿的颈部支撑能力很差，过度摇动很容易发生孩子的大脑与颅骨的碰撞，尤其是激烈摇晃产生的剪切力容易造成

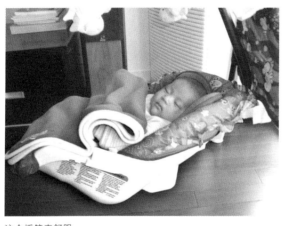

这个摇篮真舒服

大脑表面组织和大脑内部小血管的广泛破裂出血，即所谓的摇篮综合征，其后果相当严重。

看得出来这个摇篮的设计者也注意到了这个问题，将摇篮的摇动频率和摇动幅度设定在严格的规定内，因此，只要按照这个摇篮规定的频率和幅度来摇动孩子是不会有问题的。

但我不主张让孩子长期睡在摇篮里。孩子睡在这个摇篮里只能呈半卧位，上半身大约抬高近45°，全身呈开大口的"V"字形，不能平卧，这样孩子在睡眠中大脑获得的血流量相对于平卧就会减少一些，就好像成人趴在桌子上午睡觉一样，所以短时间哄哄孩子还可以，绝不能把这种摇篮作为孩子长期睡觉的场所。

孩子在摇篮里睡了近3小时后自己醒了，睁开眼睛看着我们，看样子很满足。女儿抱起他，去屋里换尿布准备喂奶了。

老年人带孩子的利与弊

涂抹了几天润肤油，孩子的湿疹已经完全消退了，皮肤保湿还真管用！现在孩子的小脸干干净净的，很光滑，白里透粉，实在是招人喜欢。每当孩子睡着的时候，我都不禁站在他的旁边看着他，好像在欣赏一幅引人入胜的图画似的，疼爱之情油然而生，真的好想亲一亲他。真应了老百姓说的："庄稼是人家的好，孩子是自己的好！"

由此，我联想到现在一些年轻的爸爸妈妈都不愿意让老人看孩子，我在网上看到有这样的观点，认为"老人们拥有丰富的社会阅历和人生感悟，这对于孩子的教育成长无疑是有益的。然而由于他们的价值观念、生活方式、知识结构、教育方式与现代社会或多或少会有差别，再加上老人们在生理与心理上必然带有老年人的特点，因此，隔代养育对幼儿的个性发展难免会有一些负面的影响"。

其实，这样评论老年人育儿的论点是不全面，也是不正确的。祖父母（外祖父母）因为与孩子有血缘关系，因此他们对孩子的爱绝对不亚于父母，而且丰富的生活经验和育儿经验使得这些老年人在照顾孩子方面可能更优于年轻的爸爸妈妈。由于年轻人的工作十分紧张，可能疏于和孩子沟通，以至于不能及时发现孩子出现的问题，而这些隔代人因为时间宽裕，比起年轻人更能及时发现孩子出现的一些问题，可以很好地与孩子进行沟通和交流。由老人带大的孩子遇到一些事情时往往比较沉着，比较不容易产生较大的情绪波动。不过，由于老年人思想上比较成熟，往往趋于保守，而且由于年龄的关系往往行动比较缓慢，他们希望自己带的孩子安静、乖巧、循规蹈矩，因此不利于孩子活泼天性的发展和创新思维的发展。另外，个别老年人溺爱孩子，造成孩子独立性差，过分依赖家长，不利于孩子将来更好地适应社会，这也是一些年轻人不愿意让老人帮助带孩子的原因。但是，时代在进步，许多老人也在与时俱进，我在全国各地做早期教育的讲座时，听众中不少是爷爷奶奶、外公外婆，他们都在认真地学习新的育儿知识，而且还能根据自己丰富的育儿经验及时发现一些问题，并将新学到的育儿知识运用到实践中去。我认为，老年人的价值观念、生活方式可能对孩子的教育更有好处，而在知识结构和教育方式上，不管年轻人或者老人都会存在一些问题。因此，简单地认为隔代教育对幼儿的个性发展难免会有一些负面的影响是不正确的。当然，我的女儿不会有这种想法，因为她妈妈的教育理念还是很前卫的，在这一点上她是非常钦佩的。

今天孩子头顶的乳痂又多了，还有许多的皮屑产生，于是我们又熬开了橄榄油，待凉后给孩子涂抹上。孩子乳痂的形成往往是有反复的，这与孩子从母体中带来的激素造成皮脂腺分泌旺盛有关，随着发育，会逐渐恢复正常的。

这几天，白天孩子睡觉前总是吭吭哧哧，然后小嘴一撇一撇地就要开始哭。小王很快抱起他来，抱着哄他，孩子反而哭出声来了。我说："把他放在摇篮里摇晃，赶紧《涛声依旧》（这是我借用歌曲《涛声依旧》戏称海浪拍岸的声音）！"谁知道孩子放在摇篮里，马上就停止了哭闹，伴随着《涛声依旧》的音乐，在轻柔的摇动中渐渐睡着了。哎！原来孩子不喜欢大人抱着他睡觉，喜欢自己躺在摇篮里独自入睡。大约过了半小时，我逐渐将摇篮停止摇动，并且关上了音乐。不到1分钟孩子又开始哭了，我赶紧对小王说："快开启摇篮，《涛声依旧》。"全家人大笑。嘿！还别说，孩子马上就止住了哭，接着又睡了。哎！这也是麻烦事，这个孩子也太容易接受摇篮了，难道以后只能这样入睡？我仔细一想，孩子为什么这样？大概这个摇篮摇晃的动作与在子宫里摇晃的动作是相仿的，海涛的声音可能与羊水拍打胎儿的声音差不多，因此孩子喜欢这个他熟悉的环境，觉得这样才最舒服、最安全吧！他不喜欢睡前让大人抱是有理由的。孩子每一个行为都是有一定的原因的，因此家长一定要好好分析一下，不要盲目地肯定或否定。后来，白天孩子在摇篮里睡觉，配上《涛声依旧》，如果换别的音乐，他不但不睡觉还大声哭闹。为了让小王休息一下，只好依着他，让他睡在摇篮里。有的时候，孩子的一些不良习惯还真的不是娇生惯养形成的。

先生来上海小住几天，今天要回北京了，临走之前一再嘱咐我，在帮助女儿带孩子的过程中，一定要注意自己的身体，早晚到小区院子里锻炼身体，最好是快速行走，每天早晚各走40分钟，也可以在小区的健身器械上锻炼，对于老年人而言已经能够达到锻炼目的。千万记住，不能因为照顾第三代而把自己的身体搞垮，我们不像年轻的时候，搞垮了身体是补不回来的。如果我们一旦生病，只有一个独生女儿，全副重担都放在她一人身上，又要照顾老人，又要照顾孩子，还要工作，她会招架不住的，我们照顾好自己的身体就是对孩子最好的帮助。这两天先生在这儿每天都叫着我外出去遛弯儿，其实就是围着楼来回走。

我对女儿说："你妈就像拉着磨的驴，围着这座楼不停地转呀、转呀！就差给我戴上眼罩了。"

"妈，瞧您说的！我们小区不就是院子小嘛！"的确，上海这个地方寸土寸金，每个社区的院子都不大，不像北京小区的院子都很大。先生还嘱咐我遇到不高兴的事时，一定要保持乐观、宽容的心情，祖孙三代在一起生活肯定会有磕磕碰碰的时候，如在育儿问题上的一些分歧、生活中的琐事等，要大事化小，小事化了。当然，原则问题上绝不能让步。我觉得先生说得很对！这也是我和女儿女婿相处的原则！希望我在孩子家快快乐乐地度过每一天。

利用婴儿习惯化与去习惯化的学习方式提高孩子的认知水平

现在几乎每个家长都意识到孩子出生以后应该进行早期教育，其中有不少家长认为对孩子进行早期教育指的就是参加早教班学习。其实，早期教育就在生活中。我们生活中时时、处处、事事都充满了早教契机，关键是家长自己要有早教意识。

在这个月龄段，需要继续给予孩子感官上的刺激，刺激物必须多次、重复出现，应需要持续一段时间，而且所选刺激物应引起婴儿兴趣。当孩子逐渐不感兴趣时，就要更换新的刺激物。同时，在这个月龄段也要让孩子看多种颜色的图片，提高对颜色的感知能力。这就是早期教育。

为了让孩子看色彩鲜艳的画片，我们之前在墙上挂了一幅小黄鸡的画片，每次抱着外孙子走到画片前，我都会对外孙子说："看，这是小黄鸡。"我发现外孙子特别喜欢看，非常感兴趣。就这样，我每天抱着他走到画片前都会这样说。

经过10多天后，我发现当我再说"这是小黄鸡"时，外孙子不再看了，而是去看别处了。原来这些画已经不能引起他的兴趣了。于是我让女儿再换一张新的画挂上去。果然，新的熊猫画片挂上墙后，我再抱着外孙子走到这幅画前，说："看，这是小熊猫，它有黑黑的耳朵、黑黑的鼻头、黑黑的眼睛、白白的脸、黑黑的身体。"外孙子又聚精会神地看了。

为什么孩子会有"喜新厌旧"的表现呢？其实这就是婴儿的一种学习方

式，即心理学上说的"习惯化和去习惯化"的学习方式。当婴幼儿持续受到某种刺激时（如光线、形状、颜色、声音等），而对该刺激反应减少（即习惯化）时，又出现一种新异刺激，则会引起婴幼儿反应重新恢复、增多，这一现象即"去习惯

"这是小熊猫。"换了一幅画，外孙子又有兴趣看了。

化"。需要提醒大家的是，刺激必须是连续、多次、重复出现，且这种刺激必须持续一段时间；所给的刺激必须能让婴儿产生相应的反应，也就是说必须要引起孩子的兴趣，兴趣是孩子学习的内动力。在婴幼儿早期教育过程中提示我们，单调、不断作用的刺激容易引起婴幼儿的厌烦，使其失去兴趣，不利于学习经验的及时增长，也不利于提高婴幼儿对外界刺激的选择性和接受上的灵活性。习惯化和去习惯化运用适当是促进婴儿学习的有效手段，也让孩子获得了更多的知识！

小铭铭第一次游泳，我对用颈部气圈游泳有看法

女儿在育儿问题上是很前卫的，也在积极学习一些先进的育儿理念。当她看到一些朋友的孩子出生后不久开始训练游泳，更是跃跃欲试。女儿的好朋友知道后，马上在上海一家知名的婴儿用品店给小铭铭订购了一套婴儿游泳器材。

我对孩子出生后学习游泳是赞同的。严格来说，孩子不是在学习游泳，而是在戏水玩耍。我曾在我以前的著作中这样阐述：

孩子在胎儿阶段是在一个温暖的、羊水包裹着的子宫里生活，出生后就失去了这个环境。环境的改变使孩子产生不适感，而将孩子放在温暖的水中，可以让孩子重回到熟悉的环境中，有利于孩子情绪的稳定，有利于建立安全、积极的情感。另外，因为皮肤是新生儿最大的感觉器官，通过水流的按摩刺激，能够促进孩子的触觉和平衡觉的发育，也有助于本体觉的建立，使得孩子的感觉更加灵敏。孩子在游泳过程中，通过运动可以促进食欲增加，促进食物的吸收，有利于孩子的发育。而且由于运动促使肠蠕动增强，有利于粪便排泄，减少肝肠循环，因而减少新生儿黄疸的发生或令其发生程度有所减轻。游泳也使孩子的肌肉、骨骼、关节都得到了锻炼，使得运动功能的发育变得更好。同时，游泳还能够促进神经系统的通路更快地铺设和建立回路。游泳训练时，由于水温和室温之间的差异，锻炼皮肤的调节功能，有助于提高抗寒能力，增强体质。游泳运动也促进了循环系统的发育，加快了新陈代谢的速度。每次游泳过后孩子都能愉快入睡，睡眠好，生长激素便

能够旺盛分泌。通过一些科学家研究证实，进行过游泳训练的孩子生长速度明显高于总在怀抱中的孩子，而且不容易生病。

游泳虽然很好，但是也需要注意以下问题：

■ 有些孩子不宜游泳，如出生时发生窒息的孩子、患有需要治疗的疾病的孩子、小于32周的早产儿、体重低于1800克的低体重儿都在禁忌之列。

■ 严格掌握水温和室温，水温保持在37℃～40℃，室温26℃～28℃。

■ 游泳的同时还要伴随按摩抚触，有利于克服孩子的恐惧感，有利于孩子的睡眠。

■ 游泳应该在哺喂后1小时进行。

■ 必须有专门设计的游泳池、游泳水、游泳圈和辅助设备、经过培训的医护人员指导。

■ 必须保证一人一池，如果孩子的脐带没有脱落，应该在下水前贴上防水贴，以防造成感染。

在新生儿阶段，我没有同意让小铭铭学习游泳，因为室温很难达到28℃，而且我也怕脐带长得不好，引起其他不必要的麻烦。现在孩子已经40天了，可以训练孩子游泳了。

小外孙游泳时使用的专用游泳设备是一个直径约为80厘米的绿色软塑料桶，高约1米，用金属条固定起来，有一个排水口。游泳圈是一个开了口的气圈，套在孩子的颈部，共有2个，适合不同年龄段的孩子。同时还赠送了一个测量水温的温度计。看到套在颈部的游泳圈，我不同意孩子套着它训练游泳。

当这个游泳圈充好气后，需要一个人很费力地掰开气圈开口的两侧，小心翼翼地套在孩子的脖子上，另一个人需要配合拿气圈的人，抬高孩子的下巴，把孩子的脖子准确无误地放进气圈的内径里。然后将粘在气圈开口的尼龙搭扣按上，才能将孩子放在水里，孩子凭借颈部游泳圈的浮力在水中游动。

我不同意孩子套着它游泳是有理由的。在人体的颈部外侧中点，颈动脉搏动最明显的地方有略微膨大的部分，称为"颈动脉窦"。颈动脉窦内有许多特殊的感觉神经末梢，如果颈动脉窦受压，尤其对颈动脉窦敏感的人可

我喜欢游泳

即刻引起血压快速下降、心率减慢甚至心脏停搏，导致脑部缺血，引起人的昏厥。这是十分危险的事。而这种颈部气圈使用很不方便，容易因为使用不正确而压迫颈动脉窦，导致孩子发生危险。孩子游泳时依靠颈部的气圈漂在水面上产生的浮力来克服地球对人的吸引力，这对于发育稚嫩的颈椎负担很重，因此很容易造成颈椎关节的损害。这种损害的后果往往十分严重，甚至可导致不可逆的伤害。更何况这种游泳设备是不是做了有关安全性能的科学验证，医学专家是不是首肯这种验证，对孩子的颈椎是不是有损害，这些问题都需要做远期的跟踪。

因此，我对女儿说："我不同意孩子使用这种设备练习游泳！"

"妈！您怎么这样？当初买的时候，您也没有反对，现在买了，您又反对。您的书里不是也建议孩子出生后学习游泳嘛！"

"我是赞成孩子出生后学习游泳，但是我不赞成的是用这种颈部气圈练习游泳。如果气圈是放在孩子的腋下，我就同意！"

于是你一言、我一语，我和女儿开始争执起来。看到女儿这么喜欢让孩子学习游泳，我退了一步，但是向女儿提出，每次由我给孩子放置颈部气圈，铭铭游泳的时间不能超过10分钟，而且必须有我在旁边看着。

孩子非常喜欢游泳，在水里四肢很灵活，但随着孩子的长大，体重不断增加，再加上他在水中转身很快，这一切的变化都使我很担心，我怕孩子突然转身造成颈圈压迫颈动脉窦或者给颈椎造成更大的负担，尽管颈部气圈还能用，我还是毅然决定停止这种训练。女儿第二个孩子出生后，我坚决停止了借助颈部气圈进行的游泳训练。

附 婴儿游泳脖圈有无隐患

（出自《人民日报》在2013年5月30日"求证"栏目刊登的文章）

夏天快到了，游泳池开始热闹起来。近年来，婴幼儿游泳受到家长的青睐，婴幼儿游泳脖圈款式多样。但与此同时，不断有人质疑婴儿游泳脖圈的安全性。

婴幼儿该不该游泳？使用婴幼儿游泳脖圈危险吗？记者在美国及中国香港等国家和地区进行调查了解，并采访了国内外运动学、儿童护理方面的专家以及游泳教练等。

婴儿游泳脖圈安全吗？

【调查】有专家认为会伤害婴儿颈椎，也有人认为影响不大

广州医学院附属广东省妇女儿童医院、广东省妇幼保健院教授赵少飞是新生儿游泳器材国内国际专利发明人。赵少飞介绍，他在2001年申请了专利，截至目前，国外并没有类似的发明及专利。

赵少飞表示，不用担心婴儿脖圈的安全性，"即使婴儿在水中垂直不动，脖子在脖圈上所需承担的力仅几两重，只要新生儿手脚稍微运动，水的反作用力将超过脖子受力"。他表示，没有接到过孩子扭伤脖子的报告。

有专家支持这一观点。香港中文大学医学院儿科学系教授韩锦伦表示，理论上讲，使用脖圈确实存在导致危险的可能性，但仅仅是理论可能。至于婴儿颈部是否会承受重量引发不适，韩锦伦表示，不需要过分担心。从婴儿的身体比例来讲，头占整个身长1/4，"加上婴儿在水中受到浮力，下水时间

不长，因此，使用颈圈对颈椎的影响并不大"。

但不少专家提出了质疑。香港黄埔体育会主席简炜杰表示，目前暂未看到这种游泳设备的安全性能科学验证，不建议给婴儿使用。使用颈圈会将身体重量都压在颈椎上，而且婴儿在运动过程中，也有机会令颈椎造成损害。

英国游泳协会驻中国总教练阿妮塔·莎玛（Anita Sharma）不确定脖圈是否安全可靠。但她认为，"戴着脖圈可能会影响孩子呼吸"。

哈佛大学医学院一位不愿透露姓名的临床教授、儿科和内科专家在接受采访时表示，不提倡这样给小孩游泳，担心婴儿翻动后呛水。至于是否会伤害儿童的颈椎，这位专家表示，这倒不是主要的顾虑。

美国亚利桑那州凤凰城儿童儿科专家、美国儿科学会会员兼发言人杰弗里·韦斯在接受采访时表示，没有接触过婴儿脖圈，无法就使用利弊给出意见。

"对于孩子，哪怕存在万分之一的危险，也应该重视。'婴儿脖子在脖圈上所需承担的力仅几两重'的说法，不知是如何计算出来的。"

著名儿科专家张思莱认为，脖圈充气过多会造成孩子颈部不适，颈椎活动受限，而且孩子的下颌必须努力抬起，才能适用脖圈；若充气不足则不能支撑婴儿漂浮在水面。另外，人体颈部的颈动脉窦如果受压可能引起血压下降、心率减慢，导致脑部缺血，引起昏厥。孩子用脖圈游泳有可能使颈动脉窦受压。

北京协和医院妇产科医生章蓉娅在实名认证微博中也表示，套脖圈容易伤害宝宝的颈椎；脖圈是塑料的，临床中有宝宝对脖圈过敏或脖圈摩擦过度导致皮炎。

境外使用游泳脖圈吗？

【调查】美国、英国、日本及中国香港很少见到脖圈，一般是腋圈、浮力衣等

中国内地一些婴儿脖圈产品宣称"技术源自欧美"。境外采用这种游泳方式吗？

在香港，记者走访多家百货公司、婴儿用品专卖店、玩具专卖店，都没看到婴儿脖圈销售。最后只在街边的一家小型日用杂货铺发现了脖圈，老板表示，脖圈产自内地，选购的客人很少，大多数家长都选择腋圈。

为什么香港的大型商场少见婴儿游泳脖圈？不少售货员表示，担心它"有些危险"。香港上环一间百货商店的销售袁女士说："很少有家长为初生婴儿选购脖圈。"

在美国一些大型综合超市，记者没找到婴儿脖圈。走访美国婴幼儿玩具和用品连锁店"宝宝反斗城"，店长说，他们从未销售过这类产品。看到记者拿出的婴儿脖圈游泳照片，店长很惊讶，"我第一次看到婴儿这样游泳"。

一些美国邻居告诉记者，给孩子穿游泳背心是美国人的通常方式，从没有用过脖圈，担心小孩会不舒服。

阿妮塔表示："在来中国前，从未听说过脖圈，在英国市面上也没见过。"

记者登录亚马逊日本网站查询，在数十页关于游泳圈的页面中，有2~3款婴儿脖圈出售，产地都是中国，没有售卖记录。

国内一家游泳产品生产企业的工作人员透露，采用"国外技术"的宣传口号并不准确，因为"国外一般不用脖圈，这样宣传是为了迎合人们对国外技术的信任"。

脖圈安全性做过实验吗？

【调查】发明人称非正式做过跟踪，厂家提供检测报告不涉及对人体健康影响

赵少飞表示，他曾非正式地跟踪了10多组坚持新生儿游泳的家庭，发现孩子体质及各方面发展优于同龄孩子。但赵少飞也承认，12个月以上的孩子不能再套脖圈游泳，因为孩子的动作太大，不安全。

张思莱认为，10多组案例就循证医学来看例数太少，无论是实验组还是对照组都存在个体差异，设计不严密，其结论不具备科学性。

记者采访了国内婴儿游泳脖圈生产厂商"马博士"，根据该公司产品咨询部门一位工作人员传来的一份产品检测报告显示，"马博士"婴儿泳圈在浮力、厚度、气室强度、密封性能等方面符合《国家玩具安全技术规范》的要求。

由于该报告仅涉及材质等方面检测，记者询问是否就游泳脖圈对婴儿健康的影响做过试验，该工作人员表示，"马博士"在北京妇产医院和海淀妇幼保健院曾做过临床试验，但出于对受试者隐私的保护，试验结果不

方便透露。

张思莱认为，作为临床试验，应包括受试者例数、实验数据、实验结果、结论等，并不需要受试者具体隐私，没有什么不可透露的。

张思莱说，据她了解，目前没有相关跟踪研究以及远期观察证明脖圈无危险性以及对颈椎无伤害。这种游泳方式是否有危害，没有管理部门监管。

针对婴儿脖圈的安全性问题，国家质量监督检验检疫总局回函表示，适用对象为14岁以下儿童的游泳圈属水上玩具，目前相关标准有《国家玩具安全技术规范》和《充气水上玩具安全技术要求》。

记者查阅后发现，两个标准都是针对物理性能、材质等方面作出的要求。比如，《国家玩具安全技术规范》制定了玩具的机械和物理性能、燃烧性能、特定元素的迁移、标示和说明等通用要求，《充气水上玩具安全技术要求》对充气水上玩具产品的物理性能、材质厚度、机械性能、部件、色彩、标志等做了规定。

国家质量监督检验检疫总局表示，国家标准委已于2010年启动"婴儿泳池套装安全要求"国家标准计划项目，制定包括产品外观和尺寸、产品结构、材料厚度、部件连接强度和密封性能、泳池强度和稳定性、脖圈浮力、有毒有害物质限量、使用说明等方面的强制性要求，并规范其测试方法。记者在国家标准委官方网站检索，未发现该项目报告。

婴幼儿游泳怎样更安全？

【调查】专家认同"亲子游"，需专业教练辅助，1岁以下婴儿不宜游泳

婴幼儿游泳在香港也很流行，但主要是亲子游泳，让半岁到3岁左右的孩童和父母一同下水。

在北京，"家盒子"等一些游泳训练机构采用亲子游泳方式，但更多的机构还是采用脖圈方式，比如既生产脖圈又开设连锁游泳馆的"马博士"。

婴幼儿怎样游泳更安全？"家盒子"游泳教练告诉记者，婴幼儿游泳时需要专业游泳教练辅助，教练会根据孩子的年龄、能力等情况提供辅助工具，如漂板，可让宝宝趴着。

对于婴儿脖圈游泳方式，"马博士"建议游泳时间应选在婴儿有充足睡眠或吃奶40分钟之后，检查泳圈有无漏气情况，控制好水温，全程有专人看

护，严防耳鼻口进水。

"其实，婴儿偶尔下水玩一下没有问题，但没必要让1岁以下婴儿学习游泳，幼儿不应该长期浸泡在水中。"韩锦伦教授指出。

张思莱也认同采用"亲子游"的方式带孩子游泳，大一点儿的幼儿可以使用腋圈。

一些厂家也注意到了婴儿脖圈的潜在危险性。山东伊亲公司是生产游泳器材的厂家，其中也生产婴儿脖圈。据该公司董事长魏安林介绍，他们曾生产了1万件家庭装婴儿脖圈，但随后接到个别家长投诉，表示孩子使用时呼吸不畅，公司随后收回并销毁了这批脖圈。此后公司调查发现，家庭游泳脖圈容易造成婴幼儿在脖圈松紧等方面的不适。

美国儿科学会曾建议4岁以下儿童不要学习游泳，因为身体发育情况还不适合接受游泳训练。2010年5月，该学会把适合游泳的年龄调降到1岁，不建议1周岁以下的婴儿学习游泳。

（李婷、董文龙参与采写）

产后42天，母子要去医院做检查

今天是女儿产后43天，也是小外孙子生后43天，母子俩要去医院做产后42天检查。这天是女儿、女婿和小王带着小外孙子铭铭去的医院，我留在家里。

记得我在医院做主治医师的时候，我们医院孩子出生后42天检查是在我们儿科进行，妈妈是在妇产科进行检查。产后42天检查不一定要求母子一定要在产后第42天进行，一般在产后6~8周内进行即可，医学上称"产褥期"。因此，在产后42~56天进行此项检查也是合适的。很多妈妈不重视产后检查，其实产后检查是十分重要的，它能及时发现产妇的多种疾病，还能避免患病产妇对婴儿健康产生影响，并指导产妇及时采取合适的避孕措施，对妊娠期间有严重并发症者尤为重要。

女儿回来对我说，除了称体重、测血压，以及做血常规、尿常规化验外，她还在产科做了很多检查。她觉得自己和孩子都很好，问我为什么她和孩子要做这些检查？

我开始详细地讲给她听。

产妇检查

（1）称体重。这是坐月子后自我健康的检测。按照传统，坐月子时往往吃得多，尤其是高蛋白的食物增多，又很少运动，很容易发生肥胖，这是一种不健康的生活方式，应该引起产妇的注意。但是也不能刻意地减肥，尤其是母乳喂养的妈妈，因为还要保证母乳的质量和分泌量。只要改变以往的饮食结构，做到均衡饮食，每天适当地增加运动量，继续坚持母乳喂养，体重就会逐渐恢复到正常的标准。

（2）检查血压。孕期的血压会有所波动，尤其是患有妊娠高血压疾病的妈妈，一般产后血压会恢复正常。但如果血压仍然高的话，就应该及时请医生查明原因，对症治疗。

（3）血常规检查。一些妈妈在孕期发生贫血或者由于产后大出血而引发贫血，经过产后6～8周的休养，观察是否已经恢复正常，如果仍未恢复正常的话，就应该从饮食和药物上进行纠正。同时，血常规检查也可以作为产褥期是否有感染的一种指征。

（4）尿常规检查。对于孕期曾患妊娠期高血压疾病的妈妈，尿常规检查也是观察是否恢复正常的一个指标。如果产后发生尿路不畅，通过尿常规检查也可以及早发现是否有泌尿系统感染的情况。

（5）血糖检查。如果妊娠期发生糖耐量异常引起不同程度的高血糖，当血糖达到病理数值时会发生妊娠期糖尿病。绝大多数的妊娠期糖尿病患者产后血糖能够恢复正常，尤其是母乳喂养的妈妈。如果血糖仍持续不降，就需要请医生指导使用胰岛素继续治疗。

（6）检查子宫。生完孩子后，一般子宫恢复到孕前的状态大约需要6周的时间，所以产后检查主要为了了解子宫恢复情况，阴道分泌物是否正常，恶露是不是已经干净等。如果恶露不干净就需要做进一步检查，如做B超以检查子宫内膜情况，判断恶露不尽的原因。

（7）检查盆腔。分娩有可能会对盆底肌肉、神经造成损伤，造成阴道松弛，甚至出现阴道壁脱垂、膀胱脱垂、子宫脱垂等严重情况，或者出现产后尿失禁现象。若出现上述症状，必须及时治疗。

（8）检查乳房。询问产妇是否感到乳房疼痛以及乳头有无皲裂，做好母乳喂养的指导。告诉新妈妈哺乳应该是乳房哺乳而不是乳头哺乳，每次喂奶要尽量排空乳房，以保证下次乳汁充足可满足宝宝的需要。及时给予乳房保护，并给予哺乳的指导。

（9）检查手术伤口。如果是剖宫产或者做过侧切，需要查看伤口恢复的情况，尤其是剖宫产伤口，需要检查是否有粘连。新妈妈在做产后检查时，手术后伤口恢复情况是其中的重点。

（10）骨密度测定。妊娠妇女经过十月怀胎和产后哺乳，体内的钙质会大量流失。所以产后做骨密度检查会及时发现骨质的缺钙情况，以免发生骨质疏松，严重影响今后的生活质量。有条件的地方还可以进行母乳钙的测定，一般的情况下母乳钙相对比较稳定，但是如果乳母钙营养不良的话，也会影响乳钙的稳定。

小婴儿体检

（1）体重。体重是反映孩子健康状况、判定体格发育和营养状况的一项最重要指标。测量体重时，应让孩子排空大小便、衣服尽量减少，最好仅穿内衣、短裤。平卧在体重秤的卧箱内测量；或由家长抱着婴儿站在磅秤上测量体重，然后再测量家长的体重，两数相减即为婴儿的体重。如果孩子体重不增或者增重缓慢，就要考虑是不是喂养不足、喂养不合理或是疾病导致，医生再据此给予家长正确喂养和护理的指导。一般婴儿出生42～56天后体重增长1000克左右。

（2）身长。身长同样是评价婴儿生长发育的重要指标。影响孩子身长的内外因素很多，如疾病、营养、生活环境、遗传、内分泌、性别、种族、骨及软骨发育异常等，尤其受营养和疾病影响最大。所以保证婴儿的营养、加强护理、保证睡眠、避免生病是很重要的。身长方面个体差异要比体重差异大。一般在出生42～56天后，孩子身长可以增长4厘米～6厘米。

（3）头围。孩子的头围能够反映大脑发育的情况，如果头围过大或者过小，需要进一步检查是否有脑积水、脑小畸形、佝偻病等。头围过小往往伴有智能发育迟缓。对于头围异常的孩子，日后需要追踪检查智力、大运动和精细运动技能发育的情况。但是每个孩子头围发育是有个体差异的。一般在出生42～56天后头围增长2厘米～3厘米。

（4）胸围。胸围数据可评价宝宝胸部的发育状况，包括肺的发育、胸廓的发育以及胸背肌肉和皮下脂肪的发育程度。小婴儿胸围一般小于腹围。

（5）全身体检。包括精神状态、全身皮肤、五官、心肺、腹部、外生殖器以及四肢的望、触、叩、听等系统检查。

（6）评价发育智能。对于出生时属于高危儿的孩子，有的医院采取20项神经运动检查以早期筛查脑瘫患儿。

对一般孩子而言，则主要通过以下检查来评测孩子的智能发育情况，了解宝宝的智能发育是否处于正常水平，并给予家长相应的指导。

对应能力	检查项目
运动发育能力	● 竖头：将孩子扶坐，扶住他的手臂使他坐直，看头能否竖立 ● 俯卧抬头：让孩子俯卧，看他是否能够依靠肩部和颈部的力量，将头抬至45°，有的孩子可以抬头至90° ● 抓握：孩子能否抓握易抓握的物品或玩具
听力	● 看孩子对很大的声音有无反应，会不会转头寻找声源 ※如果新生儿期听力筛查没有通过，还需要再次进行听力筛查
视觉	● 注视：与孩子面对面，看孩子是不是注视人脸或注视自己的手 ● 追视：仰卧位时孩子能不能头眼追视移动玩具180° ※对于早产儿，如果满月时没有进行眼底病变筛查，这次必须进行眼底病变的筛查，发现问题应及早处理
社会性微笑	逗引时孩子会不会笑
发声	检查是否会咿呀发声

如果孩子检查后以上各项不能很好完成，医生会指导家长进行有关方面的训练，同时建议在孩子3个月时再进行检测。到时还无法完成的孩子应该尽早进行干预。

产后42天检查，无论对产妇还是对小儿都很重要，千万不要错过。我的女儿和外孙子检查后都很正常，我也就放心了。

打开窗户让孩子晒太阳，并且进行寒冷训练

初春的上海还是很冷的，尤其是我已经习惯了北京屋里有暖气的生活，还挺不适应上海的冬天和初春的天气，因此疏忽了让孩子晒太阳，进行空气浴的训练。按道理应该及早抱孩子去户外活动并晒太阳。

今天上午阳光充足，当我们打开窗户，站在阳台上，立刻感觉到阳光晒在身上暖洋洋的，好不惬意！这时天气晴朗，碧蓝的天空中只有几朵白云轻轻地飘着，小王提醒我："张大夫，我们给孩子晒晒太阳吧！""好哇！亏得你提醒了我。"

只见小王在阳台上放了一把椅子，抱着孩子坐在阳光照射的地方。因为是冬末即将进入春天的季节，没有风，直射的阳光很温暖。小王将孩子的颜面部冲着她的身体，主要是怕阳光刺激孩子的眼睛，将孩子整个头部都裸露在阳光底下，大约过了半个小时，孩子表现得十分舒适和满足。小王又把孩子的上衣扣子解开，将一部分背部裸露出来。孩子在阳光的照射下，闭上眼睛渐渐地入睡了。就这样，大约晒了2个小时的太阳，孩子睡了近一个半小时。当孩子回到屋里时小脸被晒得红扑扑的，甚是好看！

"明天如果天气还是这样的话，我把孩子的小屁股都裸露出来，这样晒的面积就大了。其实，孩子一点儿都不冷，您看他晒太阳的时候，睡得多香呀！"小王说。

我们总说给孩子进行"三浴"（空气浴、阳光浴、温水浴）训练，并进行寒冷训练。其实今天小王就在给孩子进行空气浴、阳光浴的训练，也进行

了寒冷训练。因为从小铭铭出生以后我就一直没有多给他穿衣服，在卧室里只让他穿着一身针织的、宽松的连衣裤，到客厅外面时加上一件略厚的外衣就可以了。现在，我逐渐调低室内的温度，给孩子洗完澡做抚触时，卧室里的温度已经下调到23℃了，所以孩子进行空气浴时就能很顺利地适应外界较为寒冷的温度了。

什么是空气浴？实际上就是让孩子置身在新鲜的空气中，让全身的皮肤尽量多地接触空气，通过身体不断地接受外界气温的变化，以提高孩子的抗寒能力，增强孩子的身体素质。因为先天遗传和后天的生活习惯的不同，人体对于不同的气温会表现出不同的适应能力，生活在北方的孩子可能抗寒能力就比南方的孩子强，生活在南方的孩子抗炎热的能力就比北方孩子强。因纽特人就比非洲黑人抗寒能力强。而且一个人在不同的时间对同样的温度也会表现出不同的适应能力，老年人和小婴儿对于气温变化的适应能力就差，青壮年的适应能力相较老年人和小婴儿强。对于小婴儿来说，由于体表面积相对较大、皮肤层薄、皮下脂肪少、血管丰富，所以散热较多，对于外界气温的适应能力是很差的，需要在今后的生活当中通过不断进行体温调节来适应外界不断变化的温度。如果孩子不断地经受寒冷的训练，提高皮肤的适应能力，就会较少患病。但是如果小婴儿一直生活在一个恒温的环境中，体温调节中枢没有经过这方面的训练，孩子会因为温差的变化而不适应，造成抵抗力的降低。另外，孩子通过空气浴可以更多地吸入氧气和负离子空气，有利于促进孩子的新陈代谢，增强孩子的抵抗力。如果家长能够采用正确的方法给孩子进行空气浴，不但能够增强孩子的体质，增强孩子的抗病能力，而且能够使得孩子更多地接受太阳光照射，有利于将皮下的一种胆固醇转化为维生素D，有利于钙的吸收，促进骨骼生长。同时，大自然的环境有利于孩子情绪的稳定，使宝宝吃得好、睡得好，有利于孩子的认知发展。

一般孩子到2～3个月就可以进行空气浴了。不过，孩子适应外界环境需要有一个循序渐进的过程，不能操之过急：

■ 先给孩子穿单薄、宽大、透气好的衣服，让孩子通过肥大的衣服能够亲密接触空气。也可以通过给孩子换尿布，让他裸露一会儿，为孩子逐渐过渡到全身裸露做准备。

■在20℃～24℃的室温下可以将衣服解开，暴露全身皮肤5～10分钟。当孩子已经习惯了这个温度，可以逐渐延长到1～2小时。

■当孩子满2个月时，可以打开窗户，在阳光照射下，给孩子解开衣服，露出一部分皮肤，裸露1～2分钟，以后逐渐裸露得多一些并且逐渐延长时间。这里需要注意的是，不要在对流风下做这些活动。

■孩子3个月以后，可以在风和日丽（约20℃）的时候，在室外进行空气浴。先裸露头部，以后逐渐裸露得多一些，时间也由短逐渐延长。

■每次空气浴最好选择在早晨9～10点钟，因为这个时候孩子已经吃完早饭1～2小时，且空气质量相对较好，空气中的尘埃少，有害物质少，太阳光不是很强烈。

■空气浴最好选择在春末夏初开始，冬季先从室内开始。

后记

以后只要是在没有风且阳光充足的日子，小铭铭就在阳台上脱掉裤子，屁股以下全部裸露出来晒太阳。当孩子4个月时，我们就在小区的院子里晒太阳，一些老人看到后大为惊奇，认为这个时候给孩子露出小屁屁和双腿来不可理喻，有的人还责备小王不负责任。小王只是笑笑，继续做她的工作。小铭铭至今身体很好，说明孩子的寒冷训练还是卓有成效的。

女儿伴着乐曲抱着小铭铭一起跳舞

女儿很喜欢听音乐，在她房间的抽屉里放着很多的音乐光盘，其中大部分是为小铭铭准备的，里面有很多古典音乐，如舒伯特的《小夜曲》、柴可夫斯基的《天鹅湖》、莫扎特的《魔笛》、圣桑的《天鹅》、贝多芬的《献给爱丽丝》、班德瑞的《变幻之风》……还有迪士尼公司制作的一系列儿童喜爱的英文歌曲以及一些中国原创的儿童歌曲。每天在给孩子做抚触时或者孩子清醒时，女儿都要根据孩子的不同状况播放一些不同的乐曲。当或轻柔或欢快的乐曲在房间响起来的时候，孩子立马就安静了下来。孩子是在仔细地聆听，还是伴着乐曲在想些什么，我不得而知，但是看到孩子沉浸在音乐声中极为专注的神情，看得出来孩子很喜欢音乐，而且也确实融入音乐之中。

有的时候，女儿拉起孩子的双手或双脚按照音乐的节奏打起拍子来。乐曲有时快，有时慢；有时像珠落玉盘清脆而欢快，有时像潺潺的小溪流水轻柔而舒缓……孩子在欣赏音乐的同时也开始接触音乐的节拍和旋律。孩子对于妈妈拿着他的双手或双脚打拍子是非常喜欢的，以后每到这个时候孩子听到音乐时还会主动舞动着双手或双脚，尽管舞动得不合拍，但孩子还是表现得十分欢快。

今天清晨，女儿又在房间里给孩子打开音响，开始让孩子听音乐了。我正在客厅里看报纸，小王在给小铭铭清洗奶瓶。只听见屋里传出了有节奏的嘣嚓嚓、嘣嚓嚓的脚步声，好像是女儿在跳舞。

"这是干什么？沙莎在跳舞？"我向小王发问。

"谁知道呢！看看去！"小王放下手中的活儿，和我一起进了她的房间。

只见女儿右手揽着小铭铭，小铭铭则非常舒适地半卧在她的臂弯里。两个人脸对着脸，女儿的双眼温柔而深情地注视着孩子，小铭铭睁大了眼睛静静地看着他的妈妈。女儿的左手拉着小铭铭的右手，正踩着乐曲的鼓点迈着舞步和孩子共舞呢！可能因这种姿势独特而舒适，也可能因妈妈充满感情地朝他微笑，更有可能因有节奏的动作令孩子感到十分有趣，小铭铭很乐于这种舞动，一点儿也不闹。我和小王在旁边静静地看着。

"做得不错！你看孩子很喜欢你做的这些动作，在音乐声中你抱着孩子跳舞，有利于让孩子感受节拍和旋律，而且这样做更有利于建立母子之间依恋的情感，还有利于你产后减肥呢！看来你是学以致用呀！"我不由得夸奖起女儿来，因为女儿近来一直在看一些国内外的育儿书籍。

我转过身来对旁边的小王说："平常你也可以这样做，你有跳舞的基础。"

小王是一个活跃而直爽的人，在日常的生活中她经常抱着小铭铭自己哼着一些现代流行歌曲前后左右移步，步态轻盈，其动作完全是舞步的动作。小王让我这一提醒反而有些不好意思了，她说："瞧您说的，我哪儿会呀！但是我可以像沙莎那样学着去做。"

音乐可以陶冶孩子的情操，有助于活化孩子的大脑，尤其是促进右脑的发展。右脑被我们称为"音乐脑"，主宰着人对音乐等艺术的欣赏、理解。在我们的生活中时时处处都存在着音乐，像山涧的流水、森林中的鸟鸣、风吹雷吼、人声喧嚣都可以算得上某种意义上的音乐。音乐启蒙教育越早进行越好，让孩子从小多多聆听各种声音、韵律、音调，欣赏一些优美的音乐，不但能够培养和提高孩子的音乐素养，还可以在欣赏音乐的过程中培养孩子的专注力，让他的反应变得更加灵敏。音乐能够让孩子情绪稳定、性格开朗，从而促进孩子全身心健康地成长。必须明确的一点是，我们对孩子进行音乐启蒙教育的目的不是为了让自己的孩子成为莫扎特或贝多芬那样的名人，毕竟能够在音乐上获得成功的人只是极少数。但是一个从小就喜欢音乐、懂得音乐，并在音乐中获得乐趣的人，长大以后将会更加热爱生活，让自己的生活更加多姿多彩。

我曾见过一篇报道，内容大致是这样的：

20世纪60年代，美、苏两国为了科学技术的竞争，哈佛大学教育研究生院开展了"零点"项目研究，主要研究科学教育和艺术教育在人类潜能开发中的重要性以及两者之间的关系。我们知道苏联在原子弹方面研究落后于美国4年，可是却在1957年成功地发射了第一颗卫星，把美国远远地抛在了后面。美国举国上下感到耻辱，他们纷纷谴责教育界，他们的观点是美国的科学教育是先进的，但是艺术教育是落后的，两国的科技人员因较大的文化艺术素质差异导致了美国空间技术的落后。因为在那段时间里，苏联的文学、音乐、美术3个方面的艺术水平远远领先美国。是不是这个原因呢？"零点"项目就开始进行这方面的研究，20多年来他们投入了大量的资金，从幼儿园开始追踪，发表了上千篇论文和专著。他们的研究成果对美国教育影响很大，克林顿政府在1994年3月通过了《2000年目标：美国教育法》，在美国历史上第一次将艺术与数学、历史、语言、自然科学并列为基础教育的核心学科。

的确，不少优秀的科学家本身就是艺术家，如爱因斯坦经常演奏贝多芬创作的乐曲；钱学森会吹圆号、弹钢琴……美国的佛罗里达州和加利福尼亚州的政府立法规定，每一名新生儿都必须获赠莫扎特与贝多芬的激光唱盘，并规定这两个州内的幼儿园都必须播放莫扎特和贝多芬的音乐给孩子们听，以便提高孩子的音乐智能。

女儿的做法为小铭铭开启了音乐殿堂的大门，愿我的外孙子在以后的生长过程中能够接受更多一些的艺术熏陶，成长为一个具有较高艺术素质的全面发展型人才。

开始准备找育儿师

转眼间小铭铭快满2个月了。我和家政公司签订的3个月的合同也已经过了2个月，因此，给小铭铭找一个育儿师来接替小王工作的事必须提到议事日程上来了。

家中的一些亲戚听说我要给孩子找育儿师，都建议我去家政公司挑一个保姆。他们认为从农村来的小阿姨就很好，工钱不高，而且还听话，只要她把孩子照顾好就可以了。一位朋友还引用了一份育儿杂志上调侃的话作为挑选保姆的标准："好保姆要有鹰的眼睛、马的脚力、鹦鹉的啰唆、猎犬的判断力、蜜蜂的勤劳。"在他们眼里，育儿师和保姆是一回事。很多人都把育儿师和保姆的概念混淆起来。育儿师和保姆是不是有区别呢？

我一直认为，我不是在给孩子找生活中的保姆，而是给孩子找老师。育儿师不是一般意义上的保姆。一个好的育儿师必须掌握一定的营养知识，会给婴幼儿配餐烹调，保证孩子营养均衡全面；具有一定的医学知识，能够及时发现孩子身体的异常；具有早期教育的理念，能够学习和运用这些理念，及时对孩子进行启蒙教育；同时具有较高的自我修养，是孩子在成长过程中良好的观察对象和模仿的榜样。

当然，对于一个优秀的育儿师而言，首要的前提必须是喜欢并爱孩子。一个不喜欢孩子的人更不会爱孩子，这样的育儿师我是不会聘请的。

0~3岁，尤其1岁之内是孩子生长发育速度最快的时期，孩子要经历0~4个月的高速生长期（每个月身长增长大于3厘米），4~6个月的快速生长期

220

（每个月身长增长2厘米~3厘米），以及7~12个月的低速生长期（每个月平均身长增长小于2厘米）。1岁以后，每过1年孩子的身长要增加5厘米。同时，这段时间也是孩子大脑发育最快的时期，一般孩子出生后大脑的重量大约是370克，到了3岁大脑重量可达到1200克，约为出生时的3倍。因此，这个阶段孩子的喂养是十分重要的。而且如果在某一阶段的喂养出现问题，影响了孩子的生长发育，打算通过以后的喂养达到追加生长的目的是不太可能实现的。因此，关注和做好孩子每时每刻的营养，帮助孩子建立良好的饮食习惯，为孩子的生长发育打下良好的物质基础，是育儿师的重要工作职责。

孩子自出生的那一刻起就面临着早期教育的问题。正如伟大的科学家巴甫洛夫曾说过："孩子从降生的第3天开始教育，就已经迟了2天。"早期教育的重要性人人都知道，但如何进行早期教育却是一门高深的学问。现在处在一个知识爆炸的年代，随着时代的进步，如何让孩子全面地发展越来越引起家长的重视。谁都希望自己的孩子聪明、健康，将来能够更好适应、融入复杂的社会。因此，现在带孩子的意义绝不是只让孩子吃好、穿好、不磕不碰、不生病这样简单，还应该包括智能和情商的培养、良好行为的塑造等。而且这些早期教育往往体现在孩子生活中的时时、事事、处处之中。因此，育儿师必须具有早期教育的理念，能够掌握一定的教育技巧。从这个意义上说，育儿师就是孩子的老师。

观察、模仿和复制是婴幼儿时期孩子的一种特殊学习方式。通过观察、模仿和复制，孩子们才能进行学习。孩子先是观察和模仿家长和看护人，以后观察和模仿小伙伴。孩子在学习的过程中建立了自己的认知系统，在这个系统中，也建立了包括世界观、行为方式等在内的一系列准则，这些准则又反过来影响孩子对新内容的学习。如果当初建立的准则是不恰当的，那么孩子今后的行为就可能出现偏差。孩子在9个月以后会出现延迟模仿的现象，即有时不是直接模仿眼前的事物，而是在这个事物消失以后再进行模仿，或者是说学到的一些能力过一段时间才能表现出来。我们经常发现孩子有的时候会突然再现和模仿以前发生的某件事情，其实只要在条件适当的情况下，孩子都有可能重复自己看到的行为。当孩子看到他人被奖赏的行为时，就增加产生同样行为的倾向；反之，当孩子看到他人被惩罚的行为时，就会抑制产生这种行为的倾向。正如苏联伟大的教育家马卡连柯对家长说："不要以为只有你们和儿童谈话的时候，才执行了教育儿童的工作。你们生活的每一瞬间都在教育着儿童，甚至当你们不在家里的时候……你们如何穿衣服，如何与另外的人谈话，如何谈论其他的人，你们如何欢乐和不快，如何对待朋友和仇敌，如何笑，如何读报纸……所有这些，对儿童都有很大的意义。"因为相对于父母，育儿师与孩子待在一起的时间更长，育儿师的自身素质对孩子有潜移默化的影响，她将是孩子主要的观察、复制和模仿的对象，所以说育儿师的自身素质是十分重要的。

女儿一个好朋友的孩子，平时是由保姆照看着。有一天她发现孩子无论走在公园还是其他地方，只要发现地上有小虫子或蚂蚁，一律上脚将它踩死，丝毫没有同情心，而且踩的过程中孩子还有一种胜利的感觉。怎么会是这样呢？这位妈妈上了心，她细心地观察了保姆的日常举动，原来保姆只要看到地上有虫子就要踩死它，并且以此为乐。这位妈妈认为保姆没有珍惜生命，而且让孩子变得残忍，虽然孩子现在踩的是虫子，以后会不会如此对待其他小动物呢？因此，尽管保姆对孩子照顾得很尽心，但这位妈妈还是毅然决定辞退她。

思来想去，我还是觉得现在聘请的小王是育儿师的最佳人选。首先，小王已经与我们一起生活了2个月，彼此都互相了解，尤其是小铭铭自出生以来一直由她照顾，她是最了解孩子的特点和生活习性的人。其次，通过她照顾小铭铭的过程，我看得出她有早期教育的理念，肯学习一些育儿新知识，凡是我买的一些有关早期教育的书籍，她基本都看完了。另外，从待人接物来看，她也是一个有着良好教养的人。于是我向她提出希望她能够继续带小铭铭的建议。小王听后有些犹豫，她说："我一直做的是月嫂的工作，很少带大一些的孩子，经验不足，我怕不能胜任这个工作，辜负了您对我的期望。另外，我也不愿意带大一些的孩子，日久生情，我怕离开孩子时感情上接受不了，这是一件让人很痛苦的事！"

"其实经验不足和怎么给孩子进行早期教育你不要考虑，因为有我在旁边，有的知识我可以教你，我相信你在我这儿待上一年，你的水平会提高得很快。正因为我看中了你对孩子的感情，看得出你是那么喜欢孩子，那么爱小铭铭，我才希望继续聘请你呢！"我恳切地对她说。然后我又进一步告诉她："我现在是在给孩子找老师，不是找保姆，你只负责照料小铭铭的一切事务，其他的家务活儿不用你干！"说到这个份儿上，小王也不好意思再推辞了，答应继续留在我家照看孩子。

找好了育儿师，我的心里顿时放下了一块大石头，于是暂时离开上海，回到北京讲课去了。

CHAPTER 4

2~3月龄发育
和养育重点

❶ 孩子呈俯卧位时可以用腕支撑上肢，挺胸抬头。进行够物训练，从拍打到够取物品，并且准确地将其放入嘴中，四肢从不随意运动逐渐到随意运动，手的控制能力逐渐加强，手眼运动开始协调。同时，双脚逐渐能够准确地蹬或触及物体。

❷ 孩子开始将手放在眼前细细观看，也可以将双手握在一起放在眼前玩儿。家长可以将花铃棒或各种不同质地的玩具放在孩子手中，让孩子进行触摸和握持。

❸ 孩子开始训练翻身，从仰卧到侧卧，每次训练数分钟，一天几次。

❹ 孩子开始出现社会性微笑，对大人的逗引会用微笑进行回应，并且愉快地与人玩耍。家长应多向孩子微笑，尤其是母亲在哺喂时要面带微笑，与孩子进行目光交流，爱抚孩子的身体，孩子就会很快记住母亲的亲切面容，有利于尽早建立母子亲密依恋关系。

❺ 利用玩具和转动的床铃逗引孩子，训练孩子将视线随玩具的移动而灵活转移；在注视目标消失时，训练孩子用目光寻找。

❻ 家庭中每个成员多与孩子说笑，让孩子感受不同的声音和音调，以促进孩子对语言的感知。

❼ 每天听音乐30～60分钟，注意避免噪声，为孩子创造良好的生活环境。

❽ 能辨别声音的方向，孩子会对声音或正面人脸（不管正面人脸是笑还是生气）都报以微笑，甚至对白色或带有花纹的假面具报以微笑。

❾ 孩子每天的生活需要规律，不要随便打破这种规律。

❿ 接种五联疫苗和肺炎球菌结合疫苗。

不能过度喂养；通过调整喂奶时间为断夜奶做准备

今天我从北京来到上海。

近几天，女儿几乎天天打电话，催我赶紧料理完手中的事来上海。因为孩子要接种疫苗了，他们怕接种疫苗后如果孩子有反应自己处理不了。哎！没有办法，心疼女儿，更心疼小外孙，我只好将还没有收尾的讲课稿存在电脑里带到上海来抽空儿完成。

回到女儿家中，看到小王抱着小外孙，我赶紧接过孩子亲了一口："大孙孙，想姥姥了吗？"我知道孩子不懂我说的是什么意思，其实我是在表白我想外孙子了。我看到小外孙愣愣地看着我，似乎有些认生。不会吧？刚2个来月的孩子就能认生了！我感到有些吃惊！

"小王，孩子是不是有些认生呀？"我问。

"是，有些认生，前两天太奶奶来看重孙子，原来孩子还很高兴，太奶奶一抱，他就大哭，我抱回来就不哭了。"

认生是孩子情绪记忆的开始，说明孩子已经有记忆了，是孩子智力发育的一个表现。一般孩子出现认生的情况是在出生后5~6个月，早的也在出生后4个月出现，但是2个月就有这种表现，是不是真的认生呢？

孩子虽然愣愣地看着我，但是我抱着他没有哭，然后我与他说我离开前说的歌谣："一二三四五，上山找老虎，老虎没找到，碰到小松鼠，小松鼠在数，一二三四五。"我发现孩子的表情好像放松了。

"孩子好像还记得您。"小王说。

孩子现在有没有记忆，我确实不敢肯定，需要我在以后的时间里继续观察。

回来后，我明显感到孩子胖了，抱在手中感到十分"沉"。

"现在孩子估计有7千克多了，你们现在每天给孩子吃多少配方奶？"

"一天吃7顿，大约是在7点半、12点、16点、18点、20点、24点、4点。其中早晨7点半、24点每次是160毫升，其余都是130毫升。一天大约970毫升。"

"吃6次就可以了，逐渐将18点的奶停掉。干吗要喂这次奶？才间隔2小时，等于胃还没有排空就又喂奶，这不行，胃肠道还要休息呢！"

"您不是说，不管孩子20点饿不饿，都要给一次奶。有的时候孩子到18点就哭着要吃奶，结果喂了几次，孩子形成了习惯，到这个时间就醒，就要吃奶。"小王说。

"现在将18点的奶改为白开水，将16点的奶量增加到160毫升。"

为了孩子在满5个月断夜奶的时候少哭闹，我将孩子的吃奶时间有意识地进行了上述调整，取消了18点的那次奶。这样调整喂奶的时间有以下4个好处。

（1）孩子在后半夜基本处在睡眠阶段，将近80%的生长激素是在这个阶段分泌的，这样有利于孩子生长发育。

（2）当孩子满5个月时，就不存在断夜奶的过程了，只要将凌晨4点的奶逐渐推后喂，这样孩子就能顺利地度过这个阶段，对于孩子来说也没有什么痛苦。

（3）家长也能得到很好的休息。一般来说，女儿由于工作的缘故很能熬夜，在夜间12点喂完奶后睡觉是很正常的事，也没有增加很大的负担。凌晨4点由小王喂奶，对大家来说都能休息得好。

（4）孩子每天喂7顿奶的确有些多了。因为孩子是混合喂养，每次计算热量总是按照配方奶的量来计算的，女儿的母乳虽然不多，但是她一直坚持让孩子吃母乳。因为女儿认为，虽然自己的奶少，但是可以给孩子抗感染的物质，这是配方奶所不能给予的。女儿的奶量究竟有多少，我们也不知道，所有的人都忽略了母乳的量。从目前看来，孩子所摄入的热量肯定大于所需要的热量，所以孩子有可能超重了，这也是我要给孩子减少一顿奶的原因。

明天去医院接种疫苗，看看护士量的身长、体重后再说吧！

今天接种五联疫苗和七价肺炎球菌结合疫苗

今天下午我们根据预约的时间准备去医院进行体检和疫苗接种。临行前，我们先给孩子洗了澡，减少接种部位因注射后洗澡而引起感染的机会。

下午3点我们到达医院，接诊护士请我们在候诊室里稍微等候一下，她去通知我们预约的李医生。在候诊室里我们看到两个外国小朋友正在玩摆放在屋里的玩具。屋里的玩具很多，大多是智力开发类的，有积木、拼图以及锻炼小婴儿精细动作的玩具。孩子们玩得兴高采烈，没有出现一些医院里就诊的孩子因恐惧而不停哭闹的情景。孩子们玩完后都遵从妈妈或阿姨的嘱咐将玩具放回原处。我在旁边看着，对小王说："看见了吧！孩子良好的生活习惯往往就是从这些小地方养成的。"

不到两分钟，护士请我们去诊室，先给孩子量身长和体重。护士操作得很正规，不像一些医院工作做得敷衍马虎，让孩子穿着衣服或尿裤量体重，而且磅秤上的垫布也并未见多人使用一块的情况（这样不容易交叉感染）。小外孙的体重是7.25千克，身长64厘米。根据世界卫生组织儿童生长标准，其身长和体重均超出同月龄孩子标准的体重和身长，其体重和身长位于生长曲线上的第97百分位，孩子是不是肥胖呢？根据世界卫生组织儿童生长标准：0～2岁男孩的身长别体重Z评分介于−1～+1属于正常范围，表明铭铭的体型还是正常的。根据BMI评分为17.7，如果不注意仍过度喂养的话，孩子是很容易肥胖的。

李医生来后，一边向我们了解孩子这一个月的情况，一边洗手。洗完手后，将听诊器头焐暖，然后才给孩子做全面体检：咽部、胸部、腹部、外耳道……这次体检时，孩子极不配合，大哭小叫的，甚至可以说哭闹得到了声嘶力竭的地步，为什么会这样呢？敢情到了该吃奶的时间。这个孩子的特点就是：吃绝对不能等待。

李医生给我们讲了接种疫苗后可能出现的一些反应，如发热、针眼处红肿、爱哭闹或者嗜睡、食欲降低，极个别的孩子可能出现过敏反应，并且发给我们一份接种疫苗后相关注意事项的宣传材料。接着，护士就开始给孩子接种疫苗。这次接种的疫苗有两针，一针含有百日咳、白喉、破伤风、B型流感嗜血杆菌及脊髓灰质炎疫苗的五联疫苗，这是进口的疫苗，需要在医院提前预订。另一针为七价肺炎球菌疫苗，也需提前预订。只见两位护士小姐各拿一针，口里小声说："1、2、3，啪！"两个人同一时间分别在孩子的双大腿前外侧将针头扎进，很快把药推进身体，然后各用含有一块直径为1.5厘米消毒小纱布的圆胶布贴上。采取这样的接种方法，孩子只受一次疼痛，充分体现了一切为孩子着想的理念，多么人性化！而后，护士嘱咐我，今天不能洗澡，第二天再把遮盖针眼的胶布拿掉。

我很钦佩这家医院医务人员认真负责的工作态度。

注射五联疫苗

五联疫苗属于我国计划免疫接种的二类疫苗。它包括一类疫苗中的脊髓灰质炎疫苗和百白破疫苗，同时还包含B型流感嗜血杆菌疫苗（目前是我国卫生部门扩大计划免疫接种的疫苗，即二类疫苗），以自愿接种为原则。五联疫苗中的脊髓灰质炎疫苗不是我国通常使用的口服糖丸，而是针剂。据医院发的资料说明，脊髓灰质炎疫苗（Polio Vaccine）有2种：针剂（IPV）和糖丸（OPV），现在糖丸已改为滴剂。糖丸（OPV）针对人群传播脊髓灰质炎预防效果更好，不需要注射，免除孩子接种时的痛苦。但是，该种疫苗因为是减毒活疫苗，对于极个别的孩子（如有免疫缺陷的孩子）具有一定的危险性，每240万人中就有1个因吃糖丸而染上脊髓灰质炎。鉴于美国近20年以来未暴发脊髓灰质炎，为婴幼儿绝对安全起见，专家建议使用针剂（IPV）进行免疫，它是由灭活脊髓灰质炎病毒制成的，绝对不会引起相关的麻痹型脊髓灰质炎。如果孩子对新霉素和链霉素过敏，建议仍用口服滴剂，因为针剂（IPV）在生产过程中会使用新霉素和链霉素。脊髓灰质炎针剂疫苗（IPV）通过上肢或下肢接种应用，分别用于出生后2月龄、3月龄、4月龄进行基础免疫，18月龄加强免疫①。

B型流感嗜血杆菌疫苗（又称"HIB疫苗"或"安儿宝疫苗"），是能够抵抗B型流感嗜血杆菌（HIB）感染的疫苗。全世界每年有近5万儿童死于HIB脑膜炎，50万以上儿童死于HIB肺炎。

B型流感嗜血杆菌是引起5岁以下婴幼儿侵袭性感染的重要致病菌，主要表现为孩子痉挛性咳嗽，颇似百日咳，全身中毒症状较重，可以引起脑膜炎、肺炎、心包炎、关节炎、菌血症、会厌炎、骨髓炎等疾病。其中脑膜炎、肺炎是导致婴幼儿死亡的主要原因。HIB脑膜炎还可以引起婴幼儿运动、听力、视力以及语言方面的障碍。

中国人群HIB疾病的群体免疫力不高，6个月～5岁儿童自然抗体水平最低，感染HIB的危险性较大。世界许多国家都将HIB疫苗免疫接种纳入婴儿计划免疫程序。由于使用了HIB疫苗，在美国和其他发达国家流感嗜血杆菌感染已近消失。

经过临床研究，五联疫苗具有的免疫原性（即刺激机体形成特异抗体或致敏淋巴细胞的能力）与分别接种这3种疫苗（脊髓灰质炎疫苗、百白破疫苗、B型流感嗜血杆菌疫苗）无差异，孩子接种后耐受良好，血清保护率接近100%。美国家庭医师学会和美国免疫咨询委员会均推荐使用联合疫苗，认为五联疫苗可最大程度减少注射次数——从12剂减少到4剂，减少因接种剂次带来的疼痛和不良反应风险，减少家长花费在为宝宝接种疫苗上的时间和精力，同时提高免疫接种表的依从性。与分开接种各疫苗相比，优先推荐联合疫苗。同时能降低罹患VAPP（俗称"小儿麻痹"）的风险。

五联疫苗接种程序：在2、3、4月龄，或3、4、5月龄进行3剂基础免疫；在18月龄进行1剂加强免疫。每次接种单剂本品0.5毫升（1剂）。

---

① 目前我国计划接种程序是2月龄、3月龄接种脊髓灰质炎针剂疫苗各1剂，4月龄、4岁口服2价脊髓灰质炎减毒活疫苗各1剂。

来自国内外临床研究的数据表明，接种五联疫苗后，常见的不良反应可能有发热、腹泻、呕吐、食欲缺乏、嗜睡、哭闹或接种部位触痛、红斑和硬结等。

注射七价肺炎球菌结合疫苗

七价肺炎球菌结合疫苗（Pneumococcal 7-Valent Conjugate Vaccine）是当时唯一用于预防2岁以下婴幼儿侵袭性肺炎球菌疾病，获得世界卫生组织权威推荐并建议优先纳入各国国家免疫规划中的肺炎球菌结合疫苗。其安全性已经获得世界卫生组织成立的全球疫苗安全委员会的确认。（注：七价肺炎球菌结合疫苗已于2015年退市，现在我国使用的是十三价肺炎球菌结合疫苗。2021年6月9日，二十价肺炎球菌疫苗开始上市，目前只接种18岁以上人群。）

肺炎球菌可以引起肺炎、脑膜炎、菌血症、中耳炎等一系列疾病。据世界卫生组织统计，全球每年有70万～100万5岁以下的儿童死于各类肺炎球菌性疾病，相当于每分钟就有1～2名儿童被肺炎球菌性疾病夺去生命。

肺炎球菌通常隐蔽在人的鼻咽部，人类是其唯一的宿主。发达国家5岁以下儿童鼻咽部带菌率63%，在发展中国家5岁以下入托儿童鼻咽部带菌率高达72%。肺炎球菌极易传播，尤其是2岁以下的婴幼儿更是肺炎球菌的主要易感人群。此种疾病主要通过飞沫传播，受感染的人通过飞沫或直接接触受飞沫污染的物品再把病菌传给别人。在正常免疫状态下，这些细菌一般不发作，一旦婴幼儿机体免疫力下降，肺炎球菌就会乘虚而入，侵犯人体多个器官，引起一系列的感染性疾病，约有50%的肺炎是由肺炎球菌所引起，一年四季均可发病，但是冬、春季最为多见。尤其是公共场所，包括托儿所、幼儿园都会增加感染的危险性。

另外，抗生素耐药问题是目前儿童肺炎球菌疾病治疗所面临的一个全球性急剧发展的难题。我国肺炎球菌抗生素耐药形势也很严峻，并呈现逐年上升的趋势。由于肺炎球菌血清分型近90种，分布最广、最经常引起疾病的有20余种，其中引起疾病最多的一些血清分型对某些抗生素耐药性已达到80%～100%，导致治疗难度很大。耐药致病菌导致的感染往往是致命的，而且其治疗周期延长、治疗费用增加等，也给患者及家庭带来了沉重负担。肺炎球菌引起的致病率和致死率出现了两极分化，主要为2岁以内婴幼儿、高危的2岁以上人群和老年人。因此，接种肺炎疫苗是预防肺炎球菌感染和降低肺炎球菌耐药率的有效手段之一。

晚上，铭铭表现得与平常一样，没发现任何异常。

目前我国接种的十三价肺炎球菌疫苗属于自费疫苗。美国辉瑞公司的十三价肺炎球菌疫苗可以在孩子出生后30天预约，42天（即生后6月龄）接种首剂，再完成3+1完整程序。

让我一直后悔的错误喂养行为

我在给铭铭添加辅食时，沿袭了原来旧的儿科教科书所阐述的开始添加时间、添加顺序、添加种类以及添加的方法，在这一天开始给铭铭添加了果汁。虽然铭铭很容易地接受了，也侥幸没有出现问题，但是我的辅食喂养指导不符合2002年世界卫生组织和联合国儿童基金会公布的《婴幼儿喂养全球战略》和原卫生部妇幼司在2007年公布的《婴幼儿喂养策略》的精神。

这一天，女儿问我："妈！今天是给铭铭添加果汁吗？"

"是，先给孩子喝橙汁。你把奇士橙洗干净，然后在橙子中间切一刀，用小勺挤压橙肉就可以流出汁了，然后过滤一下。先取出10毫升纯橙汁，兑上30毫升温水，就可以了。记住，所用的器皿一定是消毒干净的，而且每次用后都要马上清洗干净。因为果汁是很容易滋生细菌的。孩子只能吃新榨的。一次吃不完就不要了。不能放在冰箱中留给孩子下顿吃。"

"哎呀！妈，您说的谁不知道呀！"女儿一边说着一边就要给孩子做果汁。

"哎！记住操作前，你要洗手呀！"我不放心地又嘱咐一句。

"知道啦！"

当时我还告诉女儿，添加果汁必须从少量开始，以观察孩子的胃肠道适应的情况。当孩子已经适应了这种果汁后，再开始添加一种新的果汁或菜汁。榨的鲜果汁最好兑温水，如果用开水可能会破坏掉一些水溶性的维生素。果汁中含有大量的果糖，孩子对甜味的亲和力很强，一旦体验了甜度很高的纯果汁后，孩子就不愿意再接受甜度低的食品了，甚至根本就不愿意再喝白开水了，而且因为果汁中糖的含量高，孩子吃后血糖升高，缺乏饥饿感，而影响奶的摄入不足。因此最好是上午一次兑水的果汁，下午一次煮菜水。

当孩子喝橙汁时，表现出极大的喜悦，真有些急不可待。喝完后当把奶嘴取出来时，他竟然大哭起来，小嘴还一歪一歪的，寻找奶嘴——没有喝够！没有办法只好哄了一会，孩子才不哭了。这时我才想到添加的顺序是不是应该先是菜汁后是果汁，否则孩子以后再吃不甜的蔬菜汁会拒绝，人为地增加了将来添加辅食的难度。

当初，我主要是为了满足孩子发育过程中对维生素、矿物质等的需求，也为让孩子早期对各种味道进行体验，才决定给铭铭添加煮果汁。胎儿在胎龄6个月时味觉感受器发育完成，在新生儿阶段味觉就十分敏感，尤其是婴儿在17~26周对各种味道的接受度最高，不同的刺激物可以引起不同的味觉反应，且偏好甜味。满足孩子味觉发育的需要，对于将来进食的多样化有好处。孩子会将各种味道的信息储存在记忆"仓库"中，日后他就能够接受更多的口味，而不至于养成偏食的习惯。

当时的想法是好的，但是忽略了这个阶段小婴儿胃肠道的生理特点：小婴儿的肠道是身长的6倍，成人的仅为4.5倍；而且婴儿大肠与小肠长度的比例为1:5，成人为1:4。小婴儿的小肠相对较长，分泌面及吸收面大，有利于婴儿消化吸收较大量的液体食物。小肠的吸收力非常强，肠壁的通透性高，有利于母乳中免疫球蛋白的吸收，但是也容易使其他食物分子通过肠壁直接进入血液，从而产生过敏反应。同时，由于小婴儿的肠壁屏障功能较弱，肠腔内毒素以及消化不全的产物较易通过肠壁进入血流，引起中毒症状。由于鲜榨的果汁存在着可能污染的情况，对于胃肠道发育不健全的小婴儿来说，很可能引发感染。另外，过多饮用果汁会造成孩子肥胖和龋齿；在榨汁的过程中会造成膳食纤维、矿物质、维生素等营养素的流失；还容易引起孩子腹泻；果汁中含有的果糖会阻碍人体对铜的吸收，而铜的缺乏将会影响血红蛋白的生成，从而导致孩子贫血。侥幸的是，孩子这次添加果汁后没有引起不适的反应，也没有产生过敏反应。直到现在，我还对自己当初给外孙子过早地添加果汁和煮菜水心有余悸。

2002年世界卫生组织和联合国儿童基金会公布的《婴幼儿喂养全球战略》明确指出："母乳喂养是为婴儿健康生长与发育提供理想食品的一种无与伦比的方法。作为一项全球公共卫生建议，在生命的最初6个月应对婴儿进行纯母乳喂养，以实现婴儿的最佳生长、发育。之后，为满足其不断发展的营养需要，婴儿应获得安全的营养和食品补充，同时继续母乳喂养至2岁或2岁以上。"同时提出："儿童有权获得充足的营养及安全和有营养的食品，两者对于实现其享受能获得的最高健康标准至为重要。"自己忽略了这个文件的学习，所以作为一名医生，不断学习、充实自己是十分重要的。

原卫生部妇幼司在2007年公布的《婴幼儿喂养策略》提出要保护、促进和支持母乳喂养，及时合理地添加辅助食品。据介绍，婴幼儿营养不良的发生与不科学的喂养方式有着密切的关系。研究表明，我国儿童出生体重及6个月内体重的增长与发达国家儿童相比无明显差异，而6个月后差距逐渐增加，其主要原因是家长缺乏科学喂养知识，使得许多婴儿在6个月后不能及时、合理地添加辅助食品，影响婴儿生长发育。特别在农村，添加辅食的时间、辅食的营养成分等方面都难以做到及时、合理、安全和符合营养要求。

科学喂养的新观念与以往喂养观念主要有5点不同：

（1）20世纪90年代，认为辅食添加应该从4个月开始，包括儿科学权威书籍2002年第7版的《实用儿科学》也认为"婴儿自满月起需添加果汁和菜水"，并主张满4个月喂食蛋黄。 2000年，认为辅食添加应该从4～6个月开始。2002年，世界卫生组织通过反复论证和研究（尤其考虑到发展中国家的情况），认为应将"母乳喂养4个月或4~6个月逐步开始添加辅助食品"修改为"纯母乳喂养儿6个月后逐步开始添加辅助食品"。这源于0~6个月的小婴儿无论从消化系统的发育，还是从消化酶的成熟情况来看，都无法接受乳类以外的食物，只能以乳类食物作为营养素的主要来源。因此，建议在宝宝满6个月时开始添加辅食。但是每个宝宝的生长发育状况都不一样，应根据孩子的具体表现来判断是否可以开始添加辅食。

如何判断婴儿添加辅食的时机呢？首先婴儿要对大人吃饭感兴趣；喂奶形成规律，喂奶间隔大约4小时，每日喂奶5次左右；唾液分泌量显著增加；频繁出现孩子咬奶头或奶嘴的现象；母乳喂养每天8~10次或人工喂养的奶量超过1000毫升仍显饥饿；婴儿体重是出生时的2倍，低体重儿达到6千克，给足奶量后体重仍不长；大人给予少许帮助后孩子可以坐起来。

具备以上的条件，就可以给孩子添加辅食了。但是添加的时间最早不能早于4个月，最晚不晚于8个月。

（2）首先添加的是含铁丰富的食品。因为6个月的婴儿从母体中获得的各种营养储备尤其是铁已基本耗竭，需要及时补充铁。这里建议添加的含铁丰富的食品是含铁米粉而不是蛋黄，因为蛋黄中的铁不易被婴儿吸收，而且容易引起过敏；米粉是不容易引起婴儿过敏的食物，而且能够强化铁。所以，含铁米粉正适合。

（3）果汁水和煮菜水也是辅食，应该放在添加含铁米粉之后逐渐开始添加，但需要注意限制果汁水的量。

（4）终身喝奶，2岁停母乳后建议继续喝配方奶，不宜吃普通液态奶。因为随着食品工业和营养学的发展，人类通过不断对母乳成分、结构及功能方面进行研究，并以母乳为蓝本对动物乳进行改造，调整了配方奶粉中所含营养成分的构成和含量，添加了多种微量元素，使配方奶粉的性能、成分及含量基本接近母乳。所以对于不能进行母乳喂养的宝宝，应该选择相应阶段的配方奶粉。婴幼儿配方奶粉是婴幼儿顺利实现从母乳向普通膳食过渡的理想食物，是确保婴幼儿膳食过渡期间获得良好营养的有力措施。在此期间，幼儿的配方奶摄入量每天不应少于400毫升。因为普通液态奶中蛋白质的含量为母乳中的3倍，矿物质的含量也比较高，由于幼儿肾脏功能发育尚不完善，直接喂普通液态奶会对幼儿的肾脏和肠道造成较大负担，因此不宜直接喂普通液态奶，宜选择相应阶段的幼儿配方奶粉。

（5）孩子添加蔬菜和水果后，保证每天摄入深色蔬菜和水果（指深绿色、红色、橘红色、紫红色的蔬菜或水果）要占到总辅食摄入量的一半。因为它们含有丰富的植物化学物质和色素物质，如叶绿素、叶黄素、番茄红素、花青素，不但有促进食欲的作用，而且能够呈现一些特殊的生理活性，如抗氧化作用、调节免疫的作用等。

由于自己当时错误地给大外孙添加辅食，至今他还是一个特别喜欢甜食的孩子。最新研究认为，糖是世界上用得最广泛的合法食品，但是很容易成瘾，它的成瘾性是可卡因的8倍。人对甜味的偏好与生俱来，这是因为人的味觉细胞中有很多甜味受体，人吃了甜味食品后会让大脑的快乐中枢和奖赏中枢兴奋，分泌出类似鸦片的物质——内啡肽，让人产生愉悦、欣喜的感觉。一方面，糖的甜味除了通过神经传导，给人带来愉悦的感觉，同时也会影响体内荷尔蒙，使大脑无法发出饱腹的信号，肚子饱了都还想继续吃；另一方面，糖会使大脑不间断发出要摄入糖分的信号，就像烟瘾一样，吃糖的人会越来越爱吃糖。

大外孙子形成的味道偏好给我在育儿过程中的经验教训很深刻，所以我在小外孙子喂养上纠正了这个错误的喂养行为。同时，在应邀给几个电视台做电视节目时，我建议一定要在育儿节目中谈谈婴幼儿喂养中有关"隐性糖"和"隐性盐"这两个家长特别容易忽视的问题。

后来当我的第二个外孙子出生后，我就完全按照世界卫生组织和原卫生部有关科学喂养的精神，在他满6个月时才开始添加辅食。看来，作为专家的我也是需要不断学习、更新知识，才能更好地帮助女儿养育孩子。

2015年，中国营养学会发布了《中国7~24月龄婴幼儿喂养指南》，建议如下：

婴儿满6月龄后仍需继续进行母乳喂养，并逐渐引入各种辅食；辅食是指除母乳和/或配方奶以外的其他各种性状的食物。有特殊需要时须在医生的指导下调整辅食添加时间。若母亲不能进行母乳喂养或母乳不足，应选择配方奶作为母乳的补充。

7月龄：因婴儿处于直接吞咽食物的阶段，所以食物应为泥糊状。每天母乳或配方奶的摄入量为600毫升。在此阶段，应依次添加含铁丰富的食物：含铁米糊、肉泥（主要是红肉泥，如牛肉、羊肉、猪肉）、肝泥、蛋黄泥、菜泥、果泥。

8~9月龄：婴儿处于通过舌碾碎食物进食期，因此食物性状逐渐从泥状食物过渡到小颗粒食物。每天母乳或配方奶的摄入量为600毫升。辅食添加顺序依次为：禽肉泥、鱼泥、虾泥、豆腐泥、肉末、全蛋、碎菜，最后为切成小粒的水果、烂面、软饭。

10~12月龄：婴儿逐渐学会了咀嚼食物，因此食物逐渐从小颗粒食物过渡到软固体食物。每天母乳或配方奶的摄入量不低于600毫升。此一阶段的食物以软固体食物为主，添加辅食的顺序依次为：小饺子、小馄饨、软米饭、面包片、馒头片、煮烂的蔬菜。

13~24月龄：每天母乳或配方奶的摄入量为500毫升，逐渐过渡到淡口味家庭食物，必要时可将食物切碎或捣烂。

需要强调的是，7~12月龄婴儿所摄入辅食应提供每日所需能量的1/3~1/2；13~24月龄幼儿所摄入辅食应提供每日所需能量的1/2~2/3。7~12月龄母乳喂养儿所需要的铁99%来自辅食。

■ 让孩子趴在大球上进行感觉统合训练，给予孩子视觉刺激

女儿怀孕时买了一个大的健身球，主要是为了自己锻炼，现在成了哄孩子的工具。每次孩子哭闹时，女儿和小王都抱着孩子利用健身球的弹性坐在球上上下颤悠悠地晃动，而且女儿嘴里还不停地念着自己编的儿歌："小宝宝，上马场，挑了一匹大白马。大白马骑回家，带着宝宝看天下。啊！啊！天下可真大！"十分欢快！这个健身球弹性很大，也很结实、安全，大人和孩子都经得住，这样孩子就安静下来了。有时，我也想学着他们的样子，女儿说："妈！您可不能坐，摔着您可就惹大祸了！"没有办法，我是不能亲身体验一把了！

这次我回来，看见女儿与小王每天固定在早晨和傍晚各让孩子趴在健身球上训练一次，抓住孩子的下半身前后拉动，孩子身下的健身球随着大人的拉动前后滚动。没有想到孩子特别喜欢这种游戏！其实女儿和小王的本意是想让孩子练习抬头。当大人向下拉动孩子，孩子的下半身几乎竖立时，头部就依靠大球的球面而竖立起来。这样的训练一般持续10分钟左右，当孩子表现得有些不耐烦时就停止了。

咦！这不是训练孩子本体感和平衡系统的一个很好的办法吗？尤其是对于铭铭这个剖宫产儿来说，就更需要这样的训练了。我立刻向女儿和小王说："现在你们扶着孩子的腰部让他俯卧在球面上，把他的双臂紧贴着两侧的球面，你们通过活动孩子的腰部间接让球前后左右地转动，这样的运动就

能很好地刺激孩子的前庭，有助于孩子平衡感的建立，同时也是在让孩子进行感觉统合的训练。当孩子能够很好地在球面上控制平衡时，你们逐渐将放在孩子腰部的手向下移动，把住臀部，再做这样的训练，最后把住大腿部，继续重复这样的训练。每移动一次手的位置，必须以孩子能够灵活利用自己的双臂和双手随着球上下左右运动，且在此过程中能够很好地掌握自己身体平衡为前提。球转动的幅度保持在30°～60°。不要超过60°，否则因为重力的关系，就容易摔着孩子了。"

其实在我这次回到上海时，孩子头的竖立已经做得很好了。经过这样的训练，现在当孩子身体的上半身低于球面最高处的水平线时，他也能努力地用双臂支撑着自己的上半身，抬起头看着妈妈在他面前晃动的一面正方形玩具镜子。

这是一面四边用花布包裹着软框的镜子。这个镜子特别吸引小铭铭，不但因为镜子里面有一个小孩正面对着他（他还不知道这是他自己的影像），而且镜子周围还有许多有趣的装饰物。镜子的四个角分别有孩子们喜欢的可以移动和拿在手中的小布鸟，有用手可以转动（这是一个用可以转动的小花球制作的壳）的蜗牛，有用黄色布和橙色布做成的像向日葵的太阳，还有一个布带子系着紫色花的圆环；镜子一边的框上还有5条用浅黄、橙黄、天蓝、草绿和深绿色的绒布包着的螺旋状的弹性小布条。

孩子很喜欢这个玩具，尤其喜欢趴在健身球上用手去抓玩具镜子上的各种小东西。他也喜欢照镜子，尽管他不知道镜子里的影像是他自己，但他还是有兴趣地注视着镜子中的人脸。这时，大人在旁边不停地指着镜子里的"他"说："这是铭铭！""这是铭铭的眼睛！""这是铭铭的鼻子！"同时也指指孩子自

我喜欢这个玩具

己的眼睛、鼻子等。如果孩子对着镜子笑了，大人要及时地告诉他"铭铭笑了"；如果孩子哭了，也要及时地告诉他"铭铭哭了"。照镜子可以让孩子集中注意力，并且刺激孩子的视觉，学会用眼睛追逐镜子里的影像，让孩子逐渐认识各种情绪反应在脸上的表情。同时，经过这种训练，让孩子尽快认识自我及具有各种特征的器官。

这个玩具还可以训练孩子主动张开小手练习抓握、刺激够物行为发生以及逐渐掌握手的各种动作，如揪、拽、抓、拉等，有利于孩子精细动作的发展，也训练了手、眼、脑结合的神经连接。

玩具上鲜艳的颜色还能够给予铭铭丰富的视觉刺激。因为孩子到了3～4个月时，颜色视觉基本功能已经接近成人，以后对颜色辨认的准确性会继续发展。铭铭依次对红、黄、绿、橙、蓝等颜色表现出特别的偏爱。

在训练的过程中，我发现铭铭最喜欢的是方框一角上用细丝带悬挂着的小布鸟。这个小布鸟是用尼龙搭扣贴在方框上的。小铭铭只要用手使劲儿一拽，就能把小布鸟从方框上揪下来，然后急不可耐地将小鸟的头塞进嘴里，不停地啃着，满足了孩子的口欲。当然，此时满足孩子口欲的结果就是把小鸟头弄得湿漉漉的。而且小鸟头由于长时间被唾液浸湿，即便在干燥后也显得硬邦邦的。孩子喜欢小鸟的缘故大概是自己能够将它取下，除了可以满足口欲以外，还有一种成就感。因此，我告诉小王和女儿，孩子啃吃玩具时不要制止他，只要我们注意清洗玩具，保持玩具清洁卫生就可以了。通过观察，我发现铭铭对方框一边3厘米～4厘米长细小的、缩成一团的螺旋状彩布

后记

小铭铭到了7个月就能够用拇指或食指抓住小布条，在抓小鸟时也不是用大把去抓了。看来，这个玩具商确实懂得小婴儿的生理发育特点。据说这款玩具在美国获过金奖呢。

条不感兴趣。为什么呢？原因是布条太短、太细，现在孩子还没发展到能用手指抓住它们的程度，而是全手弯曲起来，好像一个五爪大钩子一样，用大拇指和其他四指抓那些细布条，结果肯定是抓不到的，因此就不能随心所欲地玩儿，也不能拿起它们往嘴里放，所以对那些细布条就没什么兴趣了。这源于孩子的精细动作还没有发展到五指分工的动作时期。

铭铭已经2个多月了。在原来做抚触的基础上，我要求从今天开始每天给孩子做婴儿操。婴儿操是在新生儿抚触的基础上，增加了孩子的被动运动。通过这些被动运动促使孩子的肌肉、骨骼、关节得到锻炼，促进大运动的发育，增强全身动作的灵活性，使得孩子精神愉快，促进食欲和抵抗力的增加，有利于心智和体能的全面发展。

在家政公司，小王经过培训已经学会了如何给孩子做抚触和婴儿操，这一点不用我操心。为了促进婴儿大运动的发育，给不同月龄的孩子所做的婴儿操在内容上是有区别的。因此，根据不同月龄认真做好每一节体操，对孩子的运动发育十分重要。

3个月内的孩子训练的重点是头竖立、蹬脚、俯卧抬头角度由45°至90°，以及用前臂支撑挺胸抬头、转头的动作。3个月的孩子应该开始训练翻身，可先训练从仰卧到侧卧。

婴儿操的具体步骤如下。

婴儿抚触

肘关节运动

预备姿势：操作者将孩子的双上臂向身体的两侧伸直，双手握住孩子双手。

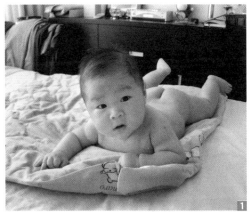

1 头抬得不错吧
2 铭铭做肘关节运动

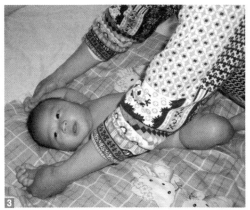

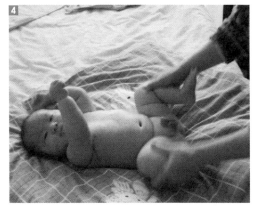

3 铭铭做肩关节运动
4 铭铭做膝关节运动

动作步骤：肘关节屈曲→前臂向身体两侧外展将肘关节伸直→肘关节屈曲→前臂向身体两侧外展将肘关节伸直。

肩关节运动

预备姿势：孩子的双臂垂放在身体的两侧，操作者双手握住孩子的手腕部。

动作步骤：双上臂胸前伸直平举→上举→向下垂放→双臂上抬至胸前，再向两侧伸直→双上臂胸前交叉，右腕在前，左腕在后→右上臂以肩关节为轴由内向外做旋转动作→左上臂以肩关节为轴由内向外做旋转动作→恢复为预备姿势。

双上臂胸前伸直平举→上举→向下垂放→双臂上抬至胸前，再向两侧伸直→双上臂胸前交叉，左腕在前，右腕在后→左上臂以肩关节为轴由外向内做旋转动作→右上臂以肩关节为轴由外向内做旋转动作→恢复为预备姿势。

髋关节运动

预备姿势：让孩子的双下肢伸直，操作者握住孩子的膝关节部位。

动作步骤：双下肢伸直以髋关节为轴向上举，使得下肢与身体垂直呈90°→恢复为预备姿势。重复1次。

膝关节运动

预备姿势：让孩子的下肢伸直，操作者握住孩子的小腿部位。

动作步骤：屈曲右膝关节呈90°→将右腿外展→恢复右膝关节屈曲90°→伸直右腿。

屈曲左膝关节呈90°→将左腿外展→恢复左膝关节屈曲90°→伸直左腿。

踝关节运动

预备姿势：操作者左手握住孩子的左脚跟，右手握住孩子的左脚掌。

动作步骤：以踝关节为轴向外旋转4次→以踝关节为轴向内旋转4次。

预备姿势：操作者左手握住孩子的右脚跟，右手握住孩子的右脚掌。

动作步骤：以踝关节为轴向外旋转4次→以踝关节为轴向内旋转4次。

抬头运动

预备姿势：孩子呈俯卧位，操作者在孩子身后用双手拇指扶住孩子的双上臂，其余4指扶住孩子的前胸。

动作步骤：操作者的拇指向下用力→其余4指向上用力→促使孩子的头抬起→恢复为预备姿势。重复3次。

翻身运动

预备姿势：孩子呈仰卧位。

动作步骤：操作者握住孩子的右上臂和右小腿→将右上臂翻向左侧→将右小腿翻向左侧→恢复为预备姿势。

操作者握住孩子的左上臂和左小腿→将左上臂翻向右侧→将左小腿翻向右侧→恢复为预备姿势。

4～6个月的婴儿需要继续训练由仰卧到侧卧再到俯卧；练习孩子由拉坐到靠坐再到独坐，并学会翻身打滚；继续训练手的抓握动作。因此，4～6个月的婴儿除需完成0～3个月的全部动作外，还要增加拉坐运动。前7节运动如前。

拉坐运动

预备姿势：孩子呈仰卧位。

动作步骤：操作者握住孩子的双手，让孩子的双手紧紧抓住操作者的大拇指，将孩子由仰卧位拉成坐位，然后再轻轻放回仰卧位。重复1次。

以上运动均需做两个8拍。

7～12个月的婴儿不仅需要学会独坐，还需要学会爬、站立、蹲下、扶走到独立行走。这些训练的动作实际上在每天的活动中都可以进行，不必非要在做婴儿操时进行，因此我没有让小王再学习。

　　小铭铭在做操的过程中，表现得实在是太乖了。做完婴儿操后给他穿上衣服，我马上抱起他，不由得亲了又亲，孩子愉快地笑了。"真是姥姥的好外孙！"我夸奖起他来，尽管他不懂我的话！

刺激够物行为发生

　　每天喝完水后，又该开始进行每天必做的训练项目——够物行为训练。与其说是训练，不如说是玩儿更为恰当，因为孩子在玩儿的过程中获得了不少知识，而且提高了多种能力。

　　我们把孩子放在踢踏爬行地毯上，让他仰卧在地毯上，促使孩子发生够物行为。

　　孩子出生后双手是紧握着的，动作也属于无目的性地乱动，因为这个时候孩子的动作是不受大脑支配的。虽然孩子在新生儿末期开始将自己的手放进嘴里去吸吮，而且发育快的孩子可以把双手放在眼前来玩，并仔细注视它们，但是他并不认为这是自己的手，也不认识自己的脚，而是认为它们是一个"玩具"。因为这个阶段的孩子不能意识到自我，甚至不能意识到自己身体的存在，不知道自己身体的各个部分是属于自己的。他们把自己的手和脚当成客体，当成玩具来玩儿。所以我们要训练此时的孩子早日张开双手，在眼睛的注视之下，主动地、有意识地去抓握自己想要的东西，满足自己的需求；促进孩子的双脚能够有意识地去踹、碰一些物体，让手脚获得丰富的感知觉刺激，使其动作由无意识到有意识。因此，实施够物行为的训练是必须要进行的一项早期教育任务。

　　这个踢踏爬行地毯的前部用细布带悬挂着3件玩具：一件是可以用手转动腹部（彩球）的小鱼，一件是通过触摸可以发出音乐声的小鱼，一件是贝壳造型的镜子。地毯的后部悬挂着一个柔软的沙滩球，沙滩球内套一个可以活动的小球，小球内又装有一个铃铛。当沙滩球被孩子踢后，引起内部小球的滚动，里面的铃铛就会发出悦耳的铃声。孩子可以伸手触及和抓握玩具前部，还可以踢到后面的沙滩球。

　　小铭铭躺在地毯上，亮晶晶的眼睛一直盯着上面悬挂着的玩具，表现出极大的兴趣，手脚不停地乱动。在铭铭手脚不停乱动的过程中，他的手不经意地碰到悬挂着的音乐小鱼，小鱼发出了悦耳的音乐声，孩子顿时表现出极大的喜悦，微笑顿时挂在了脸上。忽然，铭铭的脚在不停地乱踹的过程中又踹到了沙滩球，沙滩球在晃动中又发出了清脆的铃声，这又引起了铭铭的兴趣。兴趣是孩子学习的内动力，兴趣又能够促使孩子进行一次次的尝试。我发现小铭铭的手为了能更容易地抓握玩具，已经开始有意识地张开了。经过不停尝试，孩子的抓握和踹的目的性和准确性获得大大提高。这大概是孩子在不断尝试的过程中获得了经验，开始明白并学会如何操纵自己的手脚，才能及时准确地够、碰这些玩具，以此来满足自己的需求。经过自己反复的操作，以及偶尔获得成功的体验，增加了孩子的自信心，激发孩子的兴趣，更乐于去重复这些活动，以获得自己最大的满足。够物行为的过程是典型的手、眼、脑结合的过程：通过大脑意识的支配，眼睛注视的帮助，最终用自己的手进行操作来实现成功的过程，从而建立并加强了手、眼、脑之间的神经连接通路。这个训练促进了孩子的动作开始从不随意运动向随意运动转化，也就是说孩子的动作开始由大脑来支配。

1 铭铭喜欢这个玩具　2 恒恒更喜欢钢琴健身器

够物行为是3个月内的孩子应该进行的早期教育内容之一。够物行为训练是十分典型的操作性条件反射，是孩子经过多次错误尝试或偶然成功以后，强化形成的环境和反应动作之间的条件反射。孩子的许多行为都是通过自身主动操作获得的。够物行为的训练可以培养小婴儿的注意力、兴趣和记忆力，同时也是因果关系的训练。通过这类活动可以使得小婴儿的注意力、知觉和记忆力的获得不断发展。

够物行为训练可以借助于专用的玩具进行训练，其实也可以在家里利用一些小玩具制作的辅助工具来训练。我们可以在孩子的小床上捆绑一些玩具。当孩子仰卧时，在孩子的头上方大概距离眼睛20厘米的地方，用布条捆绑上一些颜色鲜艳、可以发出响声的小玩具，甚至一些家常用的小塑料碗、小药瓶都可以，玩具悬挂的高度以孩子可以伸手抓住或者触摸为宜。孩子脚部上方也可以这样悬挂一碰就可以发出响声的玩具或物品，同样可以达到训练的目的。但在选择玩具时必须以选择颜色鲜艳、响声悦耳、自身重量比较轻、孩子可以够得到的玩具为原则，这样才能引发孩子的注意和兴趣，乐于去伸手抓握、触摸和用脚去够、碰。

孩子学会抓握固定的物体后，继续训练孩子去够和抓握移动的物体，同时也能够训练孩子用眼睛追视物体的能力。市面上销售的转动床铃就可以完成这种训练。小铭铭出生后，我们在他的床上和摇篮里安装了转动床铃，让孩子在玩的过程中完成训练的项目。

给小铭铭看书、读书

让孩子早日接触书本，让读书成为他的一种乐趣，较早建立阅读的习惯，是每个家长都应该做的一件事。

小铭铭在新生儿时期，我就让女儿买了一些印有动物、日用品、食品且颜色鲜艳的大画册给小铭铭看，同时要求女儿和小王指着画册的图给孩子认真地讲解，声音一定要抑扬顿挫、富有激情，能够吸引孩子的注意力。

"妈！这么早给小铭铭念书，他又不懂，这不是对牛弹琴吗？"

"你怎么能说对牛弹琴呢！"我生气地说，"小铭铭现在确实听不懂我们说的是什么，但是你会发现孩子饶有兴趣地注视着画册上的画面。这时读书的目的是给予孩子视觉上的刺激，有助于进一步认识和分辨颜色，有助于认识物品，有利于更好地激活视觉的神经通路，并且将言语的信息通过耳朵传入到大脑中储存起来，同时还能训练孩子的专注力。再说，你给孩子读书，这种亲子共读有利于孩子与你建立亲密依恋关系，孩子听到妈妈的声音会感到幸福、满足和安心，有利于孩子积极情感的建立。以后孩子的精细运动逐渐发育，孩子还要学会用手翻书，逐渐接受他理解的词汇，有助于孩子言语的发育。孩子从小建立良好的读书习惯，一辈子都会受益无穷！"

现在铭铭已经2个多月了，每天当孩子睡醒以后，我要求女儿或小王在他精神好的时候让小铭铭半卧在大人的怀里，搂抱着孩子，给孩子看书并给他读书。当看着多彩的画面、听着熟悉的声音在耳边轻轻地念时，小铭铭会慢慢安静下来，很专注地看着书页，表现出对图书的极大兴趣。当孩子对画面表现出愉悦的情绪时，我们就引导他多看。如果是可以进行触觉训练的书，就拿着孩子的手去让他触摸，直接感受不同材质的东西。一旦发现孩子的眼睛开始离开书页向别处张望时，我们会及时停止看书和念书。每次让小

铭铭6个月时，小王在给他念书和看书

铭铭看书的时间有5分钟左右，随着孩子月龄的增长，看书的时间也要逐渐延长。

　　我给小铭铭选择的图书都只有4～5页，装帧精美的塑料压膜硬纸板书或者布书。这些书不怕孩子啃咬、撕扯、摔打，而且还可以反复擦拭清洗。书的页面都是彩色画面，以文字少为原则，内容多是童话或与孩子日常生活有关的物品的书。我还选择了一些便于孩子触摸的图书，例如《小马走天下》《龟兔赛跑》《小蝌蚪找妈妈》《快乐的动物园》《宝宝的一家》《认五官》等书。画面中的小马身上粘着很多的"马毛"；蜻蜓的翅膀是用尼龙纱布做成的；蜜蜂的身体粘着细细的绒毛……做得惟妙惟肖，十分逼真。当触摸书中动物的身体时，孩子真实地感受到这些动物的外表，使得孩子更加了解这些动物，有助于提高孩子对各种动物的感性认识，同时也训练了孩子触觉的敏锐性。

　　还可以通过看书训练孩子的精细运动，通过孩子手指的抠、翻、拉、拽等动作找出隐藏在书中某个部位的小动物，这足以引起孩子的好奇心，使他更乐于读书，同时也可以满足孩子对认知的渴求。在美国罗得岛州立医院曾宣布过一项研究报告：研究人员比较两组18个月的孩子，一组孩子从小经常看书、听书，而另一组则没有。在实验期间，经常看书的那一组孩子词汇量增加了40%，而没有看书的那一组孩子词汇量只增加了16%。

　　我告诉女儿，0～3岁这个阶段是培养孩子喜欢阅读和建立阅读习惯的关键期。在孩子的不同发育阶段，读书的目的和培训的方法是不同的。

　　0～6个月时，主要是让孩子看书、听书，培养孩子对书的兴趣，乐于

去读书，让看书成为每天生活中的一个不可缺少的内容，帮助他建立自发阅读的习惯。

6～12个月时，孩子读书时大人要引导孩子的有意注意，促进记忆力、观察力、思维力的发展。家长有意识地指着书中的动物、物品，教他认识这些，并且将名称也要教给孩子，让孩子将名称与动物或物品联系在一起。家长最好把书本上看到的内容和现实生活紧密结合起来，更能促进孩子发现读书的乐趣，有利于将这些知识牢固地储存在大脑中。

1～2岁时，需要给孩子选择一些有简单情节的童话和朗朗上口的儿歌。因为这个阶段孩子的语言能力开始发育，注意力、观察力、记忆力、思维力都比1岁内有了较大的发展，而且这时也需要培养孩子产生积极的情感，因此可以多选择富有真、善、美的书籍给孩子看。同时，也要给孩子看一些因做了不好的事而受到惩罚的书籍，这样有利于塑造孩子良好的行为。累积词汇量，使得孩子的语言更加丰富。最好在亲子共读的时候，家长能够指着书上的字念给孩子听，便于孩子理解和记忆，还有利于孩子早日认字。

有了以上的训练，孩子在2～3岁以后会逐渐喜欢上图书，孩子知道从图书中能够让他获得乐趣，可以满足他的好奇心。大人可以按照图书内容不断向孩子提问，可以训练孩子的思维，还可以培养孩子的观察能力和语言表达能力，同时还可以学习认字、记数。选择具有教育意义的书籍可以给予孩子简单的道德观教育，帮助孩子建立行为举止的正确认知准则，有助于帮助孩

铭铭6个月时自己在看书

子建立良好的行为方式，比家长反复的说教有用得多。同时，图书与玩具一样，也是与同伴进行交往的工具，同伴共读一本书或是同伴间互借图书，还可以让孩子学会共享和分享。

■

女儿要给孩子断母乳，
为此我们发生了争执

　　女儿现在虽然在休产假，但她和女婿手头上都有很多社会工作。因为他们夫妇二人分别为上海哈佛商学院校友会正、副会长，目前正协助组织安排哈佛商学院的教授们来中国收集企业发展的成功案例。由于我国经济的高速发展，越来越多国内企业的蓬勃发展引起了国际著名商学院教授们的注意，继海尔和联想这两个成功企业发展案例走入哈佛商学院的课堂之后，越来越多的中国企业走向成功的经典案例走入了哈佛商学院的课堂，成为这些世界精英学习的教材。女儿、女婿正在组织一场由企业家、政府部门和哈佛商学院教授们参加的会议。因此需要联系和邀请中国一些优秀的企业家，协助做好哈佛商学院和上海市政府的沟通工作。此外，他们还要安排教授们在上海的生活等，天天忙碌着。

　　女儿经常整天都在外面工作，很少有时间给孩子喂奶，本来就很少的母乳现在就更少了。母乳分泌有个特点，就是孩子越吸吮，乳汁分泌得就越多。母乳分泌的多少，与孩子频繁吸吮而产生的母子感情上的互动有密切关系。需要注意的是，乳汁中有一种物质可以减少或抑制乳汁的产生，假如乳房内乳汁残留很多，这种抑制因子就会使泌乳细胞停止产乳，这个作用可使乳房不至于太充盈以造成不良的后果。当通过吸吮或挤奶使母乳排出，抑制因子也同时排出了，此时乳房将分泌更多的奶。因此，妈妈要想使乳房继续产奶，必须注意排空乳房。但是女儿由于整天在外忙工作，一天都不喂孩子吃奶，谈何排空乳房呀！

前两天，女儿和女婿回到家中后，女儿向我们郑重宣布："从今天起给孩子断奶……"

"什么？给孩子断奶！简直是胡闹！"我生气地打断了女儿的话，"孩子还不到3个月你就要给孩子断奶，你不是跟我说好了，要坚持给孩子母乳喂养吗？你说话还算数不算数？"

"我这种喂养方式哪能叫母乳喂养呀？从孩子生下来母乳就少，只能靠配方奶喂孩子。平时每次我喂母乳的时间都在20分钟以上，可是孩子还没有吃饱，每次喂完母乳后孩子还能吃150毫升以上的配方奶！您说，如果我的母乳多的话，孩子还能吃那么多配方奶吗？再说我每次喂孩子的时候，从来没有感觉到胀奶是什么滋味！您说，我喂母乳还有意义吗？"女儿辩解说。

"所有的配方奶都不可能添加活性的抗感染物质，即使你的母乳少，孩子还是可以从你的母乳中获得一些抗体和抗感染因子。尤其是6个月内保证母乳喂养是相当重要的，你怎么就不明白呢！"

"妈！我现在社会工作很多，过两三个月还要上班，而且我的工作量是很大的，我不是全职妈妈，不可能坚持母乳喂养。我的奶本来就少，下奶汤水也喝了不少，可我喝的下奶汤水还经常引起孩子过敏！我也没有多余的奶挤出来储存，再加上我每次出去办事都是6～7小时，您说，我的奶还能再继续喂下去吗？如此下去，孩子也喂不好，工作也耽误了，您说合适吗？"女儿振振有词地说着。

女儿说的确实是实情，但我还是认为孩子即使不能每天按顿喂母乳，能够保证每天吃上3～4顿也是不错的，起码孩子还能够从母亲那里获得一些抗感染的物质。但是我的理由并没有说服女儿，女儿还是决定给孩子断母乳了。"儿大不由娘"呀！我很无奈。

断母乳后，孩子没有任何不适，也没有表现出对母乳的任何依恋，这可能是与原来混合喂养且母乳太少有关。女儿没有采取任何措施，也没有任何不适的感觉，就很轻松地回奶了。

我没能够说服女儿继续让孩子吃母乳，作为一个积极主张母乳喂养的儿童工作者，我感到十分遗憾。

世界卫生组织建议母乳喂养可以到2岁或以上，同时建议纯母乳喂养到6个月。我主张，乳母最好能坚持母乳喂养到宝宝1岁，甚至2岁或以上。因为从婴儿刚出生时的初乳到成熟乳汁，不同阶段，母乳的成分不同，甚至每次喂奶时乳汁的成分也不同，母亲的身体会自动调节母乳的成分以满足婴儿需要。这就是母乳的神奇之处。婴儿6个月前与6个月后相比，母乳所含能量、蛋白质和铁的总量大致相同，但母乳提供的各种营养素的量占身体需要量的百分比有所不同，这是因为随着婴儿的生长，其身体需要的各种营养素的量在发生变化。另外，母乳中免疫物质在不同的时间段也不同，这主要取决于母亲自己暴露于哪些抗原物质。需要提醒一下各位家长，虽然6个月以后母乳所提供的营养与能量不能完全满足孩子发育的需要，孩子需要添加辅食，但是母乳仍然是孩子营养、能量以及免疫物质的重要来源。

但是孩子断母乳后仍需要终生吃奶，因为乳品可以给孩子提供优质的蛋白质、钙、脂肪等一系列的营养。因此，为了在孩子断母乳之前很好地适应配方奶粉，能轻松断掉母乳，做到孩子本人不痛苦、家长不着急，家人应该在孩子断母乳前2个月左右开始有计划地添加配方奶。最初可以从少量开始，例如每天试着给孩子吃60毫升配方奶，待孩子适应后可以将一顿母乳改成配方奶，并逐渐增加用配方奶来替代母乳的顿数，减少孩子对母乳的依恋。直到妈妈决定断母乳时，就能够较为轻松地转变过来了。这样不但不会引起孩子消化不良以及由此产生不适应配方奶的问题，同时也不会因为断母乳而引起孩子紧张、焦虑的情绪。

在这里提醒妈妈们，孩子断母乳之前必须合理添加足量的换乳期食品，按时添加辅食，及早做到食物多样化，这样才能保证孩子对营养的需求。如果决定给孩子断母乳的话，妈妈一定要有恒心，绝不能吃吃断断、断断吃吃，这样反而不容易给孩子断掉母乳，也不利于母亲回奶。

一些妈妈在断母乳时采取离开孩子，或者在乳头抹上黄连水、辣椒水的方法。这些方法都是不可取的，不利于孩子的心理健康发展。

断母乳最好选择在秋天或者春天孩子身体无不适的时候进行。若遇夏天最好延至秋天凉爽的时候再断，若遇冬天可以延至春暖季节再断。这样可以避免因为气候不适造成孩子消化不良，影响断母乳。

我相信不少职业女性也存在我女儿的这种情况：面对工作的压力，很难坚持将母乳喂养进行到底。这是一个复杂的社会问题，不是单纯靠行政命令所能解决的。对于一个希望孩子能够获得母乳的儿童工作者来说，这也是很无奈的事情。

CHAPTER 5

3~4月龄发育和养育重点

❶ 继续训练孩子翻身的动作：仰卧→侧卧→俯卧，或者俯卧→侧卧→仰卧，帮助孩子练习从左右两个方向翻动。

❷ 开始训练拉坐。

❸ 孩子能从他人手中拿玩具，将玩具从一只手转到另一只手。教孩子用手打"哇哇"，促使手的动作和发出的声音相配合。

❹ 孩子的手眼动作更加协调，可以准确抓住移动的物体。家长可以训练孩子用手扶着（当然主要是大人扶着）奶瓶，是孩子生活自理的一种初步体验。

❺ 孩子对颜色的感知能力已经接近成人，表现出对某些颜色的偏爱。可以给孩子选择颜色鲜艳、形象逼真的图片或图书看，用简单明了的词语来描述图书或图片的名称。

❻ 孩子可以长时间、不间断地发出一些陌生的声音，并且开始模仿声音。

❼ 可以选择优美的古典音乐光盘、录有大自然中各种声音的光盘或录音让孩子聆听，有助于令他的听觉变得更加灵敏。家长要多抱着孩子随着乐曲的节拍舞动身体，培养孩子的节奏感。同时配合头的自由转动，刺激视听能力的发展。

❽ 孩子已经能笑出声来。因此要求家长不断用微笑来强化孩子的笑，孩子看到的笑多了，孩子会笑得更多。笑表达了一种愉快的情绪，对孩子的认知发展水平起着很重要的作用，有助于孩子建立活泼开朗的性格。

❾ 父亲多与孩子做大运动量的游戏以及平衡和空间知觉能力的训练（如"坐飞机"），让孩子感受性别角色不同所给予的教育也不同，父亲的陪伴是母亲所不能替代的。

❿ 在日常生活中，需要时时、处处教孩子认识他接触的物品，告诉孩子物品的名称，并且需要反复进行强化。

⓫ 护理孩子前要呼唤他的名字，让孩子知道这个名字就代表他。与孩子说话时要面对面、表情丰富地注视着他，吸引孩子注视、倾听自己，进行视听训练。孩子通过大人不同的表情学会分辨多种情绪，然后做出相应的反应。

⓬ 继续给孩子照镜子，让孩子观察镜子里的影像，指着影像告诉孩子，这是×××（孩子的名字），促使孩子加速认识自我。

⓭ 让孩子多与其他小朋友或成人接触，逐渐习惯与其他人交往。

■

训练孩子翻身，进展得很缓慢

从小铭铭满2个月以后，我就要求小王开始帮助孩子翻身，让孩子感受翻身的动作。因为翻身可以训练孩子脊柱和腰背部肌肉的力量，训练身体的灵活性。通过翻身，孩子还可以从不同的位置来看外部世界，既扩大了孩子的视野，也提高了孩子的认知能力。

每次做完婴儿操后，小王都要给孩子练习翻身。每次训练时小王将铭铭的右臂上举（或者紧贴在胸腹的右侧），把孩子的左腿搭在右腿上，扶着孩子的左背部，轻轻向右推，孩子整个身体就向右侧翻身180°呈俯卧位；再扶着孩子的左肩和左臀部，轻轻向左推，孩子整个身体就向左侧翻身180°呈仰卧位。然后将孩子的左臂上举（或者紧贴在胸腹的左侧），将孩子的右腿搭在左腿上，扶着孩子的右背部，轻轻向左推，孩子的整个身体就向左侧翻身180°呈俯卧位。再扶着孩子右肩和右臀部，轻轻向右推，孩子的整个身体就向右侧翻身180°呈仰卧位。每天做完婴儿操后，小王都给孩子重复做这些翻身

练习翻身（从仰卧到侧卧）

的动作，但是这样的练习大约进行了1个月，好像小铭铭一点儿主动翻身的欲望都没有。

女儿不禁着急起来："妈！这个孩子怎么一点儿翻身的意识都没有，是不是因为他胖，动作发育就会慢一些？还是这个孩子就是笨呢？"

"你也太性急了！一般孩子在3个月才开始练习翻身，6个月时才能熟练地从仰卧翻成俯卧位，有的孩子延迟到8个月才能完成。我们现在做的，只是让孩子感受翻身的动作。4～6个月才是真正训练孩子练习翻身的时候。"我轻轻地责备着女儿。

"再说，孩子刚开始练习翻身时也不能直接从仰卧翻成俯卧，需要一步步来。"紧接着，我给女儿讲起了如何训练孩子翻身。

将孩子摆成仰卧位，如果准备让孩子向右侧翻身，一个人站在孩子右侧用带响声的玩具逗引，孩子听到响声欲向右侧转头时，妈妈将孩子的左腿搭在孩子的右腿上，用手扶着孩子的左背部，轻轻向右侧推，将孩子的身体向右侧翻身90°。休息片刻后，一个人站在孩子左侧用带响声的玩具逗引，孩子听到响声后欲向左侧转头时，妈妈轻轻推动孩子的左肩，孩子自然就翻身呈仰卧位了。

如果准备让孩子向左侧翻身，一个人站在孩子的左侧用带响声的玩具逗引，孩子听到响声欲向左侧转头时，妈妈将孩子的右腿搭在孩子的左腿上，用手扶着孩子的右背部，轻轻向左侧推，孩子的身体就向左侧翻身90°。休息片刻后，一个人可以在孩子的右侧用带响声的玩具逗引，孩子听到响声后欲向右侧转头时，妈妈轻轻推动孩子的右肩，孩子自然就翻身呈仰卧位了。

当孩子从仰卧位已经能够熟练地翻至侧卧位时，就需要训练难度大一些的动作了。当孩子翻身至侧卧位时，在孩子面对的一侧把他喜欢的玩具放在身边，妈妈用手摇动这个玩具来逗引孩子伸手去抓，在孩子努力去抓的同时，身体就会自然由侧卧位翻至俯卧位了。这个动作可以向左或向右训练。不过，一般来说，孩子朝右侧翻身比向左侧翻身要容易得多。

当孩子能够熟练地掌握这两种动作以后，就可以将这两个动作连接起来进行训练了，即训练孩子从仰卧位翻身至俯卧位。不过训练时一定要用孩子喜欢的玩具，并且让孩子通过翻身动作能够抓住这个玩具。当孩子所做的动作获得成功后，妈妈要及时亲吻自己的孩子或者愉快地夸奖孩子，这样孩子才能有兴趣并且乐于去重复翻身动作的训练。

当孩子从仰卧位熟练地翻至俯卧位时，妈妈可以开始训练孩子从俯卧位向仰卧位翻身以及连续打滚的动作。这些训练应该在孩子8~9个月大时开始。

需要提醒家长的是，如果正逢寒冬季节，孩子穿的衣服多也会影响孩子对翻身动作的掌握。孩子太胖也会影响孩子运动技能的掌握。另外，练习翻身时需要选用硬板床，不要在席梦思软床上训练。训练时间应该选择在两次喂奶之间、孩子觉醒的时候。妈妈协助的动作一定要柔和，不要伤着孩子的肢体。

特别需要提醒家长注意的是，每个孩子运动能力的发育是有差异的，即使是同一个孩子，在不同阶段运动技能的掌握快慢也不一样，家长千万不要着急。

后记

尽管每天不间断地训练小铭铭的翻身动作，但是他一直掌握得不好，从仰卧到侧卧学得很快，但是从侧卧到俯卧一直需要别人帮助。虽然别人只是轻轻一推，但是没有这一推，他就是不能翻至俯卧位，更别说从俯卧翻成仰卧了。有时我也很着急，心里暗暗地想："莫不是这个孩子真的笨？怎么与他同样大的孩子都会翻身了，他还不行？"可是当孩子学会爬行后，突然有一天，他就掌握了翻身动作，而且还可以连续翻身。随着孩子掌握了翻身的动作，孩子就面临可能发生坠床的不安全因素，这个时候家长不能把孩子单独放在床上，需要有人陪伴在身边，预防意外发生。以后小铭铭坐、爬行、站立和行走等动作发展得都比较早，我在这儿也想提醒其他家长不要为孩子某一阶段动作发育相对缓慢而着急，只要在他发育的关键期内掌握了相应动作就是正常的。

爸爸让小铭铭"坐飞机"

　　日子就这样一天天过着，自从家里有了这个小宝宝，增加了不少工作量，家里所有人每天都感到很劳累，但是"痛并快乐着"。因为只要看见小铭铭明亮的双眸，欢快舞动着的四肢，疲劳顿时荡然无存，而且马上精神焕发。这不，女婿正让小铭铭玩"坐飞机"的游戏呢！

　　女婿工作了一天，下班回来已经很疲劳了（女婿几乎天天工作到深夜1～2点），可是一进门，看到小铭铭后马上喜笑颜开，立即说："我马上去换衣服，洗干净手，让铭铭'坐飞机'。"

　　所谓"坐飞机"，就是让孩子俯卧在大人的一只手臂上，大人的前臂托着孩子的腹部及前胸，孩子的双腿放在大人手臂的两侧，大人的另一只手拉着孩子靠近大人一侧的手。这时可以伴随着音乐轻轻地摇动孩子，或者带着宝宝转圈。铭铭非常喜欢大人带他做这项游戏，常常在"坐飞机"的过程中高兴地大笑。在这项游戏中孩子努力抬头，训练了背部和颈部的肌肉。同时，孩子抬头观看四周环境，开阔了视野。俯卧时腹部承受着均匀的压力，孩子感到非常舒服。尤其是大人还在欢快地哼唱，节奏不断地变换着，孩子就像小鸟一样欢快地"飞翔"。这项游戏训练了孩子的空间知觉，也刺激了前庭系统，锻炼了孩子的平衡能力，是一项不错的感觉统合训练。

　　今天女婿让孩子玩"坐飞机"变了花样，改称"发射火箭"。他让孩子仰卧在他的右前臂上，把孩子的头放在右手掌中，臀部和后背躺在他的右前

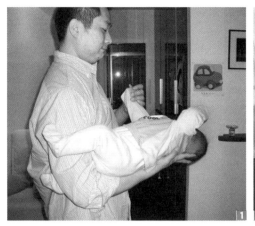

1 爸爸与铭铭玩"发射火箭"的游戏　　2 爸爸让铭铭"坐高高"

臂，双腿放在他右前臂的两侧，女婿用左手拉着孩子的右手，孩子的左臂则自然地伸开了。女婿深情地注视着儿子，嘴里哼着节奏鲜明的曲子开始缓缓转圈，左一圈、右一圈，孩子咧开嘴笑了。一会儿停止转圈，女婿的右手臂向后缩，然后像火箭一样快速向前送出。刚一开始可以看得出来孩子有些紧张、害怕，这是一种本能的、带有反射性的恐惧，毕竟仰面躺着和俯卧的感觉是不一样的。对于小婴儿来说，从高处落下、身体位置突然改变都会引起孩子本能的恐惧。但是随着女婿不停地重复这一动作，小铭铭逐渐放松了，大概是出于对爸爸的信任，还是咧开嘴笑出了声。看得出来，小铭铭很喜欢与爸爸玩这个游戏。

从心理学和教育学角度上说，父子之间的交往与母子之间的交往在内容和方式上是有所不同的。一般来说，父亲与孩子做游戏做得多，特别是父亲更喜欢和孩子做大运动的游戏，而且偏重于肢体运动和触觉上的游戏，花样繁多，新奇且具有很大的刺激性，非常容易激发孩子的兴趣，引起孩子的兴奋，因此提高了孩子对外界反应的敏感性，孩子容易从爸爸那里获得情感上的满足。稍大一些的孩子在游戏时往往更希望和父亲在一起，因为父亲是他最好的游戏伙伴。在与父亲的游戏中，孩子不但能够积极参与，而且能够学习合作和平等的交往。当在游戏中出现困难时，爸爸一般都鼓励孩子自己去尝试解决问题，拓宽了孩子的思维路子，培养了坚忍不拔的性格。父子之间的交往满足了婴幼儿早期心理发展的内在需要。教育研究表明，一般来说，由父亲带大或参与带大的孩子具有积极的个性品质，独立性比较强，处理问题时坚忍、自信、果断。父亲是男孩的性别认同对象，男孩可以从爸爸那儿学习男子汉的阳刚之气；女孩也会从父亲那儿学习如何与异性接触和交往。父子之间的交往有助于提高孩子的社会交往能力，丰富孩子的社会交往内容，让孩子学会更多的社会交往技巧，有助于以后与小伙伴的交往，乃至于能够在未来更好地搞好人际关系，更好地融入现实社会中去。

这只可怜的"小牛"被铭铭抓到了

"张大夫，你快来看！你的大外孙可不得了了！"小王高呼着喊我过去。

我不知道发生了什么事情，急忙跑进屋里。原来孩子正抱着床铃上的玩具小牛的腿和脚一并塞进嘴里大啃。

"前天铭铭就张开手用力抓住转到他眼前的小动物往嘴里送，不过，没有今天这样准确。"小王说。

我把孩子的手松开，让小牛继续旋转。我仔细观察孩子，只见孩子平躺在床上，下肢不动，全神贯注地注视着转动的小动物，看到一个小动物转到眼前，他就伸手去抓。伸了第一次手没有抓到小牛，小牛转走了；又伸了一次手，没有抓到转来的小羊；第三次伸手抓住了小驴，只见他用力地揪着小驴的腿（床铃有些高，铭铭只能抓住玩具的腿）往嘴里送。我有意识地把小驴从他手中"解放"出来。只见他又专注地注视着旋转的小动物，不停伸手去抓，当我再一次将他抓到手的小动物"解放"出来时，他竟然立刻使劲儿地舞动四肢，大哭起来，好像在向我抗议。

"嗬！脾气还挺大！"我感叹地说。

哭归哭，孩子还在注视着转动的小动物，这一次倒霉的小牛又让他抓住了，他用力地把它拉到嘴边，开始大啃起来。这次我没有管他，他心满意足地啃了一会儿，自己张开嘴、松开手放跑了小牛。床铃继续转动，孩子的注意力已经不在它的身上了。

今天孩子的这个表现与我们的长期训练是有一定关系的。

小外孙的床边卡着一个床铃玩具。这个玩具有3根弯曲的金属棍，黄色、绿色和红色的布制成的小牛、小羊和小驴分布于每根金属棍上，这些小动物做得很好看，也很逼真。每根金属棍的另一边还吊着颜色各异的小球。当启动开关时，小牛、小驴和小羊在孩子的头上方缓缓旋转着，同时伴随着轻柔动听的乐曲（这个床铃中储存着贝多芬、莫扎特、舒伯特等多位伟大音乐家的名曲），每个小动物的上方还有3个不同形状（如三角形、五角星、圆形等）、不同颜色的硬板，随着小动物的上下起落，它们也在上下起落，并且落下时还发出清脆、悦耳的声音。

小外孙很喜欢这个玩具。在新生儿时期，只要孩子躺在小床上，我们都会打开这个玩具，不同形状的物体和颜色鲜艳的小动物可以给孩子视觉上的刺激，同时还可以让孩子的目光追逐转动的小动物，美妙的音乐和硬板降落的声音给予孩子听力上的刺激。当孩子满1个月以后，我们发现在他哭闹时，如果将他放在小床上让他看这个转动的床铃，他会马上止住哭声且饶有兴趣地注视着它转动。看着看着，孩子就会高兴得手舞足蹈。在2个月时，他还能发出"a－a－ya－ya－wu－wu"的声音。这时大人最好借助手势和

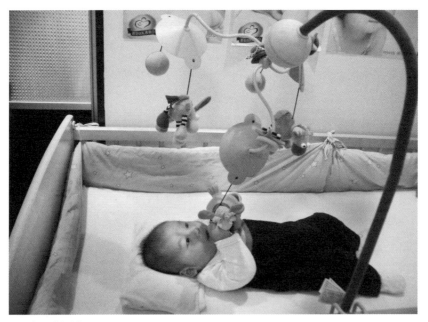

铭铭在抓"小牛"

丰富的面部表情和他呼应，并在旁边告诉他，转到他面前的是什么动物，同时指着小动物的耳朵和其他部位，对他说出这个动物的特征。例如"这是小驴，有长长的耳朵。这是小驴的眼睛，这是四条腿，这是大嘴。大嘴里吃的是草"。这样做有利于孩子感知语言、促进听力的发育，有利于孩子社会化的发展，也有利于和父母建立亲子依恋关系。

当孩子2个多月时，我们有意识地打开他紧握的手去触摸转动到他面前的小动物。日后，我们发现这个孩子开始半张着小手去够它们，尽管这个动作不准确，有的时候够不着，但是孩子一直在不停地尝试，偶尔也有成功的时候。一旦成功，孩子就表现得很愉快，甚至开始微笑了，这就是一种社会性微笑。

现在孩子已经从够固定的物体发展到去够移动的物体了，而且在够取的活动中表现出了极大的专注力。可以看出，他的大脑对手的控制能力越来越强，手上的动作也越来越灵活和准确了。我真为孩子的进步感到高兴！

铭铭的口水流个不停

这些日子，孩子不停地流口水，有的时候还像螃蟹一样吐泡泡，弄得自己下巴整天湿漉漉的。凡是抱着他的人需要不停地拿着手帕给他擦拭，然后再涂抹婴儿润肤油或郁美净儿童霜，唯恐他下巴的皮肤皲裂。而且抱着他的人肩膀真是遭了殃，让他的口水滴得湿漉漉、黏糊糊的，很不好受！

小外孙从2个月就开始流口水，那时流得很少，很少流到下巴。即使流到下巴，擦过之后也能维持很长时间的干爽。最近口水流得越来越多，而且还不停地吹泡泡。因此，需要我们给他戴上布围嘴，严重的时候隔2小时就要换1次围嘴，否则就会湿透。

孩子的太奶奶和奶奶看后，开玩笑地对女儿说："妈妈在怀孩子的时候螃蟹吃得多，所以孩子就像螃蟹一样吐泡泡。"

"孩子流口水不断，与大人用手捏两腮有关系。"

确实，女儿在妊娠期间吃的螃蟹不少，虽然与孩子总流口水之间并没有因果关系，太奶奶和奶奶说的也是玩笑话，但是民间还真有这样的说法。那么，为什么孩子出生时没有流口水，现在口水却越来越多了呢？

正常人的口腔内有3对分泌唾液的腺体，即舌下腺、颌下腺、腮腺。这3对腺体开口于口腔内，24小时不停地分泌着唾液。新生儿时期由于依靠乳汁（液体食物）满足生长发育，不需要太多的唾液，所以唾液腺不太发达。唾液每24小时的分泌量是50毫升～80毫升（成人24小时分泌1000毫升～1500

毫升）。随着孩子的发育，到3~4个月时唾液量大增，一昼夜可达200毫升~240毫升。因为唾液量大，而孩子的口腔深度不够，不会控制和吞咽口内的唾液，所以口水就流出来了。每个孩子的发育也是有差异的，小铭铭发育得比较早，从2个月就开始流口水。唾液分泌增多也向抚养人表明，淀粉酶的分泌也逐渐增多了，意味着为将来消化淀粉类食物创造了条件。5~6个月的孩子唾液会分泌得更多，如果已经添加了泥糊状食物，可能因此而引起唾液腺反射性分泌增加，而且也因为牙齿接近萌出状态，牙龈的感觉神经获得机械刺激，所以孩子流口水的情况可能会更为严重。但孩子添加泥糊状食物和固体食物后，其吞咽和咀嚼功能经过训练不断得到完善，孩子能够逐渐学会利用吞咽来调节口腔内的唾液；随着孩子牙齿的萌出，口腔的深度得到增加，孩子就不会流口水了。

唾液中含有一种结构上长长的、具有黏性和弹性的蛋白质，上面附满糖类，称作"黏蛋白"。它使唾液具有黏性，所以当唾液流出口腔外受到呼出气体的作用，就导致小铭铭像螃蟹一样吹着泡泡。唾液具有消化和抑制细菌生长的作用，其中含有的黏蛋白能凝集细菌；含有的消化酶能对食物进行初步的消化；而且还能机械地冲洗口腔黏膜和牙齿，清洗细菌和食物残渣；唾液还能溶解食物，引起人的味觉；唾液的分泌使得口腔内保持湿润，保证人顺利地说话和吞咽，而当酸、苦等有刺激性的东西进入口腔时，唾液分泌量会增加，从而把它稀释，便于吐出或下咽；唾液还能够促进血液的凝固，口腔内外伤或拔牙引起出血时，唾液可以起到止血的作用。所以说唾液常常被古人称作"金津玉液"。

另外，新生儿、小婴儿流口水与大人用力捏两腮也有一定的关系。新生儿或小婴儿口腔内黏膜细嫩，颊部黏膜下层主要由疏松的结缔组织组成，其中有丰富的血管、淋巴管和神经网。颊黏膜有很多黏液腺，上颌后面的水平面处有腮腺导管的出口，可以流出唾液。但是因为新生儿或小婴儿唾液腺发育不足，分泌唾液较少，黏膜较干燥，极易因为外力刺激而受损伤。如果这时有人喜欢用手捏捏孩子的脸蛋，用双手揪揪双侧脸颊或者使劲儿亲吻孩子的脸蛋都容易使娇嫩的颊黏膜受伤，腮腺或腮腺管受到外力一次次的撕扯和挤压也容易造成腮腺和腮腺管损伤。尤其当孩子4~6个月时，唾液腺分泌增加，由于局部外力机械刺激的缘故，从口腔内容易流出唾液，造成唾液分泌量增加，加上小婴儿的口腔深度不够，不会控制口内的唾液，也不会借助吞咽动作来调节口腔内的唾液量，造成孩子流涎、口腔黏膜炎和腮腺炎。

因此，请大人手下留情，不要过度"亲昵"宝宝的小脸蛋。

开始训练拉坐

孩子快4个月了，已经能够抬起头来，而且竖着抱还能左右转动头去看他感兴趣的事物。每当我抱着他在屋里走动时，他的眼睛左顾右盼，对周围的环境十分感兴趣。当小铭铭俯卧在床上时，经常用双手扶着床面努力用上臂支撑着上半身抬高去观望四周。外界对他太有吸引力了，尤其是能够自由抬头后。

孩子抬头的动作掌握得很好，已经具备了训练拉坐的条件，因此现在可以训练孩子拉坐了。其实小王早已经开始着手做这方面的训练了，这让我感到十分高兴。每次做完婴儿操后，小王都要训练2~3次拉坐。当小王拉住孩子的双手，准备抻直孩子的肘部轻轻拉小铭铭坐起来时，我发现小铭铭紧紧握住小王的手指，肘部屈曲，企图借助小王的拉力自己用力坐起来，因此在这个过程中小铭铭脸憋得通红，嘴里还吭吭哧哧地喘着粗气。一旦坐起来，每次能够停顿3~5秒。这时孩子的头虽然竖立起来了，但是后背很快就塌下来了，上半身就趴在小王的手上，这是因为孩子腰部、背部肌肉和脊柱的支撑力量还比较弱，无法长时间地支撑自己的身体。待孩子休息一会儿，再轻轻将孩子送回原来的仰卧位，然后轻轻按摩背部和腰部，使得这些肌肉得以放松。接着再重复做1~2次。下午孩子睡醒觉后，小王在床上还要训练2~3次拉坐。每天小铭铭外出玩的时候，我都让孩子呈半卧位的状态待在儿童车里。这样的好处是孩子的视野开阔，可以满足"看"的需求。孩子为了看到更多的东西会努力抬起上半身，这样也锻炼了背部和腰部的肌肉，

1 铭铭用双上肢支撑着上半身独坐　2 训练靠坐　3 10多天后，铭铭独立坐得很稳了

并且使脊柱逐渐增加了支持的力量，为将来独立坐奠定了基础。

所谓拉坐，就是当孩子呈仰卧位躺在床上时，家长用双手拉着孩子双手的手腕，轻轻将孩子从仰卧位拉至坐位。家长也可以将自己的大拇指伸进孩子的手心，轻轻刺激孩子的双手心，孩子会紧紧握住大人的大拇指（这是利用孩子的握持反射，也是一种原始反射，一般在宝宝3个月后逐渐消失），家长再用其他手指拉着孩子的手腕向前拉直他的手臂，轻轻将他拉至坐位。但在这个过程中，家长需要注意拉孩子时用力的方向要顺着孩子坐起的方向，否则容易引起发育还不牢固的肘关节脱臼。有的家长怕用力不对扭伤孩子的手臂，因此往往喜欢拉住孩子的上臂练习拉坐，但是这样做的结果是孩子自己使不上劲儿，也不能很好地锻炼背部、腰部和手臂肌肉的力量。

经过每天训练，孩子的背部、腰部和上臂的肌肉获得了锻炼，到5个月的时候就可以训练靠坐了。靠坐就是将孩子扶至坐位后，将孩子的后背靠在沙发角或棉被垛上，但是需要提防孩子因坐不稳而发生左右摇摆，甚至发生侧倒。现在市面上有了U形靠椅，就解决了孩子坐不稳发生侧倒的问题。每次训练的时间不要长，3～5分钟即可，每天练习2～3次。训练时家长必须要注意保证孩子的安全，时时刻刻守在孩子的身边。

到6个月时，孩子就可以练习独立坐了。刚开始时，孩子坐的时候上半身会向前倾，双手支撑在地上，三点着力形成一个支撑面支撑着上半身，或者自己扶着支持物促使自己抬起前半身，将腰背直起来。同样，每次进行这种训练的时间不要长，最开始训练3～5分钟，后来逐渐延长到10分钟左右就可以了，以免脊柱、腰部、背部承受的压力过大。经过每天2～3次的锻炼，孩子逐渐就能坐稳了，而且上半身也会很快挺立起来。小铭铭的这个过程用了10多天，之后就能独立坐了，而且坐得很稳，上半身已经能够直立起来。

如果训练得当，自身运动功能发育得好的孩子到7～8个月时就能坐着转身去拿放在身边的玩具了。

孩子学会坐，开阔了视野，增加了活动范围，增长了见识，提高了认知水平，也锻炼了脊柱、腰部、背部的肌肉，同时为即将开始的爬行训练打下了基础。

铭铭的社交活动

小铭铭是一个人见人爱的孩子，之所以说人见人爱，是因为孩子刚出满月就开始去小区的院子里玩儿，见的人可比在家里见到的人多多了。因为长得胖乎乎的，而且自从会对别人微笑后，凡是见到外人一律送上甜甜的一笑。再加上这个孩子不爱哭，因此特别招人喜爱，尤其是每见到一个与他打招呼的人，小王都不时告诉他："给××笑一个！"即使是从来没有见过的人，小王都会举起小铭铭的手摆摆，主动向来人说："快向叔叔问个好，笑笑！"因此，无论是院里的爷爷奶奶，还是物业的保安叔叔、清洁工阿姨，只要一看见小铭铭，总会凑到跟前逗逗他。不管见到谁，孩子一律报以微笑，有时还顺带哼哼两声，自言自语地说着谁也听不懂的"话"。当人家走时，小王还不失时机地拿起小铭铭的手，说声："跟××说再见！"

小王是一个外向的人，对小区里任何人都非常热情，因此和周围人的关系也非常融洽，小区的人都对她非常友好，也非常喜欢她。她是一个受别人欢迎和信任的人，当初我选择小王做铭铭的育儿师就是看中了她自身的高素质。

周六或周日小铭铭经常随着妈妈和爸爸到有孩子的朋友家去做客，当时只有2～3个月的铭铭对于见到的小朋友没有什么表示，可能更多的是关注周围的环境和别人家的玩具、物品，但是这样的做客经历已经让孩子增长了不少见识。近1个月来，别看铭铭小，已经有了很多的小朋友。院子里的宝宝、乐乐、天天、淘淘、洋洋都和小铭铭非常友好，只要小铭铭的儿童车一出楼门口，这群小哥哥和小姐姐都高喊着："铭铭出来了！铭铭出来了！"于是纷纷跑过来，围在小车旁，不是这个小哥哥摸摸他的脸，就是那个小姐姐拉拉他的手。有的小朋友还兴高采烈地推着他的车快速原地打转。急得他们的爷爷奶奶或妈妈爸爸一个劲儿地招呼自己的孩子，唯恐他们一不小心碰着小铭铭，因为这么大的孩子手脚可是没轻没重的。不过我们并不在乎这些，一再表示不要干涉孩子，让孩子自己去玩儿吧！因为我知道，对于这些小哥哥小姐姐来说，他们的语言能力发育还不成熟，几乎不会使用语言来表达自己交往的需要，更多的是使用肢体动作和行为来表达情感，如用身体冲撞、挤压、拉、夺等进行交往，这是这么大的孩子的一种交往手段。在孩子们看来，这是他们喜爱铭铭的一种表示。我家小铭铭也不在乎哥哥姐姐的粗鲁动作，这个时候是他最喜欢的时刻，他高兴地笑着，甚至笑出声来，满有一股被人簇拥着的明星的感觉。因为铭铭最小，所以其他小朋友都会哄着他玩儿。在大人的一再吆喝下，小哥哥和小姐姐一哄而散，跑开去玩了。宝宝、乐乐因为只比铭铭大2～3个月，他们3人一起坐在车里看着小哥哥和小姐姐们玩滑梯、攀障碍物、蹬云梯、捉迷藏、骑三轮车……这个时候，小铭铭的眼睛可就不够使唤了，他左顾右盼，一会儿看看周围的大人，一会儿看看小哥哥和小姐姐，一会儿又看看院子里跑着的猫和狗，甚至连蓝天白云、院子里的绿树和早春的杜鹃花、迎春花都是他注意的对象，看得高兴时自己还咿咿呀呀地"自言自语"，口水不时地顺着嘴角流下来。小王拿出手帕给他擦，因为小王的手挡住了他的视线，他还不高兴地偏偏头哼哼几声。

每天小铭铭都到院子里玩两趟，这是小铭铭进行空气浴和日光浴的时间，也是与外人进行交往的时间。每天上午10点左右出来，这时阳光明媚，天气还不是特别冷；下午睡醒觉后再出来1次。每次都玩1～2小时。这些时间也正是其他小朋友出来玩的时候，因此，这段时间就成了孩子聚会玩耍的时间，也是孩子们学习社会交往技巧的时刻。

当孩子外出玩的时候，正是爷爷奶奶、爸爸妈妈进行抚养孩子知识大交流的时刻，与此同时，也是增进邻里友好关系的时刻。有的时候我也会和孩子一起下楼，这时我就成了咨询医生，不断解答大家在育儿方面所遇到的各种问题。

0～3岁是孩子全面综合发展的关键期，也是社会交往能力发展的奠基阶段。在现实生活中，大多数家长都注意孩子的营养和智力的发育，而往往忽略了社会交往和社会适应能力的培养，什么事情都由家长代办，长大成人后不能很好地与人交往，缺乏交往技巧，因而不能适应未来社会的要求。更何况我国大多数家庭都是一个孩子。这些孩子没有兄弟姐妹，在家庭中缺乏同伴间交往的实践训练。最经常接触的往往是父母，而与父母等成人的交往又往往让他们处于依赖和被照顾的地位，属于权威和服从的关系，缺乏同伴间的平等、合作、互惠的关系，对于适应将来的社会非常不利。因此，对儿童的交往问题，家长不能等闲视之，必须及早干预，给孩子创造社会交往的场所，帮助孩子学习社会交往，掌握交往的技巧，使其成为能适应社会的、受欢迎的人。

《学前教育·家教版》曾有这样一篇报道："有一项研究把儿童按社交地位分成5种类型：受欢迎的儿童、被拒绝的儿童、矛盾的儿童、被忽略的儿童、一般的儿童，并把被拒绝的儿童和被忽略的儿童统称为'不受欢迎的儿童'。另一项追踪5年的研究表明，如果不进行干预，不受欢迎的儿童的社交地位将就此固定，不会有什么改善。非但如此，相比其他幼儿而言，这些幼儿还是幼儿园里的低成就者，而且在成年以后，偏离社会的行为也比较多：被拒绝的儿童容易发展成反社会人格，而被忽略的儿童容易发展成神经质人格。这项研究给予我们这样一个启示，那就是在这些孩子的生命早期没有学会社会交往的技能。"

社会交往是人类生存的一种基本需要，也是人精神生活的重要内容。孩子也是在不断地与人交往的过程中通过学习、吸收积累各种不同的社会文化知识，发展自己的语言、情感、社会行为、道德规范、交往经验、人际关系以及道德品行，形成适应社会要求的社会行为，在未来的发展中具备良好的社会适应能力，更具有开拓和驾驭能力，最大程度地调动人实现自身价值的潜能，形成孩子的个性。

5~6个月以前，孩子主要利用情绪交流吸引更多的人对他进行关注和爱抚；6个月以后，孩子在不断与人交往的过程中，逐渐理解各种表情，学会察言观色，逐渐习惯与更多人进行交往。这一过程有助于提高孩子的社会交往能力。

因此，从小注重培养孩子的社会交往能力不但是必要的，而且是不可或缺的。

0～3岁社会交往发展的指标

年龄	对应阶段	发展特征
0～6个月	单纯社会反应阶段	小婴儿最早通过发出信号，如哭、笑、肢体动作、表情等对外界做出反应，呼唤他人（抚养者）来解除他的痛苦，满足生理需求。其交往技巧主要是先天遗传的。 ● 与人有对视 ● 会微笑；在他人触觉等刺激下，会发出大笑声 ● 对大人的逗引可用声音回应 ● 会倾斜上身扑向熟悉的人 社会交往发展指标： ※0～3个月 不加区别地喜欢所有的人，没有对抚养者（主要是母亲）形成偏爱 ※4～6个月 有了区别和选择，对抚养者（母亲）更偏爱，表现出更多的微笑，对陌生人反应少一些
7～24个月	依恋关系建立阶段	母子、父子交往是婴幼儿最早的社会交往行为。动作的发育有助于小婴儿社会交往的发展。 社会交往发展指标： ※7～12个月 ● 理解成人的简单语言，会使用肢体语言玩简单的社交性游戏，如"小燕飞""藏猫猫""欢迎""再见"等 ● 喜欢看其他的孩子，喜欢和其他的孩子做伴 ※1～1岁半 ● 能主动与他人交往 ● 接受非家人以外熟悉的人 ● 模仿做家务的动作和行为 ● 与其他孩子在一起各玩各的，会给别人玩具 ※1岁半～2岁 ● 当需要不能及时得到满足时，会等待 ● 可以完成家长简单的要求 ● 喜欢和其他的孩子一起玩平行游戏
25～36个月	发展伙伴关系阶段	社会交往发展指标： ● 听得懂成人阅读的简单故事书，能与他人一起唱歌 ● 会请求成人的帮助 ● 开始和别的孩子一起玩儿，不会分享，没有合作意识，可能伴有吵架或肢体冲突 ● 与其他孩子的交谈增多

CHAPTER 6

4~5月龄发育和养育重点

❶ 开始训练孩子靠坐；发育早的孩子可以训练直立跳跃，以增强肌肉的力量，为坐、爬和站立做好准备。继续训练翻身，可以从仰卧→侧卧→俯卧。

❷ 训练孩子双手各抓握1个玩具。

❸ 家长可以准备几种颜色鲜艳、可以发出声音的、不同质地的玩具吸引孩子关注，练习手的准确抓握，感受触觉的刺激。

❹ 孩子照镜子时会对镜中人笑，家长可以指着孩子影像中的五官教孩子学认。

❺ 开始训练孩子自己拿着奶瓶吃奶，手、眼、口动作更加协调。

❻ 出现了认生的情绪，对照料者更加偏爱，对陌生人产生紧张、警觉、回避的情绪。因此，带孩子去一些陌生的地方或见陌生的人时不要远离孩子，给予孩子安慰，以减弱或消除孩子的紧张焦虑心情。

❼ 当大人呼叫孩子的名字时，孩子会做出反应，或者回头看，或者冲你微笑，说明他已经听懂了自己的姓名。

❽ 通过与孩子玩"藏猫猫"游戏，让他明白眼前消失的物品虽然目前看不见，但仍然存在。他的目光会停留在物品消失的地方，期待着消失的物品在那里再次出现。

❾ 训练记忆。每天抱着孩子经过墙上贴有××图画或者灯等孩子熟悉的物品时，问孩子："××在哪里？""灯在哪里？"如果孩子目光转移到图画或灯时，就说明已经记住了。

❿ 给孩子玩牵拉的玩具，这是因果关系的训练，同时也让孩子体会到自己的力量。

⓫ 伴随音乐节拍跳舞，建议多做旋转动作或者抱着孩子做大幅度摇摆动作，训练孩子的平衡功能。做动作时，注意保障孩子的安全。

⓬ 具备添加辅食时机的孩子可以开始添加辅食。

⓭ 接种五联疫苗第二剂，肺炎球菌结合疫苗第二剂。

■ 米糊可真好吃

前两天因为北京家中有事，我回了一趟北京。昨天从北京回来时，小铭铭已经4个月零6天了。

昨天，小王抱着铭铭在餐桌旁玩儿，铭铭的口水滴滴答答地掉在餐桌上，小王拿着毛巾不停地擦着桌子。这时铭铭看到刚刚摆在餐桌上的饭菜，就直奔盘子里的馒头扑去。小王急忙把他抱离了饭桌，引得铭铭大哭起来。小王对我说："近来铭铭只要看见大人吃东西就闹着要吃。是不是他该添加辅食了？"在我回北京之前，就发现他大量地流口水，不管什么东西只要到了他的嘴里都会被他死死地咬住，尤其是每次喂奶时死咬住奶嘴不撒口，只见他双手紧握住拳，表现出一副恶狠狠的样子。我当初认为孩子可能要出牙了。不过据小王说，铭铭现在每天的奶量都在1000毫升以上，不给他吃奶他就大哭，似乎很饿的样子。我问小王："铭铭拉坐训练得怎么样了？"小王说："现在铭铭拉坐没有问题了，还可以靠坐几分钟呢！而且头也竖立得很稳当了。"听得出来小王很为铭铭的进步感到自豪！我自言自语道："根据以上的分析，我认为铭铭已经具备添加辅食的条件了。"

婴儿在3～4个月时，体重已达到出生时的2倍，神经系统也在快速发育，到了1岁时大脑的重量应该是成人的1/2。这样高速的发育速度，仅靠增加奶量也是难以维持的。纯母乳喂养的婴儿体内存储的铁在6个月时几乎消耗完了，需要及时补充，预防出现缺铁性贫血。母乳中虽然含有铁，吸收率高，但是铁含量很低，不能满足婴儿的发育需要，所以孩子母乳之外的第一口辅食应该是含铁米粉。孩子4个月以后唾液腺开始大量分泌，淀粉酶开始迅速产生并增多，具备了消化淀粉类食物的能力。而且母乳或配方奶所含热能难以满足孩子生长发育的需要。液体食物体积大，婴儿的胃容量相对偏小，因此只有通过改变食物的营养密度来解决，即增加营养密度，缩小体积。所以世界卫生组织建议在婴儿满6个月时开始添加辅食最为合理。每个孩子的发育是有差异的，家长需要根据添加辅食的时机来判断自己的孩子是不是应该开始添加辅食了。但是最早不能早于4个月，最晚不能晚于8个月。

· · · *Tips* · · ·

添加辅食对于婴儿的生长发育来说意义重大，而且还有助于宝宝心理的健康发展，因为液体食物——母乳或配方奶，是孩子早期生存所必需的物质条件，也是孩子和哺育者相互依恋的重要维系物，但孩子不可能永远靠它生存，而是逐渐要成为一个独立的人。添加泥状食品是孩子迈向独立的一个重要转折点，也有助于孩子建立自信心，为日后自立于社会打下基础。婴儿期是孩子人生的最初阶段，通过及时添加泥状食品或固体食品也有助于让孩子有所慰藉，感到舒适，获得满足感，对于养育者产生信赖感，有利于培养积极情绪，防止产生消极情绪，对孩子一生的身心健康具有十分重要的意义。

通过添加泥状或固体食品，使孩子从小得到良好的营养供应，促进了身体和大脑的发育，增强了对疾病的抵抗能力。另外，想让孩子的胃肠功能、消化酶的活性得到强化，则需要通过改变食物性状来实现，如食物颗粒渐大、硬度渐增等。同时，小时候尝到的味道越是多种多样，其对食品味道的记忆库就越丰富，将来长大了，对不同味道的接受能力和适应性也就越强。随着孩子的成长，妈妈应及时、大胆地给宝宝添加各种食物。而且食物应该逐步粗糙，这样对宝宝口腔、胃肠壁的物理刺激就越大，肠壁肌肉的推动力也就越大，使得宝宝逐渐练就很强的消化机能。当然，也要及时地摄入适量膳食纤维，有助于宝宝建立正常排便规律，保持健康的肠胃功能，对预防成年后的多种慢性病有着不可估量的好处。

铭铭原来属于混合喂养，每天以摄入配方奶为主，现在断母乳已经1个多月了。不管是纯母乳喂养，还是人工喂养的孩子，我认为都应该选择强化铁的米粉。我早已经准备好了含铁的米粉。

"先从少量开始，这一袋米粉是20克，我们先给孩子喂1/3袋，6克多一点儿，大约含有26千卡的热量，用水调成糊状，用小羹匙舀着喂孩子。"我说。

"米粉袋上标注的说明可以用奶或水调，这个米粉没有味道，孩子可能不吃，是不是用配方奶来调？"小王问。

"就用水调，主要是让孩子通过尝试米糊，接受奶以外其他食物的味道。当然，如果孩子确实不接受米糊的味道，也可以用配方奶或母乳调制，不过也只是用来过渡，最终还是要用水调。"

小王又问："我看到米粉说明书上标注可以用配方奶或者母乳调制成糊状，为什么您非要强调用水调制呀？"

我回答道："这是因为婴儿在17～26周对各种味道的接受度最高，而26～45周的婴儿对食物的质地接受度较高。所以应该让铭铭开始尝试与奶不同味道的食品了，让孩子大脑的记忆'仓库'中多多储存各种食物的不同味道，尽早做到食品多样化，有利于营养均衡合理。所以我们要适时添加与婴幼儿发育水平相适应的不同口味、不同质地和不同种类的食物。"

往常上午10点钟是孩子喝水的时间，我们就是利用这个时间给孩子喂米糊。由于是第一次给孩子添加泥糊状的食品，全家人都齐刷刷地围站在孩子旁，眼睁睁地看着小王怎么喂孩子。

只见小王熟练地让孩子坐在她的腿上，将孩子的一只手放在她的背后，她用一只手搂着孩子的腰并且拿着一只专用的小碗，另一只手拿着小羹匙喂孩子。碗里装的是6克多的米粉，加了30毫升的水，半分钟后调成糊状。当第一勺米糊放在孩子的嘴里时，我还担心小铭铭会给吐出来，没有想到孩子将放在嘴边的米糊吞到嘴里，只见两颊和嘴唇活动几下就咽下去了。这可不是咀嚼动作，纯粹是直接吞咽。

我嘻嘻一笑，说："对不起！各位看官，宝贝咀嚼技术还不熟练，有待进一步提高，见谅了！"大家听后不禁哈哈大笑起来。孩子看见大家直笑，他也不理解是怎么一回事，也跟着咧开嘴笑，结果将喂进嘴里的米糊又掉了出来。小王赶快用小羹匙又给拨拉进去了。孩子没有拒绝米糊，反而用那只可以活动的手抓住小羹匙往嘴里放，啃起小羹匙来。当小王把小羹匙从孩子的口中拿出时，小铭铭竟然因为米糊不能及时喂到嘴而哭闹起来。当孩子吃了几口米糊后，因为大家站在他的身边大声说笑，吸引了孩子的注意力，孩子不吃了，咧开嘴笑了起来。"这可不行，你们该干什么就去干什么！不要影响孩子吃饭。"我把大人轰到各自的屋里去了。现在屋里只有我和小王两个人了，孩子的注意力又开始集中在吃米糊上。不一会儿，孩子就将冲调好的米粉全吃完了。需要注意的是，这个时期的孩子对外界的一切事情都感兴趣，而且好奇心很强，如果大家在孩子吃饭时又说又笑，很容易分散孩子的注意力，养成边吃边玩的坏习惯。因此，平时在孩子吃饭时，一定要注意饮食环境和饮食气氛。我规定，孩子吃饭要固定时间、固定地点，孩子吃饭时家里要保持安静，让孩子集中注意力吃饭，以便养成良好的进餐习惯。

考虑到2小时后又是规定的吃奶时间，因此我和小王商量中午减30毫升配方奶，因为中午吃完配方奶后，孩子又要睡2个多小时的觉，睡醒后下午4点又有一次奶，孩子是饿不着的。下午6点，在孩子喝水的时间段又给孩子喂了6克多的米粉，孩子吃得仍然很好。按照往常的情况，孩子在晚上7点以后开始情绪不好，甚至烦躁哭闹，因为这个时间段孩子要闹觉，同时肚子也饿了，但是我们坚持不喂奶，哄到8点吃完奶后让他自己睡觉。没有想到这次孩子6点吃完米糊后，7点以后并没有哭闹，精神很好。到了8点我们照常给他吃了150毫升配方奶后自己就入睡了。别看米粉给得不多，可是真顶饱啊！

昨天还是按原来的时间喂孩子米糊。上午10点喂完米糊后，只见孩子眼睛愣神并且发红了，嘴角一咧一咧的，到孩子定时大便的时候了。小王说："要大便了！"急忙把铭铭抱进卫生间把他大便。孩子大便时我不让别人进卫生间，因为别人进来，他就高兴地咿咿呀呀说话，不大便了。

"张大夫，你看看你大外孙的大便，很好呀！"小王喊我。

我赶快进了卫生间，看见便盆里小铭铭拉的大便是条状黄软便，大便量与往常一样。

"是不是米粉可以加量呀？"小王问我。

"看来孩子添加米粉是没有问题的，今天不要急着加量，还是维持一天2顿，每次6克多一点儿。连着观察3天后，如果孩子没有什么不舒适的感觉，大便还是这种情况，仍然是每天喂2次辅食，把每次米粉的量增加到10克。"

中午12点时，小王又像往常那样给铭铭冲了150毫升的配方奶，结果发现孩子不像以往那样喝得那么快了，而是一边喝一边玩奶嘴。他现在已经会用自己的双手拿着奶瓶从嘴里拔出奶嘴，看看奶嘴，再把它放到嘴里去。

"看来他不太饿！"小王说。

"咱俩看看，是不是上午10点的辅食改为喂奶，把中午12点的那次奶换成米糊，将米糊当成一顿午餐来喂他。"我和小王商量着。

"行！就这样办！"我和小王达成共识，准备明天这样实施。

今天中午因为家里来了客人，耽误了小铭铭中午吃饭的时间，当小王把米糊喂给孩子后，因为米糊需要咀嚼后再咽下，不如配方奶吃着顺溜、快，这个孩子性急得大哭起来。喂他一口米糊，他就大哭给吐出来，而且还声嘶力竭地哭闹，没有办法，只好又给他喂了配方奶，孩子吃到配方奶后马上就停止了哭闹，很快就吃完奶睡着了。于是我和小王又分析，孩子哭闹不是因为拒绝米糊，而可能是饿极了，米糊不像配方奶那样能够及时给予饱腹感。看来不能让孩子在太饿的时候吃米糊。

晚上6点的那次米糊吃得就很顺利，这是因为距离上次吃奶才2小时，孩子不是很饿。看来如何安排吃米糊的时间还需要好好琢磨。

"妈！我的一个朋友把米粉放在奶瓶里和奶混合在一起喂孩子，挺省事的！不像咱们这样弄得孩子嘴周围和围嘴上黏糊糊的。"女儿说，"我还有个朋友，她的孩子刚开始添加米糊时往外吐，朋友的妈妈就说既然孩子不喜欢吃米糊，还是晚一些添加辅食吧，反正母乳也挺有营养的。后来她们家的孩子快9个月才添加米糊的。到现在孩子还是不接受米糊，就是爱吃奶。我的朋友十分着急。"

"那可不行！"于是我开始对她和小王讲，"将米粉放进奶瓶中仍然是利用吸吮的方式来进食，或是认为奶的营养全面而推迟到8个月以后添加辅食，这两种做法都是不对的。利用吸吮的方式进食，会让孩子缺乏使用吃饭工具（勺子）训练吃辅食的机会，也不利于咀嚼进食方式的培养，让孩子错过利用牙齿、牙龈进行咀嚼训练发育的关键期。更何况这样吃辅食很容易过度喂养，导致孩子摄入过多热量。过晚添加辅食，孩子同样失去了训练吞咽和咀嚼能力的机会，这样的孩子因为不会咀嚼，对于以后进食略微大一点儿的食物就会拒绝，把它吐出来。更何况人类的各种能力与行为存在着发展关键期，这是由人类生理发展规律决定的。如果在某一能力发展的关键期对其进行科学、系统的训练，与之对应的脑组织就会得到理想的发展和成熟；如果错过了相应的训练，可能会造成脑组织长期难以弥补的发育不良。现在这段时间就是孩子吞咽和咀嚼发育的关键期，应该在其发展的关键期内循序渐进地添加换乳期食品，满足孩子全面发育的需要。在这个特定时期，孩子的吞咽和咀嚼发展最快，最容易获得，最易形成。如果在这个时期施以正确的指导，可达到事半功倍的效果。一旦错过这个时期，就需要花费几倍的努力才能弥补。还有一些家长认为辅食越早添加越好，在孩子不到4个月就添加辅食。这样做更容易引发孩子过敏。4个月以后添加辅食，可以将这一危险降到最低。因此我们说过早或过晚添加辅食都是错误的。"

"什么时候可以开始添加不同形状的食品呢？"小王是一个爱问问题的人，接着又问，"什么时候可以给铭铭吃馒头和饺子一类的食品呢？"

于是我细细地讲解了一下："开始添加辅食时，由于孩子还处于直接吞咽阶段，在这个阶段所喂的辅食应该是泥糊状食物：米糊、菜泥、果泥、蛋黄泥。吞咽期一般1个月左右。随后2~3个月是舌碾期，应该喂略带颗粒的食物：鱼泥、虾泥、肉泥、肝泥、烂粥、烂面、肉末、菜末、碎水果、豆腐泥。如果孩子对蛋黄不过敏，8个月时可以开始喂全蛋和小麦面粉。紧接着孩子逐渐学会咀嚼，进入咀嚼期，可以喂食软固体食物，如软饭、面包片、馒头片、小包子、小饺子、小馄饨、水果片（块）、碎菜。当然，每个孩子吞咽和咀嚼的发育时间是不一样的，因此应该根据自己孩子的情况，如是否学会咀嚼食物、对进食的食物是否耐受、大便的情况如何，等等，循序渐进地添加各个阶段不同性状的食物。"

接着，我又对小王说："由于咀嚼动作的完成需要舌头、口唇、面颊肌肉和牙齿间的协调运动。根据婴儿的不同月龄，适时添加不同食物，在充分照顾到营养平衡的同时，还要考虑到食物的硬度、柔韧性和松脆性，用于给口腔肌肉提供不同的刺激，使其得到充分的发育。单纯进食液体食物或过于柔软的食物，对于孩子咀嚼功能的完善和发育是有妨碍的。如果总是给孩子吃流质食物，以致孩子几乎未接触过固体食物，咀嚼肌得不到充分发育，牙周膜软弱，甚至牙弓与颌骨的发育增长也会受到一定的影响。而口腔中的乳牙、舌、颌骨是辅助语言的主要器官，其功能的完善要靠口腔肌肉的协调运动。可见乳牙的及时萌出、上下颌骨及肌肉功能的完善发育，对婴儿发出清晰的语音、语言发育、咀嚼功能起了重要作用。

"有的孩子乳牙脱落过晚，原因之一是孩子吃的食物过于精细，没有充分发挥牙齿的生理性功能。因为牙齿的主要功能是咀嚼食物，只有咀嚼食物才能促进乳牙牙根的生长发育及其自然吸收、脱落。

"在添加辅食时，为了使孩子获得均衡的营养，满足孩子生长发育的需要，孩子是需要终身喝奶的。不能因为添加了辅食而忽略奶的摄入。铭铭的奶量从每天1000毫升，逐渐减为800毫升，到1岁时控制在600毫升左右。而且孩子在3岁以前最好吃相应阶段的配方奶，而非普通液态奶、豆奶、成人奶粉以及大豆蛋白粉。"

小王又问："添加辅食需要注意什么呢？"

"小王！你真的好学！"我称赞道。添加辅食应该掌握几个原则：

■按婴儿的消化能力及营养需求逐渐增加辅食品种。应先添加一种，如果孩子没有出现呕吐、腹泻，没有皮疹，就要及时添加另一种辅食，尽早做到食物多样化。

■添加量由少到多，由稀到稠，由淡到浓，逐渐增加。

■婴儿的辅食要单独制作，辅食不要加糖、盐以及任何调味品。

■根据婴儿的具体情况，灵活掌握增添辅食的品种和数量。

■如果遇到婴儿患病、天气炎热、消化不良时，应该延缓增加新的食品，避免出现胃肠问题。

■饭前要给孩子洗手，鼓励婴儿自己进食，培养良好的进食行为。

■

不要过度喂养

添加了几天的米糊，孩子吃得很不错，大便还是每天一次的黄色软便。孩子一天能够保证摄入800毫升的配方奶，随着他的发育，逐渐增加食品的品种就可以了。

昨天开始给孩子添加蛋黄。我让小王将煮熟的鸡蛋取出1/4个蛋黄，用橙汁调成糊状，用小羹匙挖着喂孩子。为什么用橙汁调蛋黄？主要是橙汁中富含维生素C，有助于蛋黄中铁的吸收。本来这个时间段应该喂水，我们准备先喂完蛋黄后再喂水。谁知道孩子刚吃一口蛋黄就声嘶力竭地哭起来了，就好像身体的哪个部位突然被谁扎了一样，弄得我和小王一阵紧张。"不会有什么问题呀！谁也没有碰他，刚才还好好的！看看他的嘴里有问题吗？"我自言自语道。检查他的嘴也没有问题，他就是不吃蛋黄，没有办法，只好先让他喝水了。这个孩子一喝上水，马上安静下来，津津有味地吸着奶嘴。当把水喝完了，再喂他蛋黄，几口就全吃完了，而且吃完后还冲你笑。

"嘿！可能是孩子口渴了，孩子当时需要的是水而不是稠稠的蛋黄糊。"

今天上午10点再喂他蛋黄时，他就吃得非常好了，看来添加新的食品，也要看孩子当时的状况，不能孩子刚一开始拒绝新的食品就简单地认为孩子不吃，要考虑其他原因。

中午12点是喂孩子米糊的时间。小王将粗略量好的米粉冲调成米糊让我看。

"是不是有点儿少？"小王对我说。

"是少了点儿，不够20克，先喂着看，不行再加一点儿！"我与小王商量着说。

女儿正在旁边埋头看材料，听见我说的话，马上急赤白脸说："妈！这可不行，不能喂这么多！不能让我们孩子从小吃成一个小胖子。现在走在小区院子里，人家叫我们铭铭'小胖子'！"

"谁给你们孩子喂成小胖子了！你这个人说话怎么这么不负责任！孩子现在的身长和体重都在正常范围内，只不过你的孩子发育得比别的孩子快就是了。医院的医生还没有说你们的孩子胖呢！总不能让你的孩子吃不饱减肥吧！"我生气地说。

"再说，如果孩子摄入量不够，不但孩子体重上不去，身长也会长得慢。个子矮了，你可别埋怨谁呀！哼！"我又狠狠地加了一句，"义务给你照看孩子，反而落下埋怨啦！不管了！我要回北京了！"

"妈！我不是埋怨您，我是提醒您注意这个问题。妈，您看，铭铭对您笑呢！"女儿看我真的生气了，赶紧拿孩子当借口哄我高兴。"哟，有这么一个老人家，一不高兴就拿回北京说事！这个老人，嗬，不！应该是中青年人！就舍得离开她的大外孙？铭铭，赶紧给姥姥笑一个，哄着姥姥高兴，姥姥就留下来看你了！"女儿嬉皮笑脸地讨好我。我这个女儿从小就会察言观色，一看势头不好，马上"见风使舵"，很少让我生气。这时小外孙真的冲着我直笑，而且还咧着嘴咿咿呀呀地说话，看到可爱的小外孙，我的气已经消了一半。

"如果你向你公婆这样说话，行吗？人家会说你少调教的！"我又数落女儿几句。

"我哪能和他们二位老人家这样说话呀！您不是我的妈嘛！"

冷静下来，我仔细考虑这个阶段孩子的喂养问题。我一直强调营养素、喂养气氛、喂养动机直接影响着孩子的营养结果。是不是我已经"过度喂养"了？我仔细反省我的喂养过程。

现在铭铭每天摄入配方奶820毫升；中午和晚上各1顿米糊，每次20克米粉；其他辅食如果汁和蔬菜水与往常一样。因此，从配方奶中获得的热量大约是550千卡，从米糊中获得的热量大约是154千卡，果汁水和煮菜水的热量大约是34千卡，每天摄入的热量大约是738千卡。现在孩子的体重是9.6千克，身长是70厘米，每天每公斤体重获得的热量大约是76.9千卡。

这与中国营养学会规定每日每公斤体重所需要能量110千卡～105千卡还相差得很远，但孩子的体重和身长还是增长得很快，恐怕有以下几个原因：

■孩子出生时就是巨大儿，肥胖的孩子所需要的能量相对低一些。

■目前的生活很有规律，每天大约睡14小时，即使觉醒时，孩子哭闹的时间也很少，因此动作和活动所消耗的能量相对就少。

■孩子的大便排泄非常有规律，从出生到现在每天都是一次成形便，而且量不多，所以在排泄消耗上损失的能量也很少。

从我小外孙的例子可以看出，每个孩子对能量的需求方面可能相差得很多，所以不能完全按照书本上说的去做。如果确实按照中国营养学会公布的能量需求给予喂食，我的小外孙更要胖了。

2002年出版的第7版《实用儿科学》中曾写道："对于小儿各年龄段发育情况，应有健康标准（也称'正常值'或'参考值'）……但是，应当指出，所谓正常标准数值是统计学上的一个平均数，与平均数相邻近的数字都是正常范围。一般认为，在均值加减2个标准差，或第3～97百分位范围内的被检小儿应视为正常儿，这个范围之外的小儿可能有发育异常。"

我的小外孙几次体检的身长数据对应此生长曲张图，均位于97百分位；而体重也在97百分位，但是这个月略超出一点点。这就在提醒我应该引起特别重视，千万不要让他摄入太多的食物，防止出现肥胖症。

大外孙突然拒绝用勺吃米糊

没有想到已经吃了7天米糊的小外孙，在前天突然拒绝吃米糊，而且对喂到嘴里的米糊不是吐出来，就是将右手的中指和食指（我们戏称"二指禅"）一起放进嘴里做出辅助吸吮的动作才能咽下米糊。这两天愈发严重，简直到了不可收拾的地步。

昨天中午给铭铭喂米糊，当小王将冲调好的米糊放在孩子面前时，没有想到孩子一看见这个玻璃小碗就大哭起来，看来他认识这个小碗了。哄哄他，不一会儿他就不哭了。小王又像往常一样让孩子坐在她的腿上，用左手揽着孩子的腰，将孩子的右手放在背后，防止铭铭又将右手的"二指禅"放在嘴里。刚一开始孩子还张开嘴吃米糊，当孩子用力想将放在背后的右手抽出来时，因为小王紧紧地抱着他，他抽不出手来，身体使劲儿地"打挺儿"，大哭起来，将嘴里的米糊全给吐出来了，哭得也越来越厉害。小王没有办法，只好将孩子的右手松开，继续喂米糊，这时孩子迫不及待地将"二指禅"放进嘴里用力地吸吮起来，这样才将米糊咽下去。只见孩子的围嘴上、双手、嘴巴周围，甚至鼻尖上都是黏糊糊的米糊，光是面巾纸就用了一大堆。

"这怎么行？这哪里是在练习吞咽和咀嚼，纯粹是在吸食米糊。还是把他的右手放在背后，只要右手放在前面，他肯定又要放进嘴里。"

一般来说，刚开始喂泥糊状食品时，孩子出于自卫的本能会拒绝新食物，几乎每个婴儿都会或多或少将食物顶出来，有的孩子吞咽时还会出现干呕的情况，主要是孩子的吞咽动作不协调的缘故。小铭铭没有出现这种情况，因为前一阶段铭铭已经出现上下牙龈使劲儿咬合的现象，且具备了咀嚼泥糊状食品的条件。现在铭铭是不适应闭唇吞咽，不会运用舌头前后运动将舌头上的食物吞咽下去，仍习惯于以往的吸吮动作，所以他吃泥糊状食品仍希望吸吮，但没有了奶嘴，只好用"二指禅"来代替，无法得到满足时就只有反抗大哭起来。

女儿看到孩子这样大哭，并且将进嘴的食物全给吐了出来，拼命地将"二指禅"放到嘴里，心疼地说："干脆还是给他用奶瓶喝水吧！"因为孩子的这顿饭是先喂米糊后喂水。

"不行，那怎么行呢？以后孩子更不用勺来吃米糊了！"小王说。

"是呀！你这样做就是强化了铭铭用吸吮进食的行为。他怎么学习吞咽和咀嚼呢！亏你这个当妈的想得出来。还不如小王观念新。"我不禁埋怨女儿。

这一顿饭大约用了半小时才吃完，浪费的米糊比吃进去的还要多。

昨天下午我改变了喂米粉的策略，首先我用两张小的图片吸引铭铭的注意力。因为图片颜色鲜艳，铭铭感到很好奇，总是想用手去拿。我故意将图片放在离他手不远的位置，他就要上手去够。这时，小王就趁机将一勺米糊喂到他的嘴里，随后他就咽了下去，忘记了用他的"二指禅"放在嘴里吸吮吞咽。就这样，我不断地吸引他去够这两张画片，小王不断地喂他米糊，当孩子因为够不到画片要哭闹时，米糊已经喂完了。这次基本没有浪费米糊。我和小王也像打赢了一场战争，松了一口气。

今天中午我又采取了转移注意力的办法，孩子虽然在喂最后几口米糊的时候，企图挣脱被小王束缚的右手，想把手指放进嘴里去，但是我又拉着他的手，用手指一个个点他的"指豆"，他感到新奇，将最后的几口米糊吃完了。

吸吮是孩子先天带来的本能，吞咽和咀嚼则需要后天的训练。真正掌握好吞咽和咀嚼确实需要一定的时间，因此家长不能着急。家长也不能为了减少麻烦而用奶瓶喂米粉，这样孩子就失去了训练的机会。

一般孩子在训练吞咽和咀嚼能力时，需要经过几个阶段：

■整吞整咽阶段：4～6个月，孩子刚添加泥糊状食物，通常是直接吞咽食物，也有可能会将食物吐出来，吃东西时，还不能将食物从舌面运动到舌后吞咽下去，而是整吞整咽。而且由于动作不协调，还可能出现干呕现象。因此这个阶段的孩子适合吃泥糊状的食物。

■舌碾期：7～9个月，孩子开始用舌头碾烂食物，可以食用小颗粒的食物了，如烂面条、稠粥、肉末、碎菜、碎水果等。这个阶段也可以吃一些手指食物，或者用磨牙食品来训练咀嚼能力和缓解孩子出牙的不适感。

■咀嚼期：10～12个月，绝大多数孩子已经出牙了，这时可以开始训练孩子的咀嚼动作了。可以给孩子吃一些软固体食物，如小饺子、小馄饨、面包片、馒头片、煮烂的蔬菜等。在这个阶段，孩子吃东西需要经历门牙切碎、牙床咀嚼、磨牙研碎的过程，逐渐向成人的饮食过渡。因此，在这个时期，食品的形状也要由糊状的食物过渡到软固体食物。

因此，小铭铭要学会吃东西还需要一段很长的训练时间。但现在我们必须坚持用小羹匙喂孩子，绝不能因为孩子哭闹就妥协。现在家里的人已经统一了认识，我们还要继续训练下去。

这种采用转移注意力的办法来喂食，其实并不可取，不能长期使用，目前只是权宜之计。因为这种做法分散了孩子吃饭的注意力，正常吃饭的时候，全身的血液主要供给消化系统，帮助消化吸收。如果是一边吃着饭一边看书或者玩儿，就会使得一部分血液被分配到身体的其他部位，从而减少了胃部的血流量，这样势必影响各种消化腺体的分泌，还会使得胃的蠕动减慢，妨碍对食物的充分消化，造成消化机能减弱，久而久之就会导致孩子食欲缺乏，同时还会养成不良的进餐习惯。后来，我们坚决摈弃了这种进餐的办法。孩子吃饭时需要为他营造安静、舒适的就餐环境，不允许边吃边玩儿，或者边看着电视、边讲着故事边吃饭；一定要有固定的时间、固定的喂养者、固定的地点以及充满童趣的餐具；每次盛饭不要多；吃完饭给予表扬，让孩子感到吃饭是件快乐的事情；鼓励孩子逐渐使用进食工具自己吃饭。

4～12月龄膳食安排建议

● 4～6月龄整吞吞咽期

母乳或者配方奶800毫升。泥糊状食物：含铁米糊、红肉泥、肝泥、蛋黄泥、菜泥、果泥、禽肉泥、鱼泥、虾泥、豆腐泥。

● 7～9月龄舌碾期

母乳或者配方奶800毫升～700毫升。小颗粒食物：烂面条、稠粥、碎菜、肉末、小颗粒的水果、全蛋等。

● 10～12月龄咀嚼期

母乳或配方奶700毫升～600毫升。软固体食物：小饺子、小馄饨、煮烂的蔬菜、切成薄片的水果等。

需要提醒家长注意的是，如果孩子是纯母乳喂养，最初添加辅食的顺序应该是富含铁的食物，如前文所述，要保证及时补充体内铁元素。如果孩子是人工喂养，其体内铁元素没有纯母乳喂养的孩子缺乏得多，所以添加辅食首选含铁米粉，随后可以按照以上的顺序添加辅食种类。另外，只要已经添加过的食物，就可以混合在一起喂食，争取尽早实现每餐食物多样化。

和小铭铭玩 "藏猫猫" 游戏

4个月以前的孩子当物品在眼前消失后，他就不会再去寻找，好像物品不再存在似的，视线会转而去注视其他东西，真可谓 "眼不见，脑不想"。当消失的物品在他眼前再次出现时，他会认为这是一个新的物品而不是原来消失的物品。其原因是物品在他的头脑中没有形成表象（即物体在头脑中的形象），也就是说4个月前的婴儿还没有 "客体永久性"（即人或物体即使看不见也知道是存在的）的概念。但是对于5个月以后的孩子来说，外界的物体已经开始在孩子的大脑中形成表象，并且这个表象还可以在大脑中保存一段比较短的时间。因此，我们就根据小婴儿心理发展的特点，及时跟小铭铭做起了 "藏猫猫" 游戏，让孩子及早建立客体永久性的概念。

建立客体永久性的概念是非常重要的，可以促使孩子对外界的环境和周围的事物产生极大的兴趣和好奇心，为将来学习语言、与父母建立亲密的依恋关系、更好地认识和探索世界打下良好的基础，并且还有利于孩子思维力、记忆力和想象力的发展。

下午孩子睡醒后，给孩子换上纸尿裤，吃饱了以后就是我们和小铭铭做游戏的时间。在客厅的地上我们铺上凉席，女儿、小王、我都坐在凉席上，小铭铭被小王搂抱着坐在她的腿上。女儿拿出一顶宽沿的草帽，遮挡住自己的脸，对小铭铭说："妈妈在哪儿？"这时小铭铭一脸茫然地看着草帽，女儿突然拿掉草帽，高兴地说："喵儿！妈妈在这儿呢！"小铭铭看见妈妈便欢快地叫了起来。一会儿女儿又把草帽挡在铭铭的脸上，说："铭铭哪儿去了？"

6个月时玩"藏猫猫"

小铭铭用手将草帽拿开，女儿及时说："喵儿！小铭铭在这儿呢！"孩子又高兴地叫了起来。每天我们都要重复几次这个游戏。孩子特别喜欢玩这个游戏，每次做完都表现得特别愉快。

随后我们下楼去院子里玩儿。我抱着小铭铭走在前面，女儿和小王在后面跟着。这时，女儿又开始与小铭铭玩"藏猫猫"游戏。女儿两手拽着我身后的衣服，呼叫着小铭铭的名字，然后躲在我的身后，小铭铭听到他的名字，向我身后张望，突然女儿从我的左肩上方露出脸来："喵儿！妈妈在这儿！"小铭铭急忙转过身子向我的左肩寻找，当看见妈妈的脸时，小铭铭高兴地笑了。这时，女儿又躲在我的身后，不让小铭铭看见，只听女儿说："小铭铭，妈妈在哪儿？"小铭铭就从我的左肩上方去张望，以为妈妈仍然会从这边出现，突然女儿的脸从我的右肩上方露出来："喵儿！妈妈在这儿呢！"小铭铭一脸惊讶，但是马上转过身子扑向我的右肩去看妈妈，看到妈妈后马上又高兴地笑了起来。一路上，小铭铭和女儿不断重复这个游戏，孩子不断转动着身子，随后小铭铭已经没有了当初惊讶的表情，而是更加兴奋地注视着妈妈可能出现的方向，事先把身子转过去，这说明孩子已经理解了妈妈不会消失，会在不同的方向出现。

通过"藏猫猫"游戏，孩子逐渐建立了客体永久性的概念。同时，孩子从这个游戏中获得了快乐。尤其是当大人竖着抱孩子的时候，另一个人在其身后左右逗引孩子，引得他不断转身，还可以锻炼孩子颈椎和脊柱的灵活性。

过一段时间，我还准备增加"藏物找物"游戏，让小铭铭进一步理解客体永久性。

CHAPTER 7

5~6月龄发育和养育重点

❶ 孩子可以从靠坐发展为独坐，有时还需要用双手支撑身体。每天需要训练4~5次，每次5~10分钟，以后逐渐延长时间至能够完全不需要双手支撑的独坐。

❷ 经过训练，孩子可以连续翻身打滚，并且可以以腹部为中心打转。

❸ 进一步训练手的精细动作。让孩子用手抓取比较小的物件，孩子这时只会用手大把去抓，因此需要不断将抓取的物件变小以训练手指的功能。训练孩子学会倒手传递玩具，教给他将手中的玩具换到另一只手拿着，腾空这只手再来接新玩具。

❹ 通过自己将东西扔到桌子和地上，可以启动一连串的听觉反应，使得孩子乐于去重复这个动作，从中学习因果关系，并感知自己的能力。

❺ 能听到较小的声音。孩子从大人的言语、表情和动作慢慢能够听懂很多话，对言语有了一定的理解，可以将词语与实际物品联系起来，建立语言信号的反应。也可以通过儿歌和表演动作帮助孩子理解语言。这时孩子对自己的名字已经有反应了，也会模仿大人发出一些声音。家长要有意识地教孩子叫"爸爸""妈妈"，鼓励孩子发出这种声音。

❻ 教孩子用肢体语言来表达自己的意思，例如摇头表示"不"，点头表示"是"或"对"等。

❼ 孩子这时更加认生，对陌生人特别警觉，拒绝接近他们。害怕陌生的环境、怪异的物品，任何没有经历过的情况都会令他产生恐惧情绪，家长需要给予理解和关怀。

❽ 对照镜子仍然十分感兴趣，喜欢看镜子里的影像，因此应继续学认五官，同时增加对镜像中自己的四肢、头发等的认识。

❾ 有意识地让孩子看高兴、痛苦、愤怒、淡漠等各种表情或者通过大人说话的音调，学会辨认大人的感情。开始感受愉快和不愉快的情绪：他会通过喊叫要求你帮助他；会用哭声表示不愉快的情绪；当他的需求得到满足时，能够用欢笑表达自己愉快的情绪。

❿ 对于孩子不当的行为予以纠正，最好就是采取转移注意力的办法。

宝宝学习桌真好玩

小铭铭出生以来，我一直都非常注意孩子手部动作的发育，为什么呢？正如苏联著名教育家苏霍姆林斯基说："儿童的智力发展表现在手指尖上。手使脑得到发展，使它更加聪明；脑使手得到发展，使它变成创造智慧的工具和镜子。"手指的运动区和感觉区在大脑皮质占有相当大的位置，尤其是手指的运动功能在大脑皮层所占位置的大小与躯干、下肢、脚在大脑皮层所占位置的总和不相上下。手是人类认识事物的器官，是使用工具和制造工具的主体。同时，双手又是人类智力水平的最好体现者。双手活动能够促进人的智能发展。尤其是左右手动作的发展可以刺激左右脑的均衡发展，对孩子的智力发展起到良好的促进作用。大脑的良好发育又反过来更好地促进了孩子双手动作的发展，能够让孩子做到"心灵手巧"，心智更上一层楼。

每个正常孩子出生时双手都是紧握着的。我们通过抚触按摩孩子的手心和手背，给予孩子双手感知觉的刺激。当孩子出生后1个月末时，开始训练他的抓握动作，可以将小的玩具塞进他的手中，有意识地让他练习抓握，促使孩子张开双手。我们通过不同质地的物品刺激孩子的双手和皮肤，进行感知觉的刺激。经过训练，孩子在2～3个月时双手开始有意识地张开，我们就不断地递给孩子玩具，让孩子去练习抓握。刚一开始孩子的动作是不准确的，想要抓什么往往不能随他所愿，但随着逐渐发育和不断的训练，孩子便学会主动去抓固定的玩具或不断移动着的玩具，双手的五个手指也能张开了，其动作的准确性大大提高，这是因为孩子手、眼、脑之间的神经通路已经连接起来，动作就更加协调了。但是这时孩子是用双手共同去拿一个东西。如果想让孩子去拿另一个玩具，他就会立刻将手中已有的玩具扔下，再去拿另一个玩具。当孩子满5个月后，我们开始训练孩子用单手拿玩具和双手交换着拿玩具，如当孩子用右手拿着玩具时，我们再给他一个玩具，教给他将右手的玩具换到左手中，腾空右手去拿这个新玩具。当时，孩子虽然将玩具换到左手，但他拿到新玩具时，往往就会将放在左手的玩具丢掉，而且这时的孩子只能抓握大的东西，手的其他动作还需要我们不断训练，为此女儿给孩子买了一个宝宝学习桌。

这个宝宝学习桌是一个模拟餐桌玩具。餐桌中间是一个有夹层的汤碗，夹层中有透明的液体，液体上漂浮着C、B、X、A、Z、Y几个字母，碗边上写着26个英文字母，随着碗的左右转动，夹层中的液体也在晃动，不时闪着荧光，真好像一碗汤一样。学习桌的四边分别有：能够用手翻动的红白格子餐巾；装饰有三角形、正方形、圆形按钮的比萨；可以舀汤的红色汤匙；可以上下按压的果汁瓶盖；一个水果盘，里面有可以用手指按压的香蕉、左右滑动的浆果、转动的红色苹果；上面有各种颜色按钮的曲奇饼干；可以转动的盐瓶和胡椒瓶。学习桌上各种模拟玩具的颜色都很鲜艳，很吸引孩子的眼球。这个学习桌有两套发音设备：一套发出的是音乐，另一套发出的是英语。

孩子无论使用双手或单手转动汤碗，都会响起悦耳的声音，可能是有趣的歌声，或是26个英文字母歌，或是1个有趣的短语；如果孩子用手掀开餐巾的一角，马上就会响起音乐；当孩子按压下果汁瓶盖，音乐也会响起来，并且告诉你杯子是空的，还是满的，用以学习反义词；用小手指按压香蕉中间红心的位置，也会响起音乐来，告诉你这是"香蕉"；无论小铭铭用手左右移动蓝莓，还是握住苹果左右转动，音乐都会响起，告诉你食品的颜色和名称；小铭铭还喜欢用手指按压曲奇上的按钮，可以听到从1数到10的有趣儿歌或听到1句有趣的短语；我们还不时让孩子用手上下转动一下胡椒或盐等调料瓶，马上会响起短短的儿歌；用手指按压一下比萨上的按钮，可以认识按钮的颜色或形状。

小铭铭很喜欢玩这个学习桌，但手的动作大都不正确。有的时候不是转动汤碗，而且用手握住碗边上下左右晃动，因此音乐就不会响起；本来是用拇指和食指来翻动餐巾，可是小铭铭却偏要用大拇指以外的其他四指或者整个手一起翻动餐巾；本来应该使用手指按压的按钮，小铭铭却要用全手掌去按

宝宝学习桌真好玩

压；不会使用手指去上下或左右移动浆果或调料瓶；尤其在使用汤匙时不会翻转手腕。他高兴时就用双手猛烈地敲打学习桌上的各种模拟玩具，甚至力气大得将学习桌摔下床，可能他认为这也是一种玩法吧！学会这个学习桌上各个玩具的玩法，基本上就学会了手的各种动作。利用宝宝学习桌训练小铭铭手的各种动作就成了我们最近要做的工作。

小王先是给小铭铭做示范动作，从最简单的转动汤碗开始，将各种动作分解后慢慢示范给孩子看，再加上做成功以后小王夸张的表情，以及学习桌发出的美妙的音乐声深深地吸引着孩子，引起了孩子的好奇心和兴趣。他也跃跃欲试，这时小王就手把手地教他，但是要想双手一起协调用力，像司机掌控方向盘时一样双手互相协调好是有一定难度的。小王不厌其烦地反复教他，当他做成功以后，小王马上亲亲他，我们都给他鼓掌，可能孩子并不明白大家鼓掌是什么意思，但是看到大家哈哈大笑的模样，孩子也跟着笑起来，然后马上又开始重复这个动作。经过不断练习，孩子的每个动作逐渐做得有点儿模样了，当然离标准的动作还差得很远，但我们一律给予表扬。别看小铭铭才5个多月，也或多或少明白大人夸奖他时的表情。小铭铭的小手不停地忙碌着，随着时间的延长，小铭铭的兴趣一点儿都不减。当然，手的各种动作是很复杂的，绝不是几次训练就能够完全掌握的，因此需要在以后的几个月里不断训练，不能急于求成。

通过对这个学习桌的操作，让孩子逐渐明白了因果关系，手、眼的动作

更加协调，手指的功能得到进一步分化，并学会如何控制手指的动作。我相信经过一段时间的练习，小铭铭会逐渐掌握手的各种动作，精细动作会发展得更好，以便日后孩子的双手能够掌握更高级和更复杂的动作。美中不足的是，这个玩具发出的单词、短语、歌曲都是英文的，如果换成中文，会更有利于孩子的语言感知发展！

洗澡和照镜子也充满了早期教育的契机

小铭铭最喜欢洗澡，只要一进卫生间，看见浴盆里放好了洗澡水，不管脱不脱衣服，就会兴奋得呀呀直叫。但我们仍按照既有的程序来做——脱掉衣服，先给铭铭照镜子。

小铭铭只要一看镜子，就会马上忘记洗澡，对着镜子里的镜像高兴得笑起来。这时，女儿或者小王不失时机地指着镜像说："这是妈妈！这是小铭铭！""这是阿姨！这是小铭铭！"还不时拿起铭铭的手，指着镜子里的镜像。

我喜欢照镜子，镜子里是谁呀

近来又给铭铭增加了学识五官的练习。"这是铭铭的眼睛！"大人指指镜像中铭铭的眼睛，然后又指着本人的眼睛说，"这是眼睛！眼睛！"

"这是铭铭的鼻子！"然后又指着铭铭本人的鼻子说，"鼻子！鼻子！"

拉起铭铭的手或脚对着镜子舞动说："这是小铭铭的手！""这是小铭铭的脚！"

孩子很喜欢照镜子，他对镜子里的妈妈或小王感到十分惊奇，经常是看看镜子里的妈妈或小王，又看看身边的她们，不时用手拍打或者抚摸镜子里的人，还咿咿呀呀地说个不停。这时妈妈或小王就会指着自己的镜像告诉铭铭："这是妈妈！""这是阿姨！"但孩子对于镜子里的自己一直感到茫然，这时我们不失时机地教给他认识镜子里的自己以及自己的五官或手脚。看来，随着孩子的成长，对镜子里镜像的认识大有进步了，这是自我意识发展的一个必然过程。

随后，我们就开始给孩子洗澡了。因为孩子从小就天天洗澡，所以不光不怕水，还特别喜欢水。现在孩子已经5个多月了，我们开始有目的地训练孩子上下肢的力量，为将来爬行和站立打下基础。

小王抱着孩子先让他的双脚着水，握住他的双腿不停地上下活动，让他用双脚拍打着水。孩子看见溅起的水花，高兴得不得了，而且还试图自己去舞动双脚拍打水，玩得不亦乐乎。

待孩子习惯水温（水温并不高，低于37℃，不高的水温是为了给孩子进行寒冷训练）后，小王要把他放到水中时，不知为什么他竟然大哭起来。于是我们就把水里漂浮着的叠叠船或水鸭子放在他的手里，孩子才停止了哭闹，在水中开心地玩起这些玩具来。颜色鲜艳的叠叠船是由不同形状的塑料从大到小叠在一起组成的。由于整个玩具是中空的，所以可以漂浮在水面上。这个玩具的颜色和形状很能吸引孩子的眼球，孩子还可以用手摆动它游泳。粉红色的塑胶小鸭子也漂浮在水面上，同样让孩子喜欢得不得了。当小王将玩具用力压到浴盆底下时，小铭铭呆呆地看着，大概不明白这是什么意思，但是小王突然松开手中的玩具，叠叠船或小鸭子马上升起来漂在水面上，小铭铭看见后笑了。小王将这个动作重复了几次，当玩具再次被小王压在水底下时，孩子已经不像当初那样发呆了，我猜可能是明白其中的"奥秘"了。随后，小王又把着孩子的手来拍打水，看着被自己拍打出的水花，孩子又笑了。做过几次之后，孩子开始自己用力挥动着胳膊用手玩水，他看到由于自己用手滑动水，促使玩具不停地游动，又看到由于自己舞动胳膊而打起的水花，玩得更加起劲儿了。高兴时，竟然把小鸭子抓起来放到嘴里啃了起来。这时，小王将孩子摆放为半卧位，让孩子的头躺在浴盆的边缘或者小王的臂膀里，然后小王用另一只手抓住孩子的双腿，帮助小铭铭打水。这时，小铭铭有些紧张，双手使劲儿地抓住小王的胳膊，随着一次次地打水，看着溅起的水花，小铭铭兴趣大增，逐渐放松了紧紧抓住小王的手，开始用手去滑动水了。这次孩子在水里大约玩了10分钟，小王也抓紧时间给他洗澡。突然，玩着的孩子停止了戏水，只见水中冒出了一连串的气泡。小王连忙说："张大夫，不好了！小铭铭在水里尿了，赶快出来！"小王赶紧将孩子提出来，孩子不乐意出水，还大哭起来。我用淋浴的花洒冲洗了孩子的全身，然后用浴巾将孩子包裹好，送回屋里，准备做婴儿操。

其实洗澡前，小王刚给小铭铭把完尿，可能是在水里又刺激了孩子的尿意。不少的孩子在洗澡时有可能大小便，因此家长还必须注意这一点。

有的孩子很恐惧洗澡，每次洗澡时都大哭大叫不下水，我想无外乎以下的两个原因：

■ 由于孩子不经常洗澡，所以对水生疏，产生了恐惧。

■ 曾经洗澡时受到某种恶性刺激，形成了洗澡和恶性刺激相联系的防御性条件反射。例如，水温高烫着了孩子，刚要洗澡外面突然产生巨响从而受到惊吓，洗澡时家长的动作粗鲁，洗澡时浴液刺激了孩子的眼睛，等等。

对于第一种原因，我们只要在孩子生下来后保证经常给孩子洗澡就能解决。对于第二种原因，就需要我们利用系统脱敏法来消除孩子对洗澡的恐惧。

简要来说，系统脱敏法可以分为以下3个步骤：第一步，我们先让孩子在浴盆的边上玩放在水中的玩具，这个玩具必须是孩子特别喜欢的，只有在洗澡时才能玩的玩具。第二步，当孩子玩了几天后，对玩具的兴趣很浓的时候，让孩子的一只脚站在浴盆里玩，如果孩子对水没有产生抗拒，不妨将孩子的双脚放在水里让他玩玩具。第三步，经过几天训练后，当孩子喜欢玩这些水中的玩具而不害怕水时，就可以让孩子脱了衣服坐在澡盆里玩玩具。

这样做，可以让孩子将玩具和洗澡联系起来，建立良好的条件反射，就克服了对洗澡的恐惧心理。如果孩子有第一次的成功，千万要记住及时表扬他、亲亲他、夸奖他："妈妈就是喜欢洗澡不哭闹的宝宝！"及时强化孩子的行为。孩子知道妈妈喜欢自己今天的表现，会更乐于去重复这个行为。

通过给小铭铭洗澡，我们不但让孩子保持清洁卫生，养成良好的卫生习惯，而且我们还将洗澡作为锻炼孩子大运动技能、锻炼上下肢以及腹部肌肉力量，提高孩子的认知水平，增长孩子见识的一场游戏。

开始添加菜泥

因为去长沙讲课，我顺便回北京家中休息了几天。6月3日，我便从北京匆匆赶回上海。小王休息了，我总是担心女儿和女婿照顾不好孩子。孩子添加米糊已经有一段时间了，准备开始添加菜泥和肉泥，因为担心女儿添加得不恰当，引起孩子消化不良，所以我一再嘱咐他们等我回上海后，我亲自给孩子添加菜泥和肉泥。另外，我还准备将夜间12点的奶提前喂，这样就可以断掉夜奶了。

回上海的第二天，我首先给孩子添加的是香甜的胡萝卜泥。当孩子的妈妈拿着小羹匙挖出胡萝卜泥并喂到孩子的嘴里时，只见他咧咧嘴，皱起眉头，慢慢地咽了下去。我想孩子可能是在品尝味道，因为孩子曾经喝过胡萝卜水，大概觉得味道似曾相识，所以没有吐出来。当喂他第二勺时，他又张开了嘴，没有拒绝，这样孩子很快就吃完了大约30克的胡萝卜泥。我没有让女儿多喂，先观察看看孩子消化得如何，是不是接受这种食物。第二天孩子大便时，我仔细地检查了大便，大便性状很好，于是继续喂孩子胡萝卜泥吃。其间，我让女儿打电话给婴幼儿用品店，将目前一些大品牌的婴幼儿食品生产厂家所生产的瓶装蔬菜泥、肉泥、鱼泥多订购几种，每天保证孩子吃的不重样，这样便于孩子习惯多种味道的食品，有助于预防以后养成挑食或偏食的毛病。任何一种单一的食品都不能满足孩子对营养的需求，只有多种食品才能够有效地保证孩子摄入均衡、全面的营养。于是女儿订购了豌豆泥、玉米泥、南瓜泥、牛肉胡萝卜泥、胡萝卜鳕鱼泥、三文鱼番茄泥……同时还订购了各种婴儿喝的果汁。每次，我们将婴幼儿食品公司生产的果汁与家里榨的鲜果汁交替着吃，为了防止孩子偏食甜味，我告诉女儿和小王必须按3∶1（即3份水∶1份纯果汁）的比例稀释纯果汁。

铭铭5个月时一日的饮食安排

时间	饮食安排
5:00	配方奶200毫升
8:00	配方奶200毫升
睡眠2～2.5小时	
10:00～10:30	菜泥或者果泥、蛋黄1个
12:00	米糊20克、鱼汤或禽肉汤50毫升
睡眠3.5～4小时	
15:30～16:00	配方奶200毫升、菜泥1/2瓶
18:00	米糊20克
20:00	煮菜水或果汁水120毫升
睡眠2.5小时	
22:30	配方奶200毫升
睡眠6小时，约4:30醒来	

另外，我也尝试着自己制作一些蔬菜泥，毕竟市面上的一些蔬菜泥品种有限。多给孩子选择深绿、红、黄、橙色的蔬菜是我的初衷。因为这些蔬菜里含有丰富的生理活性物质，如叶黄素、番茄红素、花青素和叶绿素等，可以有效清除自由基，从而起到保护人体组织的作用；而且这些蔬菜里含有很多膳食纤维，有助于宝宝的消化吸收，大便通畅。

女儿问我："为什么不能先喂果泥？"有的家长也说："我的孩子就爱吃果泥，不接受菜泥，感到很苦恼，不知道如何办才好。"

其实，已经习惯吃米糊的孩子要准备开始添加果泥和菜泥。先添加果泥好，还是先加菜泥好呢？无论先添加果泥还是菜泥都是可以的，但对于一些像铭铭一样嗜甜的孩子，先添加哪个还是有讲究的（当初因为错误地给铭铭添加了果汁，他可能更愿意吃有甜味的果泥）。孩子所吃的食物作用于舌面、口腔黏膜和咽喉上的味觉细胞（味蕾）产生的兴奋通过大脑而引起味觉。新生儿与小婴儿的味觉细胞比成人的多，大约在1万以上，味觉具有保护生命的重要价值。人类的基本味觉大致可以分为4种：酸、甜、苦、咸，其他的味道都是由这4种味道混合而成。孩子对甜味反应更积极，甜味能够给孩子带来愉悦的情绪，他们对果糖和蔗糖更加偏爱。而对于其他3种味道，孩子会表现出不同的反应，尤其是对于苦味，孩子往往是拒绝和厌恶的。多种食物可以满足孩子身体需要的平衡营养，但是味觉的偏好和厌恶却是后天习得性的。因为果泥含有果糖、甜度大，如果先喂果泥，很容易迎合孩子对甜味的喜好，因此往往容易使孩子拒绝其他口味的食品，再喂菜泥将会很困难。

也有的家长认为，可以用水果代替蔬菜，孩子不爱吃蔬菜也没有关系。其实，这种观点是错误的。蔬菜可以给孩子提供膳食纤维、矿物盐、维生素，而水果虽然也含有膳食纤维、矿物盐、维生素，但是膳食纤维和矿物盐含量比同等量的蔬菜中所含的少，同时含有大量的果糖，热量也大于蔬菜，因此过食水果会造成孩子肥胖。由于膳食纤维不被消化道吸收，可随着大便排出，因此可以预防大便干燥的问题，二者不可偏废，应该合理搭配，才有利于孩子营养的全面、均衡、合理。

有的家长认为，市面上销售的婴儿食品没有味道（主要指没有咸味），因而错误地认为这样的食品宝宝不爱吃。其实这些家长是在以自己的口味来度量孩子的口味。人们的口味是从小的饮食习惯养成的。喜欢吃咸的人，只要饭菜中盐放少了他就觉得食物没有味道。对于宝宝来说，首先应该吃各种食物的自然味道，让孩子多多在味道的"记忆仓库"中储存各种食品原来的滋味。2011年出版的《中国居民膳食指南》中特别强调，7~12个月的宝宝膳食应该是少糖、无盐，且不加调味品。

让孩子逐渐熟悉鱼汤、禽肉汤主要是为以后进食鱼泥、虾泥、禽肉泥等动物性食物做好准备。家长要观察孩子是不是对这些动物性食品过敏，并让孩子逐渐熟悉这些食品的味道，好在以后更容易接受这些食品。

将小球投到"大象"的肚子里

为了让孩子的手眼动作更加协调以及训练手的准确控制能力、学习张开手放下手中握着的物品，我们开始教小铭铭将小球投掷到小口径桶里的游戏。

前几天，我们买了一个大象造型的玩具。整个玩具的外层是用装有海绵的棉布条做成的大象身子和大象腿，可以拆卸。上面是一个张着嘴的大象头。内胆是一个绿色的塑料桶，下大上小。另外还装饰了4个小球，颜色分别是红、绿、蓝、橙，直径大约为3厘米，每个小球用手摇晃都可以发出哗啦啦的响声。这4个小球可以直接通过塑料桶的桶口落到桶底，当小球落到桶底时，被撞击的桶底就会闪烁出五颜六色的亮光，并且响起欢快的音乐来。

当这个玩具摆在小铭铭面前时，马上引起了小铭铭的注意，可能是他没有见过这个造型的缘故，也可能是颜色鲜艳吸引了他的缘故。只见他很快就出手抓住了大象的鼻子，身体马上就匍匐在床上，将大象的鼻头送到了口中。大象鼻子尖的大小正好能够放进小铭铭的嘴里，小铭铭抱着大象鼻子津津有味地啃了起来。

"妈！您快把大象鼻子给拿出来！"女儿在旁边直叫我。

"小铭铭，别吃了，你以为这是吃的呢！"我一边说着，一边从小铭铭的嘴里拿出了大象的鼻子。小铭铭这下可不干了，哭了起来。我马上拿给小铭铭一个红色的小球。小铭铭看到这是一个新的玩具，不再泪眼婆娑，马上就停止了哭闹，高兴地拿在手中玩了起来，忘记了刚才的大象鼻子。这么大的孩子是很容易用转移注意力的办法来阻止他身上的坏行为的。

"小铭铭，看看妈妈将小绿球投到大象头里了！"女儿在旁边将小球投到大象的头里，给孩子做着示范动作。女儿一个劲儿地叫小铭铭看。可是小铭铭的注意力根本不在这里，他正在饶有兴趣地在手里转动着红色小球玩儿呢，而且还时不时地试图放到嘴里去啃啃。我在旁边不断地阻止他。

　　"你这个孩子怎么不知道学习呢！"女儿在一边无可奈何地说。

满6个月时，铭铭已经掌握了投球的技能

　　"嗨，你不会拿小铭铭握着红球的手再手把手地教他一遍？"我告诉女儿。

　　女儿按照我说的去做了，可是当把小铭铭的手放在大象头上方时，孩子就是不肯撒手放开小球，而且比以前更加用力地握着它，与妈妈争夺着。没有办法，女儿只得再拿出一个橙色的球投到大象的头里。只见小球落到桶底，桶底马上闪烁着五颜六色的光芒，音乐立刻响了起来。这下子可吸引了孩子的注意力，他仔细看着他妈妈的动作，自己也开始将小球投到大象头里，但就是对不准目标，一次也没有投进去过。孩子失去了兴趣，转而又去拉大象的腿和大象的头，反正就是不再往大象的头里投球了。

　　"妈！小铭铭是不是笨呀？"女儿灰心地问我。

　　"怎么能说他笨呢？你认为这个动作简单，但是对于孩子来说，可是相当的复杂和困难的。首先让孩子抓握的手主动松开放下握着的东西，这是一个多关节、多肌肉参与的动作，6个月之内的孩子如果手拿着物品一般是不会放开手的，需要训练一段时间。另外，投球是一个在大脑控制下的手眼结合的过程，需要有比较准确的空间判断能力。准确控制自己手的力量来投球，

312

对于一个不到6个月的孩子来说还有些早，因此一定要在玩的过程中让孩子反复尝试，只要他有一次成功，加上大家的鼓励，就能增加他的信心，愿意去重复这个动作。不要灰心，你和小王每天反复地训练他，他肯定能够将球投进去。不过记住，除了当着他的面多做示范动作，也要手把手地教他，让孩子好好观察，便于他进行模仿，孩子肯定很快就能够掌握放下和投的动作，而且会投得非常准确。"

5～6个月的婴儿开始出现有意向的模仿；8～12个月的婴儿会模仿指定的动作，例如把木块放在盒子里；10～22个月的婴幼儿只会对他们理解的动作以及对他们有意义的动作进行模仿。因此，我们应该掌握孩子的这个特点，让孩子进行模仿和学习。

这几天只要在孩子玩的时候，我们就把这个大象玩具拿出来玩投球的游戏。随后我们发现在练习投球的过程中，孩子很容易分散注意力，原因是大象的造型奇特、颜色鲜艳，孩子的注意力一旦被吸引过去，他就不愿意去投球，而更加乐意去吃大象的脚和鼻子。于是我做出决定，在孩子练习投球时将整个玩具的外围部分一律拆除，只留下绿色的塑料桶，这样就不容易分散孩子的注意力了。果然，孩子转而将注意力集中在投球的动作上。当然，这个游戏一天只能做2～3次，每次2～3分钟，否则孩子就会产生疲劳和厌烦，将视线转移到别处。

开始练习爬行

5个多月的铭铭已经独立坐得很稳了，并且能够一边坐一边转动身体去拿放在身边的玩具。现在他还特别喜欢站立。当你坐在沙发上抱着他时，他会全身打挺儿往地上滑，然后大人架在他的腋下，他双脚站在地上用手使劲儿拍打面前的茶几，拍得砰砰作响，高兴得咿咿呀呀地叫着，口水时不时地就顺着嘴角流在茶几上，表现得十分愉快！

当你坐着用双手扶在他腋下让他站到腿上时，他的两只小脚特别有力地蹬在你的腿上跳跃，有时候小脚碾得你腿上的肌肉生疼。当你龇牙咧嘴地做出"吁吁"状时，他却嘻嘻笑个不停，以为你是在逗他，反而蹬得你更疼了。此刻，他满脸笑容，有的时候甚至能咯咯笑出声来。我唯恐他过早练习站立，双腿和双脚不能支撑住全身的重量而影响腿骨的发育，另外由于站着的视野比趴着的视野更加广阔，更能满足孩子的好奇心，也会影响他学习爬行。所以我对小王说，让他站立的时间尽量不要长，我们现在主要的任务是训练孩子爬行！

爬是孩子在大运动发展过程中的一个不可逾越的重要阶段，因为这是孩子首次离开大人，主动移动自己的身体去观察、探索和认识世界。爬行可以促进孩子认知能力的发展，有助于大脑储存更多的信息；可以锻炼孩子的胸部、背部、腹部以及四肢肌肉的力量，促进四肢活动的灵活性，促进全身运动的协调性，增强本体感、平衡感；有助于视觉、听觉、空间认知能力的发育和发展；促进大、小脑之间的神经联系。此外，爬行是一项对于孩子来说较为剧烈的运动，是很能消耗热量的。据研究证明，爬行要比坐多消耗一倍热量，比躺着多消耗两倍热量，这样有助于孩子吃得香、睡得好，身体也会更健康。在大脑皮层中，爬行中枢的位置与语言阅读中枢的位置相近，这两个相邻功能区可以相互刺激发展，所以爬行也有助于语言和阅读能力的提高。爬行运动给孩子增添了原来没有获得过的乐趣，又能磨炼孩子的意志和胆量，有助于培养孩子积极、健康的个性。

据报道，在第二届世界妇幼保健国际研讨会上，妇幼专家公布的调查发现，感觉统合失调的儿童90%以上不会爬行或爬行时间很短，而爬行是目前国际公认的预防感觉统合失调的最佳手段。由于大脑协调性差，将影响孩子的注意力、记忆力、言语表达和人际交往的发展，因而直接影响了儿童学习、生活、人际关系，妨碍正常成长发育。专家分析，造成感觉统合失调的原因除了早产、剖宫产等问题，最关键的问题就是让孩子没经过爬就学会了走路。其所产生的弊病在孩子幼年时也许不会表现出来，到了学龄期，就会在学习能力、人际交往能力和心理素质方面显现出来，让家长和老师非常操心。对于这一点我是深有体会的。我在前几年出版的一本书《您育儿的方法正确吗》里曾经这样写我养育女儿的失败之处："当孩子7个月时，应该训练孩子爬行了。但是由于我的工作忙，住房又狭小，就没有很好地给孩子进行爬行的训练。那时也没有像现在这样强调爬行的重要性，反而认为孩子不爬行省得摔着，带着她也省心。这样我的女儿没有学会爬行就学会了站立和走。当时我还没有觉得是个问题，上学后问题就出来了。我的女儿虽然认真对待每一节体育课，但是体育技能总也掌握不好，动作怎么做也不协调，跑起步来全身就像散了架一样，我戏称'鸭子跑步'。因为她不会跳皮筋，和同学一起玩时也只能充当拉皮筋的角色。为了孩子的体育，我没少费心。我和她爸爸经常带她去学校锻炼，练习体育课上学的各项技能，但成绩一直非常不理想。体育课成绩完全是因为她的上

训练爬行

课态度非常认真，练习得非常刻苦，老师勉强给了良，这才没有影响三好生的评定。现在想起来，都怪我忽视了女儿爬行的训练，使得女儿出现这样的问题。直到现在她学习打网球，姿势摆得十分标准，就是接不到一个球。女儿老埋怨我，为什么小的时候不好好训练她。我说：'责备老妈已经晚了，没有用了，这辈子也弥补不了了。'因此，现在我牢记这个教训，打算好好训练外孙子的爬行动作。"

小王在客厅的地上铺了一张大凉席，让孩子趴在凉席上。女儿在孩子头前大约50厘米的地方放上一个孩子最喜欢的大象头玩具。这时孩子俯卧在凉席上，很快用双上肢支撑起身体，目光炯炯地看着大象头玩具，试图要去够这个玩具拿到手里玩，可是怎么努力整个身体就是没有向前挪动，他没有任何办法，在那儿干着急，急得嗷嗷直叫。

这时，我让小王用两只手交替着推动孩子的双脚，孩子的脚使劲儿蹬，身体向前移动了一点儿，终于够到了玩具。他迫不及待地把大象头拿到嘴里咬了起来，脸上满是成功后的喜悦。我告诉女儿和小王，玩具一定不要放在离孩子很远的地方，否则孩子努力了很长时间还够不着他喜欢的玩具，就会放弃了，不会对爬行发生兴趣。必须让孩子感觉到只要经过努力就能够满足自己的需求，这样孩子才会对自己充满信心且乐于去尝试。做完这样不到10分钟的训练，孩子已经大汗淋漓了。最后一次爬，孩子的小脸涨得通红，嘴里还不时发出吭吭哧哧的声音。孩子这样的表情逗得我们直笑。当孩子拿到玩具后，我就宣告这次训练结束。这时，我看到孩子的双膝被凉席磨得通红，我很心疼，对小王说："再练习爬时，放在我的床上，因为我的床比较硬，适合孩子练习爬行。"

下午孩子睡醒了，小王给孩子喂完奶后让孩子坐在地上的凉席上玩儿、看图画。大约过了1小时，就把孩子抱到我的床上来练习爬。没有想到，孩子刚趴下后，抬起头，看着前面的玩具，双上肢就有节奏地交替着用力向前爬，双脚也很协调地用力蹬女儿的手（女儿用双手交替着轻轻用力推孩子的双脚），孩子整个身体像一个匍匐爬行的小青蛙，姿势真不错！动作看起来比上午熟练多了。当孩子经过爬行的努力拿到玩具后，我们3个人都不禁抱起孩子亲了又亲。

就这样，我们已经让铭铭练习了3~4天，每天训练2~3次，每次训练10

多分钟。孩子爬得一天比一天熟练，而且兴趣还很大，很喜欢爬行。现在大人只要在后面轻轻给他一点儿力，他就能爬起来。当然，他还不能爬很远的距离，每次也就爬2米左右。让孩子爬的距离长一些，最好能够完全摆脱我们的帮助，这是我们近期奋斗的目标。可喜的是，孩子现在已经能够凭借自己的力量从坐姿换成俯卧的姿势，再进一步变成匍匐的爬行姿势了。看来孩子进步很大，这要得益于以往对他的训练。

打赤脚好处多；如何预防出痱子

　　我在上海已经生活了7个多月，我发现上海的老人特别在乎孩子的双脚不能着凉。事情是这样的：因为小王休假，铭铭基本上就是我和女儿带。夜间，铭铭在女儿屋里睡觉，孩子每天早晨4点半～5点之间醒来，于是他们就把孩子抱到我屋里，由我来照看。我给孩子洗脸、清洁口腔，并洗好小屁股换上纸尿裤，然后喂奶。吃完奶后，我哄着他在床上玩儿，每天我和孩子换着不同的玩具玩儿，因此每次的玩具对于孩子来说都有新鲜感，玩得很开心。6点左右，我就带着孩子去楼下的院子里和马路上玩。外出时，我给孩子穿得很少，就是一件连身的短衣裤，光着小脚。因为是清晨，街上的汽车少，废气也相对少，所以我让孩子在路口看过往的车辆。孩子很喜欢看这些汽车。不少晨练的老人看到孩子坐在童车里高兴的样子都会停下脚步，夸奖几声。孩子的表现欲非常强，只要是看见老人，他都会冲着老人咧开嘴笑，而且还啊啊地说话，逗得老人喜上眉梢，说："这个小囡，好不相！好不相！我又可以长寿了！"意思是说，这个小孩真可爱。这里的人，尤其是老人似乎很在乎孩子会不会对他笑，好像孩子对他笑，就预示着可以长寿。因此，铭铭是很有人缘的，尤其是老人都特别喜欢他。不过这些老人临走时都关切地嘱咐我："孩子不能打赤脚，必须穿上袜子和鞋，否则会生病的，千万要记住哇！"也许怕我不听他们的，有时还会走回来再一次告诉我："我可是带过六七个孩子了，有经验呀！"我一再对这些老人表示感谢，谢谢他们的关照和爱心。这时，我才明白为什么小区里的小婴儿无论天气多么热，仍然穿着厚厚的棉线袜再加上毛线织的鞋了。

其实，我给孩子打赤脚是有用意的。孩子双脚的皮肤上布满了知觉和触觉的神经末梢，当孩子还不会站立时，在气温条件允许的情况下还是应该给孩子打赤脚，让孩子能够通过双脚直接感受冷热，并且让脚底经受各种刺激，试着让孩子的双脚接触不同材质的地面有助于触觉的发育，更好地促进脚弓的形成。更何况天气已经很热了，也不能捂着脚呀！因为小婴儿出汗多，双脚潮湿，如果还捂着小脚丫很容易滋生细菌，造成脚部感染。

天气越来越热了，今天上海预报的最高气温又是35℃，而且上海的相对湿度一般都在80%以上，有的时候甚至达到90%。闷热的天气对于成人来说都是很难受的，对于活泼好动的孩子恐怕就更不好过了。我对小王曾一再强调，今年夏天护理的重点之一就是不要让孩子出痱子。

小王在家时，孩子每天都是在清晨5点左右醒来，吃完奶、清洗完毕后，在床上由小王帮他练习爬行或者练习手的精细动作，如让孩子学习将右手的玩具放在左手上，或者将左手的玩具放在右手上。大约6点多，这个时候的阳光还不强，天气比较凉爽，偶尔会有一阵小风吹过来，小王就让孩子坐在车上，推着童车去小区的小花园玩儿，有的时候还会去旁边的小区玩儿，因为那里的小朋友多，尤其是同龄的孩子比较多。大人之间可以交流育儿的经验，孩子们之间可以逐渐熟悉、嬉戏。铭铭也喜欢去外面玩儿，以满足对外界的好奇心。7点多钟时，太阳完全照在大地上，小王就推着孩子回家了。回家后马上给孩子洗澡，换上干净的大背心，不用再穿上裤子（只穿纸尿裤）。吃完奶后大约8点，孩子就要睡一小觉了。从现在开始，基本上白天我就不再让孩子去外面玩了。到下午5点半以后，阳光不那么强了，孩子下午觉也已经睡醒，小王就带着孩子出去玩了。下午6点半孩子回家，洗完澡后又换上一件衣服，准备吃晚饭，然后在家中由我们大家带着他玩儿，直到晚上8点钟入睡。家里一直开着空调，屋里的温度保持在24℃，不过我们从来不让空调的风直接吹着孩子。为了屋里空气的清洁，我们不时要开窗户通风换气。由于我们精心的护理，铭铭的皮肤一直很干爽、光滑。

前几天小王回来说，小区里的孩子几乎都出了痱子，这些孩子夜间睡眠也不实，几乎1小时一醒，本来天就闷热，让孩子折腾得大人也几乎要生病了。一打听，原来这些家庭都不敢开空调，说是怕孩子着凉，而且认为小孩子是不能用空调的。我真纳闷儿，发明空调不就是为了提高人们的生活质量，不受暑热的煎熬吗？难道家里的温度高得像桑拿天一样，孩子就不得病了吗？

小婴儿的皮肤很娇嫩，其防御功能差，对外界的刺激抵抗力低，很容易受到感染或伤害。尤其是婴儿的体液含量比成人高，自主神经系统发育不成熟，调节功能比较差，所以出汗多。暑天空气中湿度大，有的孩子因为汗液排泄不畅，潴留在皮肤内就会引起汗腺周围发炎，生起痱子。这些痱子主要分布在孩子的脸、颈、胸及皮肤褶皱处，有痒、灼热和刺痛的感觉。所以生痱子的孩子夜间睡眠也不实，严重者可以感染成为"痱毒"，形成疖子乃至败血症。据我的临床经验，但凡第一年出了痱子的孩子，往往以后年年都会出痱子。后来我在小区里碰到这些家长时，便告诉他们孩子是可以使用空调的，只要屋里保持24℃～26℃的温度，不让空调直接吹着孩子就可以了。使用空调时，最好每天上午和下午各开窗通风一次，每次半小时；多给孩子喝水；保证每天洗2～3次温水澡，保持皮肤干爽和清洁；要给孩子穿透气好的薄棉布衣服。已经出了痱子的孩子通过调节室温、勤洗澡、保持皮肤干爽等方法，痱子很快就会消退。如果宝宝因痱子感到皮肤瘙痒，可以外用炉甘石洗剂止痒，尽量不用或少用爽身粉。

上海的夏天还是很长的，因此预防孩子出痱子的任务很艰巨呀！

CHAPTER 8

6~8月龄发育
和养育重点

❶ 孩子独立坐时可以坐得比较稳，有助于双手和手指动作的发展和协调。

❷ 开始让孩子学爬时，可训练孩子腹部不离地面的匍匐爬行，以后逐渐练习手膝爬行。爬行有助于认知水平的提高，有助于全身动作协调，促进小脑平衡功能的发展，促进大脑的发育，促进孩子感知觉的发展。

❸ 大人扶着孩子的腋下鼓励他直立跳跃，逐渐掌握跳动技巧。此动作可增强下肢跳跃的力量，为爬行、站立、行走做准备。

❹ 有目的地玩玩具。能够准确抓握和将一只手的东西倒在另一只手上，继续训练孩子有意识地松开手放下东西，进而再训练孩子把东西放在不同的位置。学习对击玩具。

❺ 继续练习捏取的动作，从大把抓到拇指对捏。用拨拉算盘珠、转盘、按键练习食指动作。

❻ 开始训练用杯子喝水，争取早日停掉奶瓶喂养。

❼ 与孩子一起玩玩具，根据成人说出的玩具名称让孩子在几种玩具里进行辨认找出。也可以当着孩子的面，遮盖玩具的一部分，然后鼓励孩子去寻找，以训练记忆力，促进孩子对玩具整体性和客体永久性的认识。

❽ 孩子已经发展出完整的颜色视觉，远距离视觉也已成熟，追随移动物体的能力日渐成熟。

❾ 孩子开始对"不"有反应。当孩子要做的行为不好时，要善于对他说"不"，并且做出不高兴的表情，坚决地制止他，不要怕孩子哭闹。同时，可用亲吻和拥抱对孩子好的行为进行奖励。

❿ 部分婴儿经过训练可表达"欢迎""再见""谢谢"等肢体语言。

⓫ 能发出"爸、妈"音。

⓬ 孩子仍然对陌生人充满紧张害怕的情绪。同时，对抚养人更加依恋，当抚养人离开时会哭闹，产生分离焦虑。

⓭ 培养良好的行为习惯，如饭前洗手，睡前洗脸、洗脚和清洁口腔，自己安静入睡，使生活规律化。

⓮ 开始添加小颗粒食物。

⓯ 接种五联疫苗第三剂、肺炎球菌疫苗第三剂、乙肝疫苗第三剂、A群流脑多糖疫苗第一剂。

近来孩子不喜欢吃奶，
这与生理性厌奶有关

孩子连着两天都没有好好吃奶了。每次吃奶都是吃吃停停，东看看西瞧瞧，眼睛都不够使的。只要旁边有一点儿声音，他就马上转过身来看看，好像家里的事情没有他不关心的，真是一个"大忙人"！要不然就是双手拿着奶瓶，一会儿放进嘴里吸几下，一会儿拔出来看看，一会儿又扔在地上。或者一条腿搭在小王的腿上，另一条腿耷拉在地上来回晃悠，咿咿呀呀地说话。甚至有的时候双腮鼓起来，双唇微闭噗噗地向外吹气，喷得到处都是奶液。平常10分钟可以吃完的奶，现在20分钟还要剩好多。

这不，昨天早晨8点的那顿奶只吃了100毫升，不管你怎么喂他，他都躲着不吃，但是米糊、蔬菜泥、肉泥、果泥和鸡蛋黄都吃得很好，尤其是喜欢吃水果泥，如果喂的速度慢一些，他还会抓住你的手，用力将勺子往嘴里送。现在每天的奶量是500毫升～600毫升。别看孩子吃奶量大减，可是精神特别好，只要他醒着，手脚从来不闲着，没有一会儿让你老老实实地抱着。如果小王抱着他坐在床上，他就哭闹，非让你抱着他站起来，而且还得到处溜达。这个时候，他的眼睛就像巡视的钦差大臣一样四处瞄着。如果大人抱着他坐在沙发上，他的双腿往地上出溜，愿意让你架着他的双上臂，他好站立着环顾周围，或者双手拍打着茶几，砰砰作响。总之玩心太大，吃奶已经不像原来那样专心和迫切了。今天我给他量了体重，发现孩子每天还在长体重，虽然还是在正常范围内，但是偏低了不少。

孩子为什么不爱吃奶了？是不是处于生理性厌奶期？

一般孩子在5~6个月时可能出现生理性厌奶（有的儿科医生不同意这种提法），这是因为孩子已经添加了泥糊样的食品，食品的多样化和丰富的味道可能比配方奶更有吸引力。而且这么大的孩子好奇心强，对外界的一切都感兴趣，任何一点儿声音或进入他视线范围的物品都能吸引他的注意力，因此他对吃奶就不那么感兴趣了。

对于小铭铭来说还面临另外一个问题，就是他可能要出上牙（上切牙）了。因为小王在给他清洗口腔时，发现他的上门牙处已经相当硬了，估计牙齿没多久就要萌出。之所以说他处于生理性厌奶期还有一个原因，就是孩子喝的奶虽然有所减少，但精神很好，没有任何病理的表现。

因为孩子的体重还在正常范围内增长，所以我并不着急，他妈妈也不着急，因为女儿唯恐孩子长得太胖，现在恨不得要给孩子减肥呢！幸亏我在旁边压着，她才不敢贸然行动。不过，女儿这次趁我回北京之际还是把给孩子吃的米粉减量了，回来后我就及时发现了问题，与女儿争吵起来。为了说服她，我还给全国营养、儿保专家洪昭毅教授打了电话，谈到这个问题时我告诉洪教授："孩子现在吃得并不多，现在在每天每公斤体重的热量供给还不到80千卡，根本不存在过度喂养问题。而且孩子体重、身高和头围都在生长曲线的第97百分位上，属于正常范围。再说了，哪儿有这么大的孩子就要减肥的？"洪教授听完我的叙述后，也认为1岁之内的婴儿不能减肥，这个阶段孩子正处于身体和大脑高速发育的阶段，还是要保证营养摄入的。给孩子做保健检查的那位美国女医生也说，孩子的身高、体重和头围都长得很快，不要太介意孩子的体重。随着孩子运动的发展，孩子站立行走后运动量加大，自然就会瘦下来，当然也需要注意不要过度喂养。

一般孩子出现生理性厌奶的状况不会超过1个月，如果1个月后仍不吃奶，就需要去医院仔细检查是不是哪儿出现问题了。所以从现在起我规定，孩子吃奶的环境要安静，吃奶时不允许别人去打搅；吃奶时可以少量多次，最好能够保证每天的进奶量。如果实在吃不到原来的奶量，只要孩子的身高、体重还在生长曲线的正常范围内，就顺其自然吧。

铭铭学会了爬行

女儿今天结束了产假就要上班了，看得出来她心中充满了惆怅，舍不得她的儿子。是呀，他们已经朝夕相处了6个月，哪个当妈的舍得离开自己的孩子呢！为了能够和儿子多待一些时间，一向喜欢睡懒觉的女儿也不用我叫早，自己提前半小时就起床了，睡眼惺忪地抱起她的儿子亲了又亲，与孩子一起玩着玩具，和儿子一起在床上疯叫，直到我告诉她必须赶快洗澡吃早饭去上班了，她才离开儿子。女儿吃完早饭已经换上职业装准备去上班了，临出门还是禁不住往回跑，紧紧地抱着儿子亲了一口才转身离去。我抱着铭铭送女儿和女婿上了电梯，当电梯门缓缓地关上时，女儿还在向她儿子招手，说："再见！"接着，女婿便开车送她去上班。我想，女儿一路上肯定满脑子像过电影一样都是有关儿子的片段。

女婿送完女儿就回家了，因为他要准备一些资料没有上班。我和小王带着孩子在客厅里玩儿。小王在客厅的地板上铺了一张大凉席，将孩子俯卧放在凉席上。不用说，小王肯定是要训练孩子爬行了，因为我规定每天必须训练孩子爬行2～3次，每次训练时间不用太长，10～15分钟即可。小王坐在席子的一边，我坐在小王的对面。当我在孩子前面不到1米的地方摆放了一个他最喜欢的玩具时，小王刚要在后面轻轻用手抵住孩子的双脚，只见小铭铭肘关节弯曲，前臂带动着上臂竟自己爬了几步，够着玩具高兴地玩了起来。

"是不是孩子自己爬的，你没有推他？"我问小王。

"没推，我还没有碰到他的脚呢！"

铭铭会爬了

　　"我没有看清楚，再让孩子爬一次！"我让小王把手收起来，让孩子自己爬过去够玩具。这次我可看清楚了，的确是孩子自己爬过去的。虽然他也就爬了1米左右，但就是这样的爬行，已经预示了孩子要脱离大人的管束，开始主动移动身体，独自活动了。这一刻，对孩子来说具有划时代的意义。

　　当时女婿也在旁边，看到自己儿子有这么大的进步，满脸笑容，不由得放下手头的工作，站在孩子旁边仔细观看。

　　"妈，铭铭爬行的技术一次比一次熟练。"女婿感叹地说。

　　"我给他妈妈打个电话，告诉她这个好消息。"我高兴地拿起了电话，准备拨号。

　　"妈，先不要给小莎打电话，否则她情绪一激动会影响上班的。"女婿阻止了我。

　　仔细一想，女婿说得对，本来今天女儿上班就很难过，半年来和儿子朝夕相处，对儿子相当依恋，如果我打了这个电话，肯定会将她已经平静下来的心情又给搅乱了，还是不要影响女儿工作吧！

　　我们训练孩子爬行大约有10天了，每天都坚持训练2～3次，我们的心态很平和，而且对一个才5个多月的孩子根本就没有抱太大的希望，因为孩子还小嘛！当初训练他是因为小铭铭很早就能自己坐了，而且坐得很稳，甚至能够一边坐一边转身去拿身边的东西，所以我们决定开始训练爬行。

有的时候，家长可能因为心情太急躁，没有耐心陪孩子练习，或是没有持之以恒的精神，加上训练孩子的方法有误，所以孩子进步不大。其实，除了持之以恒的训练外，对于孩子的一点点进步都要给予表扬，对于这么小的孩子就是亲一亲或者搂抱一下都是很大的奖励了，能够让孩子更有信心、更乐意去努力。

另外，刚开始的时候，一定要让孩子体验经过努力达到目标的成功经历，这就需要家长降低任务难度，例如，家长不要把玩具放在离孩子太远的地方等。如果孩子经过很大的努力，还不能达到目的，就可能失去信心而不愿意再去做了。对于孩子来说，比较艰巨的爬行训练可能会让他产生反感。随着孩子爬行技术的不断熟练，孩子就会爬得更好、更远，学习爬行的过程也锻炼了孩子的意志。

有一点还是要提醒家长注意，有的孩子在家长看来比较"笨"或者总比别人"慢半拍"，其实孩子有时可能出现顿悟或者过一段时间再看到一些已经做过的事情时可能突然学会了某种技巧，这实际上就是一种延迟模仿。因此，家长不要着急，只要坚持训练下去，孩子肯定能够成功的。

孩子出牙了，需要马上进行口腔清洁护理

　　孩子近1个月来特别喜欢咬东西，例如给孩子喂米糊时，他会咬住小勺不松口，幸亏我们给孩子选择的小勺是软胶的。口水也一直流个不停，孩子的嘴唇边总是湿漉漉的，衣服前襟也总是洇湿一大片。不管是什么东西，只要一到他的手中，肯定都会被他送到嘴里啃一顿，有的时候还死咬住不放。小王休假回来，我跟小王说："这个孩子莫不是要长牙了？我老眼昏花也看不清楚，检查一下好像没有长牙。"谁知第二天清早小王起床后就过来告诉我："铭铭下牙床正中已经出了两颗牙，都露出小白点了。怪不得铭铭这些日子总是咬勺呢。"

　　为了让孩子的牙齿更好地萌出，也为了锻炼牙龈的坚固性，满足孩子对咬和咀嚼的需求，我让女儿给孩子买了磨牙棒。铭铭很喜欢啃咬磨牙棒。孩子的小手拿着磨牙棒，放在嘴里不停地吸吮和啃咬，很快就看见磨牙棒的一面（下牙能够啃着的那面）已经被啃得麻坑遍布，磨牙棒在嘴里的一端也被唾液浸泡得有些发软，不一会儿他竟然将磨牙棒的一头咬断含在嘴里了。我怕孩子卡着，急忙拨开孩子的嘴，一看嘴里全是磨牙棒的碎渣子，我想往外抠，孩子不让抠，开始大闹，只好随他咽下去了。在这里需要提请家长注意，当孩子啃咬磨牙棒时，家长一定要守在旁边，以防磨牙棒被孩子咬断、误食后发生意外。所幸孩子很快就对磨牙棒失去了兴趣，随手将磨牙棒扔在地上，又去拿别的玩具啃了。得！不能要了！啃了一半的磨牙棒就这样被扔掉了。

前天去医院给孩子做体检，并接种乙肝疫苗、七价肺炎球菌结合疫苗以及百日咳、白喉、破伤风、B型流感嗜血杆菌及脊髓灰质炎疫苗五联疫苗，进行第三次基础免疫接种。负责体检的是一位女医生，医生检查了孩子全身，当看到口腔中两颗下切牙已经完全露出来时，便说孩子发育得真不错！

铭铭的乳牙开始萌出，因此需要开始给孩子进行口腔的清洁护理了。尤其在日常的生活中，要从各个方面做好防护，以杜绝发生婴幼儿早期龋齿。

产生婴幼儿龋齿主要的致病菌是变形链球菌，而婴幼儿口腔中的变形链球菌主要源自母亲或其他看护人。婴幼儿出现早期龋齿不但可以破坏乳牙的结构，影响咀嚼和进食，造成孩子营养不良乃至影响孩子全身的生长发育，还会影响孩子的颌骨发育。严重的龋齿还会影响乳牙下面继承恒牙的发育和萌出，导致恒牙排列不齐。尤其是患有严重的龋齿时，变形链球菌可以进入血液中，影响心脏和肾脏等器官。因此，龋齿以及龋齿所造成的后果，不但有损孩子的健康和容貌，而且还会影响孩子语言的发育，这些严重的后果往往还会在孩子懂事以后影响孩子的心理发育。

我准备了两个不锈钢的饭盒，并去药房买了一大包棉纱布，同时还买了指刷。我自己动手做了不少的敷料条，码在一个饭盒里，然后将饭盒盖扣好，放在家用的高压锅中消毒20分钟，准备给孩子清洁牙齿和口腔时用。另一个饭盒准备存放洗净晒干叠好的、可重复利用的敷料条和指刷，满盒后再消毒，以备使用。

孩子出生后，我就让小王用消毒好的棉签，蘸着清水在每天早晨和临睡前分别给孩子擦拭牙龈、颊部和舌面，一方面起到按摩作用，另一方面能够清洁口腔。需要知道的是，舌苔也是大量细菌的滋生地。

现在孩子出牙了，更要注意口腔的清洁护理。因此，我向家里人和小王提出了要求：

■ 因为夜间10点半孩子在睡眠时有一次奶，因此我要求女儿和女婿每次喂完奶后，一定要再喂一些白开水，其目的是清洗口腔和牙齿。因为残留的奶液是细菌最好的培养皿，尤其是配方奶粉和甜食中的糖类会被细菌分解产酸，腐蚀牙齿形成龋齿。

■ 绝不允许孩子躺着吃奶。从现在开始要让孩子使用鸭嘴杯练习喝水，为以后早日戒掉奶瓶喂养做好准备。同时，这样做还能很好地避免出现牙齿反咬合、颌骨发育异常以及对颞下颌关节产生不良影响。

■ 孩子进食的用具要专人专用，严禁与大人合用同一套餐具，防止成人的口腔细菌传给孩子。

■ 要求女儿或小王清洁双手后，每天一次用手指缠上消好毒的湿润纱布，或用指刷轻轻按摩孩子牙齿的唇面、舌面、咬合面和牙龈，帮助孩子进行口腔和牙齿的清洁护理。

■ 禁止嘴对嘴地亲吻孩子。

我和女儿女婿是3个月到半年就做一次口腔清洁护理，因此只要发现有龋齿都能够及时处理。日常生活中，我们也注意保持良好的口腔卫生习惯。我也要求小王注意这方面的问题。

我担心给孩子做口腔清洁护理时孩子不配合，还教给小王如何一只手固定孩子的头部，在另一只手的手指缠上湿润纱布轻轻按摩和清洁牙齿。没有想到小王做过几次之后告诉我，孩子特别喜欢大人给他做口腔清洁护理，她毫不费力气一个人就给孩子做完了，而且做完后孩子还不干，非让阿姨继续给他做。听完小王的描述，心里感叹："我的小铭铭真的好可爱呀！真让大人省心。"禁不住抱起小外孙亲了又亲。

我嘱咐女儿打听一下，上海哪家医院的儿童口腔科不错，准备在1岁之前带铭铭去医院做第一次口腔保健，其目的是做氟状况的评估、牙科检查、牙科的健康咨询以及让孩子熟悉牙科的就诊环境，避免和减少将来对牙科就诊与治疗产生恐惧。

孩子学会爬行，就要注意安全了

　　孩子现在吃奶已经恢复正常了，每天都能够保证摄入配方奶700毫升～800毫升，而且已经明显看出对食物品种有了一定的偏好，例如，不喜欢喝带点儿酸味的果汁；喜欢吃含有鱼肉、鸡肉等带荤腥的米粉；如果在菜泥里加上虾泥，那可是他特别喜欢吃的，喂他时慢了一步都不干，会嗷嗷大叫，只有吃到嘴里他才安静下来；喜欢吃枣泥、水蜜桃泥、奇异果泥。

　　看到这种情况，我要求小王每天给孩子吃的饭菜、水果不能重样，起码5天之内不能重样，保证每天青菜的摄入量，并且不能孩子喜欢吃什么就给他吃什么，这样很容易养成偏食、挑食的毛病，也容易使营养结构不合理。所以，孩子每天的饭菜和水果都是小王征求了我的意见之后才去准备的。

　　自打孩子学会爬行，麻烦的事情也就来了。白天孩子只要一醒，就要站在地上或者爬行。当然，我们不敢让他的双腿支撑着全身的重量，都是架着他的双臂让他"站"着。这时孩子的双脚喜欢前后左右移步。经常是他坐在床上，拼命地抓着大人的衣服试图自己站起来，或者自己从沙发上往地上出溜。不过，我们不鼓励让他自己从坐位站立起来，这样对他的膝关节和髋关节负担都很重，不利于孩子的生长发育。

　　自打孩子会爬了，我们家就完全变了样。首先将屋里的茶几撤掉了，将所有的家具的边角都用软的泡沫垫给包上了，弄得屋里既没有样子，生活也很不方便，因为小铭铭现在没有爬不到的地方。只要他在地上爬行，卫生间门和厨房门都一律关上，所有的电插座一律藏起来。对于我这个30多年家里没有这么小的孩子的人来说，有的时候真的感到力不从心。但是没有法子，因为孩子的安全永远是第一位的。据说，我们国家儿童意外伤害死亡竟然排在儿童致死原因的第一位。

小铭铭醒来的时候，就是"熊"开始出没的时刻。他没有一刻消停，让你手忙脚乱，心里乱糟糟的，每时每刻都得把心提到嗓子眼里，处处要提防他的"破坏"和不安全的举动。只要一把孩子放在地上，他马上就有了爬行的目的地，而且动作很快，手的动作也很灵巧。例如，家里的电视柜门是个推拉玻璃门，他会很轻松自如地来回推动，伸手就去扭动DVD机或音响上的转钮，让大人防不胜防。凡是我们不喜欢让他动的东西都对他有吸引力，也是他最喜欢玩的东西，例如家中的垃圾筐、鞋柜底下的鞋、打苍蝇的电蝇拍、彩色小板凳，包括我们脚上穿着的拖鞋都是他喜欢追逐的目标，只要被他抓到，就逃脱不了被他下嘴咬的命运。只要看到他冲着某个地方爬过去了，你必须很快做出判断，他的目标是哪一个，如果是危险或不卫生的东西，必须赶到他爬到目标前面拿开这件东西。

今天上午在铭铭睡觉时，小王从他睡觉的屋里出来看看报纸，我在客厅里写这篇文章，只听见小铭铭睡觉的屋里传出咕咚一声，随着就是孩子大哭的声音。我三步并作两步跑进屋里，一看小铭铭已经摔到床下，幸亏床不

铭铭又去拉纸篓了

高。只见孩子声嘶力竭地大声哭叫，眼泪像一条直线一样落了下来。我赶紧抱起孩子，拍哄着他，孩子用双手紧紧地抱着我的脖子。我一边哄着他，一边检查他的身体是不是有外伤，四肢活动是不是灵活，结果发现脑门上有一块红色的印记，似乎有些肿胀。小王也紧张地看着孩子，唯恐孩子哪儿有问题。由于孩子哭闹厉害，小王赶紧接过孩子，搂着孩子不停地安慰着他，这时孩子的哭声渐渐小了，不一会儿又露出了笑容。我马上去卫生间用冷水冲湿了毛巾，冷敷在铭铭脑门上红肿的部位，防止皮下继续渗血，告诉小王不要揉搓脑门红肿的地方，防止小血管继续出血或者加大局部的渗血。没过多久，孩子就不让冷敷了，一直用手拽着毛巾，因此我让小王间歇着做冷敷。这是孩子自出生以来第一次挨摔。看到孩子挨摔，我心疼得不得了，同时也很自责，平常我都是在孩子睡觉的屋里写文章或稿件，因为这几天感冒，我怕在一个屋子里交叉感染，再说在孩子睡觉的屋里使用电脑也不好，毕竟还是有些辐射的。唉！如果我在旁边就不会发生这件事了。小王这几天都跟我说，这个孩子很聪明，知道爬到床边就转回身子不再往前爬了。当时我没有向她着重强调，千万不要马虎大意，孩子还是有可能从床上掉下来的。所以说，在照看婴幼儿的时候，必须有防患于未然的意识和措施，才能保证孩子不出意外。这次，小铭铭从床上摔到地上的惨痛经历对我来说是一个教训。

学习拇指和食指对捏

现在，小铭铭只会用全手掌去抓握东西，需要手指进行分工的精细动作还没有掌握，所以很难拿住细小的东西，而且只要拿住东西就很难从他手里放下来。于是，我们开始训练小铭铭有意识地放下手中的东西和倒手拿东西，并进一步练习拇指和食指对捏的动作，逐渐让孩子利用双手能够随心所欲地摆弄各种物件，促使小铭铭提高手部动作灵活度，更好地发挥手的工具作用。拇指和食指对捏的动作开始出现的年龄与孩子的智力发育有密切的关系，婴儿一般应该在7~8个月时可用拇指和食指捏取物品，9个月时用拇指和食指就能够捏起很小的东西了。如果一个10个月的孩子还不能用拇指和食指对捏捏起很小的东西，那么孩子的智力发育就可能存在问题。

为了训练孩子拇指和食指对捏的动作，我开始给孩子选择训练时用的物

1 铭铭初步掌握拇指和食指对捏　2 恒恒觉得看书很有趣

品。什么物品可以使孩子对拇指和食指对捏训练感兴趣呢？铭铭已经开始吃小颗粒的食品了，也一直吃手指食物，思来想去，最后我选择用小馒头进行训练。这种食品的大小对于孩子初步学习拇指和食指对捏的动作很合适，不大也不小，味道还不错，入口即化，不会卡住孩子。更何况小铭铭的咀嚼已经相当熟练了，也不会被噎住。它对于快7个月的孩子来说是一种训练用的理想食品。

　　下午铭铭睡醒后，我和小王共同训练他。我先让铭铭吃了两个小馒头，让他品尝一下这种食品的味道。尝到甜头的铭铭非常迫切地要吃小馒头。于是小王在她的手心放了一个小馒头，当小铭铭看见这个小馒头时，马上伸出自己的手去拿。结果小馒头被他紧紧地握在手心里，他把整个拳头往嘴里送，却怎么也吃不着，急得他嗷嗷叫。等到小王将他紧握的手打开时，小馒头已经被攥得粉碎了，他当然吃不着了，急得他开始大哭。这时，我让小王给他做个示范动作，手把手地教他如何用拇指和食指捏起小馒头来。当捏起的小馒头送到他的嘴里时，铭铭高兴极了，因为他又享受到了美味。通过这一系列的训练，孩子已经知道小馒头是好吃的东西，能够吸引他去吃。而要成功地吃进嘴里，必须要用拇指和食指对捏才能将小馒头捏起来放到嘴里。这样一来，孩子为了满足自己对这种食品的需求，必然会努力去学习或模仿拇指和食指对捏的动作。紧接着，小王又拿了一个小馒头放在她张开的手心里，然后手把手地教给孩子怎么拿小馒头，当小王把着铭铭的手将小馒头送进孩子的嘴里时，孩子用小牙咯吱咯吱地咀嚼起来，一脸美滋滋的表情。小王又拿出一个小馒头放在她张开的手心里，这次让小铭铭自己拿，这时孩子的手虽然摆出了拇指和食指对捏的姿势，实际上却是用拇指和食指把小馒头抓起来，由于用力太大，结果小馒头碎了。我让小王再拿出一个小馒头，这时孩子伸出右手将小馒头握在了拇指和食指的上面，根本不是在捏拿，而是托在虎口上放进嘴里去了。孩子可不管姿势对不对，反正吃到嘴里了，自己感觉美极了，吃完后高兴地笑了。

　　"好了！今天就训练到这儿。"我对小王说。因为我怕时间长了孩子会失去兴趣，而且已经吃掉好几个小馒头也不能再吃了，否则会影响晚上的食欲，何况其中的食品添加剂中没有具体标明其中所含物质，我主要害怕含有松脆剂（如果孩子对牛奶蛋白过敏，就不要选择用小馒头进行训练，因为其中很可能含有牛奶成分）。

家长对于孩子的训练不能操之过急，不能每次都手把手地帮助他。只要每天有意识地训练几次，我想他一定会学会拇指和食指对捏的。

为了练习孩子手的动作，我和女儿很早就开始让铭铭学习翻书。女儿给小铭铭买了很多布书（每页是用两层布夹着膨松棉做成的，可以洗）。还给孩子买了许多四页书，这些书每页都是用厚厚的硬纸做成的，颜色鲜艳，书中还可以进行触摸功能的训练，因此孩子十分喜欢。每次念四页书时，我们都教给他如何翻书，有意识地让孩子去触摸书中的小动物，因为小马身上有"毛"，蜻蜓身上有薄薄的"羽翼"，小蜜蜂身上有层"绒毛"，而且有的书里还有抠、摸功能的训练。每天给孩子看、念这些书，不但刺激了孩子的视觉，而且练习了孩子的听力，并作为一种语言信息储存在他的大脑中，同时还练习了手指的精细动作。当然，这些书页逃不过孩子的啃咬，因为他要尝尝这是什么东西。反正这些书都能够清洗和擦拭，也就随他去了。

每天在与孩子玩的过程中，有意识地让孩子将手中的东西拿起来、放下去也是我们的训练内容之一。每当孩子拿起一件物品，玩了一会儿后，我们会对孩子说："把××放到妈妈手上""把××放在床上。"这样做不但训练了孩子听和理解的能力，而且也训练了孩子手、眼、脑协调的功能。

其实这些训练都是在日常生活点点滴滴的小事上进行的，只要有心，孩子就能训练得很好。我经常对小王说，所谓婴幼儿早期教育，不是非得让孩子坐在课堂上学习，实际上在我们的生活中处处、时时、事事都有早期教育的机会，关键是家长要做有心人，善于去引导孩子。

铭铭学会与大人"碰头",
是理解语言还是条件反射

现在小铭铭的发音可比以前多了,整天嘴里不停地发出"ba—ba、da—da、ma—ma、na—na"等重复的连续性音节,尤其是长出了上下各两颗门牙以后,可能是口腔内有些异样感觉,为了排除这种感觉,发音明显比以前增多了,而且也似乎更加复杂了。当小铭铭发出类似"妈妈""爸爸"的语音时,女儿女婿都兴奋地说:"我儿子会叫'爸爸''妈妈'了。好儿子,再叫爸爸—爸爸,叫妈妈—妈妈。"两个人齐刷刷地看着小铭铭,眼神里充满了渴望,结果孩子反而看着他们不说了。

"得!空欢喜一场。这是小铭铭在自娱自乐呢!他还没有意识叫你们。不过,你们这样和他说话,不停地示范使用这些常用的词句,孩子会逐渐模仿,有助于孩子早日说出第一个真正有意义的词语来。说不定第一句话就是叫'妈妈''爸爸'呢!"我在旁边说。

的确,虽然语言是人类在不断进化的过程中衍生出的产物,掌握语言是人类的天性,但是孩子出生后的语言环境仍然是言语发展的必要条件,这个语言环境开启了小婴儿的听—说系统。在孩子与人进行交往的过程中,在婴儿自发发音的基础上,通过日常活动和游戏并提供一定的参照物,婴儿会模仿成人的言语。如果孩子不断得到鼓励、不断反复练习及不断得到强化,他的言语发展会比同龄孩子快一些、早一些。

今天小王抱着小铭铭要下楼去取报纸,走到门口时小王向小铭铭说:"小铭铭,来!跟阿姨碰碰头!"只见小铭铭乐呵呵地将头转过来,用自己的前额与小王的前额轻轻地碰了一下。小王马上高兴地夸奖小铭铭，又是亲又是轻轻地揉搓着小铭铭的头发，喜爱之情溢于言表。"张大夫，小铭铭已经听懂我的话了，知道碰头了。"

近来，小王都在训练小铭铭的肢体语言，每天只要一有机会小王就对小铭铭说："跟阿姨碰个头！"然后主动把头伸过去与小铭铭轻轻碰碰额头，并马上说："真乖，小铭铭知道碰头了，阿姨喜欢。"有的时候小铭铭也能主动伸过头来去碰小王的额头，小王更是高兴得不得了，一个劲儿地夸奖小铭铭聪明，已经能够理解她说的话了。

后来，我又抱着小铭铭重复了几次，我发现孩子与小王碰头的次数多，与其他人碰头的次数少，而且只有当其他人主动伸过头来，他才有可能与这个人碰头，其他时候就没有反应。根据这种情况，我认为孩子可能还是没有真正理解"碰头"的语意，而是对小王特定言语活动的一种特定反应，是一种由于长期训练建立起的条件反射作用的结果。

许多研究表明，小婴儿从9个月时才开始真正理解成人的言语，这时他们可以按照成人的言语吩咐去做相应的动作。例如，碰头、摇头、点头等肢体语言，但是这些肢体语言最初也需要成人一边用夸大的、突出的语调，不断去重复这些吩咐，一边手把手地去教或不断地做示范动作，并在相应环境中才能逐渐诱发孩子做出相应的动作来。因为这时孩子对言语理解的能力还很低，而且与相应动作的联系也不牢固、稳定。

到了11个月，在成人的吩咐下，甚至不用成人的吩咐，只要有相应的情景，孩子就能做出相应的动作来。因为这么大的孩子对言语的理解已经相当稳定和牢固了。到了12个月，孩子开始把词语的理解和表达联系起来，这一举动促进了言语的产生。因此，不断加强孩子言语方面的训练是现在必须做的事情。

■ 玩具不是越多越好

女儿和女婿前几天又给孩子买玩具了。这是一个大家伙——球池。球池是一个很不错的玩具，可以训练孩子的平衡感、本体感，并给予全身触觉上的刺激，通过这个大型玩具还有助于孩子社会交往能力的发展。这种玩具也常常用于治疗触觉敏感度不足、自闭症、身体协调不良的患儿。因此，不少亲子教育机构或儿童游乐场都设有这种大型玩具，大孩子们都非常喜欢它。但是，这个玩具让只有7个多月的孩子来玩就不恰当了。关于它不适合这个年龄段的孩子玩的意见，我当时就提出了。

女婿费力地用脚踩着充气泵，在那儿一下一下地充着气，逐渐将球池充上气竖立了起来。小王忙着将几百个彩球清洗干净，放在球池里。折腾了1个多小时，终于安装完毕。他们兴高采烈地将孩子放到球池里，没有想到孩子吓得大哭起来，不管大人怎么哄，就号啕大哭个不停，并伸出双手要大人抱。看着小外孙急得满头大汗，在球池里也坐不稳，歪歪斜斜的，一副受罪的样子，我就气不打一处来。我急忙抱出他，不停地安慰着，轻轻地抚摸着他的后背，孩子紧紧抱着我的脖子不停地抽泣着……

"给孩子买这个玩具干什么？你们不想一想，孩子才7个多月，才刚刚坐稳，还不会站立，你现在让孩子坐在里面，这么多的球不能形成一个稳定的平面，孩子在里面也坐不住呀，反而会加重脊柱的负担，同时体位的改变让孩子坐在里面没有安全感，增加了他的恐惧心理。你们这不是在锻炼孩子而是在害孩子。如果孩子已经1岁多了，双腿能够站立得很好，我会赞成你们买

339

这个玩具的。想给孩子买什么玩具也不听听我的建议，在这方面我比你们更清楚。《娱乐信报》的记者还就玩具问题专门采访过我，并做了很大篇幅的专题报道。你们就是凭自己的兴趣给孩子买玩具。你们看看，家里的玩具有多少？玩具太多对孩子的教育反而不利。"我大声地责备着他们。

女婿看我这么生气，赶紧解释说："这是沙莎让买的，我就是当劳力给扛回来的。"

"我就知道这是沙莎的主意！你看孩子的玩具有多少？咱家的玩具几乎能放一间屋子了。"

"我认为这个玩具挺好玩的，孩子一定喜欢，谁知道孩子会这样呢？先放在这儿吧！等孩子大一点儿再玩！"女儿喃喃地说。

"你认为好玩的玩具，不等于孩子喜欢。"我对女儿说。

"将大部分的球都取出来，只留下少许的球，孩子坐的时候能够坐到球池底，才会有安全感。另外，将孩子放进球池时一定要慢慢放，让孩子逐渐熟悉，这样他就不会产生恐惧感了。孩子如果在球池里，旁边一定要有人，保障

坐在池底的铭铭双手可以各拿一个球

他的安全。将来孩子能够站立了，再将所有的球放进去！"我对小王说。

女儿自从有了孩子，就开始给孩子买玩具，不管是国内的还是国外的，只要她认为好玩，就都给孩子买回来。到了商店，她比孩子还急迫地跑到玩具柜台挑选玩具，她到商场去几乎没有一次是不买玩具的。有时候我想，女儿为什么这样喜欢给孩子买玩具呢？大概是她小的时候几乎没有什么玩具可玩的缘故吧！她不愿意再让自己的孩子重复她那样的童年生活，这也许是一种心理补偿吧！因为那个时候，我们夫妇的收入都不高，就是大学生毕业后拿的实习工资（因为"文化大革命"期间所有的大学毕业生都没有转正，因此我们夫妇每个月的收入才80多元），因此没有多余的钱给孩子买玩具。在我的印象中只给孩子买过两个玩具：一个是可以上弦滑动的汽车，另一个是小布娃娃。孩子平常的"玩具"就是家里的手帕、扫把、簸箕、空药瓶以及我自己用布缝制的六面布包等。

游戏是孩子的"工作"，玩具是伴随孩子成长最亲密的伙伴。玩具能带给孩子欢乐，提升孩子的智能，有利于训练孩子的大运动和精细运动，促进孩子的社会沟通能力，通过玩具还能够让孩子学会合作和分享。一个好的玩具会在孩子心目中占有很重要的地位。孩子在日常生活中是离不开玩具的。

孩子们理解的"玩具"，可以是日常生活中所用的物品，也可以是爸爸妈妈从商店买来的玩具；可以是传统木制或布制的玩具，也可以是利用程序遥控的高科技玩具。但不管是什么玩具，只有能够引起孩子兴趣的、能够亲自动手操作的玩具才是最好的玩具。

必须要根据孩子的生长年龄段来选择相应的玩具。如果将一些适合大孩子玩的玩具让十分幼小的孩子玩，则有可能造成许多意想不到的安全事故。例如，给0～6个月的孩子买玩具就应该选择能够给予感官刺激的玩具，主要是能够给予视觉、听觉和触觉刺激，并且能够训练孩子触摸和抓握的玩具，利用玩具训练孩子的视听结合和运动的协调能力。对于7～12个月的孩子，除了继续选择给予感官刺激的玩具外，还要根据这个阶段孩子大运动和精细运动迅速发展的特点选择相应的玩具，如结合孩子要学的坐、爬行、站立、行走等大动作选择玩具；结合孩子的小手需要掌握的用拇指和食指对捏、抠、挖等精细动作选择玩具……利用玩具促进孩子能力的提升和身体的发育。

当然，家长也不宜给孩子买太多玩具。一般说来，孩子的兴趣是广泛的，总是对新奇的东西非常感兴趣，具有喜新厌旧的特点，太多的玩具不利于孩子细致的观察和仔细的研究，而频繁转移注意力，对智力的提升并没有好处。我记得国外曾经做过这样一项研究：把一批同年龄的孩子随机分为三组，一组孩子没有玩具；另一组孩子面前摆满了玩具，孩子可以任意选择、轮换玩耍；第三组的孩子只有1个玩具。跟踪3个月后发现第三组的孩子相比第一、二组孩子而言，智能发育得更快。专家们认为由于第三组的玩具比较少，孩子的注意力比较集中，能够很好地观察、研究和利用各种方法动手操作这个玩具，也就是说大脑对这些刺激产生的兴奋强烈，而且能够保持一段较长的时间，因此对孩子的神经系统发育有较好的推动作用。

我对女儿说，再仔细检查一遍家里所有的玩具，凡有不安全因素的玩具一律清除掉，再根据孩子有习惯化和去习惯化的学习特点，将一部分暂时还不适应小铭铭年龄段玩的玩具收起来，只留出一小部分的玩具供孩子玩儿。过一段时间更换一批玩具，对于孩子来说这又是一个新的刺激，能够引起他的兴趣，好让孩子的思维永远保持活跃，并且拥有一个对事情怀有浓厚兴趣的好心态，这样孩子才能养成做事专注的好习惯，从而有利于他的身心健康发展。

同时，我告诉女儿，选择玩具时自己先要分析清楚，我给孩子买这个玩具要达到什么目的，要解决孩子的什么问题。例如，玩具是否有利于孩子的身心发展？是否有利于提高孩子的社会沟通能力？是否有利于孩子大运动或精细运动的发展？是否有利于孩子手眼协调能力的提高？是否有利于孩子提高观察力、想象力、思维力、记忆力和思维力？是否有利于孩子动手能力的提高？是否有利于提高孩子的认知能力？是否有利于孩子多元智能的开发……

另外，还要根据自己孩子的个性选择一些有利于全面提高孩子素质的玩具。例如，有的孩子比较内向，不愿意与其他孩子一起玩儿，可以买一些必须与人合作的玩具，从而能够让孩子获得与其他小朋友一起玩的乐趣，培养他与人交往、协作的性格，如玩具电话机等；如果自己的孩子生性活泼好动，最好选择必须静下心来潜心钻研的玩具，如魔方、拼图、迷宫、积木等，这样能够促进孩子的注意力集中和培养细致观察的好品质；对于一些比较文静、不喜欢活动的孩子，最好选择能够促使孩子活动、可以不断变换空间的玩具，如球类、小童车等。

最后，我对女儿说："虽然你们给孩子买了不少玩具，但不是把它交给孩子玩你们的任务就算完成了，你们最好每天下班后，抽出一定的时间陪伴孩子，与他一起玩这些玩具，这样不但能够和孩子建立良好的依恋关系，而且能多研究和了解你的孩子，循循善诱地启发你的孩子，促进孩子思维和动手能力的发展，在玩儿的过程中多给予孩子赞赏和鼓励，孩子才会长得更好！其实陪伴孩子的过程也是你们和孩子一起成长的过程！"

■ 孩子撞了头以后

自从孩子学会爬以后，大人必须时时刻刻地跟着他，因为他是什么都要去摸、什么物品都敢去动的，完全没有什么危险的概念。即使这样呵护着他，磕磕碰碰的事还是时有发生。有的时候大人预感到他可能要碰头，去抱他时，他却身子打着挺儿不让抱，还大声哭闹以示抗议。

今天又碰头了。事情是这样的：小铭铭在客厅里爬着玩，忽然他发现餐桌旁的椅子下有一个彩球，这可引起了他的兴趣，于是趁着大人正在低头收拾他扔的玩具时，噌噌噌就爬到椅子下拿到了球。他马上坐起来想玩球，没有想到头结结实实地碰撞到椅子座位下，于是大哭起来。小王赶紧跑过去将椅子拿开，看看他的头皮只是有些红。小铭铭一边哭一边看着大家。我说："自己碰的，谁让你不小心了，怨不得谁！好啦，姥姥知道你很痛的，不要哭了，看看阿姨在玩什么？"大家面部表情很平静，似乎谁也没有把这当成一件事，该干什么还继续干什么。小铭铭哭了一会儿，看大家都不理他，自己可能也觉得再哭没有意思了，泪眼婆娑的他看到小王正在拍着一个黄色的按摩球，他的注意力被成功吸引住了，便马上向小王那儿爬去，与小王一起笑呵呵地玩起球来。碰头之事对于小铭铭来说也早已烟消云散，丢到爪哇国去了。

小铭铭这次碰头，是因为自己认知能力的局限、空间判断能力不足导致的，我相信孩子经过几次挫折教训，就会获得经验。关键是孩子碰头后，家里人应该如何对待。我在家里给所有的人立下一个规矩：凡是因为小铭铭自己不小心摔倒或碰到哪儿，只要没有什么大碍，一律不要理他，就好像没有看见一样。让孩子从小懂得这不是什么大事，自己做错了事自己要承担后果，从哪儿跌倒了就从哪儿爬起来。

我记得在新浪网的育儿论坛上有一位妈妈问我："有一天，我的孩子要走马路牙子，外婆不让。可是孩子非要走，结果摔倒了，孩子大哭。外婆一边哄孩子，一边打着马路牙子说：'谁让你摔我们宝宝，打你这个该死的马路牙子。'请问，外婆这样做对吗？"

其实这位妈妈问的问题，在我们生活中经常碰到。作为大人，我们都很清楚这是安慰孩子的一个借口，但是孩子却不会明白，因为他认为大人是绝对的权威，大人的判断就是对错的标准。因此，当外婆将孩子摔倒的责任推给马路牙子时，孩子就会认为自己摔倒不怪自己，应该怪马路牙子。这样做的结果，反而使孩子更觉得自己委屈了，外婆也在不知不觉中向孩子灌输了推卸责任的思想，以后孩子就会效法将自己做错的一切事情都推给别人。如果外婆这样说就好了："看，走马路牙子是很危险的！不让你走，你非走，摔倒了吧！宝宝勇敢，自己能爬起来，掸掸土，下次要注意不能走马路牙子。"既让孩子承担了不听话的后果，也让孩子在你的鼓励之下，能够勇敢面对这次摔倒后的疼痛。通过这次摔倒，孩子既吸取了教训，也学会了如何面对挫折，同时还明白了自己做错事要自己承担后果，不能将责任推给别人。

7～8个月的孩子开始能够辨别他人的不同表情，当孩子处于一个陌生的或不了解的环境时，他们往往从大人的面孔上搜寻表情信息，然后决定自己的行动。婴儿的这种能力，我们称为社会参照能力，这种现象被我们称为"情绪的社会参照性"。因为这时孩子已经学会爬行，有了一定的活动能力，活动的范围扩大，接触的事物也多了。这当中可能有他没见过或没经历过的环境和事物，他需要从母亲或其他抚养人的表情中找到信息，用来理解、评价并决定自己应该做出怎样的行动。如果母亲或其他抚养人做出消极的反应，孩子可能就会产生焦虑、哭泣、恐惧等情绪。一般说来，婴幼儿的行为与家长和看护人的情绪表情有很大的一致性。例如，当孩子玩爬高游戏，母亲在旁边微笑、鼓励孩子，他就会勇敢地爬上去；如果母亲表现出害怕、恐惧，或威吓孩子，孩子就不敢爬上去。对于小铭铭碰头这件事也是这个道理，如果家长在小铭铭碰头后表现得十分紧张、焦虑，或者过分关心，给孩子的感觉似乎这次碰撞严重得不得了，孩子受家长情绪的感染，就会觉得更加疼痛，从而产生了害怕的情绪；如果家长表现得十分平静，孩子会觉得不怎么疼，也就表现得不在乎了。因此，家长作为积极情绪的社会参照，有助于提高婴幼儿（尤其对6～18个月语言能力尚未发展的孩子而言）的认知水平，丰富婴幼儿的情感世界，促进婴幼儿探索新的事物和环境，有助于提高孩子的智力水平。

没有想到这么小的孩子也会"投机取巧"

这次因为我在北京、天津、沈阳、长春等地讲课，要离开上海半个月。临走前，我向小王交代，在我走的这段时间里，要给铭铭练习使用鸭嘴杯（练习杯）喝水；继续训练拇指和食指对捏；让孩子学会听从命令放下手中的物品。并且还开玩笑地说："我回来可要检查呀！"

我在北京时，女儿打来电话，告诉我孩子已经能用拇指和食指捏起小馒头放在嘴里吃了，前来替我班的爷爷奶奶还将小铭铭用拇指和食指对捏把小馒头放进嘴里的过程录了像。孩子的爷爷还说，铭铭的姥姥肯定喜欢这段录像，尤其是拇指和食指对捏的画面。说起来，我这本书里的一些照片还是爷爷精心拍摄下来的。

回到上海，应邀参加了"四大天王"之一的张学友作为某营养品公司形象代言人的新闻发布会。张学友在业内是公认的好爸爸。在发布会上，张学友谈到作为爸爸对于女儿的一片爱心和为她所做的一切，并且还当众表演了为女儿创作的一首活泼有趣关于手指的儿歌：

一个手指小毛虫，

两个手指小白兔，

三个手指大花猫，

四个手指小天鹅，

五个手指妈妈好，

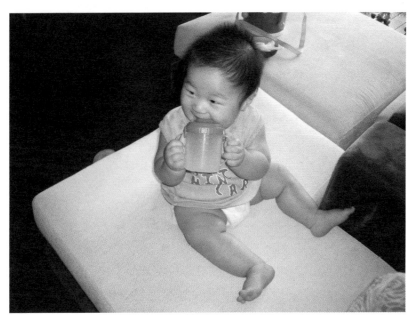

铭铭使用练习杯喝水

两只小手拍拍笑。

听着听着，我忽然想起了我离开上海时给小王交代的任务，今天回去一定要检查一下小铭铭都掌握了哪些手指动作。

回到家里，小王正抱着小铭铭在喝水，只见小铭铭双手拿着练习杯的两个把手，嘴里含着练习杯口正在喝水，他还知道当喝不到水时将杯底抬高就能够让自己喝到水了。喝完水后，孩子的口唇周围及前胸湿漉漉的一片，必须要更换一件衣服。尽管这样做给大人增加了不少的麻烦，但我还是十分的高兴，因为孩子已经开始学习使用杯子了，这将有助于促进孩子的手、口动作协调，为1岁以后丢掉奶瓶打下基础。丢掉奶瓶有利于牙齿的发育，有利于颜面部的美观，更有利于孩子心理的成长，因为孩子会认为自己已经长大了，与大人一样可以使用杯子和碗喝水、吃饭了，可以增强他对生活自理的信心。

当我准备从小王手中抱过小铭铭时，只见孩子的表情很"严肃"，谨慎地看着我审视了一番，大概是想起了我，这才露出灿烂的笑容伸手扑向了我。"呀！姥姥才离开半个月就不认识姥姥了，我好难过呀！呜，呜……"我一边嗔怪，一边假装哭。透过我捂在眼睛上的手指缝，只见孩子看看我，一边用手使劲儿地掰开我捂着眼睛的手，一边笑。孩子现在还不会理解别人的悲伤情感，认为这是我在与他做游戏，也可能认为我的表情十分可笑吧。得！我算是白表演了。

我现在还要看看小铭铭是不是确实掌握了拇指和食指对捏的动作。我拿了一个小馒头放在手心里，只见孩子用拇指和食指捏起小馒头放进嘴里，美美地吃了起来。于是我又拿了一个小馒头放在手心里，只见小铭铭用拇指和食指捏起来，可这次却没有捏好，小馒头滚到孩子的虎口上，然后又滚到床上，小铭铭这次不再用拇指和食指捏小馒头了，索性趴下身子用嘴舔起小馒头吃起来。"嘿！他倒真会想办法！"我对小王说。接着我又拿出一个小馒头放在手心里，这次他干脆用他的双手捧起我的手，直接拽着我的手拉到他的嘴边，赶紧张开嘴就吃进去了。

我对小王说："这个孩子可真聪明，谁教给他的？"

"谁都没教给他这个，是他自己想的！"小王的话里透着夸奖的语气。

后记

后来，小铭铭又采取了一种办法吃到小馒头。当小王在床上放好一个小馒头后，小铭铭很随意地用右手的拇指和食指捏起小馒头，结果手指的指肚没有捏住小馒头，小馒头滑到手指的根部，只见小铭铭用左手的食指从右手的掌心上面轻轻地将小馒头捅进了嘴里。这种思维对于一个不到8个月的孩子来说，确实发展得很不错。因此，我想提示各位家长，对于孩子任何一种能力的训练，不要拘泥于单一的方式，如小铭铭的思维实际上是一种发散思维，家长应该鼓励。

看来孩子已经能够掌握用拇指和食指对捏来拿取物品了，但是日后仍然需要继续训练；孩子已经能够很好地使用练习杯了；但是"听从大人命令放下手中物品"这一条据小王说做得还不行，主要是他还不理解命令的含义。我告诉小王不要着急，慢慢来。但是通过今天小铭铭表演吃小馒头，我发现了孩子的思维是很灵活的：为了吃到小馒头，孩子采取了3种办法，都成功让自己吃到了这种食物。我们应该及时鼓励他。同时也说明，孩子在训练的过程中发现并解决了问题，如果没有这个动作，孩子是想不到如何解决问题的。这很符合这个阶段孩子直观动作思维的特点。

开始对孩子说"不"

今天小王带小铭铭去楼下遛弯儿，回来后小王就向我"告状"："这个小铭铭也太厉害了，人家宝宝手里拿着米老鼠玩具，他上去就抢过来了，宝宝的外婆又拿了一个唐老鸭玩具给宝宝，小铭铭看到又伸手给抢过来了。如果不满足他的要求，他就伸手拉人家的小车。铭铭也太霸道了。我把米老鼠和唐老鸭还给宝宝后，给了小铭铭一把扇子让他玩。他把扇子放在嘴边去啃，我不让他啃，因为这个扇子不干净，我假装很严肃地告诉他：'不能啃扇子！'我连说了两次，您猜小铭铭怎么着？他一生气，竟然将扇子一丢，放声大哭起来。"

宝宝是我们邻居家的孩子，是一个很可爱的男孩，比小铭铭大2个月。只要两个孩子一见面，都会咧开嘴笑起来，甚至有的时候兴奋得全身都会抖动起来。看来两个孩子彼此还是非常喜欢对方的，因此这两个孩子几乎每天都在一起玩儿，他们的两辆小车经常放在一起，看起来就像一对亲兄弟。宝宝显得温文尔雅，不会从小铭铭手里抢东西，但是自己的东西被抢，也会不高兴地大哭起来。

一个7个月大的孩子还没有自我观念，也没有物权观念，又没有语言表达能力，因此只要是自己感兴趣的东西，抢过来自己玩儿是很正常的事情，尤其对自己没有见过的东西会更感兴趣，给他讲道理恐怕就像对牛弹琴一样。于是，我对小王说，制止小铭铭抢别人的东西恐怕他不会理解，甚至还会大声哭闹，因为这时他还没有物权观念，分不清"你的"和"我的"的概念，这种物权概念大约在1岁以后经过教育才能逐渐建立起来。现在唯一有效的办法就是转移他的注意力。你每次出去给孩子带一个他喜欢的玩具，当他抢别人的玩具时，你就给他这个玩具，教他一种新的玩法，引起他的兴趣，孩子就会放弃别人的玩具了。

现在我们还应该做的就是，制止孩子啃咬扇子。因为扇子谁都摸，是很脏的，要知道病从口中入。现在孩子对大人制止的表情已经有一点儿理解了，要善于拒绝孩子不正当的举动，要学会对他说"不"，让孩子从小建立正确的认知准则，孩子就会逐渐知道什么东西不能啃了。当然，如果有的东西是干净的，还是应当允许孩子去啃咬，毕竟孩子的嘴是触觉最敏感的器官，孩子也是利用嘴的吸吮、啃咬来认知和探索外界的。我的原则是不鼓励孩子用嘴啃咬，但是孩子如果啃咬的东西是干净的、安全的也不用刻意去制止。说实在的，我对铭铭7个多月就理解了大人制止的表情感到很高兴，说明这个孩子已经能够初步感知他人情绪了。

孩子在7～8个月时已经开始理解大人的表情，并根据大人的表情来指导、影响自己的行为。这时大人也要善于利用孩子发育中的这个特点来帮助他建立良好的行为准则，凡是他的合理要求，家长应该满足他；而对于他的不合理要求，无论他如何哭闹，也不能答应他。

这个阶段的孩子由于好奇心强，对什么都感兴趣，乐于探索，但是由于认知水平的局限，什么东西都要动，拿起任何物品都要送到嘴里啃咬，这样就可能存在着危险和不安全因素，甚至还会影响孩子的健康，养成不良的行为习惯。因此，家长要善于对孩子说"不"，及时制止他的不良行为，及时表扬他的好行为。平时应该让孩子明白大人摇头、摆手等不高兴的动作是在说"不"，一旦看到就应该及时停止自己的举动。如果孩子仍然继续自己不恰当的行为时，家长要坚决制止，不能姑息。而且不要怕孩子哭闹，否则容易让孩子养成以哭闹来要挟大人的行为。如果孩子看到大人的表情后停止了自己不好的行为，转而做出好的行为时，一定要及时赞扬孩子。这样孩子才明白大人喜欢这样的行为，孩子在家长的赞扬中获得了自信和快乐，以后他还会乐于去重复这种好的行为。如果家长在孩子第一次做出错误的举动后，没有及时制止，反而表现出无所谓的表情，甚至有的家长还赞扬自己的孩子，孩子以后就会继续这种举动，久而久之就养成坏习惯了。所以我们常说"孩子的坏习惯是大人给养成的"，确实有一定的道理。从小就给孩子建立正确的行为准则是十分必要的，也是必须要做的。

有的人认为，孩子现在还小不懂事，在生长发育过程中出现的一些行为偏差在所难免，不必大惊小怪，"树大自然直"嘛！国外有一位心理学家曾经说过："有十分幸福童年的人常有不幸的成年。"这是因为在孩子小时候，也就是当他们的行为发育处在萌芽状态时，因为生活在一个被众人呵护的环境中，处处以自己为中心，当他们的行为发育出现暂时偏离却没有被家长及时发现和纠正，以至于发展为异常行为时才引起家长的注意，往往错过了最佳纠正时间。由于幼年形成的不良行为习惯，导致孩子长大后不能很好地适应现实社会、不能融入现实生活之中，给孩子造成终身的不幸。

对孩子要适当放手

　　小区金鱼池边的树荫下有一个秋千，说是秋千，实际上叫作"摇摆的长椅"更合适。每当清晨或傍晚，一些老人就坐在上面前后摇动，一副优哉游哉的样子！这儿也是孩子们特别喜欢玩的地方，每天上午八九点钟，老人们都回家了，这个地方就变成孩子们集会的场所。稍微大一点儿的孩子坐在秋千上，大人在旁边轻轻推动着摇杆或椅背，会让秋千前后有节奏地摆动起来。孩子们还嫌摆动的幅度不大，一直嚷嚷着让大人使劲儿推。大孩子的欢声笑语也吸引了坐在儿童车里的小孩子。

　　小王推着儿童车在小区的林荫道上散步。当走到金鱼池旁时，小铭铭啊啊地大叫起来，眼睛看着秋千，不让小王将车推走，于是小王就把车停在了秋千前面。只见铭铭的眼睛直勾勾地盯着秋千，仔细看着大哥哥和大姐姐们坐在秋千上的样子，流露出渴望的眼神。看得出来，小铭铭也想去坐秋千，可是大孩子正玩得高兴呢，谁也不想下来。小铭铭急得嗷嗷直叫，小王特别聪明，抱着小铭铭，看着大孩子们说："小哥哥知道铭铭想玩秋千，一会儿就让铭铭玩儿！瞧，小哥哥这就要下来了，快谢谢哥哥！"孩子就是这样，就喜欢别人夸奖他、捧他，而且他也要显示出自己真的是一个哥哥。于是，大孩子很快就从秋千上下来了，而且还说："小铭铭玩吧！""快谢谢小哥哥！"小王不失时机地举起小铭铭的双手做出作揖的动作。

　　小王让小铭铭坐在椅子上，她一手扶着小铭铭，一手来回推动椅背。小铭铭坐在上面高兴极了。只见他将身体靠在椅背上，小屁股不停地挪动着，双腿还一个劲儿地上下踢着，没有一刻消停的时候。坐着坐着，小铭铭不干了，翻转身子非要站起来，小王只好将秋千停了下来。就在这个空当，小铭铭一骨碌就翻过身子，双手把住椅背的木条，自己站了起来。他双手扶着椅背的木条，小屁股一撅一撅地学着小哥哥、小姐姐的样子，企图摆动秋千。当然，他根本摆不动这么大的椅子！于是他就回过头来冲着小王大声地啊啊叫，小王立刻明白这是让她推动秋千，可是小王的双手正在扶着小铭铭，怕他站不稳掉下来。小铭铭回过身来使劲儿地用手推开小王的手，他还不让小王扶着他。小王只好松开手，小心翼翼地开始慢慢摆动着秋千，小铭铭高兴得小屁股一扭一扭的，双脚还交替着抬起来，没有表现出丝毫的害怕。

"哎呀！你快扶着孩子，多危险呀！"一些站在旁边的家长冲着小王紧张地喊着。

"没关系！我在旁边注意着呢！他姥姥让我放手，不要限制着孩子活动，除非有危险。"小王笑嘻嘻地解释着。关键时刻，小王总是拿"姥姥"作为挡箭牌。

胆大的小铭铭站在摇动的摇椅上，拒绝别人扶

后来，孩子已经不满足于站在椅子上，扶着椅背站立的姿势了。他自己小心趴下来，爬到椅子的金属吊杆旁，双手扶着金属吊杆站了起来。在这个过程中，秋千还在轻轻地摇动，小铭铭不但不害怕，反而双手拽着金属吊杆，双腿一个劲儿地跳跃。小王在旁边微笑地看着他。

邻居们不禁感叹道："这个孩子胆子也忒大了！不过，无论这个椅子怎样摇动，这个孩子站得还真稳！哪像一个快8个月的孩子！"

事后，一些邻居见到我，都纷纷向我诉说这段经过，还劝告我嘱咐小王要注意孩子的安全，我笑着对他们说："其实小王这样做是经过我同意的，我还挺赞赏她的这种做法。不过您说得也很对，我会嘱咐小王一定不能大意！谢谢您的提醒！"

对孩子要放手，因为这个阶段的孩子需要多看、多听、多做，尤其是运动功能的训练必须要放开手，只有经过不断实践，孩子的运动能力才会提高，动作才会更加协调，运动的技能掌握得就更多。小铭铭能够在摇动着的秋千上站得稳，说明孩子的平衡能力发展得比较好，这也归功于我们从小就注重这方面的锻炼。而且，孩子的胆量也是从小锻炼出来的。不同年龄段的孩子容易对不同事物产生恐惧的情绪，0~6个月对噪声和大的声响容易产生恐惧；6~12个月容易对陌生人产生恐惧，而且还容易发生恐高现象；1~2岁容易产生分离焦虑；2岁以后容易对想象的东西、死亡、黑暗、独处、绑架等产生恐惧，3岁时这种恐惧情绪达到高峰。因此针对孩子不同的恐惧情绪发生时期给予不同的应对方法，孩子就能克服恐惧情绪，勇于去探索，在此过程中胆子也就逐渐大了。

孩子经常碰到一些他不认识、不了解的事物，因此需要根据大人的表情和态度来决定自己的行动。如果家长对孩子过度保护、过度干涉、过分严厉，处处限制孩子的活动，就会造成孩子养成胆小、谨小慎微的性格，影响了孩子的认知水平和社交能力的提高。

既然我希望小铭铭将来是一个有理智的、胆大的人，那就从现在做起吧！

训练孩子双手击打玩具

　　小铭铭现在已经能够随心所欲地用一只手拿起身边的任何玩具了，双手可以很灵活地摆弄着手里的玩具，并且还能将玩具从这只手传递到另一只手中，腾出手来再拿另一个物品，双手配合得十分协调。每当我们抱着他坐在桌子旁时，孩子高兴起来就会用双手拿着的玩具使劲儿敲打桌面。尤其是他敲打玻璃桌面时发出的敲打声，震得我的耳膜十分难受。可孩子却浑然不知，反而越敲越高兴，甚至大声嚷嚷起来，家里成了一个受噪声严重污染的环境。为了使家里的玻璃桌面不损坏，也为了铭铭和我们的耳朵不受这种噪声的侵害，我们不得不赶紧抱着孩子起身离开桌子。这样一来小铭铭可就不干了，他大哭以示抗议。

　　"拿小鼓来！让他练习对击！"我对小王说。

　　自打孩子会用工具敲打东西以来，女儿就给孩子买了一只玩具鼓，小铭铭不是特别喜欢这个玩具鼓。我估计可能是鼓声不那么清脆、洪亮的缘故，引不起他的兴趣来。

　　小王拿来小鼓，这个小鼓带有2支鼓槌、1个打击的小镲、1个沙锤、1个手铃。铭铭可以拿着沙锤摇晃着玩儿，也可以拿着鼓槌去敲打小镲，却不喜欢手铃，可能觉得这个玩具太"小儿科"了，玩起来没有新意。对于双手各拿1支鼓槌进行互相敲击的动作他还不会，于是小王从孩子手中接过鼓槌，双手各拿1支鼓槌做出对击的动作演示给小铭铭看，然后将鼓槌递给小铭铭。只见小铭铭一只手拿着鼓槌迫不及待地敲起小鼓的鼓帮和小镲，另一只手拿着鼓槌却"按兵不动",根本没有对击的意思。小王让小铭铭每只手各拿1支鼓槌,然后把着孩子的手将两支鼓槌进行对击,敲出的声音清脆响亮,小王嘴里还说着歌谣:

圆肚肚,紧绷绷,

肚子里面空又空,

不敲它,不吭声,

敲它就喊"痛——痛——痛"。

　　小王把着小铭铭的小手做了几次对击鼓槌的动作后,就让小铭铭自己去敲,谁知道小铭铭拿着鼓槌就是不对击,而是用鼓槌乱敲鼓的其他地方。小王只好又手把手教他对击,没有想到小铭铭还烦了,扔下鼓槌,用手拨拉开挡在他面前的小鼓,爬走了。

　　"得!人家还不干了!"小王遗憾地说。

　　"没事,明天继续训练,这不是着急的事。孩子的兴趣也不可能维持太长时

铭铭已经会打开电视柜门,准备去抠DVD机上的小孔

间，见好就收。每次训练时间2～3分钟，一天训练3～4次就可以了。"我对小王说。

"其实不是非用鼓槌进行对击，任何两个玩具都可以用来训练对击动作，可以选择木制的、金属的、塑料的……各种质地的东西都可以用。不同质地的东西对击后会发出不同的声音，可以训练孩子的声音分辨能力，同样可以引起孩子的兴趣。双手在眼睛注视下进行准确的对击，这也是训练了孩子的空间判断能力，促进了手、眼、脑协调能力的发展。瞧！小铭铭干什么去了！"就在我和小王说话的工夫，小铭铭爬到电视柜前用食指去捅DVD机上的插孔。

"哎呀！多危险呀，谁让你动它了？"小王紧张地说。

"不用害怕，我已经拔掉电源了。但是需要提防手指伸进去拔不出来！真是需要小心谨慎，对小铭铭真是不能大意呀！"我提醒小王说。

小王将小铭铭抱到沙发上，拿了一张废纸，让孩子开始练习撕纸。其实，撕纸的动作孩子早已经掌握了。只见他用左右手拿着废纸的两边，两手往相反方向使劲儿，唿啦一声，废纸被铭铭撕成了两半，随手将撕碎的废纸扔到一边去了。紧接着，孩子又拿起乒乓球大小的小球，将小球很熟练地投入细脖颈的容器中，小铭铭这个动作已经做得很好了。但是让他将手里的小球放到小王的手中，他就不干。小王只好掰开孩子的手将球放在自己的手中，嘴里还说："小铭铭看着，就是这样放在阿姨的手中。"谁知道铭铭手的动作还真快，急忙将小球取回到自己手中，这次说什么也不放手了。

其实训练孩子听从大人的命令做拿起、放下的动作主要是为了训练孩子有意识地控制手部动作，但是孩子却一点儿不配合。小王有些着急："小铭铭，你怎么啦？怎么别的动作做得很好，就这个动作做不好？"

"你也不用着急，是不是孩子觉得将球给了你，他就不能玩了？不要着急，每天有意识地训练几次就可以了。"我对小王说，"其实每个孩子对不同动作掌握的水平是有差异的。即使是同一个孩子，每种动作能力的发展也有不同，只要我们继续训练，他肯定会掌握得很好。"

CHAPTER 9

8~10月龄发育和
养育重点

❶ 坐得稳，可以由俯卧到坐起。爬得好，并且学会手膝爬行，能够爬越微小的障碍物。由扶着站立发展为独立站立，还可以扶着坐下，扶着栏杆迈步，扶着蹲下捡玩具。

❷ 手的动作更灵活，可以使用拇指和食指捏起小东西。训练手的控制能力，如投物到小的容器或小孔里、翻书等。双手可以配合玩耍，如双击玩具、对套小桶、开关瓶盖等。

❸ 重复连锁动作发生，即喜欢反复扔东西，让别人帮他捡回来，然后重新扔出去。

❹ 通过图书增加孩子认识事物的种类，依次告诉孩子各种物品的名称、特征、用途。以后不断重复，增强他的记忆。

❺ 继续认识镜子里的人，促进自我意识发展。

❻ 教育孩子认识各种表情，学会察言观色——人际交往中的重要手段。家长也要利用这些非语言信息方式教育孩子，如用生气表情制止孩子的错误行为，用微笑鼓励孩子克服困难，用高兴的表情表扬孩子的良好行为。

❼ 开始训练孩子学会坐盆大小便，养成良好的排泄行为，为以后具备良好的生活自理能力打好基础。

❽ 可以听懂一些语言，从大人边说边提示，如培养孩子学会配合大人穿衣和脱衣，逐渐发展为不用家长提示，就可以根据动作的程序进行配合。

❾ 当孩子学会爬，开始脱离大人而独立行动时，孩子会通过母亲的面部表情、声音、姿势等所传递的情感信息来判断环境中安全或不安全、稳定或不稳定，从而获得安全感，这也能够促进孩子的社会交往能力。

❿ 孩子开始出现"延迟模仿"的特点，因此即便孩子暂时没有掌握一些技能也不要失望，可能过一段时间孩子就能准确无误地做出来。另外，家长也需要规范自己的行为，以免成为孩子模仿的坏榜样。

⓫ 学会了更多的肢体语言，如代表"欢迎""再见""你好"等的肢体语言。加紧进行语言训练，主要是听与说的训练，继续鼓励孩子学习说话，有意识让孩子说出"爸爸""妈妈""爷爷""奶奶"等。

⓬ 增强孩子的记忆力、思维力和客体永存的概念。当着孩子的面，将孩子面前的两个玩具分别用毛巾盖上，然后让孩子分别将两个玩具找出来。

⓭ 添加无盐的辅食：如畜肉末、全蛋（蛋黄和蛋清）、烂面条、烂米饭、碎菜以及颗粒比较大的软固体食物。

⓮ 接种麻风腮疫苗第一剂、乙脑疫苗第一剂、A群流脑多糖疫苗第二剂。

孩子学会用手膝爬行了

自从孩子学会爬行后，开始在家里到处爬着玩儿。只要一让他坐在地上，马上两手往地上一趴，小屁股向上一撅，双腿向后一蹬，就开始爬向他看好的目标，速度还很快。

因为8月份有一段时间我要去全国各地讲课，临走前，我向小王交代了一些任务，其中一条就是协助小铭铭学习手膝爬行。当时我告诉小王在家里找出一条宽的带子，最好是用围巾圈在小铭铭的胸腰部，大人用手拉着围巾的两头，用力将小铭铭的胸部和腹部拉起来，促使孩子用手膝着地，这样孩子就会逐渐学会手膝爬行了。

等我讲课回来，小王告诉我，铭铭的爷爷每天都拿着围巾围着小铭铭的胸腰部，拉起他的躯干促使小铭铭用手膝爬行。孩子到这时候却不爬了，干脆坐起来玩儿。只要大人一撤围在身上的围巾，孩子立刻又开始匍匐向前爬行了。我亲自试验了一把，确实如小王说的那样，看来这一招用在小铭铭身上还真是不灵，他就是喜欢匍匐爬行。

"唉！这个孩子真与别的孩子不一样，还顽固地坚持匍匐爬行！"我无奈地对小王说。

但我们还是坚持每天用围巾拉起孩子的躯干，促使孩子双手、双膝、小腿前部、足背部着地，终于孩子抬头向前看，双肘伸展，上肢与大腿同时垂直于地面。我们所用的力量不大，刚好能够让他的手和膝盖着地支撑躯干的重量，然后慢慢减轻提着的力量，以增强孩子四肢肌肉和关节的支撑力量。

每天训练几次。通过这样的训练，小铭铭的四肢力量明显增强了，因为我感觉到用围巾拉起孩子躯干所用力量明显变小了。虽然小铭铭在大部分情况下还是像原来一样匍匐爬行，但是每天也会偶尔出现一两次手膝爬行的情况。尽管这只是象征性的一步，在有的人看来根本算不上是手膝爬行，我们还是给予了表扬——抱起来使劲儿地亲了亲孩子的脸颊，并为他鼓掌。起初孩子看到大家为他鼓掌，感到十分惊愕，待大人亲了亲他后，大概是感觉到大人对他的喜爱，于是跟着大家愉快地笑了起来。

今天，小王带他去小区的游乐园玩儿，回来后将他放在地板上由我看着。在距离小铭铭大约2米远的地方，放着一个他喜欢的玩具——套碗，只见他双手向前一扑，小屁股向上高高撅起来，双腿屈曲，左右膝盖着地，向套碗爬去。

"小铭铭用手和膝盖在爬呢！"我惊喜地看着他爬行，向小王喊道。小王正在厨房为小铭铭准备中午饭呢。

只见小铭铭左右手轮换着用力向前爬，两条腿的膝盖着地，配合着手的动作，左右腿一前一后地向前爬行。

"咦！可是我觉得好像有点儿不对劲呀，看着这么别扭！"我对小王说。

"嗨！小铭铭的左腿膝盖在爬行时没有支撑在地面上，而是抬起来了，左腿根本没有用力，主要靠双手、左脚和右腿带动他的左腿向前爬。"小王说。

我仔细查看，小铭铭左手着地时，他的右膝盖着地向前爬行。可是当右手向前爬时，左膝盖就完全不是这样了：当身体的重心应该移动到左膝盖时，孩子的左膝盖会离开地面而将着力点放在左脚上向前爬行。这样一来，爬行的姿势变得相当难看。当右膝盖向前爬行时，爬行的姿势与正常孩子爬行没有两样；一换左膝爬行，由于他将膝盖抬起使用左脚向前爬，于是小屁股的左边就高起来，活像一个左膝关节僵直的跛行者。

"以后要是这样向前爬，姿势可真够难看的。看来孩子动作要领还没有掌握好。不过，我认为进步还是很大的，起码胸部和腹部已经离开了地面，开始将身体的支撑点移动到四肢上了。以后还要训练孩子用左膝盖着地向前爬行，促使双手双膝同时负重、臀部和双下肢的交互动作协调对称，为独立行走打下基础。"

有的时候，小婴儿运动和技能的发育不完全像书本上说的那样，存在个体差异，像小铭铭掌握手膝爬行的发展可能就是延迟模仿或是顿悟的结果。

孩子学会从滑梯下面向上逆向爬行

最近小铭铭有个新特点，就是特别好表现自己，说得好听一点儿就是表现欲特别强。只要有人在旁边看他，他从来不怯场，无论什么动作只要是他已经掌握的，他都做得十分出色，而且会反复地做，常常获得大人的夸奖，他也是满脸笑容。如果旁边没有人，他一般是不爱表演的，即使表演也十分勉强。而且他做的动作如果没有别的孩子做得好或者他不会做时，他是绝对不会表演的，而是在一边仔细观看别的孩子做动作。

前几天就是这样。小区里有几组滑梯，一组是并排两座斜坡不大的蓝色滑梯，还有一组是红色的波浪状滑梯，余下的一组是螺旋状的绿色滑梯。对于小铭铭来说，他只能玩坡度不大的蓝色滑梯。小王把他放在滑梯的下面，他很高兴地扶着滑梯的两边站着，邻居爷爷奶奶们都站在旁边夸奖他站得好，他兴奋得两条腿一屈一伸直想跳跃，只可惜他还不能跳起来。这时那座并排滑梯上的几个小哥哥正从滑梯的下面逆行爬上滑梯的顶部，大家的目光都转向了滑梯，正站在滑梯底部高兴着的小铭铭似乎也发现了人们目光的变化，也转过头去看旁边的滑梯，一看这个动作他不会，顿时收起笑容，马上就坐在滑梯底部，静静观看小哥哥的表演。这些小哥哥也是因为有人观看而"人来疯"，不停地爬着滑梯，累得满头大汗。这个季节的上海还是挺闷热的，小王要把小铭铭抱回家休息，小铭铭不干，身体直打挺儿，非要继续坐在滑梯上。没有办法，小王只好摇着扇子轰赶着蚊子陪他，直到小哥哥们跑到别处去玩儿，他才坐上儿童车回家了。

小王看到小铭铭的表现，于是这几天就开始训练孩子逆向爬滑梯。因为在家里已经训练过孩子爬"障碍物"：将枕头和被子卷起来，让孩子翻越爬过去。有的时候孩子不愿意爬，我们就在障碍物的前面放一个他喜爱的玩具，并在旁边鼓励他爬过去。可能是因为小铭铭看到小哥哥逆向爬滑梯好玩，产生了兴趣，因此有了爬滑梯的动力，再加上是夏天，小铭铭喜欢光脚，天气热出汗多，汗津津的手和脚增加了摩擦力，克服了下滑力，还真的从底部向上爬行了几步。说是爬行，其实就是弓着腰，手脚着地向高处走。初步的成功对于小铭铭来说似乎给他鼓了劲儿，对于这样的训练他没有感到厌烦，反而每次下楼都要去滑梯处练习。

　　今天傍晚，太阳已经收起了余晖，晚风徐徐吹来，迎来了上海少有的凉爽傍晚。小区里回荡着孩子们的欢声笑语，他们再一次集会到游乐园中。小王照例带着小铭铭来到这里，准备训练孩子爬滑梯。很多大人也来到这里一边摇着扇子乘凉，一边看着孩子们游戏玩耍。大家的目光再一次集中在小铭铭的身上，这是因为小铭铭在小王的帮助下正在练习逆向爬滑梯。也许是观看的人多，也许是铭铭的表现欲在起作用，也许是孩子的练习已经初见成效，这次铭铭一鼓作气就从滑梯底部爬到了滑梯的顶部。小铭铭的出色表现赢得了邻居们的一阵掌声，大家啧啧称赞。孩子嘛，就是"顺毛驴"，大人越是表扬，表现得就越好。这不，小王把小铭铭放成仰卧位，松开手让他从滑梯的顶部自己躺着滑下来了，到了底部只见小铭铭一骨碌翻过身来又向上

1 我爬，我爬，我爬爬爬　2 我爬上去啦

爬去。旁边的邻居一方面看着小王让孩子自己从滑梯顶部滑下就感到惊讶，说："太危险了！"另一方面为看到小铭铭一个轻巧的"鲤鱼打挺"，翻过身来快速逆向爬上滑梯而感到震惊，感叹这个孩子的大胆和灵活，也觉得这个孩子有毅力。小铭铭就在大家的赞扬声中一次又一次地表演起来，由于出汗多，四肢湿漉漉的，导致滑梯面涩涩的，孩子更容易往上爬了。等到天彻底黑了，小铭铭才坐着儿童车回家。回到家中，我看到他的一双小脚的大脚趾各磨出了一个水泡。按道理孩子应该觉得脚痛，可这个孩子跟没事一样，照样在屋里爬着玩，兴致丝毫不减，而且还啊啊地大声嚷嚷。我也没有给孩子做任何处理，由他玩去吧！

孩子在这样的训练中，动作发展得更加灵活和协调，增加了四肢肌肉关节的力量，更重要的是我发现小铭铭还是一个有毅力的孩子。这一点让我很欣慰，当然，这与我们不断地鼓励、放手有一定的关系。

现在小铭铭已经快9个月了，模仿能力逐渐增强，虽然他不会说话，但是每次走到小区门卫岗时，都会冲着门卫叔叔笑笑。如果在门卫岗上没有看见叔叔，他必定要歪着头朝门卫室里望望，然后嗯嗯地大叫，似乎在呼唤门卫叔叔。当门卫叔叔出来后，他马上就"阳光灿烂"地绽放出满脸笑容，表现出强烈地与人交往的愿望。目前，他已经初步理解一部分言语（当然是与日常生活有密切关系的言语喽）的含义。例如，他不想吃饭，他就知道用小手推开大人手中的勺，或者将头转向其他的方向，或者紧闭着嘴。

训练孩子按照大人的吩咐做出相应的动作，学会主动与人交往，教会孩子一些简单的肢体语言，为过渡到言语发生做准备，这是这个阶段家长应该做的。孩子在掌握语言之前，有一个较长时间的言语发生准备阶段，在这个阶段，言语的感知能力、发音能力以及对语言的理解能力正在逐步发生发展起来，并进一步发展到言语的表达阶段。而肢体语言便是其中的一部分，是与言语发生有着密切关系的动作行为，在心理学上属于前言语行为。

我们就从最简单的表达"再见"这个意义的肢体动作开始训练。小铭铭每次下楼去院子里玩儿时，小王都会及时说："跟姥姥再见！"小王先招招手，然后拿起小铭铭的手也摆摆。我站在屋门口也向小铭铭挥挥手，回应道："小铭铭再见！"他们才关闭电梯门下楼去。每天早晨，当女儿和女婿要去上班走出屋门时，小王或者我会抱着小铭铭送他们到电梯口，说："跟爸爸妈妈说再见！"并且立刻摆摆小铭铭的手，女儿、女婿也及时摆摆手回应："小铭铭再见！"每天要多次重复这些语言和动作。因为与孩子的日常生活有密切关系，很快孩子就不需要我们手把手地摆动了，当大人说出"再见"的言语时，孩子就会抬起手来摆动几下。当然也不是每次都能准确地做出来，可能跟言语理解与相应的动作联系还不太稳定有关。但是，我相信只要家里的每一个大人不失时机地重复这样的训练，孩子就可以不用大人吩咐，只要有人出去或者他自己出去，马上就会做出摆手的动作。事实就是这样，在孩子10个月时，不管他当时在做什么，只要看见别人出去或者他自己出去，都会停下手中正在干的事情，马上对要出去的人招招手表示再见。

随后，我们又开始教孩子"欢迎"的动作，每次小铭铭和小王从外面回来，我打开门后，小王及时说："我们回来了！向姥姥笑笑！问姥姥好！"我赶紧拍拍双手说："欢迎！欢迎！"可能已经学会"再见"的动作了，所以"欢迎"的动作学习起来就没太费力气，只不过有时他的双手五指不能完全张开，而是部分手指弯曲拍手，做得还不太规范。不过，我们全家一致认为小铭铭做得已经相当不错了！因此，孩子每次做完这个动作之后，我们一律都给予鼓掌表示赞扬。他也高兴地拍起手来，即使我们已经停止拍手，他还乐此不疲地拍个不停。看来肢体语言让不会说话的小铭铭也能理解语言之外的用意，这对于增强他对语言的理解能力确实是大有好处的。

下一步（9～12个月之间）我准备通过与孩子做游戏来学习肢体语言——做"小燕飞"（有的地方叫"逗逗飞"）。"小燕飞"游戏就是在大人开始

1 准备拍手　**2** 拍拍小手，热烈"欢迎"

说"小燕，小燕飞——飞——"时，让孩子的双手食指指尖对碰，当"飞"字说出口时，孩子的双手食指迅速分开，最好能够训练孩子的双手其他四指握在手心，只把食指伸出（这个动作有相当大的难度，仅这个动作也需要训练很长一段时间），而且需要大人手把手地教。这个游戏的目的在于让孩子听从大人的命令做出相应的动作。这个游戏也训练了他手指功能的分化、大脑对手指动作的控制能力、空间判断能力以及手眼结合的能力。让双手的食指指尖准确地对碰，需要大脑对手指有很强的控制能力。待孩子完全掌握了这个游戏的要领，还是需要一段时间的。

现在的家长对孩子的语言表达能力，不管是口头语言还是书面语言都非常关心，但是对于肢体语言的发育往往重视不够。实际上，肢体语言对孩子的社会交往和个性发展而言具有非常重要的意义。因为孩子在使用肢体语言表达的时候，也会同时学会理解别人的情绪、情感，能够做到善解人意，懂得他人情感所表达的含义。

在育儿观念上，我和先生有分歧

小王开始休假了，大约要休息20天。女儿和女婿的工作都很忙，尤其是女儿一个人要带3个项目组工作，每天几乎都工作到深夜才回家，因此照顾孩子的重担自然就落在了我的身上。小王走的当天，女儿对我说："妈，今天我爸爸要来上海。"我感到十分诧异："怎么我没有听说你爸爸要来？他公司的事能够脱开身吗？""嗨！这不是快到国庆节了吗，就要放假了，也耽误不了几天！到上海过国庆节，咱们全家团圆，不是挺好的嘛！再说，我爸爸也想小铭铭了。"我有些疑惑地看着女儿。

直到下午5点多钟先生到家，我才知道是女儿担心我一个人会太劳累，又知道我是一个死要面子的人，于是悄悄打电话给她爸爸，希望她爸爸能够到上海来帮助我一起照料几天孩子，直到他们放假。尽管先生公司的业务也很忙，但是由于疼女儿心切，而且也十分想念大外孙子，因此安排好公司的工作，就匆匆赶到上海来了。

平常我总是向女儿女婿说大话："照料孩子小菜一碟，凭我这么多年和小孩子打交道的经验，弄这么大的孩子绝对没有问题。再说我也不怕吃苦受累，你们就放一百个心吧！"大话是吹出去了，可是一旦真的完全由自己来照料孩子，有的时候还真是感到吃不消。例如，一般我都主张让孩子自由活动，鼓励孩子蹦蹦跳跳，不要限制孩子的运动，除非是到了不安全的地方。虽然现在小铭铭还不会走，却到处乱爬，什么东西都敢去摸，什么东西都敢去动，甚至还要迈腿登高，只要他醒着就没有一刻消停的时候。我总得在他后面跟着，因为在他每天的活动中常常隐藏着危险的苗头，让人防不胜防，尽管只是虚惊一场，却吓得我的心怦怦直跳，全身冒出冷汗。你要是为阻止他而将他抱起，他就会大哭一场，身体使劲儿向下打滑，"瘫"坐在地上，就像一条全身滑不溜丢的泥鳅，让你抓不住。因此有时候累得我呼呼直喘，到了晚上当孩子入睡后，我累得脚都抬不上床。随着年龄的增长，等到小外孙子出生后，更体会到岁月不饶人，照看小外孙子时有些力不从心了。

　　"你说，年轻的时候带着沙莎，我怎么不觉得像现在这样累呀？那个时候下夜班从来都不休息，上县城里买回菜，然后把沙莎从哺乳室接回来，忙活一天的家务，白天我从来没有睡过觉，晚上只要早一点儿睡，疲劳就全没有了。你也没有听说过我喊累，怎么现在就不行了呢？"我对先生说。

够淘气的吧

　　"你现在都多大岁数了？60多岁的人了！你以为你还年轻呀！好汉不提当年勇！你现在已经不是当年的你了。其实当时我们也是很累的，只不过随着岁月的流逝，你已经忘记了。再说，那个时候的孩子没有听说过进行什么早期教育，只要孩子老实、乖、不闹就可以了，带孩子好的标准就是吃得饱、长得胖、少生病。哪像现在花样这样多呀！"先生一边与孩子玩着套碗，一边说着。

　　"你说得有理，我现在已经能够理解为什么老人不喜欢又蹦又跳、活泼好动的孩子了，很大一个原因就是体力不支呀！"我感叹地说，"有的时候老年人生活经验多了，尤其是我在医院工作，见到意外伤害的情况也多，因此思想上的框框就多了，孩子一活动，我总是怕这怕那的，而且还总是爱往坏的方面想，精神很紧张。因为我一直在搞早期教育，研究婴幼儿的心理发展，知道不能限制孩子活动，而且要正确引导孩子各种运动的发展，还要鼓励孩子去做一些探索的活动，以提高孩子的认知水平，因此精神上和体力上就感到十分劳累，精神上更是高度紧张。为了孩子的发展没有办法，只好受累了！"我感叹地对先生说。

虽然说先生来上海与我一起照料小铭铭能够帮我缓解一部分劳累，但是在如何照顾孩子的一些问题上，我们两个人的意见经常相左，有的时候竟然为一些小事争吵起来。以往女儿、女婿和小王在育儿问题上都听我的，因为我是专家嘛，所以我的建议一般都"畅通无阻"。这回先生来了，可就不是这么一回事了。这不，今天我们就为孩子穿不穿长袖衣服和裤子争吵起来。

今天天气有些凉，不时刮过一阵风，可能是要下雨了。小铭铭睡醒上午觉后，喝完奶，吃完水果就要下楼玩儿。当我抱着孩子放到儿童车内准备下楼时，只见先生从房间里拿出来小铭铭的一身长袖衣裤，喊住我：

"天气有些凉，赶紧给孩子穿上长袖衣裤！"

"穿什么长袖衣服呀，这身连衣短裤正合适！"我一边回答着，一边准备按电梯开关。

"今天有些风，必须给孩子加件衣服，否则他会着凉的！捂着总比冻着强！"

"不会的，应该让孩子逐渐增加一些御寒的能力。"我没有理会先生的建议，继续准备下楼。

谁知道先生却急了："哼！我说的话你不听，等孩子感冒了，受了罪，看你怎么向女儿交代。"先生本人就是个怕冷、喜欢捂着的人，因此"让孩子多穿一些"在他看来是颇有道理的。

"其实这样捂着才容易感冒呢，因为孩子活动量大，穿得又多，捂出一身汗来被风一吹反而容易感冒！"我据理力争。

"我说不过你，你爱怎么着就怎么着吧！不过孩子感冒了，你可得自己一个人弄！我不管！"先生气呼呼地回屋了。

其实，我和先生的分歧还不止这一件事。例如，孩子喜欢玩什么东西，也不管这个物品是不是应该让孩子来玩，只要孩子喜欢，先生一律放绿灯，绝对不会拒绝孩子。常常因为他溺爱孩子，我们之间开始闹意见。

看似是小事一桩，其中却包含着很多育儿理念的不同，先生的过度呵护和溺爱，很容易使孩子养成任性、胆小、自私的毛病。因此，我必须坐下来好好和先生谈谈，扭转他的一些错误观念，这样才有利于小铭铭成长。

坐飞机回北京姥姥家

女儿自从生了孩子后还没有回过北京，因此想借着国庆节长假带着小铭铭回趟娘家。考虑到国庆节期间外出旅游的人多，我们全家决定选择10月3日趁飞机上人少的时候飞回北京。

因为是带着小铭铭乘飞机，而且也是小铭铭第一次出远门，我们都很紧张。别看孩子小，所带的物品一样也不能少，为了防止遗漏，前两天我们就开始着手准备出门的东西。首先要考虑的是食品问题，虽然北京什么都能买到，但是因为回去马上面临孩子吃喝的问题。因此我们必须带上两大桶配方奶粉，再带上一部分的米粉、菜泥、肉泥和肉肠。纸尿裤也是必须要用的，因此我们又带上了一大包纸尿裤。现在北京是秋季，但是北京的秋季时间很短，很快就要进入冬季，所以既要带上秋天的衣服，也要带上冬天的衣服，因此衣服又收拾出了一大包。还有孩子的洗漱用品、奶瓶、奶嘴、练习杯、消毒奶锅等物品。考虑到北京家中没有什么玩具，因此又给孩子带上几件玩具，再加上孩子的儿童车，我们大人随身的衣物等，林林总总共带了8大件行李。

女儿负责照顾孩子，她随身斜挎着一个妈妈包；女婿是主要的壮劳力，他双肩上背着包、手里拉着行李箱；我负责拿小件；先生也拉着行李箱，肩上背着一个小包。我们这支浩浩荡荡的"大军"进入上海虹桥机场时又一次数了所带行李，唯恐遗留一件在出租车上。当我们气喘吁吁地进入机场大厅准备办乘机手续时，小铭铭没有见过这么大的大厅和这么多的人，小眼睛就不够使了，坐在儿童车内，好奇地看着四周，双臂高高地举起并挥舞着，兴奋得嗷嗷直叫。不少行人都被他的叫声吸引，忍不住停下脚步来逗逗他，一些外国人也拉着他的小手说上几句话。小铭铭可是毫不认生，马上毫不吝惜地送上几个微笑和咿咿呀呀的话语（当然谁也不懂）。小铭铭买的是婴儿票，婴儿票是没有座位的。为了座位宽大一些，照顾铭铭方便，女儿和小铭铭只好买了头等舱的机票。

快到12点，小铭铭应该吃饭了，此时离登机的时间已经不远了，我们虽然带来了小铭铭吃的饭，但是因为怕小铭铭乘飞机时可能会发生呕吐，所以我告诉女儿先不要喂他，等飞机起飞平稳后，请空乘小姐帮助热热饭，再喂他。人们坐飞机时，在飞机起飞或下降时，由于大气压力的改变，会令耳朵内的鼓膜内陷，引起耳鸣，耳部十分不舒服。对于小婴儿更是如此，再加上孩子不会说，只会大声哭闹。但是人的耳朵有一条和咽部连通的通道，即咽鼓管，通过吸吮和咀嚼，可以减轻鼓膜的压力。因此在飞机起飞或降落时，给孩子吃奶或喝水就可以缓解这个问题。为此我让女儿在随身携带的妈妈包里也放了一个消好毒的奶瓶，并在分装盒里放上了三顿的配方奶粉，随时备用。

虽然我、先生和女婿都坐在经济舱里，因为坐的是波音767机型，所以相对还是很宽敞的，我对先生说："早知道这样宽敞，还不如让沙莎他们娘儿俩都买成经济舱的票呢，能省不少钱呢！"

"这儿人口密度大，空气不如头等舱好，再说孩子在座位上不老实，爬上爬下的，在经济舱内很容易影响别人，在头等舱就相对好一些。"先生一直是主张他们母子俩买头等舱的票，怕孩子乘飞机受罪。

飞机大约起飞半小时后，女儿就抱着孩子到经济舱来了。听女儿说，孩子在飞机起飞的时候，一点儿也没有不舒服的感觉，而且还不停地对旁边的乘客微笑。我想孩子的表现可能与他自身适应能力强有关，也可能是这架飞机的驾驶员技术高超，起飞得很平稳，孩子没有感觉的缘故。飞机飞行平稳后就开始给他吃饭，很快孩子就吃完了，然后就开始爬上爬下地玩，因为太好动，而且还在兴奋地大喊，一点儿睡意都没有，影响了旁边的乘客，女儿没有办法，只好把他抱到我这儿来。他站在我的腿上，面向着我后面的乘客，毫不怯场，无论对谁，他一律送上微笑，然后又是表演"再见"，又是热烈"欢迎"，反正是把学到的本事全表演了一遍，表现之好是从来没有过的，引得机舱里的人和空乘小姐笑声一片，都在夸他。大概是兴奋过度了，不一会儿铭铭就开始打哈欠、揉眼，看来是困了，于是女儿又带着他回到头等舱里，自此没有再回来。下飞机后女儿对我说："回到座位上他就睡了，可能是太劳累了，直到飞机落地他才醒。"

回到北京家中，孩子一点儿也不感到陌生，眼睛四处一扫，看见了大鱼缸，马上就让大人抱着他看鱼缸里的热带鱼，一双眼睛惊奇地盯着游来游去的神仙鱼，不由得伸出手来拍打鱼缸。因为鱼缸很大，他的拍动一点儿也没有影响神仙鱼来回悠闲地游动。我笑着对他说："蚍蜉撼大树，可笑不自量。"小铭铭可不管这些，仍然不停拍着，自得其乐！

看到小铭铭这样喜欢姥姥家，我很高兴，因为这个时期的孩子对陌生环境可能会产生警觉的表现。小铭铭的表现是不是真的应了老百姓说的"不是一家人，不入一家门"那句老话？

小铭铭开始喜欢反复往地上扔东西

近来，孩子坐在餐桌椅上喜欢往地上扔玩具，然后召唤大人给他捡回来。

有时大人要做事，暂时将他放在餐桌椅上给他一个玩具让他自己玩儿。他将玩具拿在手中上下左右转动着看，有的时候还用手拍拍打打，放到嘴边啃啃。如果身边还有另外一个物件，他还会拿起来互相敲敲，对着这个东西琢磨一会儿，然后就把它扔在地上。听到玩具落地的声音，他马上往下探头，看看玩具掉在了什么地方，可能还在琢磨玩具变成了什么样子，至于玩具是不是被摔得散了架，他可不管。

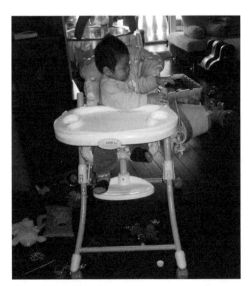
看，又把小筐扔下去了

记得有一次，大人将几乎被他摔得散了架的玩具重新捡起来拿给他时，他这次可不是马上扔下去，而是反复看了好长一段时间后又把它扔到地上，当然，这次玩具是被他彻底毁了。玩具被扔到地上后，如果没有人搭理他，他就嗷嗷大叫，大人只好停下手中正在干的事，给他捡起来放到餐桌上。当大人的脚还没有走回原来做事的地方时，他已经又把玩具扔下去了，还对你笑嘻嘻的。这样反反复复地扔下去，捡起来，再扔下去，再捡起来……在餐桌周围布满了他扔的玩具。当你累得不得了时，他却很高兴。家中的人都不喜欢他这样做，因为大人不但要受累，而且搞得屋里乱七八糟的很不整洁，尤其是一些金属或者较重的物体落在地上的声音很响，会搅得周围邻居尤其是楼下的邻居不得安生。家里人认为他是成心的"折腾人"，因为每次他都看着你满脸堆着"献媚"的微笑，手却出其不意突然扔下玩具，常常惹得大人满脸怒气训斥他几句。但他仍然我行我素，一如既往地按照他的程序进行着他的游戏，全然不顾大人的吆喝。每到这种时候，我都会制止家里人训斥孩子。

孩子的这种行为是符合小婴儿心理发育特点的。这个时期的孩子最喜欢借用物品做重复的动作，这是婴儿7～9个月期间产生的一种自发行为，这种动作被我们称作"重复连锁动作"。重复连锁动作可以让他得到以下5种体验：

（1）证明了"我"的力量。因为这个阶段的孩子开始出现自我意识的萌芽，孩子通过扔玩具让别人捡，体现了自己的力量，让孩子开始懂得通过自己的行为，他能够控制一些东西。这是一种自我意识的表现。

（2）孩子通过扔玩具，听到玩具落地的响声，能够明白因果关系的道理。

（3）孩子反复扔玩具或物品，家长不停地给孩子捡回玩具，是孩子主动与人进行交往的一种行为，将有利于孩子社会交往能力的发展。这种互动交往在孩子看来是家长在和他做游戏。在这种游戏中，通过亲子之间的亲密接触与沟通，满足了宝宝情感的需求与情绪的发展，有利于建立亲密的亲子依恋关系，有利于孩子良好个性的发展。

（4）小婴儿对外界的认识是表面的，且有局限性，他对周围世界充满了好奇，需要通过探索来提高自己的认知水平，因此孩子通过对同一种动作、同一种行为不厌其烦、乐此不疲地重复来反复感受和加深对周围事物的感知觉和认知，这样不但有利于将短时记忆转换为长时记忆储存在大脑里，而且也有利于孩子了解各种物质的属性，以获取更多的信息，实际上是孩子在进行学习的过程。这种学习体验是孩子发育过程中不可或缺的。

（5）进一步促进孩子的大运动和精细运动的发展，通过寻找玩具的落处，更加认识了客体永久性的道理，提高了手眼协调能力。

因此，孩子的这种自发行为需要得到家长的帮助和鼓励，如果家长对此进行训斥和阻止，使得孩子学习的积极性受到打击，不敢再做这种体验，便会失去获得知识的机会。其实，家长应该利用孩子的这个特点，有意识地让孩子获得一些知识。例如，我们可以给孩子不同质地的物件或玩具（当然是禁得住摔的玩具）让孩子扔。不同质地的物件扔得远近不同，落地的声音不同，使用的力量也不同。孩子有了这种生活体验，虽然他还不明白这里面的科学道理，但会将有关这种现象的信息储存在大脑里。家长对孩子自发行为的积极应答态度也可以激发他的学习积极性，并初步学习如何与人交往，这种积极的情绪体验为宝宝日后形成开朗活泼的个性奠定了良好的基础。

训练坐盆大便

　　孩子已经9个多月了，应该开始训练坐盆大便了。其实，当孩子学会坐以后就应该开始此项训练。养成良好的排便习惯，不但利于卫生，而且能使消化系统活动规律，有利于小儿生长发育。人的排便过程是由意识和生理需要所控制的。当小婴儿控制大便的意识还没有发生时，生理需求就占了主导的地位。所以对于小婴儿来说，通过早期训练逐渐建立正常的排便反射十分重要。由于小铭铭从新生儿时期就开始进行把便训练，很早就建立了良好的排便条件反射。他的排便时间都是在早晨吃完第一次奶后20分钟左右，这时只要把他大便，他就会很快把大便排出来。一般小铭铭每天大便1次，个别的时候可能一天2次。每次大便前，小铭铭都表现为眼周围发红、眼神发呆、身体扭动、嘴角使劲儿向两侧撇，甚至放几个臭屁。这个时候马上把便就会很顺利地完成。正因为铭铭从小建立了良好的排便习惯，所以减少了我们照顾他时的很多麻烦，而且也有利于孩子的健康。尽管小铭铭一直喝配方奶，但是他从来没有出现过便秘的现象。因此在我看来，让已经学会独立坐的小铭铭训练坐盆大便就是水到渠成、毫不费力的事。

　　想是这样想的，具体还要做好准备工作。首先就要买一个合适的便盆。翻开北京母婴店的货品册，便盆的种类很多，为了让孩子感觉到坐在便盆上不凉（太凉也会影响孩子排便），我选择了一个可以扶坐的天蓝色卡通塑料便盆（家长也可以选择靠坐的便盆）。在这个便盆上，憨憨的小熊头造型很可爱，小熊头上的两个耳朵便是孩子扶的把手。便盆是可以拆卸的，因此倒大便和清洗很方便。这个便盆买来安装好后，我将它放在卫生间比较明亮的一个角落，便盆下面垫好一块大的浴毯，并告诉家里人便盆就固定放在这儿，不要再移动位置，周围不能放分散他注意力的东西。第二天早晨吃完奶后，孩子在床上玩了大约20分钟，就给孩子脱掉裤子（孩子从生下来就一直穿着合裆裤）和纸尿裤，将他的双腿分开放到便盆两侧，他穿着袜子的小脚就直接踩在浴毯上，然后将他的双手分别放在小熊的两侧耳朵上。小铭铭很喜欢这个便盆，双手不断抚摸着小熊的头，坐得也很稳，双脚还不停地跺着浴毯。

"铭铭，现在要大便了，使劲儿！嗯——嗯——"我坐在小铭铭的后面扶着孩子说。

一会儿，我又重复了一遍："大铭铭，现在要大便了，使劲儿！嗯——嗯——"这时，我看到小铭铭扶着小熊耳朵的双手不动了，我感觉到他在使劲儿，很快尿就出来了，过后就有一股臭味从便盆散发出来，接着似乎听到有东西掉到便盆里的声音。大约也就3分钟的光景，他就要站起来，我看见便盆里的大便量与平时一样多，知道他大便已经完了，于是用婴儿专用的柔润湿纸巾把屁屁擦拭干净，然后给他用温的流动水冲洗了一遍，包好纸尿裤，穿上裤子。第一次坐盆大便训练就这样顺利结束了，整个过程前后不到5分钟。

对于小铭铭来说，因为很早就开始把便，已经建立了良好的排便习惯，所以由把便过渡到坐盆大便并不困难。但是对于早期没有建立把便习惯的孩子来说，家长就需要注意以下6个方面。

（1）要选择合适的坐盆，让孩子可以扶着或者靠坐着，最好选择他有大便迹象的时候进行训练。

（2）开始训练的时候，家长要扶着孩子坐在便盆上，使孩子更有安全感。

（3）便盆一定要放在固定的地方，当然最好放在卫生间里，让孩子从小就明白只有卫生间才是大小便的地方，逐渐养成不随地大小便的良好行为。

（4）孩子采取同一个姿势大便，大人也要使用同样的话鼓励孩子大便，这样容易很快帮助孩子建立排大便的条件反射。

（5）开始训练时，每次坐盆的时间控制在2～3分钟，以后可以逐渐延长，但是最好不要超过10分钟，否则容易造成孩子脱肛。

（6）孩子在大便时不要逗引他，也不要在便盆周围放其他物品，以免分散他的注意力，更不能允许孩子坐在便盆上玩。

训练孩子坐盆大便时，做父母的一定要耐心，训练孩子大小便有时可能需要十几天，不要几次不成功就放弃，要持之以恒，使孩子逐渐养成良好的习惯。如果家长训练得好，饮食没有特殊变化，孩子都会在固定时间内大便的。

孩子又添了新的毛病

　　自从小王休假后，小铭铭睡前吃手的次数明显增加了。每次睡觉前甚至白天都在吃手，只要一上床小铭铭爬到他的枕头上躺下，手指就很自然地放进嘴里吸吮起来，开始准备睡觉了。即使他已经睡着了，"二指禅"也绝不会从嘴里拿出，除非睡得已经很沉了。因此，手指的皮肤会被唾液泡得发皱、发白。现在他的右手食指和中指都吃出茧子来了。

　　对于小婴儿来说，吃手是一个很普遍的现象，我在前面已经谈到小铭铭有时将"二指禅"放到嘴里进行吸吮，但那时这个行为是偶尔才发生的，顶多是在睡前咂巴咂巴嘴吸吮几下，很快就松开嘴拿出手指入睡了。那个时候我告诉小王不要制止孩子吃手，这是孩子开始认识自己的手，并且在大脑皮层的指挥下，准确地将手放到自己的口腔内进行吸吮。由此，孩子完成了手、眼、脑功能的协调，开始把手作为一个工具使用，这是孩子智力方面的一个大发展。另外，孩子也要进行感知方面的刺激，皮肤和嘴是敏感的器官，其中以嘴最为敏感，通过吸吮手来探索外面的世界，认识外面的世界；通过吸吮手来获得安慰，满足自己情感的需求，获得安全感，这是一种自慰，在孩子的心理发育上起着很重要的作用。这种行为不用纠正，是孩子发育过程中的一种必然。因此，我告诉小王只要经常给他洗手，注意手部卫生就可以了。

　　但是对于接近1岁的孩子，还是应该尽量减少吃手的机会。因为长期吃手会影响口腔和牙齿的发育，造成门牙向外凸，牙齿排列变形，牙齿不能正常咬合，既影响颜面部美观，也影响咀嚼的功能。孩子现在正处在学说话阶段，长期吃手会影响他的发音与说话，造成口齿不清，日后容易使孩子产生自卑的心理。现在孩子右手的食指和中指已经被他嘬破，手指皮肤红肿，比原来明显变粗，手指的中段还出现了茧子。

为什么近来小铭铭吃手这样频繁？我想主要就是因为小王离开了他。小铭铭自出生以来一直由小王带着他，小王发自内心地喜爱他，整天与小铭铭形影不离，照顾着他的饮食起居。例如，与孩子一起玩耍、给他做饭喂饭、带他一起午睡……孩子与她形成了亲密的依恋关系。一般孩子在6～7个月以后伴随着依恋的产生，分离焦虑也会产生；10～18个月分离焦虑达到高峰。此时小王离开了他，虽然我仍按照小王在这儿的生活规律照顾着他，但是已经对小王形成强烈依赖关系的小铭铭仍然觉出异常，不免产生孤独、寂寞和乏味的心情。孩子不会表达自己的想法，但是这种分离让小铭铭在潜意识中感到很不安，因此产生了分离焦虑，这种心理上的压力只好通过频繁地吃手来缓解。

这种分离焦虑所引起的失望、焦虑、痛苦、孤独的情感经历，对婴幼儿心理健康的发育非常不利。婴幼儿还不能用语言来表达他们的情感需求，因此，家长应细心地体察孩子的情绪状态，及时弥补感情上的缺失，尽量和宝宝多相处，使他产生安全感，让他始终生活在爱和亲情之中，以此来弥补某位亲人的暂时或永久缺席。

因此，对于小铭铭吃手的问题我目前也不能强行矫正，否则会更加重他的焦虑情绪，我打算以后随着年龄增长找到适当的时机再行纠正。

与此同时，这件事也提醒我们不要频繁地更换保姆或抚养人，这对孩子来说是一个很严重的心理打击。

学会拧开瓶盖，将米花装进小瓶子里

继续训练孩子手的精细动作是这个时期应该做的。由于前一阶段让小铭铭学习用拇指和食指捏起小馒头，继而又练习捏起大米花，随后又分别用双手食指或拇指摁玩具手机上的按钮、指拨电话的转盘，小铭铭都做得很好，手眼协调能力得到了进一步加强。

现在我开始训练孩子学习打开瓶盖，然后再将瓶子盖上。这个训练有一定的难度。我给铭铭训练时使用的是螺旋扣的瓶盖，孩子要想打开瓶盖，就需要先学会拧开瓶盖，然后将拧开的瓶盖盖在瓶口上。

为了让自己的骨质疏松发展得缓慢一些，我每天吃钙尔奇－D片和银善存片，因此家里有不少空药瓶。这些药瓶外表贴着的彩色标签很漂亮，吸引了孩子的眼球，他非常喜欢玩这些药瓶。于是，我让他坐在餐桌椅上，在前面的餐盘放上空药瓶便于他操作。我先将瓶子的盖子拧上半扣，然后让孩子看着我如何操作：我的左手拿着药瓶，右手拿着瓶盖稍稍旋转一下，瓶盖马上就打开了。

"看，姥姥拧开了瓶盖。"我对铭铭说。

"再看看，姥姥又把瓶盖盖上了。"然后我又示范给小铭铭看。

小铭铭看见瓶盖从瓶口拿下来又盖上，既兴奋又好奇，兴趣十足，于是拿起药瓶自己也要试试。因为瓶口已经拧上半个扣，孩子想直接拔下瓶盖是不可能的。

"小铭铭，看！姥姥来教你怎么打开瓶盖，就这样……"于是我手把手地开始教起孩子来：先让孩子左手拿着瓶子，右手拿着瓶盖，把着孩子的右手轻轻转动，瓶盖拿下来了。

"看！瓶盖拿下来了！铭铭真棒！姥姥亲亲！"我抱着铭铭的小脸亲了亲。铭铭的小脸笑开了花。

"咱们再把瓶盖给盖上。"于是我又把着小铭铭的手将瓶盖盖在瓶口上了。但是并没有教给他如何拧上瓶盖，因为前面的这些项目就够铭铭学一阵子了。

"小铭铭自己拧开瓶盖！"我还是让孩子的双手分别放在药瓶和瓶盖上，不过小铭铭这次可是右手拿着药瓶，左手拿着瓶盖，我自己拿着另外的一个药瓶做着示范动作。小铭铭很专心地看着我，但是仍不知道如何拧开瓶盖。他不是向上企图拔开瓶盖，就是往餐桌下摔药瓶（这是他一贯的伎俩，只要打不开的东西他都靠摔得散了架来打开），于是我又轻轻地点拨了他一下（本来只是拧上了一点点），瓶盖就打开了。"噢！铭铭打开了！"家里围观的人都对他鼓掌以示表扬，孩子也学着我们的样子给自己不停鼓掌，高兴得不得了。

"来！铭铭再来打开一次！"我将瓶盖稍微拧上一点儿，然后让小铭铭

再开一次。这次小铭铭已经知道需要旋转瓶盖才能打开药瓶，只是用力的方向不对，我在旁边又稍微帮助了他一下。这次，他将瓶盖打开了。然后，我告诉他把瓶盖再盖上，可小铭铭的左手拿着的瓶盖怎么也对不准瓶口，于是他干脆扔掉瓶盖和药瓶，拒绝将瓶盖盖上。经过了几次练习，孩子

铭铭很认真地拧瓶盖，终于打开了

已经开始厌烦，眼睛四处看，伸出双手让大人抱他出来。我一看，不能再训练了。于是，这次训练就结束了。

我还训练小铭铭将米花装进空药瓶中。因为小铭铭的拇指和食指已经能够轻易地将米花拿起来了，看着我将米花放进左手拿着的空药瓶中，他也学着将米花捏到左手握着的药瓶瓶口处，可是右手手指却不松开，拿着米花看着我。"铭铭，把米花投到瓶子里！"我握着他的右手让他松开手指，结果

小铭铭不但不松开，反而捏得更紧了，松脆的米花被他捏成了粉末。这次训练没有成功。

接着，我们开始了第二次练习，孩子也乐于进行这个训练，但是这次孩子不是将捏起的米花投到瓶子里，他捏着米花放在瓶口处看着我。"铭铭，把米花放进瓶子里！"我对铭铭说。这时铭铭突然将米花放进了自己的嘴里吃了起来。"得！这次又白费劲儿了！"我不由得感叹着。不过，孩子这时还没有产生厌烦的情绪，我们又继续训练。

这次我先将两粒米花放在空瓶子里，然后冲着小铭铭不停地摇晃着瓶子，瓶子里发出了哗啦哗啦的声音，引起了铭铭的兴趣。他也拿起了一粒米花，看准了瓶口，在瓶口上松开了手指，米花落在了空瓶子里，他也开始摇晃瓶子，可惜用力的方向不对，米花撒出来了。不过，铭铭并没有感到失望，而是拿起大米花放进了嘴里，乐滋滋地吃了起来。就这样孩子不断地捏起大米花，不断地投入瓶子中，然后又不断地将大米花倒出来，再捏起来放进嘴里，一边玩儿一边吃，十分尽兴。

今天，我的一个朋友来到家里看小铭铭的表演。小铭铭已经能够轻松地将瓶盖拧开，然后将瓶盖准确地盖在瓶口上，而且还能将大米花投入小药瓶中。

看着，看着，这时朋友却看出了问题："你们大外孙子是左撇子？你可要注意纠正呀！否则怎么上桌面吃饭呀！净和别人打筷子！"

"不，有的时候他也用右手，他是左手、右手都用，没有固定专用哪只手！现在还不能确定孩子的优势手是左手还是右手，即使是左撇子，也没有关系，不用纠正，顺其自然吧！用左手可以经常刺激右脑，有利于右脑开发，这不是一件大好事吗？说不定我大外孙子会更聪明呢！"

已经回到上海的女儿来电话询问孩子近来的情况，听了我的汇报后，说："妈，是不是还应该训练孩子开关不同瓶子的瓶盖，这些瓶盖要有螺旋拧上的、有拔开的，还有边上有个小键按开的。让小铭铭试着按照大小和式样将盖子先盖上，然后再拧。孩子肯定会试来试去，既能给瓶子配对，同时也训练了孩子的手眼协调能力和手的精细动作。"

"你说得有理，但是对于小铭铭来说，这些训练还早一些，应该在1岁以后再进行，把现在的动作掌握好就可以了。"我告诉女儿。

训练爬越障碍物，提高空间认识和判断能力

小铭铭自从会爬了之后，每天醒来，只要不是在吃东西和外出游玩，就在家里满屋子爬行，向前爬行、倒退爬行、爬越障碍物，用大白话说就是"太好动"，也太"淘气"了。现在他还特别喜欢一只腿蹲下、另一只腿跪在地上玩玩具筐里的玩具，高兴时扶着玩具筐从蹲到站，甚至有时因为两只手都拿着玩具，瞬间还可以独自站立。虽然站立的时间很短，但是也让我兴奋半天，因为这是孩子要站立行走的苗头。只要他在家里，片刻不能离人。这不，刚才他在钻餐桌椅子的时候被碰了头，又大哭了一阵。

为了培养小铭铭的空间认识能力和空间判断能力（这是进行立体思维、从感觉上认识空间的能力。空间认识能力是典型的右脑能力。我们在日常生活中都要应用这种能力），我们开始训练小铭铭钻儿童餐桌椅子下面的支腿（因陋就简、就地取材）。

我们将餐桌椅放在屋里较空旷的地方，一个人将小铭铭放在椅子的一侧，将他摆成爬行的姿势，刚一开始他说什么也不爬，你刚把他放在餐桌椅子一侧，他就坐在地上像"坐地炮"一样"我自岿然不动"，要不就是转身向别处爬去，根本就不买你的账。于是，我就让他妈妈在餐桌椅的另一侧地面上放一些小铭铭喜欢的玩具，用玩具逗引他，鼓励他爬过来取玩具。这样一来小铭铭的兴趣来了，很快爬过来拿到了玩具，我们冲他鼓掌，大声夸奖他："小铭铭真棒！"他也高兴地给自己鼓掌，于是我又鼓励他再爬回来。似乎第一次的成功给他带来了自信，这次不需要你用玩具哄他，他很快就爬

回来了。

在穿越餐桌椅子时，女儿总是用手压着孩子的头，否则餐桌椅子可能会碰上小铭铭的头。

"你不用这样保护他，让他自己去实践。经历碰头这样的挫折教训，孩子才会在通过障碍物时做出如何正确掌握自己身体高度和运动方向的判断，从而顺利爬过来。孩子经过多次实践才能提高空间认识能力和空间判断能力。即使碰一次头也不会碰伤的，你放心吧！"我对女儿说。

这次女儿听了我的话，没有伸手保护孩子的头，结果小铭铭的头还真的碰到了餐桌椅的支腿。可能被碰痛了，孩子大哭起来。

"你不看看这个支腿的高矮，怎么能够这样爬呀！"我指着碰到他的位置对小铭铭说。孩子眼泪汪汪地看着我，也不知道他是不是听懂了我的话。在妈妈的安抚下，不一会儿小铭铭就停止了哭泣。于是，我再次鼓励孩子向前爬。在餐桌椅的前面我放了一个他最喜欢的层层叠玩具。这时，孩子已经破涕为笑，又在跃跃欲试了。

因为现在铭铭完全是用手膝来爬行，在通过餐桌的架子时仍然使用手膝爬行，没有降低身体和头的高度，所以他才会碰到头。这是因为他对自身所处的空间位置认识不足，对餐桌椅支腿的高度判断不准造成的。

这次小铭铭爬到餐桌椅下，可能是汲取了刚才碰头的经验教训，立刻将手膝着地改成匍匐前进，只见他双上肢屈曲，用肘关节着地，前臂与上臂呈直角，胸部和腹部全部贴在地上，当前臂左右交换向前爬行时，双腿也与之相配合向前爬行。这次铭铭的身体很顺利地从餐桌下爬过去并拿到了层层叠，立刻坐在地上玩起来了。女儿一看她的儿子表现得这么棒，禁不住抱起小铭铭亲起来，自豪地说："我家的铭铭真聪明！脑袋瓜真够用的，妈妈亲亲！"

"看！你这个当妈妈的又得意忘形了。说不定你的孩子一会儿再爬，还会碰头，孩子还需要再训练几次，继续训练吧！"我对女儿说。

还真的被我说中了，不一会儿又碰头了。但是随着孩子以后每天不断进行类似的训练，如用空纸盒搭成"房子"让孩子练习钻爬、1岁以后学习搭积木等，孩子的空间认识能力和空间判断能力就会得到很大的提高，为培养孩

1 扶着蹲着，我做得多好　2 我爬行的姿势是不是很优美
3 这点障碍物算什么？我轻易就爬过来了

子空间感打下基础。

因为这次训练是一边游戏，一边玩耍，所以孩子没有表现出厌烦的情绪，而且兴致还很高，我又趁势让孩子利用餐桌椅的横梁练习爬越障碍物。这是感觉统合训练，可提高孩子动作的协调性和准确性。

这次是让孩子从侧面爬到餐桌椅下方，再转90°的弯，爬越餐桌椅前面高于地面大约10厘米的横梁，来拿横梁外的套碗玩具。小铭铭这次表现得一点儿也不含糊，爬到餐桌椅子下，马上来了一个90°转身，在横梁上面伸出一只手，扶着地面，然后将头伸出椅架外，随后另一只手也伸出来，因此整个上半身就伸出来了，这时孩子撅着小屁股，大腿根部搭在横梁上，整个身体像一个开了口的倒U字形，紧接着两条小腿一左一右分别跨越了椅子的横梁，顺利拿到了玩具套碗。他坐在地上将套碗一个一个掰开，随手又一个一个扔在一边，接着便向玩具筐爬去了。

孩子开始"看嘴"吃

提起小铭铭"嘴壮",周围邻居没有不知道的。孩子的食欲很好,每次喂饭的时间也就5~10分钟,因此一些孩子的妈妈都十分羡慕:"你们大铭铭多好呀!吃饭这样省事,我们孩子每次喂饭都要1小时,愁死我们了!"的确,小铭铭吃饭很省事,但是近来由于嘴壮也增添了一些新的毛病,如"看嘴吃"。

今天家里来了一位客人,是某育儿杂志社的编辑,因为合作过几次,我们关系很好,大家坐下来一起聊聊稿件的事。我拿出水果来招待客人,客人一边剥着橘子吃,一边和我聊天。正在这时,小铭铭由家人带着从外面玩回来。一进屋,当家人将他放在地上回身搬儿童车的时候,小铭铭噌噌地爬到我们跟前,一屁股就坐在客人的面前,看着客人手中拿着的橘子和正吃着橘子的嘴,还不停地啊啊大叫。家人赶紧过来抱走他,他突然大哭起来,身子一直往地上打出溜,怎么也抱不起来。"哎!这个孩子可能看你有些眼生。"我尴尬地说,同时心里想,这次面子算是丢大了!

"我给孩子剥一个。"客人赶紧说。

"不用,他现在还不能吃整瓣的橘子,必须给他剥了外面的橘络才行,否则会噎着的,他才出了8个牙。出门前已经吃了水果,现在不能再吃了。"我让家里人将孩子抱走,并对客人说:"现在这个孩子已经开始看嘴吃了,一般孩子1岁后才有这个表现。这是你来了,要是碰到别人多不好看呀!好像没有家教似的。"

"这有什么不好看的！1岁左右的孩子看嘴吃很正常，没有必要过分责难孩子，其实只要转移他的注意力就可以了。"客人说着。

于是我们就这个话题探讨起来。

"吃是人生的第一需要，嘴是品尝各种美味的器官，满足自己的口欲是这个阶段孩子发育的一个特点。现在小铭铭认为凡是能够进入嘴里的东西大概都是可以吃的东西，而且都是美味，因为这么大的孩子没有吃过的东西太多了，因此只要有人在他面前吃东西，他就会目不转睛地紧紧盯着你。对于新的东西，每个人都有追求和探索的欲望，更何况小铭铭正处在大量储存各种味道信息的年龄。有的时候家里人说小铭铭看嘴吃丝毫没有羞涩的表现，其实孩子这个时候还不知道什么是羞涩，也不知道这样的行为很不文明。大家都在用成人的眼光来看问题。孩子想尝试没有吃过的东西或者想满足自己的口欲也没有什么错误，你说是吧？有时，我也想，孩子看别人吃东西，也不见得全是为了自己要吃，可能就是看别人吃东西的动作有些好奇，自己想弄明白吧？"我对客人说，"所以严格地说，不应该叫'看嘴吃'，而是'看嘴'，因为他看别人吃东西并不是完全为了达到自己要吃的目的。"

"其实这么大的孩子还没有'你的'和'我的'的概念，还是以自我为中心，认为凡是他喜欢吃的，他都可以吃，所以对于孩子看嘴吃就不足为奇了。另外，凡是孩子不熟悉的事和物都能引起他的兴趣，产生品尝的欲望，促使孩子看嘴吃。再说了，这么大的孩子仍处于直观动作思维，不会掩盖自己真实的想法，所以才会将看嘴吃的欲望表现得淋漓尽致。的确，孩子没有什么不对的地方，不应该用大人的眼光来看问题。"因为客人是搞学前教育专业的，所以从理论上来分析还真有一套。

"英雄所见略同！为我家铭铭的看嘴又找到一个台阶！哈哈！"我和客人一起哈哈大笑起来。

"虽然对于快10个月的孩子来说，看嘴吃并不是一个坏毛病，但我也不让孩子这样做，就是按你说的转移孩子的注意力，这么大的孩子是很容易转移兴趣的，不让他看见别人吃东西，问题不就解决了嘛！即使看见别人吃东西，我也不让他接受别人的食物，当人家非要给他一点儿食物时，一般我都会拒绝，同时向人家解释清楚原因。我认为接受了人家的东西，就等于认同他看嘴吃是对的，这样真的会养成这种习惯，非常不好！为了安全，陌生人的食物或其他一些物品更不能让孩子接受。1岁以后我就要给孩子进行物权教育了，教会他分清什么东西是你的、什么东西是我的。"

我和客人一起热烈地讨论着，铭铭和家人正在其他屋里玩得高兴，不时传来孩子的一阵阵笑声，刚才的哭闹早已经烟消云散。唉！这就是我可爱的外孙子！

10月龄~1周岁
发育和养育重点

❶ 孩子可以扶着栏杆站起、蹲下，扶着栏杆或推着助步车行走。个别的孩子已经会独自站立，或由大人牵着手走路。

❷ 手的精细动作更加灵活，能够翻书；可以将物品放入容器或从容器中取出物品；拇指和食指对捏动作更加熟练；喜欢用食指戳小孔；可以模仿大人握笔涂抹；可以与他人互相拍打并滚球玩。

❸ 学会搭积木，最多可以搭起3层。可以玩套碗，按顺序小碗套进大碗里，也可以先大后小搭2层。

❹ 孩子会根据大人的要求指认自己的五官、他人的五官、玩具娃娃的五官，继而认识四肢，与生活密切相关的物品等。

❺ 开始学习识别颜色，按照孩子对一些颜色的偏爱，依次为红、黄、绿、橙、蓝，先认识了红颜色和绿颜色。教孩子认识颜色必须要结合实物。

❻ 孩子会打着手势，声情并茂地"说出"一连串谁也听不懂的话，这是孩子在模仿大人说话，家长要用赞赏的目光注视他，然后用正确的言语帮助他"翻译"。每天给孩子看书、读书，讲解的语言要简短生动，便于孩子理解和模仿。让孩子多听简单易懂的儿歌和故事的光盘或录音带，一些言语发育比较早的孩子可以说"爸爸""妈妈"等简单的词汇。

❼ 孩子开始注意和观察家庭成员的行为举止，并模仿大人的动作，如模仿大人做家务的动作和行为等。

❽ 初步学习使用工具，如勺、杯子等。家长放手鼓励孩子使用勺或杯子自己吃饭、喝水，不要怕脏、怕麻烦，这是在为孩子以后独立吃饭打好基础。

❾ 孩子对陌生人或陌生环境所产生的紧张、焦虑、恐惧情感达到高峰，对父母更加依恋。因此，家长要经常带孩子外出游玩，也要创造机会让孩子与其他的小朋友在一起。1岁的孩子喜欢看同伴玩耍，不过孩子各玩各的，互不理睬，偶尔互相触摸、微笑或给予对方短暂的关注，他对周围环境的兴趣似乎大于对小朋友的兴趣，这是学习交友的开始。

❿ 对别人的物品或食物表现出特别的喜好，源于孩子还没有物权的观念。孩子的这种行为是为了满足好奇心和品尝的欲望，因此家长不要训斥，只需转移孩子的注意力即可。

⓫ 孩子即将进入第一反抗期，会提出一些不合理的要求和要做一些不应该做的事，因此家长需要用转移注意力的办法和冷处理的办法进行坚决制止。同时，对孩子良好行为应给予鼓励和爱抚。

⓬ 让孩子帮助你"找东西"，让他寻找曾经看见但目前不在眼前的东西，以增强孩子的记忆力，加深对客体永久性概念的理解。

⓭ 可以给孩子添加小饺子、馄饨、菜包、肉包、软米饭等固体食物。

孩子腹泻3天了

虽说北京现在的天气不是一年中最寒冷的，但是对于已经习惯享受屋里暖气的北京人来说，仍然认为现在的天气够冷的。因为距离11月15日供应暖气还有一段时间，所以屋里显得格外凉。凡是集中供暖的家庭一年之中这段时间是最难熬的。

天气虽然冷了，小铭铭每天还是照往常的安排，上午和下午各去公园溜达一圈（我家就住在公园旁），饮食安排也遵从原来的规律，只是晚饭前洗澡时浴室有些凉。但因为浴盆内放的热水比较多，温度还算比较合适，出浴后又及时包裹好大毛巾，所以我自认为照顾得很周到，根本没有想到会有什么问题，谁知道恰恰就在这时孩子出现了问题。

3天前的下午3点多钟，孩子吃完奶后不久突然呕吐，呕吐物是中午吃进的食物和刚吃进的奶。吐完后孩子又继续玩，也没有表现出其他不适。紧接着孩子就大便了，大便先干后稀，量不少，最后几乎是水样便，有股腥臭味，但是没有什么脓血和黏液。不一会儿，孩子又呕吐了两次，最后吐的都是稀水了，顿时就蔫了，一点儿精神都没有，也不爱动了，就是让我抱着他。看着孩子这样难受的样子，我心疼得不得了。"糟了，这个孩子恐怕得了轮状病毒性肠炎吧！"我对先生说，"怎么会让孩子得上这个病了！我各方面还是十分注意的，不去公共场所，注意卫生，该做的消毒我都做得很周到，孩子怎么会生病了？自己还是儿科的专家呢，怎么连自家孩子的保健也没有做好。"我就像鲁迅小说中的祥林嫂一样不停地对先生说着这几句话。

先生说："你也不要自责,孩子哪儿有不生病的。你是儿科医生,孩子就不生病啦?这个推论是不对的。"

探究孩子生病的原因,我认为可能就是室外气温低,屋里温度也不高(虽然开着升温的空调),孩子不适应,因此抵抗力下降,胃肠道功能失调,疾病乘虚而入。先生前些日子也曾因进食不适腹泻过,是不是先生的腹

为了预防孩子脱水,我赶紧叫家里人熬米汤,并在750毫升的米汤里放了半啤酒瓶铁盖的盐(约1.75克)。下午6点钟,给孩子喝了150毫升盐米汤,小铭铭不愿意吃饭,我也没有给孩子吃其他食物;后半夜1点又让孩子喝了150毫升的盐米汤;凌晨4点钟继续喝了160毫升盐米汤。这样大约10小时内孩子喝了460毫升盐米汤,平均每千克体重40毫升左右。第二天即11月7日,让孩子在早晨7点喝了200毫升配方奶,11点喝了110毫升配方奶。

随后我做了如下处理:

(1)不禁食,继续原来的饮食,但是不吃新的食品或生冷的食品,不强迫喂食。

(2)口服肠黏膜保护剂——思密达,每天3次,每次1/2袋,饭前服用。此药能吸附病原体,固定毒素,然后随大便排出,并能加强胃肠黏膜屏障功能,促进肠黏膜的修复。

(3)为了补充肠道正常菌群,恢复肠道的微生态平衡,重建肠道天然生物屏障保护作用,给予孩子口服妈咪爱微生态制剂,每天3次,每次1袋。

(4)为了预防孩子发生继发性乳糖不耐受,造成腹泻迁延不愈,我还准备了不含乳糖的婴儿配方奶粉。

(5)给小铭铭煮了大枣水喝,按中医的理论,大枣具有补脾和胃、益气生津、调营卫、解药毒等功效,主治胃虚食少、脾弱便溏、气血津液不足、营卫不和、心悸怔忡等。

泻引起交叉感染所致？说实在的，产生疾病的原因有时很难找的。孩子自从出生还没有生过病，一直都很健康，别人都说："还是人家儿科医生会带孩子，小铭铭发育得也好，身体也健康。"听到别人的夸奖我也很自豪，没有想到孩子还是在自己照顾的时候生病了。哎！生病后孩子精神萎靡不振，一点儿食欲也没有了，什么也不爱吃，尤其是吐过几次后尿也显著变少了。

经过这样处理，孩子第2天只大便一次，当然还是稀便。11月8日，除了按照原来的方法处理外，孩子还可以吃一些米糊了。这天孩子大便了2次，虽然仍是稀便，但精神好一些了。

今天早晨孩子的大便已经成形，基本上恢复了原来的饮食。不过我们还是坚持继续吃药，好在孩子并不拒绝吃药。虽然说孩子这次腹泻由于处理得当，恢复得很快，但是我也后悔没有及时给孩子接种轮状病毒疫苗。如果在孩子满6个月时进行接种，恐怕这次不会生病。因为近2年来我国研制成功的口服轮状病毒活疫苗是预防婴幼儿轮状病毒肠炎唯一安全、有效的免疫疫苗。其预防效果明显，接种后的保护率为73.72%，对重症腹泻的保护率达90%以上。

婴幼儿的消化系统发育得不成熟，免疫机制又不健全，因此轮状病毒多侵袭6个月～2岁的孩子。这是因为6个月以内的孩子有母亲传给的抗体，一般很少发病，即使发病，症状也比较轻；2岁以上的孩子多数感染过轮状病毒（显性或隐性感染），体内有了抗体，所以发病率也明显降低。

轮状病毒肠炎多发生在10月至次年1月秋冬寒冷季节（因此又称为"秋季腹泻"）。此病的潜伏期为1～3天，本病自然病程7～10天。主要表现为发病急，常伴有发热和上呼吸道感染的症状，多有呕吐，大便呈水样或蛋花样便。每日5～10次或更多，伴有轻度呕吐，呕吐常发生在发病头1～2天，随后出现腹泻，吐泻严重者常脱水、酸中毒，甚至导致死亡，可以发生病毒性心肌炎、肺炎、脑炎、感染性休克等并发症。本病主要是通过消化道、呼吸道以及密切接触进行传播。轮状病毒主要侵犯小肠上皮细胞，破坏其微绒毛，因此影响水和食物的吸收，由于微绒毛受损引起双糖酶缺乏，尤其是乳糖酶缺乏，因此往往造成腹泻迁延不愈。此病没有特效药物，只能对症治疗。如果使用抗生素，反而会加重胃肠道微生态的失衡，造成腹泻迁延不愈。

口服轮状病毒活疫苗主要用于6个月～5岁的婴幼儿。6个月～3岁以内的小儿每年口服1次，3～5岁的小儿只需口服1次即可。每次口服3毫升（1支），服疫苗前后30分钟内不吃热的东西或喝热水。服疫苗前后与其他疫苗的使用间隔应在2周以上。

现在已经有了进口五价轮状病毒减毒活疫苗（口服制剂），是美国默沙东公司生产的。它包含5种人-牛轮状病毒重配株，用于预防最常见的5种血清型（G1，G2，G3，G4，G9）所致的轮状病毒胃肠炎。该疫苗保护效力可达95.5%，并提供7年持久保护。该疫苗的接种对象为6～32周龄儿童，全程接种3剂，即6～12周龄口服第一剂（每次2毫升），之后两剂各间隔4～10周，并在32周龄内完成全部3剂口服接种。我的小外孙恒恒接种的就是进口五价轮状病毒减毒活疫苗。

中午，我和孩子以及专门回北京接我们的女儿一起飞回了上海。

附 **重温世界卫生组织关于腹泻病的治疗**

世界卫生组织关于腹泻病治疗进行了第4次修订。通过对腹泻方案进行不断修订，我们可以看出医学是一门不断前进、不断修正的科学。同时，也说明医学还有很多我们不了解、未确定、未知的东西。因此，作为患者和医者都应该清醒地认识这一点。

腹泻病是发展中国家儿童患病和死亡的主要的一个病种，也是造成孩子营养不良的原因之一。因此，有必要再重温一下世界卫生组织有关腹泻的治疗方案，有助于医生和家长提高对腹泻病的认识。

1.腹泻定义

腹泻是指粪便水分及大便次数异常增加，通常24小时之内3次以上。大便的性状比次数更重要，多次排出成形大便不是腹泻。纯母乳喂养儿的大便比较稀、不定型，但不是腹泻。

2.腹泻分类

（1）急性水样腹泻（包括霍乱）持续几小时或几天：脱水是主要的危险；如果不继续喂养，还可发生体重减轻。

（2）急性出血性腹泻，也称作"痢疾"：主要危险是肠黏膜损害、脓毒血症和营养不良，也可发生包括脱水在内的其他并发症。

（3）迁延性腹泻，即腹泻持续14天或以上：主要危险是营养不良和严重的非肠道感染，也会发生脱水。

（4）伴有严重营养不良的腹泻：主要危险是严重的全身感染、脱水、心脏衰竭和维生素及无机盐缺乏。

3.脱水分级

根据反映液体丢失的体征和症状，可将脱水程度进行分级：

（1）脱水早期，没有体征或症状。

（2）脱水加重，逐渐出现体征和症状，最初表现为口渴、烦躁或易激惹、皮肤弹性下降、眼窝和前囟凹陷（婴儿）。

（3）重度脱水，以上体征和症状加重，患儿可能出现低血容量性休克的表现——意识丧失、排尿量不足、肢体远端湿冷、脉速而弱（桡动脉可能不被触知）、血压低或无法测量和周围性发绀。如果不及时补液，会很快死亡。

4.腹泻的治疗

世界卫生组织在其引言中谈道："很多腹泻病人的死亡是由脱水引起的。仅仅通过简单的口服补液的方法就能够安全、有效地治疗90%以上各种病因和各年龄患者的急性腹泻。"

这次修改腹泻治疗方案谈到了改良的口服补液盐（即低渗透压的ORS液，为目前市面上出售的口服补液盐Ⅲ号）。口服补液盐是葡萄糖和多种无机盐的混合物。在排便量很大的时期，ORS液也可以在小肠被吸收，补充经粪便丢失的水分和电解质。可以在家庭中使用ORS液和其他液体来预防脱水。腹泻治疗方案还谈道："通过20年来的研究，改良了ORS液的配方，称为'低渗透压ORS液'。与以往世界卫生组织的标准ORS液相比，初期补液之后，新配方的ORS液能够减少33%的静脉补液治疗。新配方的ORS液还能减少30%的呕吐次数和20%的排便量。"因此，世界卫生组织和联合国儿童基金会正式推荐含有75摩尔离子/升钠和75摩尔离子/升葡萄糖的低渗透压ORS液。

5.家庭适宜的液体

含盐液体，诸如：

（1）ORS液。

（2）含盐饮料（如含盐米汤或含盐酸奶）。

（3）加盐的菜汤或鸡汤。

6.补液量

一般原则是患儿愿意喝多少就给多少，直到腹泻停止。作为参考，每次稀便后，应给予：

（1）2岁以下儿童：50毫升～100毫升（1/4～1/2大杯）液体。

（2）2～10岁儿童：100毫升～200毫升（1/2～1大杯）液体。

（3）更大年龄的儿童和成人：满足他们想得到的量。

对于小婴儿，可以使用点滴器或没有针头的注射器，每次少量地将溶液送入其口中；2岁以下的儿童应每1～2分钟给予1茶匙溶液；较大儿童（和成人）可以直接从杯中少量多次地喝。治疗期开始后的1～2小时，经常发生呕吐，尤其发生在患儿口服补液太快时，但是因为绝大多数补液被吸收了，这种情况的发生很少能影响口服补液的成功。过了此时期，呕吐通常会停止。如果患儿呕吐，等待5～10分钟，然后再给予ORS液，但注意要更慢（如每2～3分钟给予1茶匙）。

7.不适宜给孩子喝的液体

应该避免给腹泻患儿一些具有潜在危险性的液体。特别值得注意的是，一些含糖饮料能够引起渗透性腹泻和高钠血症，如市售含二氧化碳饮料、市售果汁、甜茶。

还应该避免让患儿喝一些有刺激性的、利尿作用的或有通便效果的液体，例如咖啡、某些药茶或冲剂。

8.有关营养补充问题

腹泻治疗方案还谈及腹泻期间如果处理不当会造成孩子营养不良。方案提出："腹泻既是水分和电解质丢失，也是营养性疾病。即使有良好的脱水管理，死于腹泻的患儿常常营养不良，而且时常程度较重。腹泻期间，食物摄入减少、营养素吸收减少和营养需求增加经常共同导致体重减轻和生长停滞，儿童营养状况下降和原有营养不良加重。另一方面，营养不良又加重腹泻、延长病程，使营养不良患儿的腹泻次数可能更频繁。"

腹泻期间和之后，继续给予婴儿常吃的食物。绝对不可以减少食物，而且患儿常吃的食物绝对不可以被稀释。应该继续母乳喂养。这样做的目的是给予患儿能够接受的营养丰富的食物。大部分腹泻稀便的患儿补液后可恢复食欲，而出血性腹泻患儿痊愈期胃口不好。应该鼓励这些患儿正常饮食。进食后，孩子吸收充足的营养，可以继续发育和增加体重。继续喂养也能加速正常肠功能，包括消化和吸收多种营养素的能力恢复。相反，限制饮食或稀释饮食的孩子体重会减轻，腹泻病程加长，并且肠功能恢复较缓慢。

（1）母乳喂养婴儿，不论年龄多大，就应该按需哺乳。鼓励乳母增加哺乳次数和时间。

（2）非母乳喂养的婴儿应该至少每3小时喂1次奶（或婴儿配方奶粉），尽可能用杯子喂奶。

（3）混合喂养的6个月以下婴儿应该增加母乳喂养。随着患儿病情的好转和母乳喂养增加，应该减少其他的食物（给予母乳以外的其他液体，应该使用杯子喂而不是奶瓶喂）。这种情况通常持续1个星期左右。婴儿可转为纯母乳喂养。

当喂奶迅速引起大量腹泻，而且脱水体征再次出现或者恶化，牛奶不耐受才具有重要临床意义。

如果患儿小于6个月或能够吃比较软的食物，除牛奶以外，应该给予谷物、蔬菜和其他食物。如果患儿大于6个月并且还没有被给予这样的食物，应在腹泻停止后尽快提供。这些食物应该被精心烹调、捣碎或磨碎以使它们容易被消化。发酵食物也容易被消化。奶应该同谷类食品混合。如果可能，应给每份食品加进5毫升~10毫升植物油。如能得到肉、鱼或蛋，应给予儿童。患儿每3或4小时进食1次（一天6次）。患儿对少量多次喂养比大量少次喂养的耐受性更佳。

腹泻停止后，继续给予能量丰富的食物，并且每天进食次数应该比平常多，至少持续2个星期。如果患儿营养不良，在患儿身高别体重恢复正常前，应一直给予额外的进餐次数。

9.有关补充锌的问题

方案还提到锌的补充问题："锌缺乏在发展中国家儿童中普遍存在，即在拉丁美洲、非洲、中东和南亚的大部分地区存在。锌在金属酶、多核糖体、细胞膜和细胞功能中有至关重要的作用，因此认为锌在细胞生长和免疫系统功能方面起到核心作用。大量试验现已证实补锌（1天10毫克～20毫克，直到腹泻停止）显著地减少5岁以下儿童腹泻的严重性和病程。其他研究表明短期补锌（1天10毫克～20毫克，持续10～14天）能够在2～3个月内减少腹泻的发病率。基于以上研究，目前推荐对所有腹泻患儿补锌10～14天（1天10毫克～20毫克）。"

一发生腹泻就补锌，可以降低腹泻的病程和严重程度以及脱水的危险。连续补锌10～14天，可以完全补足腹泻期间丢失的锌，而且降低在2～3个月内儿童再次腹泻的危险。

10.有关使用抗生素的问题

方案同时认为腹泻"不应该常规使用抗生素。这是因为临床上不可能按是否对抗生素有所反应来区分腹泻，比如产毒性大肠杆菌引起的腹泻和轮状病毒、隐孢子虫属引起的腹泻。而且，甚至可能出现对抗生素有反应的腹泻感染，通常缺乏选择有效抗生素所需的药物敏感性的知识和信息。另外，使用抗生素增加治疗费用、增加药物不良反应的危险，并增加细菌抗药性。"

抗生素仅对出血性腹泻（很可能是志贺氏细菌性痢疾）、重度脱水疑似霍乱、严重非肠道感染如肺炎的患儿有效。

11.有关止泻药物和止吐药物

方案还谈到腹泻的孩子服用止泻药物和止吐剂对急性或迁延性腹泻没有任何实际益处。它们无助于预防脱水或改善营养状况等主要治疗目的。有些药物副作用较大，甚至有致命副作用。这些药绝不能用于5岁以下儿童。

孩子开始认生了

回到上海后，我让孩子在家里调养了2天。对于上海女儿家孩子并不感到陌生，玩耍如常。今天上午10点多钟，我带着坐在儿童车里的小铭铭来到楼下的院子里玩儿，晒晒太阳，同时也会会小铭铭原来的一些小朋友。

这个季节的上海到处还是绿茵茵的一片，小区里的绿地上还盛开着一朵朵鲜花，姹紫嫣红，深秋时节依然很美丽。呼吸着外面新鲜的空气，顿时觉得心旷神怡。我推着小车，漫步走在小区的路上，不时与过往的邻居打着招呼，邻居们也蹲下身来拉拉铭铭的手，说："大铭铭回来啦！大铭铭好！"只见铭铭神色紧张地注视着邻居，并且力图抽回被握着的手，突然大声哭叫起来，吓得邻居赶紧松开手，说："大铭铭怎么不认识我了？"我心怀歉意地对邻居说："不好意思，回北京1个多月，这个孩子有些认生了。这次回来对别人他也这样。"于是我赶紧推着铭铭走了。

当我们向大门走去时，门卫叔叔看到小铭铭来了，老远就打招呼："大铭铭，你回来了？叔叔可想你了！"谁知道小车还没有走到大门，孩子撇撇嘴又要哭了，吓得我都不敢把车推过去了，只好把儿童车推到金鱼池边，将小铭铭放在他曾经最喜欢玩的摇椅上。谁知道他连坐也不坐，立马站起来伸出双手让我抱着，而且还紧张地注视着前方。我回头一看，原来是宝宝的外婆推着小车带着宝宝过来了。

"大铭铭可回来啦！我们都很想念大铭铭，宝宝也少了一个玩伴，每天早晨我和宝宝出去玩很寂寞的，这回可好了，我们又有伴了。"宝宝外婆是典型的上海人，快言快语的，一口上海味的普通话说得非常好听，在小区里和我们的关系非常好。宝宝坐在车里也高兴地看着小铭铭。可是小铭铭还是很紧张地审视着这一切，表现出高度的警惕性。这时宝宝的爸爸也走过来抱起了铭铭，铭铭紧绷着的神经终于断了弦，号啕大哭起来，并且转过身来马上扑向我，紧紧地搂抱住我的脖子。我轻轻拍着孩子的后背，不停地安慰着孩子。铭铭不一会儿就停止了哭声，泪眼婆娑地歪着头偷偷看着宝宝爸爸。要知道铭铭原来最喜欢宝宝的爸爸了，尤其是喜欢宝宝爸爸将他举得高高的。比铭铭大两个半月的宝宝就不是这种表现，而是看着小铭铭不停地笑着，嘴里还咿咿呀呀地说个不停，他外婆将他放在地上，牵着他的两只小手，他已经走得很好了。我记得宝宝在铭铭这样大时也有过认生的过程。

邻居们都惊讶地说："大铭铭回了一趟北京，怎么变化这么大呀！和原来活泼好笑的大铭铭完全不一样了。"

"这个孩子进入认生期了。"我对邻居们说。

"宝宝的认生期随着他的成长而自然产生，很可能在一夜之间，认生期就到来了。"这是德国曼海姆大学的一位教育学专家通过观察得出的结论。认生期是每个孩子都要经历的阶段。这是一个短期内会自然消失的必然过程。随着婴儿与母亲（抚养者）依恋关系的建立，孩子能够很好地把母亲（抚养者）和陌生人区分开来，因此当陌生人出现或者孩子来到一个陌生的环境就会引起恐惧和焦虑，这就是我们说的认生现象。

孩子在4个月以前不会区分生人和熟人；5～6个月时虽然对陌生人比较严肃，笑得少，对于陌生环境和人充满了好奇和新鲜，但是不会产生害怕的情绪；6～7个月时开始对陌生人和陌生环境产生害怕情绪，并且有了怕的情绪记忆；8个月以后就表现出明显的认生；1岁左右认生达到高峰。

为什么婴儿会产生认生的现象呢？一是认为孩子在母亲（抚养者）照料下产生了依恋之情，认为只有在母亲（抚养者）身旁才会感觉到安全，所以当陌生人出现在他的面前时，就会产生焦虑甚至恐惧情绪。依恋和认生一般在6个月左右同时产生。对母亲（抚养者）依恋越强烈，对陌生人认生的情绪也就越强烈。二是认为婴儿在这个阶段认生是记忆力和观察力发展的结果，认生也标志着社会认知开始发展。由于长期与母亲（抚养者）接触，母亲

（抚养者）的形象已经记忆在孩子的大脑里，当陌生人出现时，孩子敏锐地观察到陌生人的形象与记忆中的母亲（抚养者）的形象不同，因此拒绝接受陌生人而表现出认生来。

随着孩子的成长，活动能力的增加以及社会交往的发展，认生会自然消失。如果认生长时间不消失对其成长也是不利的，因为它会影响孩子认知水平的提高以及社会交往能力的发展，以致将来影响孩子的个性建立。如果孩子根本就不认生，这也不是正常现象，这意味着孩子没有和任何一个人建立深层次的联结，也就是说他可能连自己的爸爸妈妈都认不出来。所以孩子必须要经历认生阶段，这是他成长的标志之一。当然，认生也与孩子的先天气质有关，例如决定气质9个维度中的"趋避性"（对新的环境、新的刺激、新情景或环境常规改变是适应还是躲避）和"适应性"（人对新环境、新刺激能否适应或者适应得快慢）。趋避性高的孩子适应性差，可能认生就表现得强烈；趋避性低的孩子适应性强，认生可能较轻。

但是不能因为孩子认生就不愿意让孩子与陌生人或陌生环境接触，这样更不利于孩子成长。于是，我对女儿女婿说："咱们采取'请进来、走出去'的办法。就是把你们熟悉的同事或邻居的孩子请到家中来，当客人来后我们抱着铭铭，不要急于让客人接近孩子，当客人与铭铭已经能够一起玩耍后，或者铭铭当着客人的面开始活泼起来，再逐渐让客人接近铭铭，最好用铭铭最喜欢的玩具或食品吸引他作为靠近的手段，这样就可以逐步消除铭铭的紧张、恐惧和焦虑，但是不能强迫铭铭接近客人。"

女儿听我说过之后，马上响应："妈！我们公司很多同事的孩子都和铭铭差不多大，我们也可以抱着孩子去他们家串门，让孩子们一起玩儿。"

"这样当然不错，不过你们带着孩子去同事家，不要只顾自己聊天，将孩子丢给人家的阿姨，因为你们同事家和人家的阿姨对铭铭来说可是一个陌生环境加一个陌生人，因此你们要和孩子在一起，让他感觉到妈妈在身边是很安全的，这是他的安全避风港湾，从而没有任何后顾之忧，他才能进一步通过自己的观察和探索，逐渐接受同事家的环境和小朋友，并乐于与他们一起玩儿。"

看来，让铭铭安全度过认生期是我们下一阶段的一个重要任务呀！

与铭铭一起玩爬行比赛

别看铭铭在外面认生，可是进到家里就像换了一个人似的，活泼好动，嘴里还不停地嚷嚷。只要不是睡觉，他就没有一刻消停的时候。我们常常给他一个玩具筐，他自己可以在那儿玩半天，把层层叠玩具一层一层拿下来，又一层一层插上，当然还不会按大小顺序进行排列，但是孩子已经可以不用眼睛看着而是用双手盲插就插得十分准确了；扇子用双手打开又合上，还不时用一只手学着大人的样子拿着扇子扇两下，不过他可没有那么大的手劲，扇子一扇马上就掉在地上了；套碗一个一个拿下来又一个一个套上，尽管有时企图将大碗放在小碗里，这样做当然放不进去，于是他就丢在一边不管了；拿起玩具手机，用右手的食指不停地按着侧面按钮，看着手机屏幕上随之转换的图片，再用左手的拇指和食指按压手机键盘上不同的按钮，手机也发出了不同的音乐声；拿出猿猴造型的声控玩具，小铭铭拍打一下玩具，猿猴马上就舞动着长长的手臂，扭动着笨重的身躯向前走去，还唧唧呀呀叫个不停……小铭铭自己玩得很开心。你要是不理他，他会不时地抬起头来与你"交谈"一两句（他不会说话，无非是发出"啊""呀"，或者无意识发出"爸爸"和"妈妈"的音）。即使这样我也马上夸奖他："大铭铭会说话了，会叫爸爸、妈妈了。姥姥亲一个。"当他玩的小球滚到电视柜下，他会马上冲着你大叫，希望我们给他拿出来。

为了激发孩子与人一起玩的兴趣，提高孩子的社交能力，训练孩子爬行的速度和动作的灵活性，进一步增强四肢肌肉的力量，促进感觉统合功能的发展，理解游戏语言和比赛的乐趣，我们又和孩子玩开了"爬行比赛"的游戏。

　　游戏的主角当然是小铭铭和他的妈妈，我是一名啦啦队队员。当小铭铭在地上爬行的时候，他妈妈紧紧地跟在小铭铭的后面，学着小铭铭的样子爬行，嘴里还不停喊着："妈妈追小铭铭了，快爬！快爬！就要追上了。"我在旁边也不停快速地跺着地板，并喊："铭铭快爬！妈妈追来了！"铭铭回过头来看看妈妈，再加上我这个啦啦队队员的呼喊声，小铭铭似乎明白了是怎么一回事，于是大笑着加快了爬行的速度。只见孩子小脑袋一左一右随着爬行的速度有节奏地向两侧摇摆着；双手一前一后快速地向前"倒腾"，小手拍在地上还挺响的；胖胖的小屁股左一下、右一下扭动着；两个膝盖配合着手的动作也一前一后快速交替着前进，爬行的动作煞是好看。小铭铭爬行的速度越来越快，女儿追赶的速度也越来越快，女儿的动作是"风声大，雨点小"。因为是在客厅里转着圈爬，所以爬起来没有尽头，孩子一边爬，一边向后看着妈妈，再加上我在旁边跺着脚，虚张声势地吆喝："追！追！追呀！"不一会儿，孩子的头上就开始"冒烟"了，原来是出汗的蒸汽，孩

铭铭独自玩得不错吧

子的头发湿淋淋都贴在脑袋上了。大概是爬累了，小铭铭突然小屁股向后一坐，坐起来了，看着妈妈高兴得直笑。妈妈也顺势坐在地上陪着铭铭休息，嘴里还一直说："妈妈追不上小铭铭，妈妈累了，休息一下。"

小铭铭对这个游戏喜欢得不得了，看得出来，小铭铭玩兴仍大，于是我趁热打铁赶紧说："小铭铭，妈妈又要追你了。"女儿假装又要追他，摆出了马上就要爬行的姿势。小铭铭立刻兴奋得双手向前一扑，嘴里哈哈大笑，噌噌地向前爬去，女儿还是在后面"紧紧"地追赶。通过你追我赶的比赛，孩子显然已经明白比赛的意思了，而且已经有了比赛的意识，所以玩得特别开心。

不一会儿，我对女儿说："现在让小铭铭追追你！通过游戏的互动，让孩子产生主动追的意识，不能总是被追呀。"于是女儿马上掉转身体向相反的方向爬去，小铭铭正在前面爬得兴头正浓，一回头发现妈妈与自己背道而驰，朝相反的方向爬去，不知道是怎么一回事，自己就坐起来呆呆地看着。我在旁边赶紧对铭铭说："快去追妈妈！快！快！"孩子不知所措地瞧着我，于是我赶紧将小铭铭掉转方向，拉着铭铭的手往地上放，指着女儿对铭铭说："快去追妈妈！"女儿也在前面对孩子说："快来追妈妈呀！"小铭铭这才向妈妈爬去，但是远没有刚才被追的速度快。只见他爬到妈妈跟前，伸出双手让妈妈抱他。无论我和女儿怎样鼓励他，他就是不爬了，非让妈妈抱不可。看来小铭铭还不太理解主动追人是怎么一回事。我对女儿说："没有关系，以后每天做一次这样的互动游戏，时间长了他就明白了。今天的运动量可是够大的，晚饭说不定吃得会多一些。好了，今天的游戏结束了。大铭铭今天的表现真不错，姥姥的乖外孙！"我情不自禁地又亲了孩子一口。

铭铭最喜欢看电视广告

　　小铭铭出生后，女儿一直拒绝让孩子看电视，其理由是电视的荧光屏对孩子的眼睛有损害，而且家中每一个人都很忙，谁也没有闲工夫坐下来看电视，更何况我本来就不是爱看电视的人，所以家中的电视并不经常开。10月，孩子回到北京的当天晚上，我先生按照往常的生活习惯——晚饭前打开电视看中央电视台的《新闻联播》。孩子坐在离电视机比较远的地板上正在玩玩具，只见孩子听到电视里的声音，用眼睛扫了一下电视，又低头玩自己的玩具去了，好像对电视没有什么兴趣，所以女儿也没有抱走孩子。不一会儿，孩子扔掉手中的玩具爬到沙发前，扶着沙发站了起来，抬起右腿企图爬上沙发，起初我以为孩子要坐在沙发上看电视，其实孩子来沙发的目的根本就不是看电视，而是对电视的遥控器发生了兴趣，很快就向遥控器伸出了手，够到遥控器后就开始乱按起来，结果先生的电视也没有看成，荧光屏也被他整得乱七八糟的，画面的颜色也乱了。小铭铭全神贯注地玩着遥控器，只是偶尔瞟一下画面。不一会儿他对遥控器的兴趣没了，丢掉遥控器自己从沙发上滑下去，又爬到原来的玩具堆旁去玩了。

　　最近我发现小铭铭对有些电视内容开始感兴趣了，事情是这样的：

　　每天中央电视台经济频道的《第一时间》是我必看的节目。这段时间也正是我们吃早点的时间，我一边吃早点，一边看电视。小铭铭这时刚吃完鸡蛋羹，因为还不到睡上午觉的时间，所以就让小铭铭在地板上玩自己玩具筐里的玩具，这时他是不看电视的，玩具筐已经深深吸引了他。每次《第一时

小铭铭最喜欢看电视广告

间》过后是插播的广告，只要广告的音乐一响，小铭铭立刻抬起头来，拿着玩具的手也停止了动作，津津有味地看着画面，配合着片中的音乐，不时有节奏地摇摆着身体，十分投入地看了起来，还不时大笑几声（有时也不知道他为什么笑）。一旦画面转入短新闻时，小铭铭就又开始玩起自己的玩具来了。有的时候他还会扔掉玩具爬走了，这时只要电视里说："新闻不止这么多，听听马斌怎么说。"我对小铭铭说："铭铭，马斌来了！"他马上就爬回来坐在地上，看着电视里的主持人马斌，冲着马斌直笑，甚至手舞足蹈地大叫。噢，忘了介绍，我们家铭铭特别喜欢看马斌，大概是他们两个的头型和发型太相像的缘故吧。

后来我发现，不只是《第一时间》播的广告，其他频道的广告他也爱看，近来还喜欢看动画片和少儿节目。当然，他看电视注意力集中的时间很短，大约也就是10分钟，其他时间对电视机的遥控器兴趣更大，只要他拿到遥控器，我们就别打算再看电视了，因为他乱按钮，时不时就给关机了。

孩子为什么爱看电视广告呢？大概电视广告画面颜色丰富、变幻无穷、具有强烈的视觉效果，再加上广告词短小、精悍、风趣、朗朗上口，孩子易于理解，所以才能够深深吸引孩子的注意力。

婴幼儿看电视究竟好不好呢？对于6个月以内的小婴儿是不适合看电视的。电视画面色彩鲜艳、生动活泼，但是电视屏幕的光线时强时弱，画面快速、跳跃式的变化对于小婴儿是很难适应的。新生儿或小婴儿的眼睛发育不成熟，而且很娇嫩，对光十分敏感。尤其是新生儿的眼肌发育不完善，不能很好地控制双眼的运动以及上下眼睑的闭合；泪腺很小，生后6周才开始有分泌功能，所以新生儿或小婴儿往往哭而无泪。视网膜的感光细胞和黄斑要到4~6个月才发育完全。控制瞳孔大小的肌肉一般到5岁左右才发育完全。当电视荧光屏的光线瞬间增强或画面快速跳跃时，给新生儿或小婴儿眼睛一个强烈的刺激，由于孩子眼睛发育得不成熟，因此不会像大孩子或成人那样用眨眼、瞳孔缩小以及流眼泪等反射来保护自己的眼睛，保护视网膜，而且强光瞬间的照射会引起感光细胞或黄斑发生化学变化，从而可能影响孩子视觉的发育，将来可能引起近视、斜视或弱视。

目前电子产品处处都是，让孩子完全不接触电视也是不现实的。但是对于1岁左右的孩子，我个人认为还是可以看电视的，因为有教育意义的电视节目会给孩子带来诸多好处，但是一定要严格地控制看电视的时间。所以现在对是否让铭铭看电视这个问题，我们全家达成共识，那就是在他清醒时要有节制地看电视。

首先，由于受到活动范围的局限，孩子不能获得更多的外界信息。电视可以从另一条渠道让孩子获得更多信息，认识更多的事物，提高孩子的认知水平。

其次，孩子通过收看健康的电视节目，可以学习和模仿良好的行为习惯和相应的行为规范，了解和认识不同的社会角色以及不同社会角色之间的关系，有利于孩子社会化的发展。

最后，由于电视语言基本上是标准语言，而且语言比较丰富，词汇量多，配以生动活泼的电视画面，有助于婴幼儿的语言学习、理解以及词汇的掌握，能够使孩子迅速增加大量的词汇。

但在孩子看电视时，仍需注意以下事项：

（1）电视机的位置不要距离孩子坐的地方太近，电视屏幕越大，孩子坐的距离就应该越远。一般是以电视机高度略低于孩子的眼睛为宜。

（2）夜间看电视时，屋里要有一盏开着的弱光的灯。

（3）要限制孩子看电视的时间，小于1岁的孩子不超过10分钟，1～2岁不超过15分钟，2～3岁不超过20分钟。避免孩子的眼睛过度疲劳，影响孩子的睡眠。而且，长时间看电视还会影响孩子的语言表达能力以及社交能力的发展。

（4）因为电视有微量的辐射，而且电视机周围的空气中含有一些灰尘微粒，可以通过静电荷的吸附，黏附在人的皮肤上，特别是裸露的面部，对孩子的皮肤有所损害。因此，看完电视后，最好给孩子洗洗脸。

（5）给孩子看适合孩子年龄段的、能够理解的电视节目，严禁孩子看与其年龄不相符的惊险恐惧、过度兴奋的片子以及一些少儿不宜的片子。

（6）建议家长与孩子共同观看，并给予适当引导，真正做到以电视为工具，提高孩子的认知水平。

美国儿科学会最新建议，18个月以下的婴幼儿应避免使用任何电子设备，与家人的视频通话除外；18个月至2岁的孩子，家长应该挑选高品质的节目或视频，与孩子一起看，帮助孩子搞清楚看的是什么内容；2~5岁的孩子，每天看屏幕的时间不应超过1小时，建议家长与孩子一起看，交流所看内容，并帮他把学到的知识应用到生活中。

延迟模仿的初现

今天下午小铭铭睡醒后，坐在客厅的地板上玩着玩具，只见他突然趴在地上，撅着小屁股，侧歪着头朝沙发底下看，两条小腿还左右交替着使劲儿。

"这个孩子干吗呢？你看，他的两条腿还在一直使劲儿！"我问收拾卫生的小阿姨。

"嗨！在看里面呢！里面肯定有东西，两条小腿使劲儿是为了努力拿到里面的东西。"小阿姨说。

"铭铭，阿姨帮你看看，你看见什么东西了？"说着小阿姨就像小铭铭一样趴在地上撅着屁股歪着头，向沙发底下看。

"里面有一个小球，怪不得铭铭看呢。这是昨天下午他玩助步车时，将车上的小球扔进去了，这个孩子还没有忘，还记着找呢！"小阿姨用扫把将小球给拨拉出来了。

我一看小阿姨和小铭铭两个人一大一小、一左一右地趴在地上的模样，不由得笑起来了："你怎么学小铭铭的样子呀？"

"谁学谁呀，是小铭铭在学我呢！"小阿姨笑着纠正我的口误，"昨天早晨小铭铭和他妈妈互相投球玩，有不少的球滚到沙发底下，他妈妈忙着上班，没有工夫把球给弄出来，让我帮助给找出来，说完她就走了。我也不知道这些球掉到沙发的什么地方了，于是我就趴在地上歪着头朝沙发里面看，小铭铭在球池里一直看着我找东西，最后看到我把球给拨拉出来了。小铭铭今天就学着我昨天的样子在找掉在沙发底下的东西。"

电视柜底下有什么东西？让我看看

"这个孩子学得还真快！还记着昨天球滚到什么地方了！"我心里不由得称赞起来。

紧接着，在孩子玩的过程中，他不断地故意将玩具往沙发和电视柜底下扔，又不断地趴下来撅着屁股歪着头去寻找滚到电视柜和沙发底下的玩具。当然能够够到的玩具他可以自己取出来，但是对于他够不到的玩具他就不管了。回过身来继续从玩具筐中取出玩具朝电视柜底下扔去。这个游戏让他玩得兴高采烈。来回这样折腾，累得满头大汗，他仍不愿意停手。我坐在远处看见沙发和电视柜底下堆了不少的玩具，心想："这可要小阿姨够一阵的了。"不要认为这是孩子淘气，实际上，这是孩子的一种探索行为。

小铭铭昨天看见小阿姨趴在地上够球的动作，今天模仿学会了这个动作，而且模仿得惟妙惟肖。观察、模仿和复制是婴幼儿时期的一种特殊学习方式。孩子先是观察家长、模仿家长，以后还会观察和模仿小伙伴，在条件适当的情况下，孩子都有可能重复看到的行为。孩子从9个月开始，有时不是直接模仿眼前的事物，而是在这个事物消失以后进行模仿，或者过一段时间才会把之前学到的本领展现出来，这就是延迟模仿。延迟模仿经过孩子的大脑认知过滤和重组，是孩子一种较高水平的模仿行为，随着孩子的成长，延迟模仿出现的频率会越来越高。所以我常常告诉家长，当你教孩子某项技能时，孩子有时不会马上学会，你不要以为孩子"笨"，说不定过一段时间他就会完整地将这项技能展现出来了。你认为孩子是开窍了，其实这就是孩子的延迟模仿行为！同时，我也告诫女儿女婿："你们要想孩子将来成为什么样的人，你们首先就要成为这样的人，因为你们是孩子的榜样和老师，孩子一直在观察、模仿和复制你们的行为模式！"

当然，延迟模仿也需要孩子有长时记忆。孩子能够记住昨天掉在沙发底下的球，寻找它并企图够出来，说明孩子的记忆力发展不错。这是长时记忆。

• • • Tips • • •

记忆力是决定智力因素很重要的方面，因为一切知识的获得都是记忆在起作用。记忆是一切智力活动的基础：人的想象和思维都要依靠记忆；孩子学习语言也要依靠记忆；对曾经历过的某些事情引发的情感体验通过记忆可使情感更加丰富；人的意志也离不开记忆，因为意志是有目的的行动，在行动过程中必须始终记住行动的目标，才能够为这个目标去坚持奋斗。一个孩子是否聪明与他记忆力如何是相联系的。因此，需要家长有意识地培养孩子的记忆力，善于将短时记忆转为长时记忆。

但婴儿因为大脑皮层发育还未完全成熟，所以记忆有其特点：主要以无意识记忆（无目的、无记忆方法）为主，多是短时记忆；婴儿对鲜明、生动、有趣、形象直观的事物，生动形象的词汇，有强烈情绪体验的事物，需多种感官参与的事物也易有较深刻的记忆，也容易保存下来；记忆的准确性差，带有很大的随意性，容易遗忘（幼年健忘症）；在愉快的情绪下记忆能收到好效果。

这个阶段的孩子可以记住一些喜怒哀乐的表情，有了情感上的体验。在记忆的基础上可以进行模仿、复制，尤其是对成人做的事情感兴趣，并且喜欢去模仿，研究探明因果关系。因为手指的精细动作更加灵活，喜欢摆弄带按钮或转盘的玩具，反复地玩耍加强了玩法的记忆。同时，孩子可以理解和掌握简单的肢体言语和语言。

家长在这个时期需要帮助孩子学会察言观色，每次与孩子谈话时面部表情要丰富，甚至略带夸张，让孩子理解别人喜怒哀乐的表情。同时需要事事处处给孩子树立良好的行为榜样，建立正确的认知准则，孩子会记住这些准则并用于以后的行为。

继续让孩子认识物体，并且告诉这些物体的名称，让孩子以后听到物体的名称知道去寻找该物体。家长要善于言辞，多与孩子进行语言交流和互动，教孩子一些简单的肢体语言，如欢迎、再见、握手。并且积极教孩子说一些简单的话，如妈妈、爸爸、饭、吃……并且反复练习。

训练孩子盖瓶盖、套圆环、套碗、钻"山洞"，培养孩子的运动记忆，建议以游戏的方式进行。

记忆力好的孩子应该是记忆的速度快、记忆的范围广、记忆的内容正确、记忆时间持久和提取记忆内容中所需要信息的速度快。

孩子的记忆力与遗传有一定的关系，但并不完全取决于遗传因素，如果后天训练和培养得当，孩子营养均衡、合理，那么智慧的基础就会打得更牢，智慧的"仓库"就会装得更多。

思维是智能的核心。它在婴幼儿心理发展过程中出现得比较晚，是在感觉、知觉、记忆等心理发展过程的基础上形成的。孩子依靠思维才能理解别人、认识自己、认识世界，进而改造世界。

小婴儿基本上没有思维，只有对事物的感知、对事物之间联系的最初认识。一般认为婴儿在9～12个月产生思维的萌芽，有的婴儿可能更早一些。婴儿是通过听觉、视觉、味觉、嗅觉、触觉以及动作的过程进行思维。婴儿只考虑自己动作所接触的事物，只能在动作中思考，而不能在动作之外进行思考，更不能计划自己的动作以及预见动作的后果，一旦动作停止，思维也就结束。他们进行的思维总是与对事物的感知和自身的行动分不开的，所以在心理学上也称这种思维为"直观动作性思维"。真正的思维发生的时间是在孩子2岁左右，2岁以前是思维发生的准备时期。

小铭铭马上就满11个月了，已经显露出思维的苗头。例如，我们给他一个布魔方，让他找印在某一面的动物，他会转动这个六面体进行寻找。孩子在转动的过程，实际上就是思维的过程。因此可以开展一些训练孩子思维的游戏了，于是我们给孩子买了几套学习配对的玩具。

一种玩具是按大小顺序3个套在一起的布制动物造型的套桶。每个桶的外面分别用丝线绣出了小狗、小猫和小老鼠的脸，另外还有用布做成的这3种动物喜欢吃的食品：骨头、鱼、奶酪。制作这3种"食品"所使用的面料与对应的动物桶是一样的。最大的是狗桶，最小的是小老鼠桶，居中的是猫桶，这

奶酪应该给谁吃

很符合一般孩子对这3种动物大小的认识。因此，当和孩子一起玩的时候，我问孩子："小狗喜欢吃什么呀？"

我自问自答似的说："噢，喜欢吃骨头。来小铭铭将骨头给小狗吃。"于是让小铭铭看着我把骨头放在狗桶里。

"小猫爱吃什么呀？噢，爱吃小鱼。小铭铭，把小鱼送给小猫吃！"然后我把小鱼放在猫桶里。

"小老鼠喜欢吃什么呀？噢，和小铭铭一样喜欢吃奶酪，来小铭铭，把奶酪送给小老鼠吃！"于是我把奶酪放在了小老鼠的桶里。

在这个游戏中，小铭铭首先需要知道这3种小动物喜欢吃什么，然后选择动物喜欢吃的食物准确地投到相对应的桶里，这实际上是配对训练。我示范了一遍后，让小铭铭开始给这3种动物喂食。"小铭铭，哪个是狗桶呀？"小铭铭审视了一遍，准确无误地指了指狗桶。"对了，小铭铭真棒！""小狗吃什么呀？"小铭铭又审视了一遍，拿起了奶酪。"不对，这是小老鼠吃的，狗不吃奶酪。"我在一边纠正着，这时小铭铭可不管对不对，将奶酪扔在狗桶里。"错了，拿出来，再重新放。"小铭铭将奶酪拿出来，放在小老鼠桶里，"对了，小老鼠吃奶酪！真对！小铭铭真棒！来姥姥亲一个。"小铭铭一看我在夸奖他，毫不客气地给自己鼓起掌来。紧接着我又问小铭铭："小鱼在哪儿？给姥姥找出小鱼！"小铭铭又从小老鼠桶里拿出了奶酪给我，"不对，这是小老鼠吃的奶酪，看看小鱼哪儿去了？"我做出寻找状，小铭铭也跟着我一起寻找。"噢，在小铭铭的脚旁。"我让孩子拿起小鱼，"给小猫喂小鱼去。"于是指挥着小铭铭将小鱼放到猫桶里。

玩游戏的过程也是孩子思考的过程。通过思考，经过自己成功或者失败的配对，孩子最后能够准确无误地将食物投对地方。孩子很喜欢这个玩具，不过在练习的过程中，错的时候很多。对于孩子偶尔配对了的时候，我们一律给予表扬和鼓励，方法就是鼓掌和亲吻。

我们买的另一个玩具，是将不同形状、颜色的塑料块放进相应形状和颜色的凹槽内，然后摇动旁边的摇把（一个摇把需要上下摇动，另一个摇把需要转圈，可以训练孩子双手的不同动作），这些镶嵌好的塑料块就通过凹槽掉到下面的盒子里。孩子可以打开下面的盒子取出塑料块继续配对。这个玩具只要根据颜色或形状进行配对就能获得成功。如果根据颜色进行配对，首先需要感知颜色，因为婴儿出生后对颜色的感知已经发生，新生儿已开始能分辨简单的颜色刺激，4个月前的婴儿对颜色的感知能力已经接近成人水平，但是真正识别颜色还有一定的难度。孩子到了2岁左右才能认识一些颜色，3岁左右才开始说出一些颜色的名称（如果早期教育做得好，对颜色的认识和颜色名称的描述可以提前）。因此，利用同种颜色归类找到相应的凹槽，对于不到1岁的孩子来说是有一定难度的。如果是根据塑料块的形状来配对，就需要孩子能识别一些简单几何形状。这些塑料块有圆形、正方形、三角形、梅花瓣形、六边形、五边形。因此首先要训练孩子对图形的观察和判断的能力，才能配对成功。

平常这个玩具都是女儿女婿和孩子一起玩儿，通过几次训练，孩子已经明白了这个玩具的玩法，因此每次玩时都会不厌其烦地将塑料块放进凹槽里，然后摇动或转动旁边的摇把，让塑料块掉到下面的盒子里。孩子会从里面取出后再放进凹槽里，实际上孩子玩的整个过程也是孩子思考的过程，而这个过程是通过孩子对塑料块和凹槽的感知和来回不停的动作进行的，离开这个玩具后孩子对这个玩具玩法的思考也就停止了。孩子在玩的过程中，大多数情况下不能正确配

配对了

对，经常拿着正方形的塑料块企图放在圆形的凹槽里，这样肯定放不进去，于是孩子又重新拿着正方形的塑料块放到其他凹槽，经过几次试验，终于配对成功，但是由于正方形位置摆得不对，同样不能镶嵌进去，这样孩子就需要不断调试正方形的角度，直到能够放进去为止。这个过程就是孩子不断实践、不断思考的过程。孩子通过反复的配对训练，现在已经能够将圆形和正方形配对成功了，因为这两个配对难度比较小。我发现孩子在玩的过程中不是利用颜色来进行配对，而是利用形状来进行配对，其实利用颜色配对更容易一些，但是为什么孩子不喜欢采用呢？大概是这个年龄段不能识别颜色的缘故吧！

这里需要提醒家长注意：孩子对于感兴趣的事物进行思维时，往往是思维最活跃的时候；而对于他们不感兴趣的事物，是不会动脑筋思考的，思维的积极性很难调动起来。因此家长在选择孩子的玩具和游戏时，一定要根据孩子的好恶来决定，这样训练才会起到一定的效果。另外，在训练的过程中家长不要在乎游戏的结果，而要注重游戏的过程，因为游戏的过程是孩子思考的过程。孩子在游戏的过程中，家长不要随便干涉或者转移孩子的注意力，这样孩子才能集中精力进行思考。

我和女儿对亲子班的不同看法

　　女儿也像现在大多数妈妈一样，希望自己的孩子"不要输在起跑线上"，一直想让小铭铭参加亲子班，为的是让孩子学到更多的知识。在我去北京讲课的时候，女儿瞒着我，带着孩子体验了一次某国际品牌的早教中心的课，课后在其工作人员的游说之下报了名，并缴了费。对此，我与女儿发生了分歧。我明确告诉女儿，国内的一些早教机构，包括一些所谓的国际品牌的早教机构，鱼目混珠、良莠不齐，选择一个合格的早教机构就目前的情况看是比较难的。这是因为我国对于0～3岁婴幼儿的教育还没有纳入教育体系中，这些早教机构都是在工商部门注册的，目前还没有行业的规范性和科学性的考核和评估，没有任何机构能对这些早教机构进行有关教学内容的监督，对于他们采用的教学方法是否有效也没有进行跟踪分析，因此这些早教机构学习的内容是否具有科学性、是否符合婴幼儿生理和心理发育的特点就更难说了。

　　正如新华网《新华每日电讯》在《婴儿早教年花费上万元，有无必要》一文中说："目前市面上的早教机构无论是打着奥尔夫音乐、蒙特梭利的理论，还是打着多元智能理论也好，多数经营者难以真正掌握这些国外的教育理念。几乎所有的早教机构都声称采用专家精心编制的课程内容，但事实上只是将国外的理论进行拼凑和改造。而在国外，对从事早教教师的资格认证十分严格，任何专业毕业的教师都必须通过专门的资格认证才能上岗。我国目前众多的早教机构只是招收幼师毕业的老师，他们所学的知识和实际教授的内容有较大区别，即使经过岗前培训，也是机构内的'自产自销'，难以担负起早教的重任。"

因此，给小铭铭选择一个合格的早教中心是需要慎重考虑的大事，我对女儿自作主张的决定很生气。

生气归生气，但已经交了钱，也不可能再退还，这个班还是要上的，因此他们一家三口还是不定期地到这个早教中心去上课。小铭铭因为快1岁了，所以参加的是10~16个月的班。据女儿回来说，这次课的主题是触觉区域的游戏、泡沫塑料区域的游戏以及"大步流星"游戏。这些游戏主要是给予孩子触觉上的刺激，攀爬这些玩具锻炼孩子的平衡能力和动作的计划能力；根据跨越不同质地的物体，通过触觉学习事物的知识；让家长注意观察自己孩子的情绪反应，使他尽量感到安全和幸福，鼓励他与其他小朋友进行交流，提高他的社交能力。小铭铭在这个课堂上不爱动，因为没有"表现"的机会，原因是其他的小朋友都比他大得多，并且已经都会走了，只有他最小，不会走，只会爬，他可能觉得没劲。原来在家里能够钻隧道，在这儿他也不钻，对于老师做的其他游戏似乎也不感兴趣，自己爬到别处去玩，就这样45分钟的课很快就结束了。

"就这些内容，小铭铭在家里早已经做得不错了，白白糟蹋那么多钱！"我又一次向女儿抱怨道。

最近，我亲自感受了小铭铭的一堂亲子课。

这天大约11点05分，我和女儿带着小铭铭来到这家早教中心。因为是双休日，所以早教中心大堂里的人非常多，空气比较污浊（因为是冬天，关着窗户，开着空调，缺乏空气流通），几乎没有走路的地方，尤其是我们还推着儿童车，必须不停地说"对不起！请让一让"，才能将车推到存衣处。小铭铭上的是11点一刻的课，上节课的小朋友还没有下课，于是我们在大堂里给孩子把外面的衣服脱掉，耐心等候。作为医生的我看到这种情景，首先想到的是这可是一个传播疾病的"绝佳"场所，所以这家早教中心在我心中的印象分是不高的。我仔细审视了这个大堂：面积不大，装饰得还挺漂亮的。每个孩子几乎都有2~3个家长陪同。沙发上坐满了人，有的家长甚至还带来笔记本电脑在此工作（我挺佩服这些家长竟然能够在人声嘈杂的环境中泰然处之），很多家长还没有座位，像我们一样只能站着等待。小孩子穿来穿去，再加上大人的吆喝声，这里好像一个集贸市场。

　　我到这家早教中心各处走走，看见音乐班、美术班、英语班分别在不同的教室里上课，一般都是由大人带着，7~8个孩子围坐成一圈，年轻的小老师用双语进行教学。

　　不一会儿上一班的小朋友下课了，下课的孩子家长忙着给孩子穿衣服，或者安抚正在哭闹的孩子；我们这一班的孩子准备进入教室。顿时教室内人声鼎沸，好不热闹！女儿带着小铭铭去玩教室里的大型游乐玩具。这个教室很大，与大厅隔离的两面墙是玻璃墙，家长可以从外面观看里面上课的情况。教室里面也很漂亮，墙上挂着不少孩子喜欢的卡通画片，大型的娱乐玩具也很多，现代时尚，颜色也很鲜艳。小铭铭在妈妈的鼓励下，一会儿过障碍物，一会儿攀岩，一会儿爬楼梯，一会儿走独木桥（当然是很宽的那种）……忙得不亦乐乎，还没有上课呢，孩子已经满头大汗了。总之，这些玩具对于孩子很有吸引力，也确实能够锻炼孩子各方面的运动技能，让小铭铭增长了不少见识。看来，孩子还是很喜欢这个教室的。

　　这时来了两位大约20岁的女老师，女儿告诉我就要上课了，我必须出去，因为这个课堂只允许1个家长参加。于是我出去站在大厅里观看孩子们上课的情况。这个班大约有10个小朋友，大多是妈妈抱着孩子与2位小老师围坐成圈，2位小老师手里拿着玩具摇铃或手鼓，用英语和汉语分别致了开始词，紧接着一会儿英语、一会儿汉语地引导家长带着孩子完成这堂课的内容。只见这些爸爸和妈妈一会儿抱着孩子跑去爬障碍物，一会儿拉着孩子钻隧道，一会儿又是拉着降落伞上下舞动，有的孩子哇哇大哭，有的孩子嗷嗷大叫，我想可能是降落伞相对快速的升降引起了孩子的恐惧，尤其是当降落伞罩住孩子时，孩子一时看不见妈妈，很多的孩子就哭起来了。其实这个训练是为了提高孩子的空间认识能力和增强客体永久性的概念而设置的。当然，降落伞一升起来，孩子看见了妈妈都破涕为笑，扑向了妈妈。小铭铭倒是没有哭，只是惊愕地看着这一切变化，当他看见妈妈后，咧开嘴笑了。

后来，这些小朋友一起推动一个长卷筒，孩子在前面推，家长在后面帮忙。有的孩子坐在地上不去推，而是转头向别处爬去；有的孩子不推，而是跟着走；大多数的小朋友还是推着卷筒向前走的。这个游戏有助于孩子走的动作发育和动作的协调性，同时也增加了小朋友之间交往的机会。现场这些小朋友只是互相看看，甚至有的孩子连看也不看一下周围的小朋友，只顾自己玩。这也很符合这个阶段孩子社会交往发展的特点。很快45分钟就过去了，当老师与孩子们说完再见，我进去接小铭铭他们母子俩时，女儿已经累得抱不起孩子来了。女儿说："这儿哪是在给铭铭上课呀，整个是我在进行体力劳动，以后得叫他爸爸来了。"

这家早教中心给我的感觉是：大型玩具设施不错，很能吸引孩子的眼球；环境布置得也不错，给人感觉很现代化；教学内容与其他亲子园大同小异（我参加了卫生部开展的、国内15家妇幼保健院参与的"儿童早期综合发展"科研项目，在这个项目的启动会前，我参观了不少亲子园，由我在此项目启动会上做了有关《婴幼儿早期综合发展的重要性和早教的误区》的演讲）。对于双语教育我一直不是很赞同，因为目前孩子没有英语的语言大环境，不可能在一周一次的课堂上有什么收获，对于刚刚理解母语、准备学说话的孩子来说，反而会引起困惑，从而影响对母语的掌握。我曾经在美国这个品牌的早教中心参观过，没有看见在那里的老师使用双语进行教学，而是单纯使用他们的母语——英语进行教学。那里的老师都是相关专业的大学本科生和硕士生，每次课后他们都要就孩子在课堂中的表现分别向家长进行点评和交流，指导意见都很有针对性，让家长受益不浅。而孩子上的这家早教中心的2位年轻的老师由于专业知识水平的局限是很难做到这一点的。只能说是带着孩子和家长做活动的老师，这个工作幼师毕业的人是完全能够承担的，但是深层次的教育问题是他们不能解决的。再说，早教中心的环境嘈杂，人口密度这么大，根本不利于孩子的健康；而且收费昂贵，与其教学内容严重不相称。因此，我对女儿说，她的选择是错误的。

其实，我并不是反对孩子上亲子班，我在自己写的《从新手到育儿专家》一书中曾经表示希望有条件的孩子最好能够去亲子班接受早期教育，但是应该选择一个合格的亲子班。家长和办亲子班的人也应该清楚，亲子班与幼儿园的教育是不一样的，亲子班的教育有它的特点。

幼儿园招收的对象是3～6岁的学龄前儿童。这个阶段的孩子开始脱离父母照顾，更喜欢与小伙伴之间进行交往。幼儿园的教育以孩子作为教育对象，采取的是老师教育，让孩子进行学习的一种教育方式。其目的是培养孩子的各种能力，促进孩子全面发展，同时为孩子将来更好地适应小学教育打下良好的基础。

早教机构的亲子班招收的对象是0～3岁的婴幼儿。这个阶段是婴幼儿与父母形成亲密依恋的关键时期。父母与宝宝亲密接触和交流是十分重要的。早教机构的教育应该以孩子和家长作为共同教育对象。其教育方式是父母与宝宝在老师的指导下，要求家长与孩子互动，通过家长和宝宝的亲子互动游戏，教会家长如何观察和了解自己的孩子，教会家长掌握亲子教育的方法与技巧，对孩子进行早期干预，指导家长及时发现自己孩子发展的潜能，实施相应的教育，促进宝宝更好地进行全面发展。通过这些活动将有利于家长和孩子做好情绪和情感上的沟通，促使家长和宝宝都有一个好心情，实现各自在情感上的满足，有利于更好地建立安全的亲子依恋关系，有利于婴幼儿从小形成健康的人格，有利于让孩子更好地适应未来社会。同时，家长在亲子班的活动中也促进了自身素质的提高和完善，更好地成为一个合格的家庭教育者，也为大多数没有育儿经验的家长提供了互相交流育儿经验的场所。对于孩子来说，亲子班中有很多同龄的宝宝，为孩子提供了同伴之间进行良好社会交往的场所，有利于孩子的交往能力的发展，将原先由依赖家长、被家长照顾、家长的不平等交往逐渐转为孩子间平等、公平、互惠、分享的交往，这是家庭环境所不能给予的，为宝宝日后人际交往能力的发展打下良好的基础。

对孩子进行早期教育不是上几个亲子班就可以了，关键是要为孩子提供一个丰富而科学的教育环境，在这个环境中家长就是孩子的老师。这个老师就是需要认真抓住每时每刻出现的教育契机，给予孩子实施有效教育的教育者。

伸手抓水线，为何抓不住

今天下午给小铭铭洗澡，发生了一件有趣的事情。事情是这样的：

小铭铭现在很喜欢洗澡，而且喜欢坐在水盆里拍打水花和玩水中的玩具。今天他仍然按照往常的惯例，脱了衣服，高兴地照照镜子，对着镜子里的"小铭铭"笑一笑，做个鬼脸，就去洗澡了。先给孩子洗完脸和头后，就把小铭铭放在浴盆里，我转身去给他拿洗澡用的海绵。这时我发现小铭铭坐在澡盆里正聚精会神地伸出一只手去抓什么东西，只见他小手一抓，然后攥上拳头，拿到眼前将拳头打开，一看手里什么都没有。于是小铭铭又伸出这只手在空中一抓，又攥好拳头，拿到眼前，只见小铭铭这次比上次更加小心地打开拳头，还是什么都没有。紧接着，小铭铭用右手的拇指和食指去捏。"嘿！这个孩子干吗呢？"我拿着毛巾走到澡盆旁，由于我是近视眼加上花眼，愣是没有看见小铭铭在抓什么东西。这时小铭铭又伸出双手去抓，孩子的动作引起了我的兴趣，赶紧戴上眼镜仔细观看。"噢，原来孩子在抓水线。"孩子每次洗澡时，我都是用淋浴的"花洒"（有的地方叫"莲蓬头"）给小铭铭的浴盆里放水，这次放完水后可能水龙头没有关紧，因此一条丝线般的水流从里面喷出来，在灯光下如同一条细细的白线呈弧形洒落下来。原来小铭铭以为这是一条线，企图用手去抓，但这是流动的水流，他当然抓不着了。

小铭铭自打能够捏起细小的东西后，小手总喜欢去捏、捡一些小线头、小毛絮，或者用手指去抠墙上的小孔、衣服上的破口。总之，凡是这些细小的物品，他都感兴趣。这次也是这种情况，但是他不知道水线是抓不住的，虽然他反复改变自己抓东西的动作，但是却总抓不住这条水线。这时小铭铭不再抓了，而是静静地看着水线继续这样流着。我想这时小铭铭可能感到很奇怪，为什么就是抓不着它？

我在旁边仔细观察小铭铭的表现，心想这个孩子的敏觉性（对事物进行敏锐察觉，能够抓住关键）还挺高的，而且还能不停改变策略去抓这条水线，说明孩子在做这个动作时，脑子里还在不停地思考。

"铭铭，这怎么能够抓得住呢？那是水，懂吗？水线是抓不住的！"我示范着给小铭铭抓了一下水线，然后摇摇头，又摆摆手表示"抓不住"的意思。

"你看，姥姥能够把这条水线盛在小鱼的肚子里。"紧接着我拿起漂在浴盆水中的"绿色小鱼"，这是一个小鱼造型的塑料小碗。我把小碗让小铭铭拿着，然后扶着他的手用小碗去接这条水线。小铭铭仔细看着，不一会儿，小碗里就积了一些水，然后我把水倒在浴盆里。"看，小碗底下没有水线了吧！"我扶着小铭铭的手抬高了小碗，让小铭铭看小碗底下。我也不知道小铭铭是否听明白我说的，只见他急忙抽出手来，兴趣完全转到用小碗去接水了。只见他接一点儿水就倒在浴盆里，然后又去接水，又倒在浴盆里。就这样反反复复地玩着，再也不肯出浴盆了。"这怎么能行？时间这么长了，要着凉！"我自言自语道。于是伸手将水龙头关紧。正在饶有兴趣接水玩的小铭铭看到水线突然没了，不知道是怎么回事，抬起头来看我，我告诉他："不能再玩水了！看！姥姥把水龙头关上了。"于是我当着小铭铭的面将水龙头打开一点儿，水线立刻又喷了出来，接着我让小铭铭看着我把水龙头关上。小铭铭这下明白了，原来这条水线与水龙头有关，于是立刻哭了起来，自己扶着墙晃晃悠悠地站起来伸手要够水龙头，大概要开水龙头（家里的水龙头他都会开）。我急忙扶着他，赶紧给了他一个水鸭子玩具，才把他抱出了浴盆。

生活中到处都充满了教育的契机，正如我在前面说的，家长要善于抓住这个契机。当孩子在探索的过程中遇到迷惑不解的问题时，家长应该及时给予相应的帮助和引导，让孩子能够丰富自己的信息"仓库"，更快地提高自己的认知水平。

　　今天的这个例子就充分说明了这一点。小铭铭在洗澡的过程中通过自己观察发现了水流的有趣现象，虽然经过自己的不断尝试，企图满足自己的好奇心，但是遇到了困难，因为我的及时介入和引导，孩子开始明白了水的一些属性。同时，他也知道了家里用的自来水是通过水龙头来控制的，打开水龙头，水就流出来了；关上水龙头，水就没有了。如果家长忽视了孩子的这个举动，或者简单粗暴地打断孩子的观察探索，而匆匆忙忙地给孩子洗完澡，就白白错失了一次让孩子接受教育的机会。

学习自己用手抓饺子吃

近来小铭铭每次吃饭都不痛快，嘴里老是哼哼唧唧的，不是要玩具就是用手抢食物。尤其是你拿着小勺或者筷子喂他饭时，他更是跟你闹得厉害，总要伸手抢你手中拿着的小勺或者筷子，可是你给了他，他虽然比画着，但是并不会将小勺和筷子往嘴里送，而是拿在手里玩耍。你想从他的手里再要回小勺和筷子，那是万万不可能的，他会攥得很紧，不给你；你要是硬抢过来，他会大哭大闹，这顿饭就别打算吃好了。

"这个孩子近来怎么这样？"女儿对我说。

"孩子现在能够控制自己的身体到处爬着玩儿，自我意识开始发展，开始有自己吃饭的欲望了，"我告诉女儿，"孩子快1岁了，应该开始训练他自己吃饭了，现在正是训练孩子自己学习吃饭的时候。"

"妈，他连拿勺都不会用，怎么能够独立吃饭呀？"女儿有些不解地说。

"没有关系，先让孩子自己用手拿着吃，通过自己拿着食物吃，他就会意识到由于自己动手了才能将碗里的食物吃进嘴里，小铭铭从中体会到自己的力量，更加充满自信，愿意自己学习吃饭。我们再训练他如何拿勺，然后进一步准确用勺将食物送到嘴里。因为1～2岁是孩子的运动协调期，在这个阶段孩子的身体动作更加协调，手眼口的协调能力会进一步发展，从最初的不会使用工具，经过自己探索，模仿成人，最后能够按照工具的特点独立使用工具，所以1岁以后我们就要逐步训练孩子自己拿勺吃饭了。"

"妈，那用什么食物训练孩子用手吃饭呢？"女儿问。

我说："嗨！咱们是北方人，有做面食的优势呀——"还没等我说完，女儿就急忙插话说："妈，你说的是给铭铭吃饺子吧？"

"对了！你妈是做饭能手呀！我给小铭铭包饺子，以后还陆续给孩子做包子、馄饨，摊胡萝卜西葫芦鸡蛋饼吃……再说，孩子的饮食也需要多样化，不断变换花样，做到色、香、味俱全，这样才能引起他的食欲，保证营养均衡合理。让孩子吃饺子可以进一步训练他的咀嚼能力，现在孩子应该逐渐向成人饮食过渡了，增加他胃的蠕动力量。明天我包点儿小饺子给他吃，把饺子皮擀得薄薄的，饺子馅略大一些，多放些菜，让他自己拿着吃。"

其实，小铭铭早就自己拿着小饼干吃了，不过让他自己吃一顿饭还没有试过，今天就准备给孩子包饺子吃吧！

上午我和了一点儿面，用湿布盖好饧着面。中午用细擦床将胡萝卜和西葫芦各擦了一点儿菜丝，然后剁上几个鲜虾仁，放上香油（芝麻油），将饺子馅和好。将已经饧好的面擀了20个又小又薄的饺子皮，再在皮里放上不少馅，然后将饺子包好。因为饺子很小，还真的很难包。我给孩子煮了10个饺子，剩下的给孩子速冻上了。

因为饺子皮很薄，馅做得比较细，所以下锅后很快就煮熟了。小铭铭早已经洗干净手，穿上罩衫，坐在他吃饭的餐桌椅上了。将温度适宜的2个饺子给他放在餐桌上，我用勺子将饺子切成两截，让小铭铭自己拿着吃。这时只见小铭铭眼睛放光，双手迅速"出击"，一手拿着一块半截饺子，急急忙忙都塞到嘴里，只见他噎得直呕。"这怎么行呢！"我急忙用手从他嘴里抠出半个饺子来。小铭铭还不干。"铭铭慢慢嚼嚼！"我在旁边夸张地做出咀嚼的动作来。后来我接受了刚才的教训，每次只在餐桌上放半个饺子，等他吃进嘴里即将咽下去的时候，再给他半个饺子，这样就不至于让他全塞进嘴里了。小铭铭吃得津津有味，但是却弄得满脸挂着饺子馅，双手还沾着一些饺子皮，餐桌椅上也掉落了很多的食物残渣，罩衫上也沾着星星点点的饺子皮。孩子自己已经吃下8个饺子了，最后剩下2个，可能是已经吃得差不多了，吃的兴趣已经消减，孩子就开始玩了，一会儿将饺子放在嘴里，一会儿又从嘴里拿出来看看，要不就是拿在手里捏得乱七八糟的，场面"惨不忍睹"！于是我急忙将他剩下的1个饺子给吃了，然后让孩子用小碗喝了一些煮饺子的汤，这顿中午饭就算结束了。后来我花了不少时间来收拾吃饭后的残局。

通过这次孩子自己吃饭，我总结了一些经验：

（1）吃饭应该是专人专座，最好让孩子用餐桌椅，这样可以固定住孩子。吃饭的地方也要固定，这样容易建立孩子要进食的条件反射。

（2）吃饭前需要给孩子清洗双手，穿好罩衫，培养良好的卫生习惯。餐桌椅周围的地上最好铺好报纸，以免饭后不容易清扫。

（3）吃饭的环境一定要安静，家里人不要在这个时候看电视，或高谈阔论，分散孩子吃饭的注意力。

（4）刚开始练习孩子自己吃饭时，最好先训练孩子用手自己拿着食物吃，因此选择什么食物很重要。食物既要有营养，也要让孩子容易用手拿起，而且食物的味道和色泽也需要注意搭配，这样才能引起孩子的食欲。

（5）孩子吃饭时一定要以鼓励为主，不要训斥孩子，不要怕孩子弄脏衣服和周围环境，更不要越俎代庖。只有这样，孩子才能对自己充满自信，乐于通过不断的训练，学会使用小勺独立吃饭。

（6）孩子专人使用的餐具需要选择孩子自己能够容易拿起来的、不怕磕碰、不怕摔的、安全材质制成的。可以选取有童趣的餐具，以增添孩子吃饭的兴趣。

培养孩子独立吃饭也是培养孩子自主性和独立性的一部分。1岁以后是孩子自主性、独立性和责任感即将发展的关键时期，应多创造机会让孩子自己尝试、感受和锻炼，用以培养孩子的自主性和独立性。在培养的过程中，积极鼓励孩子的每一点进步，帮助他们树立自信，逐步产生责任意识，这是健全人格不断强化的重要过程。

铭铭感冒了

3天前的早晨，我按照往常的规律让小铭铭坐在餐桌椅上喂他吃着鸡蛋羹，可是小铭铭就是不张嘴，眼看着鸡蛋羹逐渐凉了，他还没有吃进两勺，我很着急。这时女婿背上文件包要去上班，当女婿推开门出去的时候，孩子冲着女婿的背影叫道："爸爸。"并且伸出右手向他爸爸招招手表示"再见"。我大吃一惊，像现在的年轻人一样发出了感叹："哇！小铭铭会叫爸爸了，还有意识地向爸爸招手表示再见！志勇快回来，你的儿子会叫爸爸了！快回来亲亲小铭铭！铭铭真棒！"我赶紧叫回女婿，女婿激动得抱起铭铭不断地亲吻着孩子。这时小铭铭又重复叫了一声："爸爸！"给女婿美得满脸都笑开了花，不住地称赞道："我的儿子会叫爸爸了！"休假在家的女儿站在旁边羡慕得不得了，悻悻地说："哼！妈妈这么疼你，不先学会叫妈妈！"平时孩子"爸爸""妈妈"的发音都很准确，每天都在不停地叫着，但是那只能算是发音，还没有有意识地去叫，因此我每天都在企盼着孩子真正会叫"爸爸""妈妈"，想不到今天孩子突然开始有意识地叫出来了。有了这个开始，以后的语言就会源源不断地说出来。因此家里人还要继续与孩子说话，启发孩子说话。

早晨孩子的食欲很差，基本上就没有吃什么东西。中午我发现孩子开始鼻塞、流清鼻涕，而且精神不好直打蔫，哭哭咧咧地十分黏人，但是没有发热，中午饭也没有吃几口。

"孩子感冒了！就是我们说的上呼吸道感染。"我对女儿说。

"怎么会感冒呢？咱们一向不是都很注意吗？"女儿不解地问道。

"其实，有很多环节我们稍有疏忽都会引起孩子感冒。例如，晚上睡觉时孩子踢被子，我们没有及时给孩子盖上；现在天气变化无常，我们没有注意给孩子增减衣服；这两天洗澡的时候玩水的时间过长等，都会造成病毒侵入，从而引起孩子的感冒。这么大的孩子生点儿病是很正常的事情，有的时候并不见得是一件坏事。"我向女儿解释说。

接着，我又对女儿说："孩子出生后对疾病的抗病能力可以从两方面获得：一种是从母体中获得一些抗体，因此具有一定的抵抗疾病的先天性免疫力，如果是母乳喂养的孩子，还能够通过母乳获得一部分免疫物质，所以孩子有一定的抗病能力。另一种是通过后天和疾病的抗争中产生抗体，我们叫'获得性免疫'，而这种抗体一般是在出生6个月以后逐渐增多，具有高度的特异性。当孩子接触了某种病原体时，这种病原体刺激机体的免疫系统产生针对这种病原体的抗体，因此产生抗病的能力。但如果孩子接触的病原体少，抗体产生得也少，以后孩子碰到没有接触过的病原体，因为体内没有相应的抗体，就可能引发疾病。孩子通过和疾病的抗争获得了相应的抗体，以后他抵抗疾病的能力会大大增加。因此，从这个角度上来说，孩子生病并不见得是坏事。"

"妈，您看是不是给孩子准备一些药去？"女儿向我征求意见。

"不用，家里不是还有备用的退热药吗！现在让孩子多喝水，尽快促使毒素排出，让他休息好，好好睡觉；给孩子吃一些好消化的食物，最好是清淡的半流食，孩子不爱吃饭也不要强迫孩子进食，因为孩子感冒后他的消化机能也会受到影响；安排好孩子的作息，保证孩子的睡眠；每天上、下午室内通风换气各30分钟，这是空气消毒的最好办法；保持屋里适宜的湿度，最好相对湿度在55%～65%之间。如果孩子发热到38.5℃以上，他感到不舒服，就给孩子吃退热药。不用担心，一般感冒4～7天即使不用药也会自然痊愈的，有你妈在家你还担心什么呀！"我劝慰女儿。

"妈，还用消炎药吗？"

"不用！不需要用抗生素，因为孩子的感冒80%～90%都是病毒感染引起来的，抗生素对病毒感染是不起作用的，而且滥用抗生素容易打破体内微生态屏障的保护，造成致病菌乘虚而入。同时，孩子体内细菌的耐药性增加，以后真有细菌感染，这些抗生素都不起作用了。"

经过几天的精心护理，也没有使用任何药，孩子的身体状况恢复得不错，既没有发热，也没有咳嗽，流涕也逐渐减轻，除了孩子偶尔表现出鼻塞外，一切与正常无异。孩子出生后的第一次感冒就这样逐渐痊愈了。

必须纠正吃饭时玩玩具的毛病

前面我已经说过了，小铭铭9个月以后出现了自发行为（重复连锁动作），即喜欢坐在餐桌椅上不停地往地上扔东西，然后招呼大人给他捡起来，他再扔下去，反反复复乐此不疲。当时我不让家人训斥他，也希望家里人给他不同质地的物品让他去扔，用于体会和了解这些物质的属性。再加上前几天因为感冒，为了让他多吃一点儿饭也经常给他一些玩具玩，结果现在养成了一个毛病——不给玩玩具就不吃饭。

说起来，这还真是一件让人头疼的事，也是我们当时疏于教育而又不断强化建立起来的毛病。自从感冒生病之后，现在每次吃饭前，当孩子洗完手穿上罩衫坐在餐桌椅上时，还没有吃饭他就开始哼哼上了，哼哼得让你心烦。我知道这是他在向我们要玩具，如果我们不理他，不一会儿他就会大哭。而且你要是在这个时候给他喂饭或是让他自己拿着吃，他肯定不干，绝对不会张嘴，非得满足他的愿望不可（预示进入了第一反抗期）。如果这时给他一个玩具，他马上就张嘴，乖乖地吃了起来。每次吃饭前，我都下决心这次不给他玩具了，可是一听他发出的哼哼声，像苍蝇似的在你耳边不停嗡嗡，或者撇撇嘴放开嗓子大哭，把你搞得脑袋都大了的时候，为了耳朵清静，也为了让他顺顺利利地吃完饭，一般每次都会满足他这个要求。谁知道这样反而强化了他的毛病，现在他变本加厉，不但需要不停地给他玩具，供他不停地扔，而且还要不停地换新的玩具让他扔，才能吃完这顿饭。

"这怎么成呢！"我对女儿说，"这不是成了我讲课时给家长举的反例了吗？"是这样的，新浪网上育儿论坛的一位妈妈向我倾诉，他的孩子吃饭必须是奶奶喂饭、爷爷跳舞。有时候，爷爷跳舞都快跳得喘不上气来了，孩子才吃一口饭。妈妈不希望爷爷奶奶这样惯孩子，可是爷爷奶奶却说："我们愿意。"

"我可不能做这样一个姥姥！必须要纠正小铭铭的这个坏毛病，而且越早纠正越好，否则养成习惯再想纠正就很困难了，"我对女儿女婿说，"对于这么大的孩子给他讲道理是没有用的，因为他还不能理解，因此必须坚决制止。不过，我要是管孩子的时候，你们谁也不能干涉，尤其是沙莎，你最惯孩子了，现在小铭铭特别会察言观色，不能让这孩子钻空子。"

昨天是星期六，女儿女婿都休息了。中午给孩子做好饭后，我给孩子洗干净手，他妈妈把孩子放在餐桌椅上，给他穿上罩衫，我把做好的虾仁丝瓜稠米粥放在桌子上准备喂饭。这时小铭铭的"前奏曲"又开始了，不停地在那儿哼哼唧唧，我不理他，并且严肃地告诉他："别哼哼！姥姥不喜欢听这个声音！现在必须吃饭！不能玩玩具！"小铭铭看着我，还是继续哼哼，我还是不理他，拿着一小勺饭准备喂他，谁知道他一挥手竟然打掉了我拿着的勺，饭菜顿时洒在饭桌上，我马上对小铭铭说："看！看姥姥，生气了！这是谁把饭菜打在桌子上了！哼！"说着，我的手啪的一声拍在餐桌上。也许我当时的表情太严厉了，也许我拍桌子的声音太大了，小铭铭顿时被吓得大哭起来，但是我没有搭理他。他转头冲着他妈妈哭，女儿在旁边说："妈妈也不喜欢大铭铭这样！大铭铭，吃饭时不能玩玩具，现在吃饭了，看！把姥姥惹生气了！"女儿一边收拾他打落在餐桌上的饭菜，一边对小铭铭说。这时小铭铭哭声不减，我们谁都不理他，哭了一会儿，看到我们不理他，大概自己也觉得没有意思了，就将头转向他的爸爸，继续冲着女婿大哭。"铭铭吃饭不能玩玩具，知道了吗？"女婿对铭铭说完转身去书房了。就这样，小铭铭大哭了大约10分钟，由于没有人理他，他的哭声渐渐地变小了，开始对摆在桌子上的筷子感兴趣了。这时我开始继续喂饭，我让女儿拿着筷子夹起专给他炒的菜与我交错地喂他，可能是使用筷子让他感到十分新鲜，也许炒的菜他更乐于吃，不一会儿，他就把一小碗饭吃下去了。"大铭铭今天吃饭没有玩玩具，看！吃得多好呀！姥姥、妈妈和爸爸喜欢大铭铭这样。"女儿立刻表扬了孩子，擦干净铭铭的双手和嘴巴，脱掉了罩衫，把小铭铭从餐桌椅上抱出来，不禁亲了亲孩子。

昨天晚上和今天中午小铭铭故技重演，我们又像昨天中午一样坚持不给他玩具，虽然他也哭闹，但是一次比一次哭的时间短。我相信再坚持几天，孩子吃饭玩玩具的坏毛病就可以纠正了。

孩子吃饭时是不适宜玩玩具的。因为这么大的孩子注意力很容易分散，当孩子将注意力转向他更感兴趣的玩具时，吃饭就会很不专心，当然也体会不到饭菜的香味，严重影响了孩子的食欲。另外，当孩子要吃饭的时候，全身大部分血液会自动分配到消化系统，但是由于孩子注意力分散，全身血液必须重新分配，那么一部分血液将分散到孩子玩玩具的双手和思考如何玩的大脑上，消化系统获得的血液必然减少。这样既影响了孩子胃肠道的蠕动能力，也影响了消化液的分泌，造成孩子营养吸收不良。久而久之，就会影响孩子的生长发育。

练习走路是近来每日的必修课

　　这些日子女儿总是对我说，小铭铭近来进步得比较慢，不像以前每天都让她有新的发现。我明白女儿说的意思，就是她觉得儿子学习走路不像练习爬行时进展得那么快。自打小王（小王因为家中有事暂时来不了）走了之后，主要是我在带孩子。"是不是她不好意思说我带孩子不如小王带得好呀！"我心里想。

　　"嘿！不要旁敲侧击呀！怎么，嫌你妈带得不好了！本老太太还不愿意干了，马上就打道回府！"我有些不高兴了。

　　"妈——妈——妈——妈！"女儿一直叫着我，"呦！我可没有那么说，您老人家不要乱猜想，我不是着急小铭铭还不会走路嘛！"女儿转身又对孩子说："小铭铭，你姥姥可是说撂挑子就撂挑子的人，咱们赶紧赔礼道歉！小铭铭赶紧给姥姥欢迎一个！飞吻一个！"看见铭铭的小胖手随着妈妈的指挥不断变换着花样做出各种动作，好一个聪明伶俐的孩子。我也不由得笑了："你不是看见了吗，小铭铭现在每天都在做独立行走前的准备工作。现在小铭铭从蹲到站，从站到蹲或坐的动作不是完成得非常好嘛！而且还会一条腿蹲着，另一条腿跪在地上，他的小屁股向后坐在跪着的那条腿上或脚上，姿势很酷呢！现在孩子扶着沙发或电视柜来回走得多好，不但正着走得好，而且侧着走得也很好。你要是扶着他的腋下，他也走得很好，只是还没有脱离大人的扶持，不能独立行走。孩子学走路需要一步一步来，不能太着急。另外这个孩子非常留恋爬行，只要练习一会儿行走，他就全身像泥鳅一样出溜在地上立刻爬走了，大概他觉得走路不如爬行来得快吧！"

紧接着，我又向女儿说明孩子由爬到独立行走，需要经过以下4个步骤：

（1）需要进一步加强下肢的力量，这样孩子能够独立站立起来，腿部拥有支撑全身的重量。因此，每天都要训练孩子扶着东西蹲下，站起来，再蹲下，再站起来……或者扶着东西站起来，坐下去，再站起来，再坐下去……以加强下肢肌肉和骨骼的力量、关节活动的灵活性和韧带的柔韧性。每次做这些训练时，都要利用孩子喜欢的玩具来吸引他完成这些动作，也可以用助步车（是4个轮子的推车，不是学步车）来强化孩子下肢的力量。我给小铭铭买了一辆助步车，就是为了让他双手扶着上面的把手推着车练习走路。

1 推着助步车走得不错吧　2 我还能推着小凳子学习走路

（2）要学会掌握身体重心的变换。孩子从爬行或仰卧位时重心较低，支撑面大，孩子不存在重心变换的问题。但是从爬行或仰卧位到站立时重心升高，孩子从站立到低头弯腰蹲下，或者站立到低头弯腰坐下都需要不断变换重心；当孩子双腿开始交替向前迈步时，每迈出一步也都需要不断变换重心，因此当孩子扶着沙发或小车，或在大人双手扶着他的腋下练习走路时，都是重心变换的练习。

（3）孩子学会独立站立时，就需要掌握身体平衡的技能。因为孩子靠双脚支撑全身重量，支撑面变小，走路会摇摇晃晃不稳定，孩子还不能掌握身体直立时的平衡，因此孩子往往寻求家长的帮助，胆子也小。随着孩子不断尝试，逐渐掌握身体平衡后才能充满自信，迈步向前独立行走。

（4）孩子在完成以上的训练过程中，会不断跌倒、摔痛，甚至磕破皮肤，因此需要家长大胆的鼓励和适宜的安慰，尽量给孩子创造一个安全的环境，孩子才能不畏惧困难和挫折，在反复尝试和摸索中总结经验，最后能够独立行走。

家长除了帮助孩子进行以上的训练外，还需要掌握训练孩子走路的方法。家长可以在孩子前面4～5步的地方放一个他喜欢的玩具，然后家长站在孩子的后面扶着他的腋下鼓励他向前迈步去拿玩具；当你感觉孩子的双腿能够比较轻松地迈步后，家长就可以在前面搀着孩子的前臂，继续训练孩子向前迈步，这时需要孩子更加努力掌握好身体的平衡；当你觉得搀着孩子的前臂时，孩子走路平衡掌握得比较好后，家长就可以在前面牵着孩子的双手练习走路；如果经过这样的训练，孩子走路已经很好了，这时家长就可以牵着孩子的一只手练习走路；最后家长需要放开孩子的小手鼓励他独自行走。当孩子自己能够独自行走1步或2步，我们都要给予表扬，即使孩子摔了跟头，家长也不要表现得很紧张，而要表现得十分轻松，并且积极鼓励孩子继续尝试，这样用不了多少时间孩子就会走路了。

有的孩子胆小，不敢撒开大人独立走路，你还可以选择下面的办法：找一根小棍，让孩子拿着小棍的一头，你拿另一头，拉着孩子走路；当孩子走得不错后，你将小棍换成手帕，让孩子拿着手帕的一角，你拿着另一角，拉着孩子走路。逐渐孩子就学会独立走路了。

训练孩子走路时最好要穿上鞋，用以保护孩子的双脚。给孩子选择一双合适的鞋，对于孩子脚的发育、学习站立、走路以及走路的姿势是很重要的。婴儿期的孩子因为足底的脂肪过多，呈扁平足样，随着孩子开始行走，逐渐形成脚弓。而且婴幼儿的踝关节附近的韧带较松，不能过度牵引或负重。根据这个原则，当孩子还不会走路时，最好让孩子穿上软底鞋，要适合脚的大小，有利于孩子学习站立和走路。自由的双脚能够很好地支持全身的重量，有类似光脚的感觉。不要穿连脚裤或硬底鞋，这样限制孩子下肢的活动，尤其是踝关节的活动，而且容易引起踝关节和骨骼的损伤。当孩子已经学会走路，可以选择比软底鞋略硬的鞋，最好是布鞋，但一定要合脚，既不能大也不能小。过大的鞋会增加踝关节的负担，过小的鞋会使孩子的双脚无法舒展，这两种情况都能够影响孩子的走路姿势和双脚的发育。另外，鞋子必须带有鞋扣或者鞋带，让孩子穿上不掉，防止孩子摔跤。正如我国皮鞋和制鞋工业研究院高级工程师丘理所说："稳步期儿童需要的儿童鞋有几个要点：一是鞋底弯曲与脚行走的弯曲部位相吻合（鞋底往前1/3处弯折）；二是后跟能支撑脚踝；三是鞋头硬，防砸脚趾；四是鞋内垫不能是很软的海绵，要有回弹性，刺激足底神经发育；五是材料透气无异味。"硬底皮鞋和劣质的旅游鞋不适合婴儿穿用，不利于孩子脚弓的形成，而且因为硬底减震性能不好，对于婴儿发育不成熟的大脑和脊柱是个不良的刺激。孩子的鞋子需要经常更换，一般2～3个月更换一次比较合适。

"妈！孩子学习走路还这么复杂呀！"女儿说。

我说："这是我将孩子学习走路的几个步骤分开来对你说的，其实我们在训练孩子的过程中都是混合穿插着进行的，没有分得这么清楚，而且有的孩子可能短短几天内就会从扶物走到独立走了，甚至有的孩子会突然甩开家长的手就会独立行走了。说不定你的孩子过几天就会独立走了。"

我再一次向女儿强调："孩子运动能力每一个阶段发育得可能不均衡，有的孩子可能爬行掌握得比较快，有的孩子可能走掌握得比较快。只要孩子的发育处在其发展的关键期内就是正常的，没有必要着急！"

今天小铭铭1周岁了

今天是小铭铭1周岁的生日，看着茁壮成长起来的孩子，回想这1年来我们付出的辛苦和孩子给我们带来的种种欢乐，不禁心潮澎湃、感慨万千。大家都说："有苗不愁长。"可是这株苗长得好不好，将来是不是能够成长为一棵参天大树，变成社会栋梁之材，是家长最关心的问题。0~3岁，尤其是0~1岁这个阶段非常重要，是孩子一生打基础的阶段，就好比给高楼打地基一样，地基打不牢，高楼就不稳，总有一天会倾斜倒塌的。

本来女儿和女婿说不打算给孩子过周岁生日了，但是我觉得孩子已经1周岁了，这一天对他来说特别有纪念意义，因为这是他人生中的第1个生日。将来还要告诉他，为了他平安健康地来到这个世界上，他妈妈在一年前的今天毅然选择了剖宫产，庆贺他的生日更是为了纪念他妈妈的受难日。通过过生日要让孩子理解并学会感恩，感谢爸爸妈妈带他来到了这个世界上，感谢家里所有的人对他无微不至的关怀，感谢所有关心照料过他的人。更何况孩子的太爷爷太奶奶都是80多岁高龄的老人了，他们肯定特别希望能有这样一次四世同堂的机会，享受美好的天伦之乐。因此，我对女婿说："我们还是给孩子过一个生日吧！把你们全家人都叫来，趁这个机会全家人欢聚一堂，让你奶奶、爷爷也高兴高兴！两位老人家这么疼爱重孙子，看着重孙子抓周，不定有多高兴呢！我们大家也一起享受一下孩子人生中仅有的一次抓周乐趣！"

"抓周"是我国多年来流传下来的一种习俗，其历史渊源无从考究。但是，这个习俗一直深受人们的喜爱，近年来已经被越来越多的家庭所重视，尤其是现在人们的生活水平都提高了，很多家庭已经将抓周作为孩子周岁生日时的重要主题了。抓周就是在孩子1周岁生日的那天，在孩子面前摆放一些具有寓意的物品，让孩子自由选择。这种选择没有任何干涉和暗示，1岁的孩子天真无邪，没有任何杂念，完全依据他的天性和兴趣进行选择。据说孩子抓到什么物品，就预示孩子的兴趣爱好以及将来要从事的职业。凡是参加抓周的人都给孩子送上一份祝福。这个游戏寄托了长辈对小辈无限的深情和厚望。当然，现代人们对抓周游戏多是注重它的趣味性，享受抓周的快乐！

由于考虑到孩子下午要睡觉，所以我们选择先吃饭，后抓周。吃饭的过程中小铭铭不断冲着我们做着怪相，听从大人的指挥做着各种动作。孩子天真可爱的表现，逗得我们哈哈大笑。当然，饭菜中不能缺少长寿面，取其含义祝福孩子长命百岁、平平安安！吃过饭以后全家人都回到家中，围坐在客厅的沙发上，准备观看小铭铭抓周。我们其中的一个人先带着小铭铭到其他屋里，女儿在客厅的地上摆上了几个物件：书、钱包、商务通、MP3、笔、听诊器。

书：代表研究学问的读书人，将来可能成为专家或教授。

钱包：代表富有，日后可能成为金融界人士或银行家等。

商务通：代表经商，将来可能成为企业家或商人。

MP3：代表艺术，将来可能成为艺术家。

钢笔：代表将来可能成为文人墨客。

听诊器：代表将来可能成为医务工作者。

然后将小铭铭抱出来放在地上，只见他坐在地上来回扫视了眼前的物件后，马上就趴在地上，噌噌地向这些物件爬了过去。爬到这些物件前，他又巡视了一遍，最后毫不犹豫地选择了书。女婿在一边录着像。

"好！好！我们大铭铭将来喜欢读书，读了硕士读博士，将来做教授！有出息！"太爷爷和太奶奶高兴地说。

这时小铭铭坐在地上翻开了书，看了一会儿书，就丢在地上，又噌噌地向那些物件爬去，伸手又去抓钱包。

"铭铭将来会理财，是金融界人士，将来是一个银行家！"女婿对金融、证券很感兴趣，所以他希望孩子将来进入金融业工作。

只见小铭铭将钱包打开，把钱包中的信用卡一张一张地取出来，扔在地上，最后将钱包扔在一边，转身又拿起了商务通。小铭铭拿着商务通，双手的拇指很熟练按着上面的键钮玩了起来，荧光屏一闪一闪地发出了亮光……

"我的铭铭将来是一位商务人士，可能以后要经商。"女儿是商学院毕业的，所以她总是往商界考虑。

女儿刚说完，小铭铭又丢掉商务通，转手拿起了MP3。

"小铭铭很有音乐天赋，以后要有意识地培养他的音乐智能。"因为根据平时我对小铭铭的观察，发现孩子很有音乐天赋——只要家里音乐一响，小铭铭保准摇头晃脑，双手随着节拍舞动，甚至还高高举起双臂，两条腿配合音乐的节拍，一蹲一起，节奏配合得相当准确。"搞不搞专业无所谓，一定要让孩子有个爱好。"

这时孩子又丢掉MP3，拿起了听诊器。

"我们铭铭将来做个医生也很不错！"这是我的亲家母秦老师在说话。

"哎！医生这个职业是不错，但是他的一生就是为别人服务，对于自己没有什么好处！还承担着责任，现在的医生不好当呀！"我不由得在一边感叹道。

"小铭铭又丢掉听诊器，拿起笔了！"小铭铭的姑姑说。我说："是不是受我的影响，不愿意做医生了，愿意从文当作家了？"我的话还没有说完，小铭铭随手丢掉笔又捡起了他丢在旁边的钱包玩了起来。

"我们儿子，将来是个儒商！又拿书又拿钱包。"女婿又感叹了起来。大家听后都哈哈大笑起来。

随后，女儿女婿齐声说："其实我们对于孩子将来从事什么职业并不在意，只要他身体健康、快快乐乐，将来是一个对社会有用的人就行了！"

"好了，小铭铭要睡觉了！"看着小铭铭直揉眼睛，我知道他要睡下午觉了。我抱起了小铭铭："向太爷爷、太奶奶、爷爷、奶奶和姑姑说再见！谢谢大家！给大家飞吻一个！"孩子举起了右手向大家摆摆，然后又向大家抛出了一个飞吻，在大家的祝福声中，

铭铭在抓周

孩子愉快地度过了他人生中的第1个生日！

　　这一天小铭铭的体重是14千克，身长85厘米。

　　我的大外孙子秦绍铭今天1岁了！

索 引

参考文献

[1] 鲍秀兰等著：《塑造最佳的人生开端》，中国商业出版社，2001年。

[2] 庞丽娟/李辉著：《婴儿心理学》，浙江教育出版社，1999年。

[3] 孟绍兰著：《婴儿心理学》，北京大学出版社，2001年。

[4] 陈帼眉著：《学前心理学》，人民教育出版社，2001年。

[5] 邵肖梅、叶鸿瑁、丘小汕著：《实用新生儿学》第四版，人民卫生出版社，2014年。

[6] 江载芳、申昆玲、沈颖著：《诸福棠实用儿科学》第八版，人民卫生出版社，2015年。

[7] 中国营养学会妇幼营养分会主办：《妇幼营养精英人才培训班》课件，2021年。

[8] 徐蕴华著：《40周孕期全程手册》，中国轻工业出版社，2006年。

[9] 塔妮娅.奥尔特曼主编：《美国儿科学会育儿百科》第七版，北京科学技术出版社，2020年。

[10] 谢幸、孔北华、段涛主编：《妇产科学》第九版，人民卫生出版社，2018年。

[11] 北京市卫生和计划生育委员会、北京妇幼保健与优生优育协会、北京妇幼保健院联合编写：《北京市孕妇学校标准化课件》，北京科学技术出版社，2017年。

[12] 张惜阴主编：《实用妇产科学》第二版 人民卫生出版社，2004年。

[13] 中国营养学会编著《中国居民膳食指南》人民卫生出版社，2016年。

[14] 游川主编《怀孕分娩新生儿 医生最想告诉您的哪些事》北京科学技术出版社，2018年。

[15] 段云峰著《晓肚知肠 肠菌的小心思》 清华大学出版社，2018年。

[16] 〔美〕琳达·索娜著《哈佛育儿名著：婴幼儿早期大小便训练》中国妇女出版社，2006年。

[17] 戴淑凤主编、刘全礼编著《儿童行为塑造及行为问题矫治》中国妇女出版社 2004年。